⊙ 대한민국
Республика Корея

러시아어의 지위 (статус русского языка в мире)

▶ 러시아어 사용자: 2억 8500만 명. 세계 4위 사용언어
▶ 러시아어 모국어 사용자: 유럽 1위, 세계 8위, 1억 6천만 명
▶ 러시아어 제2언어 사용자: 1억 2천 5백만 명
▶ 러시아어 사용 국제기구: 국제 연합(UN) ,유럽 연합(EU),독립 국가 연합(CIS), 유럽 안보 협력 기구(OSCE),상하이 협력 기구, 유라시아 경제 공동체(EAEC), 남극조약사무국 소개 (ATS), 집단 안보 조약 기구(CSTO), 국제 표준화 기구(ISO) 등 14개

※ 러시아어 사용국가 (русскоязычные страны)

러시아어 공용어 국가: 4개 국가
러시아, 벨라루시, 카자흐스탄, 키르키스스탄

러시아어 통용어 국가: 14개 국가
우크라이나, 우즈베키스탄, 아제르바이잔, 타지키스탄, 그루지야(죠지아), 아르메니야, 라트비아(Latvija 라트비야, 라뜨비야), 몰도바 공화국(Moldova), 리투아니아 공화국(리뜨바), 에스토니아, 투르크메니아(투르크메니스탄), 트란스니스트리아(미승인 국가), 압하지야(아브하지야, 압하스) 공화국,남오세티야(남부오쎄찌야) 공화국

자료: 1997년 발행 《Language Monthly No. 3》외 다수

러한 국방전문용어사전

Русско-корейский словарь военных терминов

정재호 · 방교영 · 김광환 공저
Kaplan Tamara 감수

한국외국어대학교 지식출판원

머 리 말

세계는 여러 곳에서 전쟁과 분쟁이 끊임없이 진행되고 있고, 국가안보와 국방, 강력한 군사력의 중요성은 과거 어느 때보다도 더욱 강조되고 있다. 역사를 돌이켜보면, 국가 간의 충돌을 사전에 예방하기 위해서 강력한 군사력으로 억제와 강압을 통해 승리하거나, 군사 외교적 수단을 통해 전쟁을 사전에 예방하였다. 손자는 '싸우지 않고, 이기는 자가 진정한 승리자'라고 하였다. 국가안보의 중요성을 인식하고, 군사외교를 통해 국방력을 강화하는 것은 손자의 전략을 실천하기 위해 명심해야하는 최상위 과제이다. 과거에 안보는 군사적 범주에서 머물러 있었다면, 현대에서의 안보는 국제관계, 국제정치, 외교, 국방 등의 분야를 포함하는 포괄적인 의미를 가진다.

2015년은 한국과 러시아가 수교를 맺은 지 25년이 되는 해이며, 아울러 국방협력이 개시된 지 25년이 되는 뜻 깊은 해이기도 하다. 양국은 '전략적 동반자 관계'로서 양국 정상회담 뿐만 아니라, 고위급 인사교류를 포함한 여러 분야에서 협력을 해오고 있다. 냉전시기에는 러시아와의 국방교류 및 군사협력은 불가능한 현실로 인식되었으며, 근접할 수 없는 분야임을 누구도 의심하지 않았다. 그러나 세계의 변화와 국제관계의 새로운 패러다임은 이러한 현실의 벽을 허물어버렸다. 1991년 국교정상화 이후 국방교류 및 군사협력 분야는 급속도로 발전하여 매년 한·러 국방전략대회가 진행되고, 서울 안보대화에 러시아 차관급 대표가 참가하고 있다. 중국과의 관계가 경제통상 분야에서 시작하여 국방분야로 발전한 데 반해, 러시아와의 관계는 국방교류 및 방산협력을 시작으로 전분야로의 관계발전이 진행되었다는 것은 한·러 관계에서 시사하는 바가 크다.

한·러 양국 간에 안보·국방·군사에 관한 심도있는 논의에서 무엇보다 정확한 통역과 번역은 양국간 소통의 벽을 허무는 데 매우 중요하다. 수교 이후에도 양국 간에 교류가 부진한 시기가 있었다. 이러한 배경에는 러시아 내의 정치적 상황과 불안정한 체제 등과 같은 상황도 있었지만, 오랜 냉전기간 동안 단절된 상호교류, 문화적 차이, 언어장벽 등으로 발생된 양국 간의 이해 부족이 큰 원인으로 작용했던 것으로 판단된다. 한국인들 간에도 안보·국방·군사에 관한 의사소통의 불편함을 자주 경험한다. 하물며 언어적 이질성마저 있는 러시아와의 관계 개선을 위해서 무엇보다도 두 국가에 사용되는 전문용어에 대한 이해는 필수적이다.

정부는 유라시아 이니셔티브 구상을 목표로 양국관계를 격상하려 하고 있다. 이러한 시기에 양국 간의 이해관계를 증진하여, 안보·국방·군사에 관한 교류협력을 위한 기본토대를 구축하자는 것이 이 사전을 편찬하게 된 편집진들의 의도이다.

'러·한 국방전문용어사전'은 한국외국어대학교 통·번역대학원 교수, 러시아 시역안보에 정통한 현역 해군장교를 포함한 안보 · 국방 · 군사 관련 다년간 통·번역 경력을 가진 전문가들이 국가안보를 생각하며 한·러 관계 증진을 위해 심혈을 기울여 오랜 기간 편찬작업에 참여하였다. 모쪼록 이 사전이 관련 분야에 종사하는 사람들에게 조금이라도 도움이 되고, 한국과 러시아 안보역량을 강화하는데 교두보 역할과 한 알의 밀알이 된다면 더한 보람은 없을 것이다.

이 사전이 발간되기까지 많은 분들의 도움과 수고가 있었다. 무엇보다도 처음 출판을 제의했을 때 사전의 가치를 인정해 주시고 흔쾌히 출판을 허락해 주신 한국외국어대학교 지식출판원의 신선호님, 편집 업무를 끝까지 맡아주신 정재원님, 김민정님, 추천사를 흔쾌히 허락해주신 한·러 국방외교의 산 증인 윤종구 제독님, 한국외국어대학교 러시아어과 명예교수 및 (사)한러 교류협회 회장이신 기연수 교수님, 외국어 사전작업의 오랜 경험이 있는 모스크바 국립대학교(MSU) 가르봅스키(Гарбовский Н.К.) 교수님, 코스티코바(Костикова О.И.) 교수님, 부족한 사전을 높이 평가해주신 유영철 박사님, 이원복 교수님, 임채일 교수님, 국방어학원 초대원장이신 전갑기 대령님께 감사드린다.

바쁜 학업에도 불구하고 편집에 도움을 주신 한국외국어대학교 통번역대학원 조용두님, 김유진님, 정승혜님, 문지현님, 이진선님과 노보시비르스크 국립대학교 동양사학과 졸업생 뻬레뻬친(Перепечин Е.В.)님께도 깊이 감사를 드린다.

그리고, 무엇보다도 오랜 시간동안 불철주야(不撤晝夜) 작업에 몰두했던 저자들을 격려하며 곁에서 지켜봐 주었던 사랑하는 가족들에게 감사드린다.

2016년 1월

한국외국어대학교 미네르바에서
저자 일동
Always with YOU!

【저자 정재호】

[주요 학력 / 경력]

- 해군사관학교 졸업 및 임관(49기), 한국외국어대학교 노어과 졸업
- 모스크바 국립대학교(MSU) 석·박사학위 취득(국제관계학)
- 해군본부 정책실, 초계함(PCC) 함장, 순항훈련전단 작전참모 등 역임
- 러시아 해군사령관, 카자흐스탄 국방장관 등 통역 다수

[주요 저서 / 역서]

- "Проблема безопасности на Корейском полуострове – ядерный конфликт" (М. : Вестник Московского университета, Серия 18, 2007)
- "After the US-Russian New START : What's Next?" (Seoul : KJSA KNDU, Vol.16-2, 2011)
- 에피모프 著, "러시아 국가안보" (서울 : 한국해양전략연구소, 2011) (공역)
- "21세기 동북아 해양전략 : 경쟁과 협력의 딜레마" (서울 : 북코리아, 2015) (공저)

【저자 방교영】

[주요 학력 / 경력]

- 한국외국어대학교 노어과, 통번역대학원, 문학박사
- 한국외국어대학교 통번역연구소 소장 및 통번역대학원 원장 역임
- 모스크바 국립대학교(MSU) 통번역학학술지, 언어학학술지 편집위원
- G20 등 정상회담 통역 및 번역, 관련 논문 다수

[주요 저서 / 역서]

- 사전 : 〈축구용어사전〉 〈한국어-러시아어사전〉 〈새한노사전〉
  〈한영일중러아 6개 국어 의학용어소사전 〉 〈한방용어사전〉
- 역서 : 〈러시아와 그 적들 그리고 거짓말〉 〈통번역사교육 ABC〉
  〈알쏭달쏭 러시아인 러시아비지니스 이것만은 알고 가자〉
- 교재 : 〈의료통역사양성과정2. 통역실기표준교재〉 〈러시아어 의료회화〉
  〈러시아어 한국어 초급〉 시리즈
- 논문: 〈디지털영상시대의 통번역〉 〈통역의 동시성과 매핑〉
  〈러시아의 국가이미지에 관한 연구 Ⅱ - 기호구성체로서의 국가이미지 〉

【저자 김광환】

[주요 학력 / 경력]

- 한국외국어대학교 졸업, 임관(해군해병 해간 74기(OCS 81차), 1989년)
- 한국외국어대학교 통역번역대학원 졸업(석사) 1999년 2월
- 모스크바 국립국제관계대학교(MGIMO(U)) 박사학위 취득(국제관계학)
- 미하일 고르바쵸프 전 러시아 대통령 및 이한동 총리 통역 외 다수

[주요 저서 / 역서]

- 논문 : NATO의 신책임지역 형성과 러시아의 대외정책
- 저서 : 러·한 전문용어사전 군사 篇(민중서림)
- 역서 : 보리스 박, 부가이 니콜라이 著, "러시아에서의 140년간" (서울: 시대정신)
  부가이 니콜라이 著, "시간의 시련" (서울 : 리프 이 까)
  최 발렌틴 著, "연해주 독립운동사 Ⅰ" (서울 : 국사편찬위원회)
  최 발렌틴 著, "연해주 독립운동사 Ⅱ" (서울: 재러 독립유공자 후손협회)

【감수자 Kaplan Tamara】

[주요 학력 / 경력]

- 레닌그라드국립대학교 한국어학과 석사·박사과정 졸업
- 국립 극동대학교, 한국학대학 한국어문학 교수·학과장
- 한국외국어대학교 통번역대학원 한노과 교수
- 한국어교육 및 통번역 관련 60편의 논문과 10여 권의 교재 집필

[주요 저서 / 역서]

- Учебник корейского языка для студентов первого курса. Изд-во ДВГУ, Владивосток, 1985, 1997, 2003(공역)
- Читаем и переводим корейскую газету. Муравей, М., 2004, 2014 (공역)
- Ускоренный курс корейского языка для гуманитариев. Тезаурус, М., 2013 (공역)
- 러시아 학습자를 위한 한국어 쓰기 교육 방법론. 국어교육연구 제18집, 2006
- A-B 통 · 번역시 한국학생들이 범하는 오류 분석. 통번역학연구 제11권 1호, 2007

【도움을 주신 분】

- 한국외국어대학교 통번역대학원 : 조용두, 김유진, 정승혜, 문지현, 이진선
- Перепечин Е.В. / 노보시비르스크 국립대학교 동양사학과 졸업 및 창원대 사학과 대학원 수료

ПРИВЕТСТВИЕ

Новые вызовы современного мира, а именно, усиление напряженности в тех или иных уголках мира, активизация международного терроризма, угрозы военного вмешательства во внутренние дела государств, попытки решить военным путем возникающие политические разногласия, требуют эффективного военного сотрудничества Российской Федерации с многими зарубежными странами, взаимной передачи современных военным знаний и исторического военного опыта.

Необходимым условием для обмена военными знаниями, технологиями по производству и использованию новейших вооружений, а также военного опытом является обеспечение двуязычной коммуникации.

Ключевым элементом в двуязычной коммуникации в военной сфере, равно как и в иных сферах общественной жизни – политики, экономики, науки и техники - играют переводные отраслевые словари. Такие словари представляют собой необходимое средство лингвистического обеспечения международных контактов, т.к. содержат термины, которые называют понятия, обобщающие теоретические знания и практический опыт в этой сфере деятельности.

Военное сотрудничество Российской Федерации с Республикой Корея имеет давнюю историю, восходящую своими корнями еще к событиям более чем вековой давности, и активно развивается в последние годы.

По мнению военных и политических деятелей обеих стран у Москвы и Сеула есть большой потенциал военно-технического сотрудничества. Между оборонными ведомствами двух стран существуют договоренности о поставках военного оборудования, стороны обмениваются визитами военных специалистов и военачальников на различных уровнях. Россия и Южная Корея разрабатывают программу военно-технического сотрудничества, которая предусматривает ремонт ранее поставленных в Южную Корею вооружений и военной техники. Ведется обучение корейских военнослужащих в высших военных заведениях Министерства обороны России. Регулярно обсуждаются вопросы по региональной безопасности, в том числе и ядерной, безопасности и сотрудничеству в военной сфере.

Сотрудничество в военной сфере предполагает учебные обмены, поисково-спасательные операции на море, взаимные визиты кораблей, двусторонние культурные и спортивные мероприятия и прочее.

В целом активизация сотрудничества в военной сфере между Москвой и Сеулом способствует повышению уровня взаимопонимания между военными

России и Южной Кореи.

Но взаимопонимание требует соответствующих лингвистических компетенций для межъязыковой коммуникации. Однако ни в России, ни в Корее нет достаточного числа специалистов, владеющих языком своего военного партнера. И в этих условиях словари, представляющие собой систематизированное знание, выраженное в соответствующих формах двух языков, оказываются чрезвычайно важным инструментом обеспечения успешной коммуникации.

Представляемый корейско-русский словарь военных терминов — это первый в Корее опыт представить систематизированный свод корейских военных терминов и их русских эквивалентов и переводов. До сих пор не было ни одного корейско-русского словаря военных терминов, изданного в Республике Корея. В СССР в 1966 году был издан корейско-русский военный словарь небольшого объема, но он во-первых стал библиографической редкостью и малодоступен, а во-вторых не отражает современного состояния военной мысли, особенностей военной техники и новых реалий в области обороны, безопасности и военного дела.

Являясь научно-справочным трудом, новый корейско-русский словарь военных терминов призван дать русские соответствия современным корейским военным терминам и этим способствовать обмену военными знаниями и опытом, а также достижению единства взглядов на основные понятия военной теории, устройства и использования вооружения и военной техники. Такой словарь давно ждали не только корейские, но и российские военные, участвующие в совместных российско-корейских программах военного сотрудничества.

Словарь предназначен в первую очередь для военнослужащих, военных учёных, но также и для журналистов, писателей, должностных лиц и представителей органов государственной власти и управления, занимающихся вопросами обеспечения безопасности и обороны России и Кореи. Таким образом, он представляет интерес для широкого круга пользователей, интересующихся данной сферой деятельности.

Издание включает в себя 3470 словарных единиц. Основные темы, отраженные в словаре: военное дело, военная администрация, тактика и стратегия, государственная оборона, виды войск, международные военные отношения, вооружения и военная техника, виды оружия сухопутных войск, военной авиации и военно-морских сил, и т.д.

Следует особенно отметить состав авторского коллектива словаря, который представляет собой единую команду лингвистов и военных специалистов, имеющих большой опыт практического перевода в военной сфере. Для одних из них родным является корейский язык, а для других – русский. В работе над словарем принимали участие Чжун Чжэ Хо – опытный военный переводчик, обучавшийся в Сеуле и в Москве, морской офицер, Ким Гван Хан – офицер артиллерии, также обучавшийся в Сеуле и в Москве, Пан Кёён – профессор Университета иностранных языков Хангук, доктор филологических наук, чрезвычайно тонкий и грамотный филолог-русист переводчик-международник высшего уровня, Каплан Т.Ю., профессор ДВФУ и Университета иностранных языков Хангук, обучавшаяся в университете Санкт-Петербурга, и являющаяся автором многих учебников по корейскому языку для русских студентов. Такой сплав специальных военных и лингвистических знаний, а также подход с позиций не только корейского, но и русского языка, вызывает особое доверие к выполненной данным коллективом работе.

В основу разработки словаря были положены принципы отраслевой двуязычной лексикографии, сформулированные лингвистами, создававшими словари мирового уровня.

Первый принцип заключался в том, что создание словаря, тем более двуязычного, не может быть индивидуальным делом, но является коллективным творчеством. Поэтому для работы над словарем и была сформирована международная авторская группа корейских и российских экспертов в области лингвистики и военного дела. Создание такой группы предоставило уникальную возможность уточнения переводов корейских военных терминов на русский язык.

Нам, как авторам «Русско-французского словаря военных терминов» (Москва, 2008 г.) особенно приятно, что избранный нами при работе над словарем принцип коллективного двуязычного творчества, сочетающего лингвистические и специальные знания, был продолжен нашими коллегами – составителями корейско-русского военного словаря.

Одним из критериев выбора эквивалентов был функциональный, предполагавший возможность их непосредственного употребления в соответствующей грамматической форме в реальных высказываниях на русском языке, являющихся переводом конкретных корейских фраз.

Особое внимание обращалось на сочетаемость слов в синтагмах русского языка, на грамматические способы управления с использованием тех или иных предлогов.

Одним из важных вопросов, главным образом на начальном этапе работы со словарем, был вопрос о номенклатуре военных терминов. В основу корпуса корейских терминов была положена терминология, отобранная и выверенная в военных и других специальных энциклопедических изданиях. Кроме того, в словарь вошли термины, отражающие понятия военной деятельности, почерпнутые из открытых периодических изданий и учебных пособий, уставов, наставлений и т.п.

Мы выражаем надежду, что издание корейско-русского словаря военных терминов окажется необходимым звеном в лингвистическом обеспечении контактов в военной сфере и сфере обороны между Россией и Южной Кореей, и желаем коллективу составителей дальнейших творческих успехов на благо российско-корейского взаимодействия в области обороны и безопасности.

Гарбовский Н.К.
автор «Русско-французского словаря военных терминов»,
профессор Московского государственного университета
имени М.В. Ломоносова

Костикова О.И.
член международной рабочей группы по разработке русско-французской военной терминологии, профессор Московского государственного университета имени М.В. Ломоносова

추 천 사(국문요약)

국내·외 테러위협, 국가간 군사적 분쟁이 정치적 위협으로 변하는 국제정세 속에서 러시아는 과거의 경험과 현재의 기회를 살려 다른 나라들과 다양한 협약을 맺고 있다. 외국어 소통은 이러한 국가간 협약을 원활히 해준다. 국방 영역의 협약에서 전문용어, 이론 지식 및 실전 경험의 필요성이 국방전문용어사전을 만든 계기가 되었다고 생각한다.

러시아 연방과 대한민국의 군사협력은 오랜 역사를 가진다. 이러한 군사협력의 뿌리는 100여 년 동안 존재했고, 양국 간 군사협력은 오늘날 활발히 진행되고 있다. 국방·군사 전문가들은 러시아와 한국 간에 잠재적인 군사·기술 협력의 기회가 존재한다고 생각한다. 양국 국방부 간 방산교류, 무장 및 군사기술 교류, 군사전문가 교류가 존재한다. 그리고, 러시아 모스크바 총참모대학과 지휘참모대학에서 대한민국 영관장교들은 교육을 받고 있고, 정기적·비정기적으로 지역안보, 군사 영역의 문제 해결을 위한 협력을 지속 추진하고 있다.

군사 분야에서 양국은 군사학·군사협력·군사문화 교류 증대를 희망하고 있고, 양국 간 군사협력 강화는 두 나라의 상호 이해를 도와줄 것이다. 이를 위해서는 우선적으로 양국간 소통이 원활해야 한다. 하지만 양국 모두 국방전문용어를 이해하고, 활용할 수 있는 전문가들이 부족한 실정이다. 러·한 국방전문용어 사전 발간은 양국 국방전문용어의 상호 이해를 처음으로 가능케 하는 것이다. 한국에는 현재까지 러·한 국방전문용어사전이 전무했다. 구소련 시절인 1966년 북한 관련하여 러·조 군사용어집이 발간된 사례는 있으나, 폭넓게 활용되지를 못하였는데 그 이유는 첫 번째, 희귀한 책으로 여겨졌기 때문이고, 둘째, 새로운 무기와 군기술, 새로운 전략 등 현 상황과 부합하지 않는 사전이었기 때문이다.

새로운 러·한 국방전문용어 사전은 러시아에게 적합한 러·한 국방전문용어 정보를 제공할 것이며, 새로운 군사전략, 군사기술의 이해 증진 및 군사교류 확대에 많은 도움을 줄 것이다. 이러한 사전은 한국뿐만 아니라, 러시아 군 관계자들에게 조차 러·한 양국간 군사협력을 위해 오랜 기간 기다려 온 책이다.

사전은 우선 군사 관계자, 군 유학생들이 사용할 것이며, 추후 기자, 국가기관 관계자들이 활용할 것이고, 러시아와 한국군의 안보 문제 해결을 위해 활용될 것이다. 또한 국방 관련 통역 업무에 관심이 있는 통번역관들에게 큰 흥미를 제공할 것이다.

본 사전에는 총 3470개 표제어의 방대한 관련 용어를 포함하고 있고, 군사업무, 군사전략, 군사외교, 군부대, 무장과 군기술, 지상·항공·해군 무기체계 등 다양한 내용이 포함되어 있다.

이 사전은 특히 국방 분야에서 실무 통역 경험이 많은 군사전문가, 전문 통번역사들이 참여하여 작성하였기에 더 큰 의미를 가진다. 사전작업에는 한국외국어대학교 통번역대학원 문학박사이자 전문통번역사 방교영 교수, 한국외국어대학교 통번역대학원 한국어 전문가 카플란 교수, 해병대 장교출신이자 전문통번역사 김광환 박사, 통번역 경험이 많은 러시아 군사전문가 해군중령 정재호 박사가 참여하여 오랜 기간 한국어-러시아어의 국방전문용어 분야를 정리하였기에 더욱 믿음을 준다. 집필자들은 세계적 수준의 사전을 완성하고, 언어학적으로 완전한 두 언어의 원칙을 완성하였다고 믿는다. 사전 완성을 위해 언어와 국방의 영역에서 한국과 러시아의 국제 전문가 집필진들이 구성되었고, 이들 집필진은 러시아어-한국어 국방전문용어의 훌륭한 성과를 달성할 수 있었다.

우리는 "러시아어-불어 군사전문용어 사전"을 만든 경험이 있어 언어학의 전문지식을 가지고 만들어진 "러시아어-한국어 국방전문용어사전" 집필자들의 노고를 이해한다. 정확한 한국어로 번역하기 위해 러시아어 국방전문용어사전을 참고하였고, 러시아어의 新용어 및 문법에 대해 주의깊게 관심을 가지고 신경을 썼다. 사전을 만드는 과정에서 발생되는 문제들을 한국어 군사전문 백과사전을 통해 해결했다.

러·한 국방전문용어 사전이 러시아 연방과 대한민국 양국 간 군사분야와 국방부를 연결시키는 징검다리가 되어 한국과 러시아 간 국방 및 군사 분야에서 좋은 결실을 맺길 바란다.

'러시아어-프랑스어 군사용어사전' 저자

모스크바 국립대학교(MSU) 가르봅스키 교수, 코스티코바 교수

추 천 사

조선과 제정러시아가 1884년 공식외교관계를 수립한 이후 조선의 패망, 일제식민지배와 해방, 대한민국의 건국과 6.25전쟁, 그리고 미-소 냉전시기를 거치면서, 무려 1세기가 넘는 세월동안 단절되었던 한국과 소련 양국관계는 1990년 9월 30일 韓-蘇수교(엄밀히 말하면 '외교관계의 정상화'이다)를 계기로 '적대적 관계'로부터 '상호동반자적 관계'로 세기사적 변화를 겪었다.

상주무관부 설치를 통한 국가간의 군사교류협력관계 수립에는 수교 이후 최소 2-3년 이상의 기간이 필요한 것이 일반적인데 소련의 '88년 서울올림픽 참가로부터 시작한 놀라운 양국관계 발전은 서울과 모스크바에 각각 상주무관부가 설치되는데 불과 1년의 짧은 시간을 필요로 하였다. 그것은 당시 시대상황으로 보아 일대 '사변'임이 틀림없었다.

1991년 가을 마침 주 영국대사관 국방무관직을 마친 나는 '러시아어를 구사하는 영관장교'라는 자질 하나만으로 그 역사적 사변의 중심에 뛰어들어 초대 駐 러시아대사관 해군무관으로 모스크바에 첫 발을 디딘 이후 8년여 국방무관으로서 한-러 양국관계를 70년간의 적대국관계에서 일약 '북한-러시아간 군사관계를 훨씬 능가하는' 상호군사협력관계로 발전시키는 보람있는 역사적 체험을 하였다.

회고하건데, 초창기 한-러 군사협력과 외교의 현장에서 가장 어려웠던 것은 역시 언어문제였다. 물론 외교무대에서 영어와 순차통역을 활용한 소통은 언제나 가능하였지만 훌륭한 고급 러시아어 구사능력은 러시아인들에게 가슴으로 다가가는 진정한 소통의 지름길이었다. 그러나 90년대 초 양국 軍간 다양한 분야에서의 첫 군사교류협력에 관한 MOU 나 협정문안 마련과 각종 중요문서들과 기밀문서 작성 등 과정에서는 아무에게나 함부로 도움을 구할 수도 없었기에 말 못할 어려움이 컸다.

글로벌시대를 살고 있는 우리는 국가간 상호교류와 협력 없이는 단 하루도 생존할 수 없는 변화무쌍한 국제무대에서 매일 넘쳐나는 정보의 홍수와 다양한 소통의 문제로 도전받고 있다. 한-러관계가 이미 사반세기의 놀라운 외교사를 써나가고 있는 지금 두 나라간 군사관계도 고위인사방문교류, 교육훈련, 정례회의 등 일반적 차원을 넘어 이제는 훨씬 복잡하고 더욱 다변화된 방산·군수·과학기술 협력 등으로 발전해 나가고 있어 더욱 고도화된 의사소통을 필요로 하고 있는 것이 현실이다.

이러한 시대적 요구에 부응하여 한국외국어대학교 통역대학원의 교수, 연구원, 거기에 더하여 직접 러시아에서 수학한 해군장교(정재호 박사)가 뜻을 모아 〈러-한 국방전문용어사전〉을 편찬한 것은 참으로 귀한 노력이요, 앞으로 통일시대를 대비한 군사외교와 한-러 국방부문 교류협력의 질적 변화를 도모하는데 매우 유익한 밑거름과 도구가 될 것으로 믿어 진심으로 경의와 축하의 박수를 보낸다. (이 사전이 20년만 일찍 나왔더라면 나의 초대 주러시아 무관생활이 훨씬 수월 하였을 텐데...라는 생각도 해본다)

초대 주 러시아 대사관 무관

(예)해군제독 윤종구

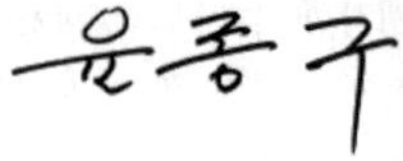

추 천 사

세계사적 군사문제 전문가이자 전쟁평론가인 Karl Clausewitz는 "전쟁이란 단지 다른 수단에 의한 정치의 연속"이라고 말한 바 있다. 그런데 이러한 Clausewitz의 명제는 이제 우주 핵무기 시대에 이르러"새로운 사고(Новое мышление)"에 의한 "정치적 대화"로 대체되어야만 하고, 내던져버려야 할 낡은 명제라고 구 소련 대통령 Mikhail Gorbachev는 단언하였다. 그러나 Gorbachev의 이러한 생각과는 달리 오늘날 국제무대는 열강을 비롯한 세계 각국들이 국방력과 각종 무기개발에 따른 군사력 확장을 통해 자국의 안보와 국익을 극대화시키고자 하는 치열한 각축장이 되어 Clausewitz의 명제가 여전히 유효함을 잘 말해주고 있다.

사실 현실적으로 미 · 일 · 중 · 러 4개국에 둘러싸여 이들의 각축 속에서 눈앞에 가로놓인 국가와 민족의 생존, 안보는 물론 앞날의 통일을 위해서 애를 써야만 하는 우리는 이들 4개국과 전략적으로 미래지향적 밀접한 외교관계를 맺어나가야만 한다. 바로 이러한 시점에서 20세기 말 냉전의 틀이 깨진 이후 우리 한국에 대해 매우 호의적인 입장을 견지해오고 있는 러시아와 우리는 보다 폭넓고 깊게 관계를 발전시켜나가야만 할 것이다. 특히 우리의 국방력 강화와 국가안보를 위해서는 국방력과 군사력에 관한 한 국제무대에서 미국과 더불어 확실하게 G2를 형성하고 있는 러시아와 군사교류 · 협력관계를 발전시켜나가는 것은 매우 중요하다. 이러한 점을 고려할 때 이번『러한 국방 전문용어 사전』의 출판은 참으로 반가운 소식이 아닐 수 없다.

주지하다시피 어떤 관계를 서로의 믿음 속에 보다 깊고 확고하게 다져나가는 데는 상호 원활한 의사소통이 첫째가는 요소이다. 이제 수교 25주년을 맞이해 그 동안 상당한 수준에 오른 한-러 군사교류 · 협력관계가 보다 더 높은 수준으로 올라서기 위해서는 무엇보다도 먼저 양자 간에 의사소통을 정확하고 원활하게 하는데 도움을 줄 수 있는 해당 분야의 전문용어 사전이 최우선적으로 요구됨은 재론의 여지가 없다 하겠다. 이러한 점에서 볼 때 금번 해당 러시아어 관련 분야에서 다년간 경험을 쌓고 연구를 해온 한국외국어대학교 통번역대학원 한노과의 방교영 주임교수와 Tamara Kaplan 교수, 해병대 보병장교 출신의 김광환 박사, 현역 해군 중령 정재호 박사 등이 공동 집필자와 감수자로서 직접 참여해 만든 본 사전은 앞서 이야기한 그 필요성에 획기적으로 부합하는 결과물이라 할 수 있다. 더군다나 이들은 모두 오늘날까지 한국에서 발행된 최초의 노한사전 및 한노사전은 물론 과학기술 전문용어, 경제 전문용어, 축구용어, 관용어 · 속담 · 사자성어 사전 등의 편찬에 직간접으로 참여한 바 있어 본『러한 국방 전문용어 사전』은 특별히 그 가치가 높이 평가될 만하다.

군장교 생활 15년 가운데 육사 러시아어 교수 10년, 전역 후 일반대학 러시아어과 교수 30여 년을 지내는 동안 본인은 30여 년 전 한국 최초의 노한사전 및 10여 년 전 한국 최초의 한노사전 편찬에 주도적으로 참여한 바 있어 이번『러한 국방 전문용어 사전』의 편찬이 얼마나 고통스럽고 지난한 일이었는지를 잘 알 수 있으며, 그 가치 또한 얼마나 높이 평가되어야 하는지를 잘 알고 있다.

따라서 본 사전의 편찬에 혼신의 힘을 기울인 네 분 집필자와 그리고 이와 같은 값진 사전을 출판해주신 한국외국어대학교 지식출판원에 거듭 감사를 드리는 바이며, 이제 이처럼 귀중한 본 사전이 그 값어치를 발휘하기 위해서는 삼군사관학교를 비롯한 군 관계 교육기관과 군 전체는 물론 각 대학교 및 정부 당국자와 일반사회의 관련 부서, 관련 전문가 학자, 교육자, 피교육자들이 적극적으로 이를 구입하여 활용해야만 할 것이다.

한국외국어대학교 러시아어과 명예교수, (사)한러교류협회 회장 기연수

서 평

모스크바에서 공부를 마치고 한국국방연구원에서 러시아 군사, 안보를 연구한지 어언 20년이 흘렀습니다. 지난 20년 간 많은 연구 과제를 수행하면서 가장 힘들게 느껴졌던 부분은 러시아 군사관련 용어의 정확한 해석과 우리말로 옮기는 과정이었습니다. 실제로 러시아는 군의 편제와 체제가 우리와는 확연히 다른 점이 있어 전문적인 용어들을 어떻게 해석하고 번역하느냐가 좋은 연구 결과를 내는데 상당히 중요한 요소로 작용하였습니다. 사전에 나온 단어들을 그대로 차용해서 쓸 경우 많은 사람들이 제대로 이해를 하지 못하는 경우가 많았고, 우리에게 생소한 한자어들의 결합으로 이루어진 단어들에 대해서는 생경스럽게 느끼는 상황이 연속되었습니다. 아마 이런 경험은 러시아를 연구하고 공부하는 모든 분들이 공통으로 겪었어야 할 숙명 같은 일이었다고 생각합니다. 그런데 이번 러한 국방전문용어 사전이 한국외국어대학교에서 출간된다고 하니 기쁘기 그지 없습니다. 앞으로 이 사전이 러시아 군사를 연구하고 공부하는 모든 분들의 표준서가 되었으면 하는 바램입니다. 끝으로 이번 사전 작업에 참여하신 해군 장교와 한국외국어대학교 교수님들께 깊은 감사를 드립니다.

한국국방연구원(KIDA) 국제전략연구실장
책임연구위원 유영철

서 평

1990년 한·소 수교를 바탕으로 1991년 양국 상주무관부 개설과 함께 공식적으로 시작된 한·러 군사교류협력은 올해로 25주년을 맞이하였다. 그 동안 한·러 군사교류와 협력은 수많은 우여곡절 속에서도 다양한 분야에서 꾸준한 성장과 발전을 이루어 왔다. 지난 25년간의 성과를 토대로 새로운 4반세기를 준비해야 하는 시점에 한국외국어대학교 통번역대학원에서 〈노한 국방 용어 사전〉을 발간함은 매우 뜻 깊고 반가운 일이 아닐 수 없다. 특히 한·러 통번역 이론과 실기 분야에서 고루 풍부한 경험을 지닌 방교영 교수님과 군사 통번역 실무경험이 풍부한 군사전문가들의 만남이 보다 완성도 높은 사전의 편찬을 가능케 하였다고 생각된다.

상호관계의 발전은 서로에 대한 충분한 이해를 바탕으로 한다. 용어사전의 중요성이 바로 여기에 있다. 러시아 군사 분야에 관심이 있는 후학들과 한·러 군사교류협력의 현장에서 활동하는 실무자와 전문가들에게도 매우 유용한 자료로 활용될 것을 믿어 의심치 않는다.

육군사관학교 외국어학과 러시아어 교수 육군대령 이원복

서 평

美-蘇 냉전의 끝을 알리던 90년대 초, 韓-러 국방교류의 문을 두드리며 모스크바 총참모대학에서 해군장교로서 군사교육을 받았다. 당시 학업의 가장 큰 장벽은 낯설기만 했던 러시아 군사용어로 진행되던 군사학 수업이었다. 러시아 군사용어는 또 다른 러시아 언어이므로 용어의 이해가 무엇보다 중요함을 강조하던 교수들의 말씀이 떠오른다. 국방 전문용어사전의 필요성을 절감했었다. 세월이 흘러 나에게는 과거의 추억으로 남았지만, 후학들이 러-韓 국방교류를 위해 지속적으로 군사교육기관에 입교하고 있기에 아직도 목마름이 많을 것으로 생각된다. 한국외국어대학교 교수들과 현역 해군장교가 오랜 시간을 할애하여 완성한 '러-韓 국방전문용어사전'은 양국 군사교육기관에서 공부하는 양국 장교들에게 큰 도움을 줄 뿐만 아니라, 我 정부 정책 유라시아 이니셔티브에 부합하여 韓-러 양국 국방교류를 더욱 향상시킬 것을 믿어 의심치 않는다.

前 모스크바 총참모대 유학장교, 現 해군사관학교 명예교수,
GM(젠틀맨)인성리더십 연구소장, 예) 해군대령 임채일

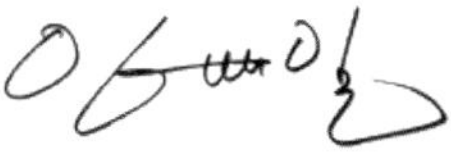

러시아와 국교를 맺은 초기, 유학시절에 기갑장비와 전술에 대한 용어를 한국어보다 러시아어로 먼저 익히느라 애를 태웠습니다. 개념 정리가 되지 않아 멍하니 지낸 순간들이 너무 많았고 힘들었습니다. 이 사전을 접하니 한여름 갈증에 벌컥벌컥 마시고 온몸에 뒤집어쓴 시원한 샘물을 찾은 기분입니다. 한 개인이나 조직을 이해하는 데는 상대의 언어를 이해하는 것이 급선무입니다. 그리고 모국어가 아닌 언어를 제대로 이해하기는 어렵고 힘듭니다. 특히, 추상적인 의미와 정의가 많은 군사용어는 더욱 그렇습니다. 국내에서는 군사 러시아어 사전을 단편적으로 제작하여 내부용으로 사용하는 경우는 있습니다. 그러나 사회에서 통용되는 사전은 확인하지 못했습니다. 그래서 한국외국어대학교에서 편찬한 사전은 시도 자체만으로도 가치 있고 의미가 큽니다. 수록된 3,500여 개의 단어와 어휘는 군사 러시아어의 특성뿐만 아니라 군사 전반에 대해 이해하는 데 많은 도움이 되리라 생각합니다. 가까이에 두고 또 펼쳐보고 싶은 군사용어 사전으로 계속 발전하길 응원합니다.

前 국방어학원 초대원장, 육군대령 전갑기

일러두기

Ⅰ. 기호

1	①②③	어의(語義)분류기호
2	=, /	동의어
3	↔	반대어
4	~	반복기호
5	[ ]	표의 괄호 안에는 약어, 발음과 문법을 표시
6	( )	표의 괄호 안에는 추가되는 용례 혹은 부가설명을 기록
7	« »	표의 괄호 안에는 특별한 의미를 가지거나, 강조가 필요한 내용을 기록
8	◆	특이사항에 대한 보충설명
9	陸,海,空	육·해공군의 약어
10	복, 남, 여	복수형, 남성형, 여성형을 표시
11	CB, HCB	완료체, 불(미)완료체를 표시, 러시아어 (совершенный вид, несовершенный вид) 의약어
12	«속담»	어의(語義)의 분류에 관계없이 용례의 맨 마지막에 수록

Ⅱ. 기록방법

1 필기체

가. 관용구 및 특수한 표현은 "굵은 필기체"로 기록하나, 이것의 예문은 "가는 필기체"로 기록

나. 문법적인 표현은 "가는 필기체"로 기록

2 한자표기

의미 전달이 모호한 단어에는 한자를 표시

3 띄어쓰기

고유명사, 복합어 등은 가급적 붙여 씀을 원칙으로 하고, 띄어쓰기는 한글맞춤법에 준함

4 용어선택

다양한 뜻을 가진 용어 선택 시 안보·군사에 가장 근접한 의미만을 기록함을 원칙으로 함

5 용어편성

가. 기본 편성은 노어 어원, 한글 번역으로 배열함을 원칙

나. 주요 안보·군사용어의 설명이 필요시 개념을 한글로 풀이하여 기록

다. 러시아만의 특이사항 설명은 군사용어 설명 다음에 기록

라. 생략된 어원이나 복합어는 원어 뒤에 [ ]표의 괄호 안에 약어를 기록
예) Ограничение Стратегических Вооружений [ОСВ]
전략무기제한협정[SALT]

마. 한 용어가 한 가지의 뜻만으로 설명될 때에는 기본편성 다음에 줄을 바꿔 기술
예) атташе 무관 대사관이나 공사관에서 근무하는 장교

바. 한 용어가 여러 가지 뜻으로 설명될 때는 기본 편성에 부가하여 번호순으로 설명하고, 줄을 바꿔 부가된 번호순으로 개념을 기술
예) армия
① 군(한 국가의 무력의 총체) ②군(군단의 상위부대) ③군대 ④육군
① 한 국가의 무력의 총체 ② 수 개 군단 또는 지원부대로 구성되는 최대 행정 및 전술부대 ③ 일반적으로 군대를 통칭하는 말 ④ 지상군 부대를 가리키는 포괄적인 용어

참고 문헌

〈국문〉

강덕수	노한 전문용어사전	서울 : 명지
강덕수, 김현택	GEM 한노사전	서울 : 진명
김학수	노한사전	서울 : 주류
유학수	러한 전문용어 사전	서울 : 민중서림

〈러시아어〉

Баканов Р.А.	Краткий англо-русский и русско-английский военный словарь	М. : «Воениздат»
Волковский Д.	Детская военно-морская энциклопедия	М. : «ОЛМА-ПРЕСС»
Грибовский В.Ю.	Англо-русский морской словарь	СПб. : «Литера»
Елагина Н.М.	Русско-английский морской словарь	Таллинн : «Мери»
Еремин В.П.	Военно-морское образование в России	СПб. : «НАУКА»
Золотарев В.А.	Военная история России	М. : «Кучково поле»
Киселев Б.В.	Англо-русский словарь военной и сопутствующий лексики	М. : «Восток-Запад»
Кокошин А.А.	Стратегическое управление в военной сфере	М. : «МАКС Пресс»
Кокошин А.А.	Стратегическое управление	М. : «РОССПЭН»
Лим Су	Золотые слова корейского народа	СПб. : «С.-Петерб.ун-т»
Манилов В.Л.	Военная безопасность России (словарь-справочник)	М. : «Пробел»
Никольский Л.Б.	Корейско-русский военный словарь	М. : «МО СССР»
Ожегов С.И.	Толковый словарь русского языка	М. : «Азбуковник»
Прохоров А.М.	Военный энциклопедический словарь	М. : «РИПОЛ КЛАССИК»
Фаворов П.А.	Англо-русский военно-морской словарь (том 1,2)	М. : «Воениздат»
Чернавин В.Н.	Военно-морской словарь	М. : «Воениздат»
Шевчук В.Н.	Англо-русский военный словарь	М. : «Воениздат»

〈인터넷〉

http://www.airwar.ru/index.html
http://www.animad.pe.kr/Terminology/a.html
http://www.hrono.ru/sobyt/190_war.html
http://militera.lib.ru/science/index.html
http://www.mnd.go.kr
http://www.redstar.ru
http://www.imemo.ru/meimo
http://www.mil.ru
http://www.mid.ru
http://www.armscontrol.ru
http://ko.wikipedia.org/wiki
http://www.slovari.ru
http://stdweb2.korean.go.kr/main.jsp
http://www.flot.com
http://www.navy.su
http://www.militaryrussia.ru
http://dic.academic.ru
http://www.sokr.ru
http://www.pentagonus.ru
http://www.janes.com/products/janes/index.aspx

A

ААБ *(авиационная база)* 공군기지

авангард 전위(대), 선봉(대), 선두부대 ◆ 주력부대의 안전한 전진을 보장하기 위하여 주력부대 전방에 파견되는 부대 ¶ быть в ~де // 전위에 서다 ¶ главные силы ~да // 전위본대 (⇔ арьергард)

авангардный 전위(대), 선봉 (대)의; 선두부대의 ¶ ~ная роль // 선봉적 역할

аванпост 전초, 전초지, 최선난, 최전선 ◆ 본대의 정지 간, 숙영 간 혹은 진지에 있는 동안 이를 적의 관측과 기습으로부터 보호하기 위하여 본대로부터 약간의 거리를 두고 운용되는 경계파견대

аварийный 파손의, 고장 · 사고의 ¶ ~ запас // 비상물자 ¶ ~ сигнал // 비상신호 ¶ ~ная защита ядерного реактора // 원자로에서 연쇄반응을 빨리 정지하게 하는 설비체계 ¶ ~ная служба // 해난구조근무 ◆ 바다에서 천재지변 등으로부터 인원, 선박, 항공기 등을 구조하는 근무 ¶ ~ная тревога // 사고발생 경보 ¶ ~ное всплытие // 긴급부상 (잠수함에서) ¶ ~ное расписание // 사고 발생 시 조치 목록표 ¶ ~ные огни // 표류 선박 표시등

авария 파손, 고장, 사고, 조난 (군함, 비행기 등의) ¶ потерпеть ~рию // 조난당하다, 고장이 생기다

авиабаза *(авиационная база)* 비행기지; 공군기지 ¶ морская ~ // 해군 항공기지

авиабензин *(авиационный бензин)* 항공휘발유

авиабомба 항공기 투하용 폭탄

авиабригада 항공여단, 비행여단

авиагарнизон 항공경비대

авиадвигатель 항공기 기관, 항공엔진

авиадесант 낙하산부대, 공정대

авиадесантный 낙하산부대의, 공수부대의 ¶ ~ная часть // 공정특전부대 ◆ 공수착륙이나 공중투하로써 전투지대에 투입되어 전투작전을 수행할 목적으로 편성된 부대

авиадивизион 항공대대

авиадивизия 항공사단

авиазвено 비행편대, 비행중대

авиаматка 항공모함 = авианосец

авианавигатор 항법사

авианесущий 비행기를 적재하고 다니는

авианосец 항공모함 ◆ 항공기를 탑재하고 이착륙시킬 수 있는 주요 공격함으로 해군 기동함대 편성의 주축이 되는 함정. 항공모함은 먼 거리에서 신속히 적에게 접근, 항공기를 발진하여 공격하고 착함시켜 위치를 노출함이 없이 퇴각할 수 있다는 장점을 지님. 고속 (30노트 이상으로 항해가능), 장기작전 능력 및 내해성, 항공기 탑재능력 및 단독 정비능력의 특징을 가짐 ¶ атомный ~ // 원자력 항공모함 ◆ 추진동력을 원자력으로 운용하는 항공모함 ¶ конвойный ~ // 호위항공모함 ¶ легкий ~ // 경항공모함 ¶ многоцелевой~ // 다목적 항공모함 ¶ тяжелый ~ // 대형항공모함 ¶ ударный ~ // 공격항공모함 ¶ ударный атомный ~ // 공격원자력 항공모함 ¶ эскадренный ~ // 공격항공모함 ¶ эскортный ~ // 호위항공모함 = авиаматка

авианосный 항공모함의, 비행기를 적재하는； 항공모함 비행대의 ¶ ~ная авиация // 항공모함비행대; 함재기 ¶ ~ное соединение // 항공모함기동분대 ¶ ~ное ударное соединение // 공격항공모함기동분대 ¶ ~ флот // 항공모함함대

авиаполк 비행연대

авиаразведка 항공정찰

авиасигнал 항공신호, 대공신호

авиасигнальный 항공신호의, 대공신호의 ¶ ~ный пост // 항공 관제소

авиасоединение 비행단; 공군연합부대

авиатехника 항공장비, 항공기재

авиатор 조종사, 비행사

авиатранспорт 항공수송

авиационный 항공의, 비행의; 항공기용의 ¶ ~ салон // 비행기전람회 ¶ ~ная бомба // 항공기용 폭탄 ¶ ~ная дивизия // 비행사단 ¶ ~ная медицина // 항공의학 ◆ 비행 시 생물학적, 심리학적 문제에 관한 의학의 특수부문을 다루는 학문 ¶ ~ная подготовка // 비행훈련 ¶ ~ная поддержка // 항공지원 ◆ 공군이 지상 또는 해상부대에 제공하는 모든 형태의 지원 ¶ ~ная промышленность // 항공공업 ¶ ~ная разведка // 항공정찰 ◆ 항공기를 이용하여 지형, 기상, 적군의 배치, 구성, 이동, 시설, 병참선, 전자 및 통신 등에 관한 첩보를 획득하기 위한 공중정찰활동 ¶ ~ная ракета // 항공기 탑재 로켓 ¶ ~ная техника // 비행장비, 항공기재 ¶ ~ное вооружение // 항공기용 무기 ¶ ~ное прикрытие // 항공엄호 ◆ 목표지역내 또는 목표지역으로 이동하는 상륙기동부대를 보호하기 위해 상륙작전에 직접 영향을 미치는 목표지역 밖에서 실시하는 항공작전 ¶ ~ное топливо // 항공유 ¶ ~ное учение // 비행훈련 ¶ ~ные приборы // 항공기용 계기류 ¶ ~ный двигатель // 항공기 기관, 항공기 엔진 ¶ ~ный тыл // 후방에 위치하는 항공대

авиация ① 항공학, 항공술 ◆ 초고층에서의 대기의 조성, 밀도, 기온 및 화학적 반응 등이 이에 포함됨 ② 항공, 항공기, 항공대, 비행대, 항공단 ◆ 비행에 관한

과학, 기술 전반을 말하며 항공기의 비행, 항공병력, 비행기를 의미하는 등 아주 광범위하게 사용됨 ¶ ~ ближнего действия // 근거리 항공 ¶ ~ дальнего действия // 원거리 항공 ¶ ~ непосредственной поддержки // 근접지원 항공 ¶ ~ ПВО // 대공방어 항공대 ◆ 적의 공중공격에 대한 일체의 방어행동을 수행하는 항공대 ¶ ~ поддержки // 항공지원 ¶ ~ противника // 적항공세력 ¶ армейская ~ // 육군항공대 ¶ бомбардировочная ~ // 폭격항공대 ¶ военная ~ // 군용비행대 ¶ гражданская ~ // 민간 항공·항공기 ¶ дальняя ~ // 원거리 항공대 ¶ истребительная ~ // 전투항공대 ¶ морская ~ // 해군항공대 ¶ палубная морская ~ // 해군함재기항공대 ¶ противолодочная морская ~ // 해군대잠항공대 ¶ разведывательная ~ // 정찰항공대 ¶ разведывательная морская ~ // 해군정찰항공대 ¶ специальная ~ // 특수항공대 ¶ стратегическая ~ // 전략공군 ¶ тактическая ~ // 전술공군 ¶ транспортная ~ // 수송항공대 ¶ ударная морская ~ // 해군공격항공대 ¶ штурмовая ~ // 공격항공대 ¶ День ~ции // 항공절, 항공의 날

аврал 선원 전원작업, 전원집합신호, 승무원 전원작업, 갑판에로의 호출 (정박이나 상가 시 실시되는) 총원작업 ¶ ~! // 전원 갑판에 집합!

аврора ① 서광, 동녘 하늘의 노을 ② 10월 혁명 초에 활약한 순양함의 이름인 경우 Аврора

АВТ *(авианосец тяжёлый)* 중항공모함

автомат 자동소총 ¶ пистолет-~ // 기관권총 ¶ стрелять из ~та // 기관총을 발사하다 ¶ ~ Калашникова // АК 소총, 칼라쉬니코프 자동소총 ◆ 소련 및 공산권의 표준장비로 되어 있었던 구경 7.62mm 자동소총

автоматический 자동의 ¶ ~кая винтовка // 자동소총 ¶ ~ вызов // 자동호출신호 ¶ ~ выключатель // 자동개폐기·폐쇄기 ¶ ~ огонь // 자동사격 ¶ ~кое оружие // 자동화기 ◆ 방아쇠 압력이 떨어질 때까지 계속적으로 사격하는 소화기, 직사포 또는 대포 ¶ ~ пистолет // 기관권총 ¶ ~кая система управления // 자동조종시스템

автомобиль 자동차 ¶ ~для перевозки личного состава с усиленным бронированием // 병력수송용 장갑차량 ¶ бронированный ~ // 장갑차 ¶ вести (водить) ~ // 자동차를 운전하다·몰다 ¶ военные ~ли // 군용차량 ¶ выйти из ~ля // 자동차에서 내리다 ¶ гнать ~ // 자동차를 빨리 몰다 ¶ ехать (ездить) на (в) ~ле // 자동차를 타고 가다 (다니다) ¶ сесть в ~ // 자동차를 타다 ¶ управлять ~лем // 자동차를 몰다·운전하다

автомобильный 자동차의 ¶ ~ная рота // 자동차 중대 ¶ ~ная служба // 군용차량 정비대 ¶ ~ная техника // 차량 장비 ¶ ~ные войска // 자동차 수송부대

автономность 독립작전수행일수 ¶ ~ корабля // 군함작전일수

автономный 자율의, 자치의 ¶ ~ная инерциальная система навигации // 관성항법 ◆ 미사일 또는 항공기의 유도에 사용되는 항법 ¶ ~ная инерциальная система

A

управления // 독립 관성 통제장치 ¶ ~ная система управления полётом // 자동 비행 시스템

автопилот (비행기 · 유도탄의) 자동 비행 조종장치

авторулевой ① 자동조타장치 ② (어뢰의) 회전 자동키 조정, 자동 키장치

автотранспортный 자동차 수송의 ¶ ~ная подготовка // 수송교육 ¶ ~ная рота // 수송중대 ◆ 상륙군의 탑재, 목표지역으로서의 이동, 상륙 및 군수지원 등을 수행하기 위해 편성된 중대

агент 간첩, 스파이, 공작원 ◆ 적대국가 또는 정치적 집단의 이익을 위하여 비밀 혹은 허위의 구실 하에 정보를 탐지, 수집하는 구성원 또는 지령을 받은 자 ¶ засылать ~тов // 간첩을 파견하다

агентство 통신사 ¶ ~ правительственной информации // 국정홍보처 ¶ международное ~ по атомной энергии (МАГАТЭ) (= Агентство) // 국제원자력기구 [IAEA] ¶ центральное телеграфное ~ Кореи (ЦТАК) // 조선중앙 통신사

агентура 첩보 · 정탐 ; 첩보 · 간첩망 ◆ 관측, 보고, 풍문, 사진 및 기타 출처로부터 나온 모든 평가되지 않은 기록자료 ¶ вражеская ~ // 적 첩보망

агентурный 첩보부의, 첩보 · 정탐 · 수사(사업)의 ¶ ~ная разведка // 인간정보 ◆ 유사시 적 지역에 침투하여 호를 구축하고, 안에서 적의 동태, 활동, 움직임을 파악하는 활동 ¶ ~ная служба // 인간정보국 ¶ ~ные сведения // 첩보자료

агрессивный 호전적인, 침략적인, 공격적인 ¶ ~ акт // 침략행위 ¶ ~ альянс // 침략동맹 ¶ ~ блок // 침략블록 ¶ ~ выпад // 침략적 공격 ¶ ~ная политика // 침략정책 ¶ ~ная война // 침략전쟁

агрессия 도발, 침략, 공격 ◆ 적이 특정임무를 수행하기 위하여 대한민국의 국민과 재산 또는 영역에 가하는 일체의 위해행위 ¶ вероломная ~ // 배신적인 침략 ¶ внешняя ~ // 외침 ¶ вооружённая ~ // 무력침략, 무력침공 ◆ 적이 특정임무 수행을 위해 병력이나 장비를 출동시켜 대한민국의 국민과 재산 또는 영역에 가하는 일체의 위해행위 ¶ косвенная ~ // 간접침략 ◆ 무력침략이 아니고 침투, 파괴행동 등 간접적인 방법으로 침략하는 것 ¶ осудить ~сию // 침략을 규탄하다 ¶ совершить ~сию // 침략하다

агрессор 침략자, 침략국, 강탈자, 약탈자 ¶ потенциальный ~ // 잠재적 침략국

АД *(артиллерийская дивизия)* // 포병사단

адм. ① адмирал 함대사령관, 해군대장, 해군제독 ② административный 행정부의 администрация 행정부

административный 행정(기관)의, 관리(기관)의 ¶ ~ орган // 행정기관 ¶ ~ центр // 행정중심지 ¶ ~ная должность // 행정적 직무 ¶ ~ная единица // 행정단위 ¶ ~ное взыскание // 행정책벌 ¶ ~ные способности // 행정적 수단

администрация 행정, 행정기관 ¶ военная ~ // 군정 ◆ 국방목표달성을 위하여

군사력을 건설, 유지, 관리하는 기능으로서 국방정책의 수립, 국방관계법령의 제정, 개정 및 시행, 자원의 획득배분과 관리, 작전지원등을 의미 ¶ гражданская ~ // 민정 ¶ местная ~ // 지방행정 (기관) ¶ установить военную ~цию // 군정을 실시하다

адмирал 해군대장, 제독 ¶ ~ // 해군중장 (3성 제독) ¶ ~флота Советского Союза // 소련해군원수 ¶ ~ флота (= полный ~) // 해군대장 ¶ ~-инженер // 해군기술대장 ¶ вице-~ // 해군소장 (2성 제독) ¶ вице-~-инженер // 해군기술근무소장 ¶ генерал-~ // 해군대장 (외국해군) ¶ контр-~ // 해군준장 (1성 제독) ¶ контр-~-инженер // 해군기술근무준장

адмиралтейство (제정 러시아 시대의) 해군사령부, 해군성

адмиральский 해군제독의 ¶ ~ корабль // 기함 ◆ 제독 또는 단위부대 지휘관이 승함하여 그 개인기를 게양하고 지휘하는 함정 ¶ ~кое звание // 해군장성의 등급

адъютант 전속부관

азбука 자모, 문자표 ¶ ~ Морзе // 모르스 부호·기호 ◆ 전신기를 발명한 미국인 Morse가 고안한 부호, 길고 짧은 전류로 문자를 대신함 ¶ ~ семафорная // 수기신호

азимут 방위각 ¶ измеренный ~ // 관측 방위각 ¶ компасный ~ // 자기 방위각

азимутный 방위각의

АК *(армейский корпус)* 육군군단

академия 아카데미, 대학 ① ¶ ~ военных наук // 군사과학원 ¶ ~ общественных наук // 사회과학원 ¶ ~ педагогических наук // 교육과학원 ¶ президент ~мии наук // 과학원 원장 ② ¶ военная ~ генерального штаба // 총참모대학 ¶ военная ~имени М.В.Фрунзе // 프룬제 군사대학 ¶ военно-воздушная ~ // 공군대학 ¶ военно-медицинская ~ // 군의대학 ¶ военно-морская ~ // 해군대학 ¶ военно-политическая ~ // 군사정치대학

акватория 수역; 영해 ◆ 국가의 영토와 연관이 있는 일정폭의 대상해역으로서 연안국의 영역권에 부속하는 해안의 부분. 우리나라에서는 1977년 영해법의 시행에 따라 12해리의 입장을 취함 ¶ ~ гидроаэропорта // 수상비행장 ¶ ~морского укреплённого района // 해상방어수역 ¶ ~ порта // (군함의)정박지 ◆ 항내보다는 안전하지 못한 외항의 투묘지로 입항을 위해 대기하거나 계류부선에 의해 화물을 적하할 수 있는 곳

аккумулятор 축전지, 충전기 ¶ тепловой ~ // 축열기

акт 행위, 증서 ¶ ~ агрессии // 침략행위 ¶ недружелюбный ~ // 비우호적 행위 ◆ 적대세력이 아군의 영토, 국민과 재산에 대해 공격 또는 기타무력행위를 자행하거나 우군의 임무 혹은 부여된 직무를 방해, 저지하기 위해 직접적으로 무력을 사용하는 행위 ¶ недружественный ~ // 비우호적 행위 ¶ террористический ~ // 테러행위 ◆ 폭력을 행사하여 사회적 공포상태를 일으키는 행위

активизация 활성화

A

активная 적극적인, 공세적인 ¶ ~ оборона // 적극적 방어, 공세적 방어 ◆ 먼저 적의 공격을 받아들여 방어의 이점을 최대로 이용하면서 적의 약점과 호기를 포착하여 적극적인 공세행동으로 적을 약화 또는 격멸하여 주도권을 장악하고 공세전환의 여건을 조성하는 데 목적을 둔 적극적인 방어 작전, 이는 다음의 공격을 위하여 공격과 방어의 이점을 조화시킨 적극적인 정신의 방어개념

активность 적극성 ¶ ~ обороны // 방어의 적극성

активный 적극적인, 능동적인

акустик 음탐병, 소나병

акустический 음향의 ¶ ~кая мина // 음향기뢰 ◆ 음향의 변화가 생기면 폭발하도록 설계된 기뢰 ¶ ~кая разведка // 음향정찰 ¶ ~кие аппараты // 음향장치 ¶ ~кие колебания // 음향진동

акция [복]~ии 행위, 조치 ¶ военная ~ // 군사적 행위(조치) ¶ дипломатическая ~ // 외교수단, 외교적 조치

альтернативный 양자택일의 ¶ ~ная гражданская служба // 대체복무

альтернативщик 대체복무자

альтиметр (항공용)고도계

альянс 동맹, 연합 ◆ 국가들의 공동 이익을 촉진시킬 목적으로 장기적 성격의 목표를 위해 2개 이상의 국가들이 체결한 공식 협정의 결과로서, 일반적으로 동맹 작전은 연합작전을 의미함 ¶ военный ~ // 군사동맹 ◆ 2개 국가나 그 이상의 복수국가간의 합의에 의하여 성립되는 집단적 안전보장의 한 방식으로서 군사적 공동행위를 맹약하는 제도적 장치나 사실적 관계 ¶ корейско-американский ~ // 한-미 동맹 ¶ оборонительный ~ // 방위동맹 ¶ русско-китайский ~ 러-중 동맹

амбиция // 야망, 자존심 ¶ задеть ~цию // 자존심을 상하게 하다 ¶ человек с ~цией // 야망을 가진 사람 ¶ военная ~ // 군사적 야망

амбразура 화구, 총구 ¶ бросаться на ~ру // 화점(火點)으로 돌진하다. ◆ 비유적으로 예상되는 결과에 대비하여 실익(實益)이 없는 행위를 하다. 섶을 지고 불에 뛰어든다.

американский 미국의

амортизатор 완충장치, 완충기 ¶ ~ колебаний // 진동 흡수장치

амортизация 완충

амфибия 수륙양용 ◆ 지상 및 수상에서 운용할 수 있는 것 ¶ самолёт (танк)-~ // 수륙양용비행기 (탱크)

ангар 격납고, 비행기고; (상륙함 안에 위치한 수륙양용 탱크) 격납고 ¶ ~-мастерские // 정비 격납고 ¶ ~-укрытия // 엄폐 격납고 ¶ ~-хранилища // 보관 격납고

ангарный 격납고의, 비행기고의 ¶ ~ная палуба // 항공기용 갑판

аннексия 합병, 병합

антагонизм 대립, 적대, 적의, 반목 ¶ классовый ~ // 계급적 대립

антагонистический 적대적인 ¶ ~кие противоречия // 적대적 모순

антенна 안테나 ¶ аварийная ~ // 비상용 안테나 ¶ асимметричная ~ // 비대칭 안테나 ¶ двусторонняя ~ // 통신용 안테나 ¶ всенаправленная ~ // 전방향 안테나 ¶ двудиапазонная ~ // 2대역 안테나 ¶ комнатная ~ // 실내안테나 ¶ ненаправленная ~ // 무지향성 안테나 ¶ неподвижная ~ // 고정식 안테나 ¶ параболическая ~ // 파라볼라 안테나 ¶ передающая (отправительная) ~ // 송신안테나 ¶ поставить ~ну // 안테나를 세우다·설치하다 ¶ приёмная ~ // 수신안테나 ¶ узконаправленная ~ // 지향성 안테나

антиракета 요격미사일, 대미사일 유도탄

антитеррористический 반테러의 ¶ ~кая коалиция // 대테러 동맹 ◆ 테러사건이 발생되기 이전에 예방, 저지활동을 하거나 테러사건발생이후 취해지는 대응활동의 체계적인 수단 및 방법을 강구하는 동맹 ¶ ~кая операция // 대테러 작전

АПГ *(Авианосная поисковая группа)* 항공모함전투단대 ◆ 항공모함이 포함되어 있는 대잠탐색이 주 임무인 수상전투단

апелляция 항소, 상고, 상소, 공소 ¶ отказать кому в ~ции // 항소를 기각하다 ¶ подать ~цию // 항소하다

аппарат ① 기구, 기계, 장치, …기 ¶ ~для записи звуков // 녹음기 ¶ ~для подслушивания // 도청기 ¶ автоматический ~ // 자동기구 ¶ дегазационный ~ // 소독기 ¶ звукозаписывающий ~ // 녹음기 ¶ звукоулавливающий ~ // 음향탐지기 ◆ 음향의 방향을 탐지하는 기구로서 보이지 않는 적화기 및 장비의 위치를 발견하는 데 이용함 ¶ конструкция ~та // 기구의 구조 ¶ космический ~ // 우주비행장치 ¶ летательный ~ // 항공기 ¶ модернизировать ~ // 기구·기계를 현대화하다 ¶ неисправность (поломка) ~та (또는 в ~те) // 기구의 고장 (파손) ¶ работать с ~том // 기구를 조종하다·돌리다 ¶ разобрать ~ // 기구·장치를 분해하다 ¶ светосигнальный ~ // 발광 신호기 ¶ собрать ~ // 기구 (장치)를 조립하다 ¶ телефонный ~ // 전화기 ¶ фотографический ~ // 사진기 ¶ чертёж ~та // 기구도면 ② (행정 · 경영 등의) 기관, 기구 ¶ административный ~ // 행정기관 ¶ государственный ~ // 국가기관 ¶ работать в ~те // 기관에서 일하다 ¶ реорганизовать (обновить, сократить) ~ // 기구를 재편성 ¶ руководить (управлять) ~том // 기구를 지도 (관리)하다 ¶ содержать ~ // 기구를 유지하다 ¶ сокращение центрального управленческого ~та // 중앙통제기구의 축소 ¶ сотрудник (работник) ~та // 기관직원 ¶ судебный ~ // 재판기관

аппаратура 기계설비, 기계장치 ¶ ~ для космических исследований // 우주탐사장치 ¶ ~ на воздушной подушке // 공기부양정 ◆ 상륙작전간 함안이동단계에서 상륙군의 병력, 장비 및 보급품을 고속으로 원해에서 기습적으로 수송하는 상륙정 ¶ ~ наведения // 유도장치 ◆ 악천 후에 대비, 항공기가 무사히

A

착륙할 수 있도록 지상에서 유도해 주는 장치 ¶ ~ определения госпринадлежности // 국적확인장치

АПУГ *(Авианосная поисково-ударная группа)* 항공모함전투단대 ◆ 항공모함이 포함되어 있는 대잠탐색 및 공격이 가능한 수상전투단

арена 활동무대 ¶ ~ конкуренции // 경쟁의 장 ¶ международная политическая ~ // 국제정치무대 ¶ на международной ~не // 국제무대에서

арест 체포, 구금, 검거, 구류, 감금 ¶ взять под ~ // 구류하다, 감금하다 ¶ выпустить из-под ~та // 석방하다 ¶ домашний ~ // 연금 (가택연금) ¶ незаконный ~ // 불법감금 ¶ ордер на ~т // 체포령 ¶ содержание под ~том // 감금

арестовать, [нсв] арестовывать кого-что 체포하다, 구류하다 ¶ ~ преступника // 범인을 체포하다

армада 대함대; 군용비행기 편대, 대연합부대로 ¶ воздушная ~ // 대비행기편대 ¶ непобедимая ~ // 무적함대 ¶ «Армада», Великая и славнейшая ~ // 스페인의 무적함대 ◆ 1588년에 영국함대에 격파 당함

армейский 군대의, 육군의, 집단군의 ¶ ~ госпиталь // 군병원 ¶ ~кая артиллерийская группа // 군대의 포병군

армия ① 군 (국가의 무력의 총체) ◆ 국가의 무력의 총체 ② 군 (군단의 상위부대) ◆ 수 개 군단 또는 지원부대로 구성되는 최대 행정 및 전술부대 ◆ 러시아연방군에서 5만~6만 명 이상, 2개 군단 이상, генерал-лейтенант, генерал-полковник이 지휘관임 ③ 군대 ◆ 일반적으로 군대를 통칭하는 말 ④ 육군 ◆ 한 국가의 지상군 부대를 가리키는 포괄적인 용어 ¶ ~ действительной службы // 현역군 ¶ ~, флот и военно-воздушные силы // 육·해·공군 ¶ большая ~ // 대군 ¶ вражеская ~ // 적군 ¶ Дальневосточная ~ // 극동군 ¶ действующая ~ // 작전군, 야전군 ◆ 상급지휘기구의 군사전략목표 또는 전역계획의 작전목표 달성에 기여하기 위해 작전을 수행하는 작전술 제대 ¶ добровольческая ~ // 의용군, 지원군 ¶ командование ~мией // 군대지휘부, 군사령부 ¶ оккупационная ~ // 점령군 ¶ постоянная ~ // 상비군 ◆ 전평시를 막론하고 국방의 기본병력으로서 항상 편성, 유지되는 병력 ¶ призвать в ~мию // 군대에 징집하다 ¶ регулярная ~ // 정규군, 상비군 ¶ служить в ~мии // 군대에 복무하다 ¶ создать ~мию // 군대를 조직하다 ¶ уволить кого из ~мии // 제대시키다 ¶ штаб ~мии // 군참모부 «상용구» Если ~ пассивна, то она потерпит поражение.
군대는 수동적이면 패하게 된다 ¶ ~ без полководца, что ребёнок без матери // 장군 없는 군은 어미 없는 어린애와 같다

арсенал 병기고, 조병창 ¶ артиллерийский ~ // 포병 병기고 ¶ морской ~ // 해군 병기고 ¶ ядерный ~ // 핵군비 (nuclear arsenal) ◆ 특정 국가가 보유한 핵무기체계의 총량

арт 포병 (=артиллерийский)

артбаза 포병기지 ◆ 포병진지와 그것을 지휘하는 지휘소 또는 사령부가 위치한 곳

артдивизия 포병사단

артиллерийский ① 포의 ¶ ~ автомат // 자동포 ¶ ~ выстрел // 포사격 ¶ ~ обстрел // 포격 ¶ ~ огонь // 포사격, 포화, 포병화력 ¶ ~ салют // 축포, 예포 ¶ ~ форт // 포대 ◆ 동일한 목적으로 사용되는 포, 어뢰발사관 또는 미사일 발사장치 ¶ ~кая контрподготовка // 공격준비파괴사격 ¶ ~кая пушка // 포 ◆ 유도탄 발사대를 포함하는 완전한 발사 무기 ¶ ~кая стрельба // 포사격 ¶ ~кие снаряды // 포탄 ② 포병의 ¶ ~ бой // 포병전투 ◆ 적 포병진지에 지향되는 포격전 ¶ ~ наблюдательный пункт // 포병관측소 ◆ 포병의 관측반이 점령 운용하는 관측소 ¶ ~ обменный пункт // 포병탄약 교환소 ¶ ~ полк // 포병연대 ¶ ~ расчет // 포병분대, 포반 ¶ ~ резерв // 포병예비대 ◆ 사격임무를 부여받지 않은 포병 ¶ ~ склад // 포병기창고 ¶ ~кая батарея // 포병중대 ¶ ~кая подготовка // 공격준비사격 ◆ 보병이나 기갑부대의 공격개시시간 전에 지상부대에 직접적인 위협을 주는 표적을 제압하여 무력화하는 사격에 포병이 참가하는 것 ¶ ~кая поддержка // 포병지원 ¶ ~кая позиция // 포병진지 ◆ 포가 사격하는 위치에 방렬되어 있는 진지 ¶ ~кая разведка // 포병정찰 ¶ ~кое вооружение // 포병무기 ③ 포술의, 포술학의

артиллерист 포병

артиллерия ① 내포 ◆ 포좌 또는 포가 상에 대포 또는 미사일 발사기를 장치한 완전한 탄환 투발무기 ¶ ~ большой и особой мощи // 대구경포 ¶ автомобильная ~ // 기계화 포(병) ¶ дальнобойная ~ // 장거리포 ¶ зенитная ~ // 고사포 ¶ обеспечение ~рии // 대포의 확보 및 유지 ¶ полевая ~ // 야포 ¶ противовоздушная ~ // 대공포 ◆ 공중표적을 사격하기 위한 방공포병무기의 일종으로서 포좌 또는 포가상에 포신을 장치한 탄환의 투발무기 ¶ самоходная ~ // 자주포 ◆ 차량 위에 탑재된 야포로서 차량에 탑재된 채로 운반되고 또한 사격할 수 있게 된 기동성 있는 포 ② 포병 (대) ◆ 포 또는 미사일 발사기의 사용에 관계하는 장비, 보급품, 탄약 및 인원을 말하며 통상 화포로써 대포병 사격 및 근접 전투부대에 대한 화력지원 업무를 수행하는 병과 ¶ ~ главного калибра // 주력포병 ¶ ~ на мехтяге // 기계화 포병 ¶ ~ непосредственной поддержки // 직접지원 포병 ◆ 피지원부대가 요청하는 화력의 제공을 주된 과업으로 하는 포병 ¶ ~ общей поддержки // 일반지원포병 ◆ 편제상 예속된 부대장 또는 부대장지시에의거 사격을 실시하는 포병. ¶ ~ особого назначения // 특수임무포병 ¶ ~ поддержки // 지원포병 ◆ 특정부대(통상 보병)의 지원을 위한 사격임무를 수행하나 차상급 병지휘관의 지휘 하에 남아있는 포병 ¶ ~ усиления // 화력증원 포병 ¶ атомная ~ // 원자포병 ¶ береговая ~ // 해안포병 ¶ противосамолётная ~ // 고사포병 ¶ служить в ~рии // 포병으로 복무하다 ¶ тяжёлая ~ // 중포병 ③ 포술, 포술학의 ◆ 포에 대한 사격방법과 기술을 익히는 교범

артогонь 포병사격

архивы 부대일지

архитектура корабля 조함술 ◆ 출입항, 협수로 통과 및 작전기동 등 함정의 기동을 조종하는 기술

арьергард 후위대, 엄호부대 ◆ 적이 피엄호부대 본대를 공격하기 전에 적을 차단, 교전, 지연, 와해 및 기만할 목적으로 본대로부터 이격되어 작전하는 경계부대 ¶ находиться (또는 быть) в ~де // 후미에 위치하다. 후위에 있다.

ас 에이스 (훌륭한 조종사, 공중전의 경험이 많은 비행사)

ассамблея (국제기구의) 회의, 총회 ¶ Генеральная ~ Организации Объединённых Наций // 유엔총회

астронавт 우주비행사 (미국 등 서구국가의) ◆ 구소련, 러시아의 우주비행사는 космонавт

атака 공격, 돌격 ◆ 적에게 지향된 공세행동 ¶ ~в лоб // 정면 돌격 ¶ ~ с пикированием // 급강하 공격 ¶ ~ с тыла // 후방으로부터의 공격 ¶ вести (производить) ~ку // 공격하다 ¶ воздушная ~ // 공습 ◆ 적의 항공기, 유도탄, 지상 전력에 의한 공격 ¶ дипломатическая ~ // 외교적 공격 ¶ контр-~ // 반격 ◆ 공격부대로부터 주도권을 탈취하기 위해 방어부대가 실시하는 대규모의 공세 ¶ минная ~ // 어뢰 공격 ¶ неожиданная ~ // 기습 ◆ 적이 예상하지 못한 시간, 장소, 수단, 방법으로 타격하는 것 ¶ ночная ~ // 야간공격 ¶ общая ~ // 총공격 ¶ отразить (отбить) ~ку // 돌격을 물리치다 · 격퇴하다 ¶ переходить(перейти) в ~ку // 공세(공격)로 전환하다 ¶ подготовиться к ~ке! // 돌격준비! ¶ пойти (броситься) в ~ку // 돌격하다 ¶ танковая ~ // 탱크공격전 ¶ фланговая ~ // 측면공격 ¶ фронтальная ~ // 정면공격 ◆ 최단거리를 이용하여 적의 진지정면으로 지향하는 공격으로서 통상 전 정면에 배치된 모든 적 부대를 동시에 강타하는 기동형태 ¶ в ~ку-вперёд! // 돌격 앞으로!

атлас *(военный)* 도해집 (군사용 지도) ¶ ~ мира // 세계지도첩

атом 원자; 원자폭탄

атомный ① 원자의 ¶ ~ вес // 원자량 ¶ ~ котёл // 원자로 ¶ ~ объём // 원자용량 ¶ ~ реактор // 원자반응기 ¶ ~ная единица массы // 원자량 ◆ 탄소질량의 1/2을 표준으로 한 원자의 상대적인 무게 ¶ ~ная масса // 원자질량 ¶ ~ное ядро // 원자핵 ② 원자력의 ¶ ~ авианосец // 원자력항공모함 ◆ 추진동력을 원자력으로 운용하는 항공모함 ¶ ~ век // 원자력시대 ◆ 군사 분야뿐만 아니라 모든 산업분야에 원자력을 사용하는 시대 ¶ ~ ледокол // 원자력쇄빙선 ¶ ~ная подводная лодка // 원자력잠수함 ¶ ~ флот // 원자력함대 ◆ 원자력 추진 함정을 주축으로 편성된 함대 ¶ ~ная электростанция // 원자력발전소 ¶ использование ~ной энергии в мирных целях // 원자에너지의 평화적 이용 ¶ комиссия по ~ной энергии // 원자력 위원회 ◆ 미국이 1946년부터 1974년까지 구성했다. 이것의

일부분은 핵 조정 위원회로 변경되었고, 다른 것은 에너지 연구와 개발관리국으로 변경되었다. ③ 원자무기 · 폭탄의 ¶ ~ взрыв // 원자탄폭발 ¶ ~ шантаж // 원자공갈 ¶ ~ная боеголовка // 원자탄두 ◆ 표적을 파괴하기 위하여 핵분열 또는 핵융합을 일으키는 탄두 ¶ ~ная бомба // 원자폭탄 ◆ 핵분열성 원자핵 우라늄 235, 플루토늄 239 등의 분열을 연쇄적으로 진행시켜 순간적으로 좁은 공간에 에너지를 대량 방출시키는 폭탄 ¶ ~ная война // 원자전 ◆ 원자무기를 사용하는 전쟁 ¶ ~ная дипломатия // 원자외교 ◆ 원자전쟁의 위협에 대처하는 외교 ¶ ~ная подводная лодка [АПЛ] // 원자력잠수함 ¶ ~ная, бактериологическая, химическая война // 원자·생물·화학전 [ABC] ¶ ~ное вооружение // 원자무기 ◆ 연쇄반응에 의한 핵분열 또는 융합반응으로 방출된 막대한 에너지를 이용하여 고온의 열 효과와 폭풍, 방사선 등의 효과로서 적을 대량살상 파괴시키기 위하여 만들어진 무기의 총칭 ¶ ~ное нападение // 원자공격 ¶ ~ное оружие // 원자병기, 핵무기 ◆ 연쇄반응에 의한 핵분열 또는 핵융합반응으로 방출된 막대한 에너지를 이용하여 높은 열 효과와 폭풍, 방사선 등의 효과로서 적을 대량살상하고 파괴하기 위하여 만들어진 무기의 총칭 ¶ производство ~ной бомбы // 원자폭탄 생산 ¶ ~ гриб // 핵폭발버섯구름

атомоход 원자력선

атомщик 원자병기에 의한 침략정책자

атташе 무관(武官), 서기관 ◆ 대사관이나 공사관에서 근무하는 장교 ¶ военно-воздушный ~ // 공군무관 ¶ военно-морской ~ // 해군무관 ¶ военный ~ // 육군무관 ¶ военный ~ по вопросам обороны // 국방무관 ◆ 재외 대사관의 공식직원으로 그리고 국방부장관의 선임 군사대표로서 주재국의 군사계획과 발전에 대한 보고업무를 수행하는 고급장교 ¶ военный ~ по вопросам обороны при Посольстве Республики Корея в Москве // 러시아 모스크바 주재 한국 대사관 소속 국방무관 ¶ помощник (заместитель) Военно-морского ~ // 해군무관 보좌관 (해군무관 대리) ¶ помощник ~ по вопросам обороны // 국방무관 보좌관 ¶ пресс-~ // 공보관

аттестационный 감정의, 평정의 ¶ ~ная комиссия // 평가위원회 ¶ ~ное свидетельство // 평정서

аттестация 근무평정, 평정서 ¶ дать дурную ~цию // 나쁘게 평하다

АУГ *(авианосная ударная группа)* 항모전투단대

АУС *(Авианосное ударное соединение)* 항공모함전투단(공격 항모 협동부대) ◆ 2개 이상의 항공모함 전투단으로 구성된 전투단 (АУС, АУГ)

ахиллесов (그리스 신화) 아킬레스의 건 ¶ ~ва пята // 아킬레스의 빌꿈치, 아킬레스건, 유일한 약점·급소

аэродром 비행장 ¶ ~ базирования // 모기지 ¶ ~ вылета // 출발 비행장 ¶ ~ назначения // 도착 비행장 ¶ ~ снабжения // 보급 비행장 ¶ вспомогательный

~ // 보조 비행장 ¶ главный ~ // 주요 비행장 ¶ передовой ~ // 전방 비행장

аэродромный 비행장의 ¶ ~ные знаки // 항공표지판

аэромобильный 항공기동의 ¶ ~ госпиталь МЧС РФ // 러시아 민방위비상사태자연재해부 항공기동병원 ¶ ~ная бригада // 항공기동 공수여단 ¶ ~ные войска // 항공기동부대

аэронавигация 항법, 항행

аэронавигационный ¶ ~ные огни // 항법 표시등

аэропорт 공항, 비행장 ¶ встретить кого в ~ту // 비행장에서 …를 맞이하다 ¶ вылететь из ~та // 비행기를 타고 떠나다 ¶ ехать в ~ // 비행장으로 가다 ¶ международный ~ // 국제공항 ¶ приземлиться в ~ту // 비행장에 내리다·착륙하다

аэростат 기구(氣球) ¶ ~ для наблюдения // 감시기구 ¶ ~ заграждения // 항공차단기구 ¶ привязной ~ // 계류기구 ¶ свободный ~ // 자유기구

аэросъёмка 항공촬영

аэрофоторазведка 항공사진정찰 ◆ 항공사진에 의한 첩보획득

аэрофототопография 항공사진에 의한 지형도작성법

АЭС *(атомная электростанция)* 원자력발전소

Б

БА *(батальонная артиллерия)* 대대포병, 대대 박격포중대

БА *(бомбардировочная авиация)* 폭격항공대

база 군사기지 ◆ 각종 작전이 계획되고 지원되는 지역, 각종 지원시설을 보유하고 있는 지역 ¶ ~ гидроавиации // 수상항공기지 ¶ ~ горючего и смазочных материалов // 연료보급기지 ¶ ~ для вербовки // 모병기지 ¶ ~ подводных лодок // 잠수함 기지 ¶ ~ снабжения // 보급기지 ¶ авиационная ~ // 항공기지, 공군기지 ¶ военная ~ // 군사기지 ¶ военно-морская (военно-воздушная) ~ // 해 (공)군기지 ¶ оборона ~зы // 기지방어 ◆ 전시 및 평시를 막론하고 적의 공격 또는 파괴행위로부터 그 효과를 제압하거나 감소시켜 부대의 임무 및 기능을 최대로 발휘할 수 있도록 하기 위한 군사방책 ¶ операционная ~ // 작전기지 ◆ 한 부대가 그곳을 중심으로 하여 공세적인 작전을 개시할 수 있고, 불리한 경우에는 그 지점으로 철수하여 자체 방어를 할 수 있도록 보급시설이 구비되어 있는 지역 또는 시설 ¶ плавучая ~для подводных лодок // 잠수함 지원모함 ¶ ракетная ~ // 미사일기지

базирование 기지 ◆ 각종 작전이 계획되고 지원되는 지역 ¶ ~ авиации // 공군기지화 ¶ ~ сил флота // 함대기지운용

базировать на чем 근거지로 삼다 ¶ ~ авиацию на острове // 섬에 공군기지를 세우다

базировка 기지의 설정, 숙영

базовый ① 기지의, 근거지의, 바자 · 창고의 ¶ ~ продовольственный склад // 기지식품창고 ¶ ~ склад // 기지창 ¶ ~вая стратегия // 기본전략 ¶ ~вое авиационное депо // 기지 내 항공창 ¶ ~вое командование // 기지사령부 ¶ ~вые плавучие средства // 바지선(船) ¶ ~вый госпиталь // 기지병원 ② 기간적인, 기본으로 되는, 주요한, 거점으로 되는 ¶ ~вая деталь // 주요 (기본)부속품 · 부분품

базука 바주카포, 대전차포 ◆ 전장에서 적의 전차 군에 대한 공격을 효과적으로 수행하기 위해 개발된 일련의 포

бак 탱크 ¶ ~с горючим // 연료탱크

бакен 수로표, 부표 ◆ 수로학적 목적 (암초, 기뢰 및 수중장애물을 나타내기 위해 사용)으로 수로의 한계를 명확히 구별하기 위한 표지

бактериологический 세균(학)의, 생물(학)의 ¶ ~ снаряд // 세균탄 ¶ ~кая война // 세균전 ◆ 질병을 일으키는 세균을 무기로 사용하는 전쟁 ¶ ~кая лаборатория

// 세균실험실 ¶ ~кая разведка // 화생방정찰, 생물학정찰 ¶ ~кое оружие // 세균무기

бактерия 세균

баламутить 혼란을 일으키다

баланс 균형 ¶ теория «~а сил» // 세력균형 이론 ◆ 대등한 강대국 간에 힘이 균형있게 분포되어 있는 상태를 학문에 적용시킨 이론

баллистика 탄도학

баллистический 탄도의, 탄도학의 ¶ ~ вычислитель // 탄도 측정기 ¶ ~кая ракета // 탄도 미사일, 탄도유도탄 ◆ 로켓을 동력으로 하고 그 안의 추진체가 연소되면서 탄환처럼 탄도를 그리며 원거리를 비행하는 유도탄 ¶ ~кая ракета подводных лодок [БРПЛ] // 잠수함발사탄도미사일 [SLBM] ¶ ~кие снаряды // 탄도포탄 ¶ ~кие характеристики // 탄도학적 제원 ¶ межконтинентальная ~кая ракета // 대륙간 탄도로켓

баллон 용기 ¶ газовый ~ // 가스통 ¶ кислородный ~ // 산소통

бандаж 특수부대

бандит 무장강도

бандитизм 강도행위

банка 수중암초

банник 포신소제대

барабан 북

барабанщик 고수

барак 가건물

барбет ① 흉장너머로 쏠 수 있게 한단 높게 축성한 포좌 ② (군함의) 포탑의 고정부분 ◆ 군함탑재용의 포대구조로서 상갑판에 돌출한 원통형의 장갑부를 지칭하며, 그 위에 포대가 거치된다. 포탑식의 군함에서는 그 위에 포탑의 선회부분이 설치될 수 있다

баркас 대형보트; 소형운반선 ¶ пожарный ~ // 소방정

барражирование 초계비행 ◆ 항공기의 경비임무를 지칭하며, 우군전력을 보호하기 위한 경비임무

баррикада 바리게이트, 방책 ¶ загородить (заграждать) улицу ~дой // 거리를 바리게이트로 차단하다 ¶ по ту сторону ~кад // 다른 편·진영에서 ¶ сражаться на ~дах // 바리게이트에서 전투하다 ¶ строить ~ды // 바리게이트를 쌓다 ¶ на ~ды ! // 무장을 들고

барьер 장벽 ¶ звуковой~ // 음속 장벽

бастион ① 보루 ◆ 전방지형과 성벽을 따라 사격할 수 있도록 성벽의 돌출부형식으로 된 보루 ② 거점, 성새 ◆ 작전의 성공을 위해 점령되는 지형상의 요충지 ¶ ~ мира и демократии // 평화와 민주주의의 보루

баталист 전쟁화가

батальон 대대 ◆ 러시아연방군에서 보병대대의 부대단위로써 300~900명, 2~6개 중대, майор, подполковник이 지휘관임. ¶ ~ боевого питания, ~ боепитания // 탄약대대 ¶ ~ связи // 통신대대 ¶ адъютант ~на // 대대부관 ¶ железнодорожный ~ // 철도대대 ¶ запасной ~ // 예비대대 ¶ караульный ~ // 위병대대 ¶ маршевый ~ // 보충대대 ¶ отдельный ~ // 독립대대 ¶ передовой ~ // 전방대대 ¶ пехотный ~ // 보병대대 ¶ сапёрный ~ // 공병대대 ◆ 지뢰 지대 개척, 낙석제거, 강을 도하할 수 있는 부교설치 등 공병장비로 전투를 지원하는 부대 ¶ сводный ~ // 혼성대대 ◆ 상이한 수종의 병과를 포함하는 대대 ¶ стрелковый ~ // 차량화 보병대대 ¶ танковый ~ // 탱크대대 ¶ учебный ~ // 교육대대 ¶ этапный ~ // 병참대대 ◆ 부대의 전투력을 유지, 증대시키기 위하여 작전을 지원하는 대대

батальонный 대대의 ¶ ~ный командир // 대대장 ¶ ~ный район обороны // 대대방어구역

батарейный 포병중대의, 포대의 ¶ ~ планшет // 포병도표

батарея ① 포병중대 ¶ береговая ~ // 해안포중대 ¶ взвод управления ~еи // 포대사격지휘정찰측량반 ¶ горная ~ // 산악포병중대 ¶ зенитная ~ // 고사포중대 ¶ командир ~еи // 포병중대장 ¶ командный пункт ~еи // 포병지휘소 ¶ полевая ~ // 야포중대 ¶ приданная ~ // 배속포병중대 ¶ пушечная ~ // 평사포중대 ¶ штабная ~ // 본부포대 ② 대포 ◆ 러시아연방군에서 포병중대의 부대단위로서 70~250명, 2~8개 소대, старший лейтенант, капитан이 지휘관임

батискаф 심해조사용 잠수정

БАТО *(батальон аэродромно-технического обеспечения)* 항공기술지원대대

башенный 탑의, 망루의, 포탑의 ¶ ~ная артиллерийская установка // 함선의 포탑 ¶ ~ная пусковая установка // 타워형 발사대 ¶ ~ное орудие 포탑포

башлык 방한용 두건

башня (군함·탱크·장갑차 등의) 포탑 ¶ броневая~ // 장갑포탑 ¶ вращающаяся ~танка // 탱크 회전포탑 ¶ орудийная ~ // 포탑 ◆ 적의 화기나 공중폭격으로부터 포나, 사수, 포실 따위를 포호하기 위하여 두꺼운 금속으로 만든 구조물 ¶ поворотная ~ // 회전포탑

БД *(Боевые действия)* 전투행위 ◆ 함대급 부대 이상에서 사용하는 작전수행 형태 중 하나

БД *(боковой дозор)* 측위첨병, 측방정찰

бег 달리기, 구보 ¶ ~гом марш! // (구령) 뛰어 가!

беглец 탈영자

бегство 탈영, 도망

бедствие 재난, 재해 ¶ ~ на море // 해난 ¶ сигналы ~я с корабля // (선박의)

조난신호 ¶ стихийное~ // 자연재해

беженец 피난민

безаварийный 무사고의, ¶ ~ное движение // 무사고 운동

безатомный 비핵의 ¶ ~ная зона // 비핵지대

безвластие 무정부

безвозвратный 무상의 ¶ ~ная помощь // 무상원조

безволие 의지 상실

безвредный 무해한

безвыходность 진퇴양난(進退兩難)

безвыходный 진퇴양난의 ¶ ~ное положение // 궁지

бездействие 부작위(不作爲) ¶ ~ власти // 당국의 부작위 ◆ действие или бездействие - 작위(作爲) 또는 부작위(不作爲)

бездна ① 심해, 심연 ② 나락 ◆ 천해에 대비되는 용어로서, 뚜렷한 경계는 없지만 보통 수심 100~200m보다 깊은 곳

бездымный 무연의 ¶ ~ порох // 무연화약

беззаветный 헌신적인 ¶ ~ная преданность // 무한한 충성심

беззащитный 무방비의

безнаказанный 처벌받지 않은

безначалие 무정부

безоговорочный 무조건의 ¶ ~ная капитуляция // 무조건 항복

безопасность 안보, 안전, 안전성 ¶ ~ полётов // 안전비행 ¶ ~ пассажиров (пешеходов) // 여객 (통행인) 안전 ¶ ~ реакторов // 원자로 안정성 ¶ государственная ~ // 국가안보 ◆ 국내외의 각종 군사, 비군사적 위협으로부터 국가목표를 달성하기 위하여 정치, 외교, 경제, 사회, 문화, 군사, 과학기술 등의 제 수단을 종합적으로 운용함으로써 기존의 위협을 효과적으로 배제하고 또한 일어날 수 있는 위협의 발생을 미연에 방지하며 나아가 불시의 사태에 적절히 대처하는 것 ¶ международная ~ // 국제안보 ¶ общественная ~ // 사회 안전, 공안 ¶ договор о ~ти // 안전보장조약 ¶ закон об обеспечении государственной ~ти // 국가보안법 ¶ защита ~ти // 안전수호 ¶ зона ~ти // 안전지대 ◆ 우군의 항공기, 함정 또는 지상군의 비전투작전을 실시하기 위하여 지정한 구역 ¶ Комитет по обеспечению национальной ~ти // 국가안전보장회의 ¶ министерство общественной ~ти // 사회 안전성 ¶ обеспечение (гарантия) коллективной ~ти // 집단안전보장 ¶ Совет Безопасности // 안전보장이사회 ¶ Совет Безопасности ООН // 유엔안전보장이사회 ¶ угроза ~ти // 안전위협 ¶ быть (또는 находиться) в ~ти // 안전이 보장되어 있다 ¶ в ~ти // 안전하다 ¶ гарантировать ~ // 안전을 보장하다 ¶ укрепление ~ти на Корейском полуострове // 한반도 안보구축

Б

безопасный 안전한, 위험이 없는 ¶ ~ маршрут // 안전한 경로·행로 ¶ ~ шаг // 안전한 조치 ¶ ~ная зона // 안전지대 ¶ ~ное место // 안전한 장소 ¶ ~ное удаление // 안전거리 ¶ укрыться в ~ном месте // 안전한 장소로 대피하다

безоружный 비무장의

безоткатный 무반동의, 비반충의 ¶ ~ное орудие // 무반동화기

безъядерный 비핵의 ¶ ~ная зона // 비핵지대

бензин 휘발유

бензовоз 휘발유 운반차

бензопровод 송유관

бензохранилище 휘발유 저장고

берет 베레모

бескозырка 채양 없는 모자; 해군모자 ¶ матросская ~ // 해병모사, 수병모(水兵帽)

бесконтрольный 통제, 검열이 없는

бескровный 무혈의 ¶ ~ная революция // 무혈 혁명

беспилотный 무인조종의 ¶ ~ космический корабль // 무인 우주선 ¶ ~ самолёт // 무인 항공기 ¶ ~ное автономное подводное транспортное средство // 무인원자력 잠항 운송수단 ¶ ~ные средства воздушного нападения

береговой ① 연안의, 해안의 ¶ ~ объект // 해안시설 ¶ ~ патруль // 해안순찰 ¶ ~ плацдарм // 해안두보 ◆ 탈취 확보함으로써 부대 및 물자의 계속적인 상륙을 보장하며, 지상 작전에 필요한 기동공간을 제공해 주는 적 해안 상에 지정된 지역으로서 상륙작전의 목표지역이 되며 해두보라고 약칭하기도 함

¶ ~вая артиллерия // 해안포 ¶ ~вая база // 해안기지 ¶ ~вая крепость // 해안요새 ¶ ~вая линия // 해안선 ¶ ~вая оборона (또는 защита) // 해안방어 ¶ ~вая охрана // 해안경비 ¶ ~вое наблюдение // 해안감시 ¶ ~вые ракетно-артиллерийские войска // 해안로켓 포병부대 ¶ ~вые укрепления // 해안진지 ② 육상의 ¶ ~вая служба // 육상근무 무인 공습장비

беспламенный 불길이 일지 않는, 무연의 ¶ ~ выстрел // 소염(消炎)사격 ¶ ~ное взрывание // 무연폭발 ¶ ~ное горение // 불길 없는 연소

беспокойный 불안스러운, 산란한, 불안한 ¶ ~коящие действия // 교란행위 ◆ 질서 있는 체제 및 작전에 혼란을 야기시키는 행위

беспорядок 무질서

беспрекословный 무조건적인 ¶ ~ное исполнение приказа // 명령의 무조건 이행 ¶ ~ное повиновение // 절대복종

бесчестье 불명예

бетон 콘크리트

бетоно… 콘크리트의 뜻 ¶ ~бойная бомба // 콘크리트 파괴용 폭탄

Б

бечева 밧줄 ¶ тянуть ~вой // 밧줄로 끌다

БЗ *(боевой заряд)* // 전투장약 (1회 목표대 1회 폭발물정량) (=боезаряд)

бивак 야영

биение 진동

бимс [복] бимсы (갑판을 받드는) 들보, 격실간의 벽

бинокль 쌍안경 ¶ глядеть (смотреть) в ~ // 쌍안경으로 보다 ¶ наблюдать в ~ за птицами за рекой // 쌍안경으로 강 건너에 있는 새를 관찰하다 ¶ полевой ~ // 야전용 쌍안경 ¶ шестикратный ~ // 6배 쌍안경 ¶ этот ~ даёт пятикратное увеличение // 이 쌍안경의 배율은 5배이다

бинт 붕대

биография 경력, 전기

биологический 생물학의, 생물학적인 ¶ ~кая разведка // 화생방정찰 ◆ 화생방에 대한 새로운 첩보를 수집하거나 수집된 화생방첩보를 확인하기 위한 행동 및 수단 ¶ ~кая химия // 생화학 ¶ ~кое заражение // 생물학 작용제 오염 ¶ ~кое оружие // 생물학적 무기 ◆ 병원 매개체를 포함한 생물학적 작용제 (질병 매개물)를 발사, 분산 또는 전파시키기 위해 만들어진 무기

биология 생물학

биполярность 양극

биотерроризм 생물학적 테러

биохимия 생물화학

битва 전투, 대전투, 결전 ¶ ~ не на жизнь, а на смерть // 결사전 (살기 아니면, 죽기) ¶ ~ под городом // 도시부근 전투 ¶ жестокая (또는 жаркая) ~ // 치열한 전투 ¶ поле ~вы // 전장 ◆ 전투행위가 전개되고 있는 장소로서 공중전을 위한 공중공간도 포함됨 ¶ участвовать в ~ве // 전투에 참가하다

БК *(бронекатер)* 장갑정 ◆ 연안이나 강에서 작전임무를 수행하는 소형함정으로 탱크와 같은 무장과 장갑을 사용한 함정

ближайший ① 가장 최근의 ¶ ~шая задача // 최근임무 ② 긴급한, 일차적인 ¶ ~шие задачи // 긴급임무 ◆ 사전에 예기치 못한 적의 목표에 대하여 지상, 해상군의 긴급항공지원요청으로 최소 2시간 후에 항공작전이 수행되는 공군의 임무형태 ③ 직접적인, 직속의 ¶ ~ начальник // 직속상관

ближний 가까운 ¶ ~ бой // 근접전투 ◆ 지근거리에서 소화기와 총검 및 기타 중화기를 사용하여 실시하는 전투 ¶ ~няя дистанция // 근거리 ¶ ~ огонь // 근접사격 ¶ ~няя разведка // 근거리정찰

блиндаж 엄폐부, 호(壕)

блицкриг 전격전 ◆ 제 1차 세계대전 후 퓰러 (T.F.C.Fuller)와 리델하트 (B.H.Liddel Hart)에 의해 후티어 전술의 문제점을 분쇄하기 위한 기습적인 기동으로써 공격을 실시하며 적을 격파하는 급속작전. 이는 속전속결의 근본목적을 달성하기 위하여

Б

기동과 기습을 최대로 이용한 전법

блок 블록, 연합, 동맹 ◆ 2개 이상의 국가 또는 그 군대 등이 공통목적을 달성하기 위하여 협력하는 것 ¶ военный ~ // 군사블럭

блокада 봉쇄 ◆ 적의 주도하에 있거나 혹은 통제 하에 있는 특정해역, 해안에 대한 모든 선박 및 항공기의 출입을 차단하려는 일종의 작전. ¶ быть в кольце ~ды // 봉쇄의 울타리 속에 들어 있다 ¶ военная ~ // 군사봉쇄 ¶ континентальная ~ (또는 система) // 대륙봉쇄 ◆ 1806년 영국에 대하여 나폴레옹 1세가 실시한 대륙봉쇄 ¶ морская ~ // 해상봉쇄 ◆ 적 또는 가상적국의 해상을 무력으로 봉쇄하여 타국과의 교역 및 통항을 못하게 하는 조치 ¶ объявить ~ду // 봉쇄를 선포하다 ¶ подвергнуть город ~де // 도시를 봉쇄하다 ¶ снять ~ду // 봉쇄를 해제하다 ¶ экономическая ~ // 경제봉쇄

блокгауз 야전방어보루

блокирование 차단, 봉쇄 ◆ 적이 어떤 지역 또는 통로를 사용하지 못하도록 제반 수단을 이용하여 저지 또는 방해하는 것

блокшив 퇴역함정 ◆ 전역대상 함정 중 전술적 가치나 경제적 효용가치가 없어 도태되는 함정으로서 전시 재취역이 불가한 폐처리 및 관리전환 대상함정이 있음

БМП *(батальон морской пехоты)* 해병대대

БО *(бактериологическое оружие)* 세균무기

боевой ① 전쟁의, 전투의, 전투와 관련된; 전투용의 ¶ ~ вертолёт // 전투헬기 ¶ ~ вылет // 【空】 전투출격 ¶ ~ заряд // 전투장약 ¶ ~ информационный пост // 전투정보실 ◆ 함정이나 항공기에 승조한 장성급 장교 또는 함장이나 기장 그리고 특정의 통제기관에서 사용할 수 있도록 전술첩보를 수집, 전시, 평가 및 전파하는 인원과 장비를 구비하는 곳 ¶ ~ и численный состав // 편제편성 ◆ 부대 또는 기관의 임무수행에 적합하도록 하부조직에 대하여 임무 및 기능을 부여하고 부서 또는 부대를 편성하여 정원 및 장비의 책정과 지휘관계 등을 정하는 것으로서 평시편제와 전시편제로 구분됨 ¶ ~ комплект // 전투정량 ¶ ~ конь // 전마, 군마 ¶ ~ курс // 공격로, 기동로 ¶ ~ листок // 전단 ¶ ~ марш // 전투행진곡, 전투행진 ¶ ~ номер // 직무수행표 ¶ ~ опыт // 전투경험 ¶ ~ патрон // 실탄 ¶ ~ полёт // 전투기 출격 ¶ ~ порядок // 전투대형 ◆ 특별한 소총분대 및 소대를 위주로 만들어진 것이나 전투에 있어 소규모 부대의 통제 및 전술적 운용을 효과적으로 향상시킬 수 있는 전개대형 ¶ ~ пост // 【海】 전투근무 지원조 ◆ 전투부대, 전투지원부대 및 전투근무지원부대의 전투력을 지속적으로 유지하기 위하여 인사, 군수, 민사 및 기타 행정을 지원하는 조 ¶ ~ приказ // 전투명령 ¶ ~ проём // 포문, 총구멍 ¶ ~ разворот // 【空】 급선회 기술 ¶ ~ расчёт // 개인임무 ¶ ~ радиус // 전투반경 ¶ ~ состав // 전투원, 전투편성 ¶ ~ состав авиационной группировки // 공군전투서열 [AOB]

¶ ~ строй // 전투대형 ◆ 특별히 소총분대 및 소대를 위주로 만들어진 것이나

Б

전투에 있어 소규모 부대의 통제 및 전술적 운용을 효과적으로 향상시킬 수 있는 전개대형 ¶ ~ товарищ // 전우 ¶ ~ устав пехоты // 보병전투규정 ¶ ~ фронт // 전선 ¶ ~вая активность // 전투의 적극성 ¶ ~вая готовность // 전투준비태세, 전투준비 ◆ 적대행위 이전의 최종 전투준비상태를 말하며 주로 전술적 차원에서 사용됨 ¶ ~вая десантная машина // 공정대 장갑차량 ¶ ~вая деятельность // 전투동작 ¶ ~вая единица // 전투단위 ¶ ~вая задача // 전투 임무 ¶ ~вая информационно-управляющая система [БИУС] // 전투정보 통제시스템 ¶ ~вая машина пехоты // 보병전투용 차 ¶ ~вая мощь // 전투력 ◆ 전장에서 부대가 전투를 수행하여 군사적 목표를 달성해 나가는 능력이며, 유형적 요소와 무형적 요소로 구성 ¶ ~вая обстановка // 전투 정황·환경 ¶ ~вая организация корабля // 함 전투조직 ¶ ~вая подготовка // 전투훈련 ¶ ~вая практика // 전투사례 ¶ ~вая прокладка // 【海】 전투상황판 ¶ ~вая рубка // 지휘탑 ◆ (1960년대에 제작한 군함의) 장갑화된 지휘탑 ¶ ~вая служба // 전투근무 ¶ ~вая способность // 전투력 ¶ ~вая техника // 전투기재 ¶ ~вая тревога // 전투경보 ¶ ~вая часть // (함정의) 전투부대 ¶ ~вое задание // 야전교범 ¶ ~вое крещение // 첫 전투 ¶ ~вое условие // 전투조건 ¶ ~вые биологические средства // 생물학 작용제 ¶ ~вые действия // 전투행위 ¶ ~вые действия против авиации // 대공전 [AAW] ◆ 적의 공중 및 미사일 위협을 파괴하거나 허용할 수 있는 수준으로 감소시키는 데 필요한 작전행동. 방어 제공작전과 동일한 의미의 해군작전 용어 ¶ ~вые действия против надводных целей // 대수상함전 [ASVW] ¶ ~вые действия против подводных лодок // 대잠전 [ASW] ◆ 적 잠수함의 효과적인 운용을 거부하기 위해 수행되는 작전 ¶ ~вые запасы // 전투예비탄약 ◆ 전쟁초기에 보충수요를 충당하기 위하여 보유하여야 할 탄약의 수량을 말하며, 일수로 표시됨 ¶ ~вые заслуги // 전투공로 ¶ ~вые корабельные расписания // 전투함 인원 편제편성표 ¶ ~вые машины // 전투운전용 기재 ¶ ~вые порядки // 전장질서 ¶ ~вые потери // 전투손실 ◆ 전사, 전상으로 인한 사망이나 전투 중 실종과 포로 등 전투로 인한 손실 ¶ ~вые припасы // 탄약 ¶ ~вые химические вещества [БХВ] // 전투화학물질 (독가스, 소이탄 등)

¶ привести себя в ~вую готовность // 전투준비태세를 취하다 ② 전투적인; 용감한, 결단성이 있는 ¶ ~ дух // 전투정신, 사기 ¶ ~ лозунг // 전투적인 구호 ¶ ~ парень // 결단성·기백이 있는 청년 ¶ (нести) ~вую службу // 전투 근무하다

боеголовка 탄두 ◆ 미사일 등 탄환의 머리 부분 ¶ ~ с обеднённым ураном // 열화 우라늄탄 ¶ ракета с ядерной ~ кой // 핵탄두 로켓

боеготовность 전투준비태세, 임전태세

боезаряд *(боевой заряд)* 실탄, 전투장약 (한 목표에 대하여 한번 사용할 폭발물정량) ¶ ядерные ~ды // 핵탄두

боекомплект 전투군장일습, 기본휴대량, 전투정량

Б

боепитание 무기 및 탄약보급
боеприпасы 탄약 ¶ ~ высокоточного наведения // 정밀 유도탄 [PGM] ¶ авиационные ~ // 항공탄약 ◆ 전술기 및 비전술기에 장착된 모든 종류의 탄약을 말하며, 그 종류에는 사용목적, 작동방식에 따라 크게 공대공 유도탄, 공대지 유도탄, 일반폭탄, 확산탄, 로켓탄, 기초탄, 조명탄, 전자전탄 등으로 나눔 ¶ бактериальные ~ // 세균탄 ¶ запас ~сов // 예비탄약 ¶ различные ~ // 각종 탄환 ¶ склад ~сов // 탄약창고
боеспособность 전투력 ¶ увеличить (потерять) ~ // 전투력을 높이다 (잃다) ¶ укреплять ~ // 전투력을 강화하다
боеспособный 전투력 있는
боец 병사, 전투원 ¶ воздушный ~ // 항공전투원 ¶ командиры и ~цы // 지휘관과 전투원들 ¶ одиночный ~ // 각개 전투원
боёк 총의 공이
бой ① 전투, 싸움 (=битва, сражение) ¶ ~ в горах // 산악전투 ¶ ~ в конном строю // 기마전투 ¶ ~ за город // 도시 탈환전투 ¶ ~ местного значения // 국부전 ¶ ~ разгорался // 전투가 한창 이었다. ¶ ближний ~ // 근접전투 ¶ брать (взять) без боя // 전투를 하지 않고 점령하다 ¶ в ходе боя // 전투 중에 ¶ ввести в ~новые силы // 전투에 새 역량을 투입하다 ¶ ввод в ~ // 전투에 투입 ¶ ведение боя // 전투 진행 ¶ воздушный ~ // 공중전 ¶ встречный ~ // 조우전 ◆ 불완전한 전개 상태에서 이동하고 있는 부대가 불충분한 정보로 인하여 이동 중이나 정지하고 있는 적과 조우되었을 때에 일어나는 전투행위 ¶ вступить в ~ // 전투에 임하다, 전투에 돌입하다 ¶ втягивать в ~ // 전투에 유인하다 ¶ вызвать ~ // 도전하다 ¶ выиграть (проиграть) ~ // 전투에서 승리하다 (패배하다) ¶ выйти из боя // 전투에서 이탈하다 ¶ дать ~ // 전투하다 ¶ демонстративный ~ // 양동전 ¶ жаркий ~ // 격전 ¶ завязка боя // 교전개시 ¶ кровавый (кровопролитный) ~ // 유혈전 ¶ морской ~ // 해전 ◆ 해상통제권을 확보, 유지 및 행사하고 적의 해양 사용을 거부하기 위하여 해상전투에서의 모든 ¶ на поле боя // 전장에서 ¶ наступательно-оборонительный ~ // 공방전 ¶ наступательный (оборонительный) ~ // 공격 (방어)전 ¶ неравный ~ // 힘든 전투 ¶ ночной ~ // 야간전 ¶ огневой ~ // 화력전 ¶ ожесточённый ~ // 격전 ¶ отдать (отступать) без боя // 퇴각하다 ¶ период боя // 전투기간 ¶ поле боя // 전장 ¶ представлять картину боя // 전투장면을 상상해보다 ¶ прекратить ~ // 휴전하다 ¶ разведка боем // 전투정찰 ◆ 첩보수집, 습격, 파괴, 후방교란 등의 목적으로 대부대에서 파견되는 정찰활동으로 통상 첩보수집과 전투임무를 동시에 수행함. 전투수색과 동의어 ¶ решающий (решительный) ~ // 결전 ¶ рукопашный ~ // 백병전, 육박전 ◆ 적에 육박하여 총검, 신체 등을 사용하여 양편이 뒤섞여 싸우는 육박전 ¶ танковый ~ // 탱크전 ¶ тяжёлый ~ // 악전

Б

(고투) ¶ уличный ~ // 시가전 ¶ управление ~ем // 전투지휘 ◆ 임무를 달성하기 위하여 예하조직 및 장병들이 행동으로 옮길 수 있도록 결심을 수립하고 지도하며 동기를 유발시키는 술 ¶ участвовать в бою // 전투에 참가하다 ② (총기들의) 위력, 성능, 사격거리, 명중률 ¶ ружьё с хорошим боем // 성능이 좋은 소총 ¶ проверить ~ автомата // 자동총의 성능을 검열하다

бойница 총구(銃口)

бойня 대량학살

боковой 측면의, 옆의, 곁의 ¶ ~ авангард // 측위 ◆ 능력 범위 내에서 적을 격파, 격멸, 지연함으로써 적의 지상관측 직사화기 및 기습적인 공격으로부터 이동중이거나 정지하고 있는 부대를 방호하기 위하여 그 부대의 측방에서 작전하는 경계부대 ¶ ~ дозор // 측방척후대 ¶ ~ отряд // 측면부대 ¶ ~ вое наблюдение // 측방감시

болезнь 병, 질환 ¶ воздушная ~ // 비행기멀미 ¶ морская ~ // 배멀미

болтанка 비행기 상하요동

больной 환자 ¶ для ~ных // 환자용 ¶ изолятор для ~ных // 환자 격리실 ¶ книга ~ных // 환자명부 ¶ уход за ~ными // 간호

большой 큰; 다수의; 장시간의 ¶ ~ десантный корабль (БДК) // 대형돌격함(정) ¶ ~ каботаж // 원양항해 ¶ ~ привал // 대휴식 (행군 간, 이동 간) ¶ ~ сбор // 【海】 전원집합

бомба (비행기용) 폭탄; (잠수함용) 폭뢰; 포탄, 폭발탄 ◆ (비행기용) 폭탄; (잠수함용) 폭뢰; 포탄, 폭발탄 ¶ ~ большой разрушительной силы // 거대한 파괴력을 가진 폭탄 ¶ ~ весом (в) сто килограммов // 100kg짜리 폭탄 ¶ ~ замедленного действия // 지연신관을 이용한 폭탄 ¶ ~ попала во что // 폭탄이 …에 맞았다·떨어졌다 ¶ ~ с часовым механизмом // 시한폭탄 ¶ авиационная ~ // 비행기폭탄 ¶ атомная ~ // 원자폭탄 ¶ бактериологическая ~ // 세균탄 ¶ бронебойная ~ // 철갑폭탄 ¶ взрыв ~бы // 폭탄폭발 ¶ водородная ~ // 수소폭탄 ¶ водородноурановая ~ // 수소우라늄폭탄 ¶ газовая ~ // 가스탄 ¶ глубинная ~ // (잠수함용) 폭뢰 ¶ дымовая ~ // 연막탄 ◆ 아군의 행동이나 사격의 목표가 될 표적의 관측을 방해하기 위하여 액체 및 고체의 물질을 사용하는 은폐를 목적으로 하는 탄 ¶ зажигательная ~ // 소이탄 ◆ 항공기 및 지상 화기에서 연소성 목표물을 점화하기 위한 탄약 ¶ нейтронная ~ // 중성자탄 ◆ 고성능 방사무기의 일종으로 주로 핵반응에서 나오는 중성자에 의해 인원을 살상하는 소형핵무기 ¶ осветительная ~ // 조명탄 ¶ осколки ~бы // 폭탄파편 ¶ осколочная ~ // 파편탄 ¶ осколочно-фугасная ~ // 파편지뢰폭탄 ¶ сбросить с самолёта ~бы на что // 비행기에서 …에 폭탄을 투하하다 ¶ светящая ~ (또는 ~ с подсветом) // 조명탄 ¶ термоядерная ~ // 열핵탄 ¶ тяжёлая ~ // 거탄 ¶ учебная ~ // 훈련탄 ¶ фрагментационная ~ // 파편탄 ¶ фугасная ~ // 폭뢰 ◆ 수중폭탄의

일종. 잠수함에 손상을 가하기 위한 폭파병기로서 수심조정에 의한 수압 또는 접촉에 의해 폭발됨 ¶ чистая ~ // (서유럽의 방사능이 적은)중성자폭탄

бомбардировать [св] [нсв] кого-что 폭격하다, 포격하다 ¶ ~ артиллерией // 포격하다 ¶ ~ город // 도시를 폭격하다

бомбардировка 폭격, 포격 ¶ ~ с бреющего полёта // 저공비행폭격 ¶ ~ строем // 편대폭격 ¶ воздушная ~ // 공중폭격 ¶ ковровая ~ // 융단폭격 ¶ подвергнуть ~ке // 폭격·포격하다 ¶ прицельная ~ // 조준폭격 ¶ стратегическая ~ // 전략폭격 ◆ 적국의 전쟁지속능력을 분쇄하기 위하여 주요군사시설, 물자저장소, 교통망 등 정치, 경제, 사회 등 국력의 중추지역에 대한 폭격

бомбардировочный 폭격의, 포격의 ¶ ~ налёт // 공습 ¶ ~ прицел // 폭격조준기 ¶ ~ самолёт // 폭격기 ¶ ~ ная авиация // 폭격편대 ¶ ~ ная установка // 폭격장치 ¶ ~ ное вооружение // 폭격용 무기 ¶ лётчик ~ной авиации // 폭격기조종사

бомбардировщик 폭격기 ¶ ~ истребитель // 전투폭격기 ¶ ~ невидимка // 스텔스 폭격기 ¶ ближний ~ // 단거리 폭격기 ¶ дальний ~ // 장거리 폭격기 ¶ лёгкий ~ // 경폭격기 ¶ пикирующий ~ // 급강하폭격기 ¶ реактивный ~ // 제트폭격기 ¶ сверхтяжёлый ~ // 장거리대형폭격기 ¶ скоростной ~ // 고속폭격기 ¶ стратегический ~ // 전략폭격기 ◆ 전략폭격을 주 임무로 하는 폭격기, 대륙 간을 왕복하는 장거리 항속 성능과 더불어 핵폭탄 또는 핵탄두 미사일의 충분한 탑재능력, 적의 공격을 회피하는 능력 등이 요구됨 ¶ тяжёлый ~ // 중폭격기 ¶ ядерный ~ // 핵무기탑재 폭격기

бомбовоз 폭격기

бомбовый 폭탄의, 포탄의 ¶ ~вая нагрузка // 폭탄 적재량 ¶ нанести ~вые удары по боевым порядкам противника // 적의 전투대형을 폭격하다

бомбодержатель 폭탄적재장치

бомбомёт 대잠폭뢰 투하 · 발사 장치, 대잠박격포 ¶ корабельный ~ // 함상 대잠박격포

бомбометание 폭탄투하 ¶ ~ ночью // 야간폭격 ¶ ~ по приборам // 계기폭격 ¶ ~ с пикирования // 급강하폭격 ¶ ~ сериями // 연속폭탄투하 ¶ высотное ~ (= ~ с больших высот) // 고공폭격 ◆ 15,000피트 이상의 고도를 유지하면서 실시하는 폭격 ¶ групповое ~ // 편대폭격 ¶ орбитное ~ // 궤도폭격 ¶ прицельное ~ // 조준폭탄투하

бомбосбрасыватель 폭탄투하기, 폭탄투하장치 ◆ 폭탄을 단발, 연발 혹은 일제히 투하하도록 조절하는 장치

бомбоубежище 방공호

борт 【海】 군함의 현, 측; 탑재 ¶ накрениться на левый ~ // 좌현으로 기울어지다 ¶ правый (левый) ~ // 우 (좌)현

бортовой ① 군함의 현측의, 탑재의 ¶ ~ комплекс обороны // 방어용 탑재장비 ¶ ~вая аппаратура // 탑재장비 ¶ ~вая радиолокационная станция // 탑재레이더 ¶ ~вая техника // 탑재장비 ¶ ~вое вооружение // 탑재무기 ¶ ~вое оборудование // 【空】 탑재장비 ② 군함 · 비행기 · 우주선의 ◆ 군함·비행기·우주선의 ¶ ~ журнал // 항해 (항공)일지 ¶ ~вое оборудование спутника // 위성적재장비

борьба 전투, 격전 ◆ 적을 섬멸하여 승리를 획득하기 위한 직접적인 행동 ¶ ~ не на жизнь, а на смерть // 결사전 ¶ ~ обострилась // 전투는 격렬해졌다 ¶ вести ожесточённую ~бу // 치열한 전투를 벌이다 ¶ вовлечь кого в ~бу // ...를 전투에 투입하다 ¶ возглавлять ~бу // 전투를 이끌다 ¶ вооружённая ~ // 무장투쟁, 무력전 ¶ вступить в ~бу // 전투에 진입하다 ¶ выйти победителем из ~бы // 전투에서 승리하다·승리자가 되다 ¶ дипломатическая ~ // 외교전 ¶ информационная ~ // 정보전 ◆ 정보우위를 달성하기 위하여 자국의 정보 및 정보체계는 보호하고, 상대국의 정보체계를 교란, 파괴시키기 위해 실시하는 광범위한 제반활동 ¶ психологическая ~ // 심리전 ◆ 국가정책의 효과적인 달성을 지원하기 위하여 아측이 아닌 기타 모든 국가 및 집단의 견해, 감정, 태도, 행동을 아측에 유리하게 유도하는 선전 및 기타 모든 활동의 계획적인 사용 ¶ решительная (бескомпромиссная, отчаянная, героическая) ~ // 결사 (비타협, 필사, 영웅)적인 전쟁 ¶ смертельная ~ // 결사전

бот 보우트

ботинки 단화 ¶ ~ мне велики (малы) // 구두가 나한테 크다 (작다) ¶ зашнуровать ~ // 구두끈을 조여 매다 ¶ надеть (снять) ~ // 구두를 신다 (벗다) ¶ отремонтировать (починить) ~ // 구두를 수리하다 ¶ почистить ~ // 구두를 닦다 ¶ расшнуровать ~ // 구두끈을 풀다 ¶ ходить в ~ках // 구두를 신고 다니다

боцман 【海】 갑판장; 【海】 특수부대상사

бочка ① 【海】 부유보조물 ◆ 【海】 부유보조물 ¶ сделать ~ку в воздухе // 공중에서 회전하다 ② 【空】 (비행기의) 공중회전

БПЛА *(беспилотный летательный аппарат)* 무인항공기

брандвахта 부두경비선, 부두감시선

брандспойт 선박용 소화기, 소방용 호스 끝

братский 형제의 ¶ ~кая страна // 형제나라 ¶ братские могилы // 무명용사들의 집단매장 분묘 ¶ ~кое кладбище // 전사자들의 공동묘지

БРВ *(боевое радиоактивное вещество)* 전투용 방사능물질

БРДД *(баллистическая ракета дальнего действия)* 원거리 탄도미사일 [LRBM]

брезент 방수포, 천막천

брейд-вымпел 함장기, 사령관기

брешь ① (포탄이나 어뢰 따위에 의해 선체의 벽에 뚫린) 파공 ¶ ~от снаряда // 포탄 파열구 ② 결함, 손실 ¶ найти ~в неприятельской обороне // 적진에서

Б

약점을 찾아내다

бригада 여단 ◆ 사단보다는 작으나 연대보다는 큰 단위 부대로서 본부와 2개 이상의 단이나 대대로 구성되며 편제부대로써 전술작전을 수행할 수 있는 부대 ¶ артиллерийская ~ // 포병여단 ¶ пехотная ~ // 보병여단 ¶ сводная ~ // 혼성여단 ¶ стрелковая ~ // 사격여단 ¶ танковая ~ // 탱크여단

бронеавтомобиль 장갑자동차

бронеавтомобиль-амфибия 상륙돌격장갑차 [AAAV]

бронебашня 장갑포탑

бронебойный 철갑을 관통하는 ¶ ~ снаряд // 철갑탄 ¶ ~ная пуля // 철갑탄 ¶ ~ное ружьё // 철갑총

броневик 장갑자동차

броневой 장갑의, 장갑용의 ¶ ~ автомобиль // 장갑차 ¶ ~ дивизион // 기갑대대 ¶ ~ корпус // 장갑차체 ¶ ~вая палуба // 장갑 갑판 ¶ ~вая часть // 장갑부대 ¶ ~вые плиты // 장갑용철판

бронежилет 방탄조끼

бронекатер 소형 전투형 함정

бронеколпак 장갑엄폐호

броненосец 전함

броненосный 장갑한, 장갑함의 ¶ ~ корабль // 장갑함정 ¶ ~ крейсер // 장갑순양함

бронепоезд 장갑열차

бронепробиваемость 장갑 관통력

бронестекло 방탄유리

бронетанковый 장갑탱크의, 기갑의 ¶ ~вая служба // 전차 정비반 ¶ ~вая техника // 장갑장비 ¶ ~вое вооружение // 장갑차 ¶ ~вые войска // 장갑탱크·기갑부대 ¶ ~вые части // 기갑부대 ◆ 전차를 주축으로 하여 기계화 보병, 자주포병, 기계화공병, 기갑수색대대, 육군항공 및 기타 필요로 제병과 부대로 편성된 부대

бронетранспортер 장갑수송차량

бронированный 장갑의, 장갑한 ¶ ~ная инженерная машина // 공병장갑차량 [AEV] ¶ ~ная командно-штабная разведывательная машина // 장갑지휘정찰차량 [ACRV] ¶ ~ная машина огневой поддержки // 화력지원장갑차량 [AFSV] ¶ ~ная ремонтно-эвакуационная машина // 장갑호송구난차량 [ARRV] ¶ ~ный бульдозер // 전투공병장갑차량

броня 장갑용철판 ¶ лёгкая (тонкая) ~ // 경장갑

БРПЛ *(баллистическая ракета подводных лодок)* 잠수함발사탄도미사일 [SLBM]

бруствер 차폐물 (遮蔽物)

будка 감시초소, 보초막

буй 부이, 부표 ¶ ограждающий ~ // 수로부표 ¶ промерный ~ // 측량부표 ¶ спасательный ~ // 구명부이, 구조부표

буксир ① 예인선 (船) ② 예인줄 ¶ брать (또는 взять) на ~ кого // 이끌어주다 ¶ тянуть на ~ре // 견인하다

буксирный 견인하는 ¶ ~ пароход тащит баржу // 견인선이 바지선을 끌고 간다 ¶ ~ планер // 견인글라이더

буксировка 견인

були ① (군함현측의) 대어뢰장갑 ② (잠수함의) 액체연료고

бункер 벙커

бунт 반란

буровой 시추의, 굴착의 ¶ ~вая вышка // 시추탑, 굴착탑

буссоль ① (포병) 수평각 측정기 ¶ горная ~ // 경사계 ② 나침반, 나침의 ¶ магнитная ~ // 자기나침의 ◆ 자석으로 방향을 지시하는 기계로서 함정에서는 이것을 이용하여 침로를 정하고, 물표, 천체의 방위를 측정하여 함위를 결정하는 항해계기

бутылка 병 ¶ ~ с горючей смесью // 화염병

буфер ① 완충지대 ② 적대 ¶ стратегический ~ // 전략적 중재국

буферный 완충의 ¶ ~ная зона // 완충지대

БФ *(Балтийский флот)* 발트함대

бюллетень 일보, 월보, 연보 ¶ метеорологический ~ // 기상통보

бюро 뷰로, 지도부, 사무국, 국 ¶ информационное ~ // 정보국 ¶ политическое ~ // 정치국

быстроход 고속정 ◆ 주로 연안경비임무를 수행하는 함정으로 배수톤수가 400톤 이하이며 속력이 24KTS 이상임

быстроходный 속도가 빠른 ¶ ~ многоцелевой транспорт снабжения // 전투보급함 [AFS]

В

ВА *(военная академия)* 군사대학, 군사아카데미

ВА *(воздушная армия)* 공군

вагон (레일 위를 달리는) 차량 ¶ ~-ресторан // 식당차 ¶ грузовой ~ // 화물칸 ¶ трамвайный ~ // 전차

важный 중요한 ¶ ~ объект // 중요시설 ¶ ~ое лицо // 중요인물, 요인 ¶ оборона ~ых объектов // 주요시설방어 ¶ особо ~ая цель // 고가치 표적

важность 중요성, 중대성 ¶ вопросы государственной ~и // 국가차원의 사안 ¶ ~ое лицо // 중요인물, 요인

вакса 구두약

вакуум 진공 ¶ ~-камера // 진공실 ¶ ~-насос // 진공펌프 ¶ ~-тормоз // 진공제동기

вал ① (흙으로 쌓은) 둔덕, 성 (城) ¶ крепостной ~ // 요새의 성 ② 높은 파도 ¶ ~ом валит // 물밀듯 밀려들다 ¶ девятый ~ // 가장 험난하고 사나운 파도 ¶ огневой ~ // 화염차단선

ванта, [복]~ты 돛대 로프 ◆ 돛대의 꼭대기로부터 배의 양현 측에 늘인 로프

Варшавский 바르샤바의 ¶ ~ договор // 바르샤바 조약

ватерлиния 흘수선 ◆ 선박의 최하부와 수면이 접하는 부분까지의 수직거리 (선체가 물에 잠기는 깊이) ¶ грузовая ~ // 만재 흘수선

ваттметр 전력계

вахта ① 당직; 당직시간, 당직교대시간 ¶ вторая ~ // 좌현당직 ¶ первая ~ // 우현당직 ¶ стоять на ~те (또는 нести ~ту) // 당직근무를 수행하다, 당직을 서다 ② 초소 ¶ не покидать ~ты // 초소를 떠나지 않다

вахтенный 당직의, 당직을 서는, 근무 중인, 당직자 ¶ ~ журнал // 당직일지 ¶ ~ная служба // 당직근무

ВВА *(Военно-воздушная академия)* 공군아카데미, 공군대학

ввод 돌입, 도입 ¶ ~ в бой // 전투돌입 ¶ ~ в Корею // 한국으로의 진입 ¶ ~ войск на чужую территорию // 타국 영토에로의 군대의 진출 ¶ ~ судна в гавань // 선박의 입항

ВВС *(военно-воздушные силы)* 공군

ВВС *(Высший военный совет)* 최고군사위원회

ВВТ *(вооружение и военная техника)* 무장과 군기술

ВВФ *(военно-воздушный флот)* 공군
ВГ *(верховное главнокомандование)* 총사령부
ВДВ *(воздушно-десантные войска)* 러시아 공정군; 공수부대 ◆ 러시아연방군의 독립병과로서 기동군의 주력을 구성. 병력 3만 5천명으로 점차 지원병 계약제로 이행 중

ведомство 국가기관 (부·성·청·처 및 기타 중앙기관들) ◆ 국가기관 (부·성·청·처 및 기타 중앙기관들) ¶ ~ военных дел // 병무청 ¶ военное ~ // 군사기관 ¶ государственное ~ // 국무성
ведомый ① 유도되는, 인도되는 ¶ ~ самолёт // 대열기, 피유도기 ② 대열기 ¶ приказал ~мому атаковать // 대열기에 돌격을 명령하였다
ведущий ① вести의 능동현재 ② 앞장 선, 선두의 ¶ ~ самолёт // 주도기, 유도기, 향도기 ¶ ~ танк // 선도 전차 ¶ ~ тральщик // 선도 소해정 ③ 지도적인, 주도적인 ¶ ~ инженер // 책임기사 ¶ ~щая роль // 주도적 역할 ④ ~его 편대장 ; ~ая 주도기
вельбот 구명정, 구명보트
вентилятор 통풍관, 송풍기, 환기장치
вербовка 징집, 모집 ◆ 국가가 병역 의무자에 대하여 현역에 복무할 의무를 부과하는 것
вербовочный 모병의, 모집의 ¶ ~ пункт // 모병소
вербовщик 징병관, 모병관
верёвка 줄, 끈
верность 충성 ¶ ~ Родине и своему народу // 조국과 민족에 대하여 충성 ¶ для ~ти // 믿음성 있게 하기 위하여
вероятность 확실성, 확실성의 정도, 확률 ¶ ~ попадания // 명중률 ¶ ~ поражения // 표적 제압율
вертикаль 수직선 ¶ по ~ли // 수직선을 따라
вертикальный 수직의, 연직의 ¶ ~ взлёт // 수직이륙 ¶ ~ная наводка // (포의)고저각 ¶ ~ная цель // 수직표적 ¶ летательный аппарат с ~ным взлётом и посадкой // 수직이착륙항공기 ◆ 기존 활주로의 설비 없이 수직으로 이착륙할 수 있는 고정익 항공기
вертолёт 헬리콥터, 헬기 ¶ ~ огневой поддержки // 화력지원헬기 ¶ боевой ~ // 전투 (공격)헬기 ¶ десантный ~ // 공수헬기 ¶ место расхождения ~ной колонны // 헬기 분산점 ¶ место сбора ~тов перед десантом // 헬기 대기구역 ¶ площадка для погрузки ~тов // 헬기 탑재위치 ¶ район стоянки ~тов // 헬기 모함구역 ¶ санитарный ~ // 구급헬기 ¶ спасательный ~ // 구조헬기
вертолётный 헬기의 ¶ ~ батальон // 강습헬기대대 [АНВ] ¶ ~ная площадка // 헬기장

вертолетоносец 헬기항공모함
верфь 조선소 ¶ корабельная ~ // 조선소
верхний 상부의 ¶ ~няя палуба // 상갑판
верховный 최고의, 최상의 ¶ ~ная власть // 최고권력 ¶ ~ комиссар // 고등무관 ¶ ~ суд // 최고재판소 ¶ ~ трибунал // 최고법원 ¶ ~ная власть // 최고주권 ¶ ~ное командование // 최고사령부 ¶ В~ главнокомандующий // 최고사령관 ¶ В~ное командование объединёнными вооружёнными силами НАТО в Европе // 유럽 НАТО 통합군 총사령부
вес 중량 ¶ взлётный ~ 이륙중량 ¶ полётный ~ // 비행중량 ¶ собственный ~ самолёта // 비행기의 자중
вести [нсв], провести, привести [св] ① 조종하다, 운전하다 ¶ ~ самолёт // 비행기를 조종하다 ② 진행하다, ...하다, 수행하다, ¶ ~ войну // 전쟁을 하다 ¶ ~ огонь // 사격하다
вестовой 경보의, 신호의, 전령.
ветеран 재향군인
ветеранский 재향군인의 ¶ ~кие организации // 재향군인회
вечерний 저녁의 ¶ ~няя поверка // 일석점호 ¶ ~няя перекличка // 저녁점호
вечный 영원한, 영구한, 무궁한 ¶ ~ мир // 영원한 평화 ¶ ~ огонь // 영원의 불꽃 ◆ 선생에서 전사한 장병들을 기리기 위해 만든 영원의 불 ¶ ~ная слава // 영원한 영광
веха 【海】 부표; 이정표 ¶ дорожная ~ // 도로표식 ¶ сигнальная ~ // 신호표식
вещевой 물품의 ¶ ~ мешок // 잡낭 ¶ ~ склад // 피복창고 ¶ ~вое снабжение // 개인장비 보급 ¶ ~ сумка // 잡낭 ¶ ~вое довольствие // 피복보급 ¶ ~вое имущество // 피복류
вещество ① 물품, 물질 ¶ ~ нервно-паралитического действия // 신경작용제 ¶ ~ раздражающего действия // 자극성 독물 ¶ взрывчатое ~ // 폭약, 폭발물 ¶ горючее ~ // 연료 ¶ инициирующее ~ // 기폭제 ¶ радиоактивное ~ // 방사성물질 ② 가스 ¶ ~ рвотного действия // 구토작용제 ¶ ~ удушающего действия // 질식작용제
взаимно 상호 ¶ взаимно-гарантированное уничтожение // 상호확증파괴 [MAD]
взаимодействие ① 합동작전 ◆ 육·해·공군 중 2개 이상의 군이 공동의 작전 목표를 위하여 상호 합동으로 실시하는 작전 ¶ ~ всех родов войск // 제병합동 ② 협동작전 ◆ 공동의 목표달성을 위해 보병, 포병, 기갑 등의 전투병과가 각각 그들의 특성을 살리고 상호 취약점을 보완할 수 있도록 2개 이상의 병과가 협동하면서 실시하는 작전 ¶ ~ пехоты и артиллерии // 보병과 포병의 협동작전 ¶ тактическое ~ // 전술적 협동작전 ¶ оперативное ~ // 작전적 협동작전 ¶ стратегическое ~ // 전략적 협동작전

В

взаимоуничтожение 상호파괴

взвод ① 소대 ¶ ~ автоматчиков // 소총소대 ¶ ~ боевого питания // 탄약공급소대 (보병) ¶ ~ боевого снабжения // 탄약공급소대 (포병) ¶ командир ~а // 소대장 ¶ артиллерийский ~ // 포병소대 ¶ головной ~ // 선두소대, 전방소대 ¶ группа управления ~да // 소대본부 ¶ идти ~дами // 소대별로 행진하다 ¶ кавалерийский ~ // 기병소대 ¶ пехотный ~ // 보병소대 ¶ пулеметный ~ // 기관총 소대 ¶ танковый ~ // 전차소대 ② (격철 · 격동기의) 턱 ◆ 러시아연방군에서 25~60명, 3~4개 분대, младший лейтенант, лейтенант 또는 старший лейтенант가 지휘관임. ¶ ~ курка // 격철·격동기의 턱 ¶ боевой ~ // 격동턱 ¶ курок на втором ~де // 격철이 젖혀져 있다 ¶ курок на первом ~де // 격철은 안전 상태에 있다 ¶ пистолет на боевом ~де // 발사준비가 된 권총 ¶ предохранительный ~ // 안전턱

взлёт 이륙 ¶ ~ и посадка самолётов // 비행기의 이착륙 ¶ ~тная дистанция // 이륙 최소거리 ¶ ~тно-посадочная полоса // 활주로 ¶ ~тный вес // 이륙무게 ¶ дорожка для ~та // (비행기의) 활주로 ¶ самолёт с вертикальным ~том // 수직이착륙비행기

взлётный 이륙의 ¶ ~ная полоса // 활주로

взлётно-посадочный 이착륙의

взломать, [нсв] взламывать что 돌파하다 ¶ ~ оборонные сооружения врага // 적의 시설을 돌파하다 ¶ ~ оборону противника // 적의 방어선을 돌파하다

взморье 연해, 근해

взорвать, [нсв] взрывать кого-что 폭발시키다, 폭파하다 ¶ ~ мост // 다리를 폭파하다 ¶ ~л бутылку с бензином // 휘발유병을 폭발시켰다

взрыв 폭발 ¶ ~ бомбы // 폭탄이 터지는 것 ¶ ~ газов // 가스폭발 ¶ ~ снаряда // 포탄의 작렬 ¶ атомный ~ // 원자폭발 ¶ воздушный ~ // 공중폭발 ¶ наземный ~ // 지상폭발 ¶ подземный ~ // 지하폭발

взрывание 폭발, 폭파

взрыватель 신관, 기폭장치 ¶ ~ замедленного действия // 지연신관 ¶ ~ мгновенного действия // 착발신관 ¶ ~ ударного действия // 충격신관 ¶ головной ~ // 탄두신관 ¶ дистанционный ~ // 원격조종신관, 거리조절신관 ¶ контактный ~ // 접촉신관 ¶ неконтактный ~ // 비접촉신관 ¶ ударный ~ // 착발신관 ¶ универсальный ~ // 만능신관

взрывать [нсв] 폭파하다

взрывной 폭발의, 폭발적인, 폭파의 ¶ ~ная волна // 폭풍효과 ◆ 지표면 또는 상공에서 폭발의 압력에 의하여 구조물 및 인원을 파괴 또는 살상하는 것. 이 폭풍효과는 탄환 또는 폭약의 지하폭발 시 폭파구 형성 및 지면 충격효과에 비할 수 있음 ¶

~ная машинка // 폭파기, 발파기 ¶ ~ная обработка // 폭발처리 ¶ ~ная сила // 폭발력 ¶ ~ная технология // 폭발공학 ¶ ~ное обогащение // 폭발선광 ¶ ~ное устройство // 폭발물 ¶ ~ной испытатель // 폭발검사기 ¶ ~ные работы // 폭파작업

взрывоопасный 폭발할 위험이 있는, 쉽게 폭발할 수 있는 ¶ ~ газ // 폭발성가스 ¶ ~ предмет [ВОП] // 폭발 위험물 ¶ ~ная международная проблема // 일촉즉발의 국제적 문제

взрывоопасность 폭발 위험성

взрывчатый 폭발의, 폭발성의, 폭발하기 쉬운 ¶ ~ газ // 폭발성가스 ¶ ~тое вещество // 폭발물, 폭약

взыскание 징벌, 처벌, 징계 ¶ административное ~ // 행정처벌 ¶ бесспорные ~ния // 명백한 처벌 ¶ дисциплинарное ~ // 징계처분 ¶ налагать ~ // 징계하다 ¶ получить ~ // 징계를 받다 ¶ строгое ~ // 엄벌

взятие 점령, 쟁취, 체포 ◆ 점령은 다른 국가나 그 지역을 영구히 점유할 의사가 있을 경우에 점령이라 부름 ¶ ~ в плен // 포로체포 ¶ ~ власти // 정권장악 ¶ ~ города // 도시의 점령 ¶ ~ крепости // 요새점령 ¶ ~ обратно // 철회, 탈환 ¶ ~ под стражу // 체포

взятка 뇌물

вид 종류, 종목 ¶ ~ вооружённых сил // 군종(軍種) ◆ 육지, 바다, 하늘에서 군사행동을 수행하기 위한 국가의 군(ВС)의 요소. 군종(Вид вооружённых сил)은 3군, 특수군 그리고 후방지원군으로 구성. 기본적인 통제기구는 대한민국의 합참에 상응하는 총참모본부(главный штаб)가 있음. 대체로 군(ВС)은 3개 군종-육군(сухопутные силы 혹은 армия), 해군(ВМС혹은 ВМФ) 그리고 공군(ВВС)으로 구성. 구소련 시대군(ВС)은 5개의 군종-전략로켓군(РВСН), 육군, 방공군(Войска ПВО), 공군과 해군으로 구성되었음. 1998년에 러시아연방군은 방공군과 공군을 통합시켰음. ¶ ~ манёвра // 기동형태 ¶ ~ налога // 세금의 종목 ¶ ~ огня // 사격종류 ¶ ~ды артиллерийского огня // 포사격 종류 ¶ ~ды войск // 군종(軍種) ¶ ~ды оружия // 무기의 종류 ¶ ~ды снабжения // 보급품종

видение 시력, 시각 ¶ ~ на расстояние // 원거리 시각

видеотелефон 화상전화기

видимость 가시도

видимый 가시적인, 눈에 보이는 ¶ ~мые лучи // 가시광선

визир 조준기

визирование 조준 ¶ линия ~ния // 조준선 ¶ угол ~ния // 조준각

визит 방문 ¶ ~ты военных кораблей // 군함방문, 군함의 기항 ¶ ~в Республику Корея делегации Российской Федерации // 러시아 대표단 한국방문

визуальный 육안에 의한 ¶ ~ная звёздная величина // 가시별등급 ¶ ~ная разведка мин // 육안지뢰 지대정찰 ¶ ~ное наблюдение // 육안감시 ¶ ~ные наблюдения // 육안관측

вилка 탄착점간의 거리차이 ¶ предел ~ки // 거리차이 한계

винт 추진기, 프로펠러, 스크류 ¶ воздушный ~ // 프로펠러 ¶ гребной ~ // 선박용추진기 ¶ пароходный ~ // 기선추진기 ¶ толкающий ~ // 연동축 추진기 ¶ четырехлопастный ~ // 사륜보조추진기

В

винтовка 소총 ¶ автоматическая ~ // 자동소총 ¶ взять ~ку на перевес (на плечо) // 총을 어깨에 메다 ¶ забросить ~ку за спину // 각개총을 하다 ¶ заряжать ~ку // 장탄하다 ¶ малокалиберная ~ // 소구경소총 ¶ пневматическая ~ // 공기총 ¶ просматривать ~ки // 소총을 검사하다 ¶ снайперская ~ // 저격소총 ¶ ставить ~ки в козлы // 사총, 걸어 총 ¶ стрелять из ~ки // 총을 쏘다

винтовочный 소총의 ¶ ~ патрон (= граната) // 소총탄

винтокрыл 회전익 항공기 ◆ 회전하는 날개에 의하여 비행에 필요한 양력의 전부 또는 일부를 발생하게 하는 항공기. 통상, 헬리콥터

винтокрылый 회전익의, 로우터의 ¶ ~лая машина // 회전익 항공기

вираж 선회 ¶ крутой ~ // 급선회 ¶ вертикальный ~ // 수직선회

вирус 바이러스

виток ① (비행에서) 궤도 한바퀴 (1주) ¶ глухой ~ // 통신두절 상태의 비행 (우주비행선 등이 지상과의 교신이 단절된 상태에서의 비행) ② 단계 ¶ выйти на новый ~ // 새로운 단계에 들어서다 ¶ новый ~ гонки вооружений // 군비경쟁의 새로운 단계

владеть [нсв] кем-чем 지배하다. 통치하다, 장악하다 ; 가지다 ¶ ~ воздухом // 제공권을 가지다 ¶ ~ морями // 영해권을 가지다, 바다를 지배하다

владычество 통치 ¶ под ~вом // 통치하에

влажность 습도 ¶ ~ климата // 기후의 다습성

власть, [복]~ти [단] 주권기관, 정부 [복] 당국자, 행정당국 ¶ военные ~ ти // 군부 ¶ заявить ~ тям о происшествии // 당국에 사건에 대하여 신고하다 ¶ местные ~ ти // 지방주권기관, 당국 ¶ полицейские ~ ти // 경찰국 ¶ судебные ~ ти // 사법부

ВМ *(военное министерство)* 육군성

ВМА *(Военно-медицинская академия)* 군의아카데미

ВМА *(Военно-морская академия)* 해군아카데미, 해군대학

вместилище 저장고

вместимость 톤수, 수용력 ¶ ~ судна // 선박의 적재량 ¶ валовая ~ // 만재톤수 ◆ 함선에 화물, 여객, 연료 등을 최대한 많이 실어서 규정된 만재 흘수선까지 침강된 상태의 톤수 ¶ мера ~ти // 용량 ¶ резервуар большой ~ти // 용량이 큰

탱크 ¶ чистая ~ // 순톤수

вмешательство 간섭, 개입 ¶ вооружённое ~ // 무력간섭(개입)

ВМС *(Военно-Морские Силы)* 해군력; 해군 ◆ 국가가 해군을 이용하여 국가이익을 보호하고 국가안보를 유지하며 국가목표 달성과 국가정책을 수행하고 국위를 선양하여 국민의 해양활동을 보호하는 해양력의 군사적 수단 ¶ ~ РК // 대한민국 해군

ВМФ *(Военно-Морской Флот)* 해군, 해군함대 ◆ 소련시대의 해군을 표시할 때 이러한 표현을 사용

вневойсковик 민간 군사훈련자

вневойсковой 민간 군사훈련의 ¶ ~вая подготовка // 민간 군사훈련 ¶ ~вое обучение // 민간 교육

внезапный 불시의, 돌발적인 ¶ ~ огонь // 불시사격 ¶ ~ная проверка // 불시점검 ¶ ~ное нападение // 불의의 공격·침공 ¶ ~ное начало // 돌발

внешнеполитический 대외성책의 ¶ ~ курс // 대외정책방향, 대외정책방침 ¶ ~кая изоляция // 외교상의 고립 ¶ ~кая обстановка // 대외정세

внешний 외부의 ¶ ~няя политика // 대외정책

внимание 주의, 동작 그만

внутренний ① 내부의 ¶ ~ враг // 내부의 적 ¶ ~ караул // 영내위병 ¶ ~няя охрана // 영내경비 ¶ ~няя служба // 영내근무 ② 국내의 ¶ ~нее положение // 국내정세 ¶ ~няя политика // 국내정책 ¶ Министерство ~них дел // 내무부

ВО *(военный округ)* 군관구

вовремя 적시에

вода ① 물 ¶ внутренние ~ды // 내부수역 ¶ территориальные ~ды // 영해 ② 조수, 수면 ¶ высокая ~ // 고조 ◆ 수면이 상승조수에 의해서 최고도에 달할 때의 조석, 또는 만조 ¶ низкая ~ // 저조

водитель 운전병

вододром 탱크교육실습장

водоизмещение 배수량 ◆ 선박이 화물을 적재하여 흘수선까지 내려갔을 때의 중량을 말함 ¶ корабль ~ нием в 2500 тонн // 배수량 2500t의 선박

водолаз 잠수부 ¶ шлем ~за // 잠수헬멧

водолазный 잠수의 ¶ ~ колокол // 잠수기 (종 모양으로 생김) ¶ ~ костюм // 잠수복 ¶ ~ шлем // 잠수헬멧 ¶ ~ная работа // 잠수작업 ¶ ~ная техника // 잠수장비

водомер 수량계

водонепроницаемость 방수성

водонепроницаемый 방수의 ¶ ~мая переборка на корабле // 수밀격벽

водоотвод 배수장치

водоотливный 배수의 ¶ ~ные средства // 배수장치

водоснабжение 급수 ¶ ~ войск // 부대 급수 ¶ горячее ~ // 온수공급

воевать 싸우다, 참전하다 ¶ воевать с кем-чем, за кого-что // 전쟁하다, 싸우다, 전쟁에 참가하다 ¶ ~ с захватчиками // 침략자들과 전쟁하다 ¶ Адмирал ~вал с юных лет // 장군은 젊은 나이부터 전쟁에 참가했다 ¶ Зачем французы ~ли с этой страной? // 왜 프랑스군이 이 나라와 싸웠는가?

военачальник 군사령관, 군 고급 지휘관

военврач 군의

военизация 군사화 ¶ ~ учащихся // 학생의 군사화

военизированный 군사화된, 무장한, 무장을 갖춘 ¶ ~ отряд // 무장을 갖춘 부대

военинженер 공병부대원

военка 병역, 군대생활

военкомат *(военный комиссариат)* 병무청

военкоматовский 지방병무소의

военно-автомобильная дорога 군용도로

военно-административный 군정의, 군사행정의, 군당국의 ¶ ~ное деление // 군 행정지역 분할

военно-воздушный 공군의 ¶ В~ные силы РФ // 러시아연방공군

Военно-Воздушные Силы [ВВС] 공군 ◆ 러시아공군은 화력, 핵 파워, 원거리 공격, 전장의 급속한 이동의 특징을 가짐 ¶ начальник штаба военно-воздушных сил // 공군참모총장

военно-врачебная комиссия 군의 위원회

военно-врачебная экспертиза 징병 신체검사

военно-демаркационная линия 군사분계선 ◆ 유엔군사령관 통제 하에 있는 지역과 북한군사령관의 군사통제 하에 있는 지역을 분할하는 군사적인 경계선

военно-десантный корпус 공수군단, 공정군단

военно-диктаторский режим 군사독재체제

военно-инженерный 공병의 ¶ ~ное искусство // 공병술, 전시공병능력

военно-лоцманская служба 도선국(導船局)

военно-медицинская подготовка 야전 구급법 교육

военно-медицинский состав 의무병과

военно-морской 해군의 ¶ ~ флаг // 국기 ¶ ~ флот // 해군함대 ¶ ~кая база // 해군기지 ◆ 기지란 해군의 주요 구성요소의 하나이며, 해군활동의 근거지로서 작전부대를 지원하는 장소이고, 보급과 수리 및 기타 지원시설을 갖춘 지역. ¶ ~кая деятельность // (평시의) 군함활동 ¶ ~кая разведка // 해상정찰 ¶ ~кое искусство // 해군력 운용술 ¶ ~кое присутствие // 군함파견, 정박 ¶ В~ Флот [ВМФ] // 해군 ◆ 러시아해군은 수중과 해상, 지상과 갑판비행장을 가지는 항공단, 해안

로켓 포병부대와 해병대를 포함하고, 또한 선박보호의 특별 임무를 포함한다. 조직으로 러시아 해군 (ВМФ)은 북양함대, 태평양함대, 흑해함대, 발트함대, 카스피해 전단과 페테르부르그 해군 기지가 있음 ¶ В~кие силы [ВМС] // 해군력; 해군 ◆ 국가목표의 달성과 국가정책을 지원함에 있어 전·평시 해군작전 수행을 위하여 직·간접으로 필요한 전력으로써 해군에 소속 및 통제되는 인적·물적 자원의 총체를 의미하며, 함정, 항공기와 해병대를 포함한 병력, 기지 및 이들의 지원시설 등을 말함

военно-музыкальное училище 군악학교
военно-научная конференция 군 학술회의
военно-окружной 군관구의
военно-оркестровый 군오케스트라의
военно-подготовительные учебные заведения 군사예비교육기관
военно-полевой госпиталь 야전병원
военно-полевой суд 군법회의
военно-политическая обстановка 군사정세
военно-промышленная корпорация 군수산업체 ◆ 군수산업은 국방산업, 방위산업 등의 용어로 쓰여지고 있으며, 광의로는 군사적 요구를 충족시키기 위한 모든 산업체를 망라함
военно-промышленный комплекс [ВПК] 군산복합체
военное руководство 군 지휘부
военно-санитарная служба 군사위생근무
военно-санитарное управление 군사위생국
военно-силовой 군사력의, 무력의 ¶ ~вая конфронтация // 군사적 대립
военное снаряжение 군 보급품
военное сокращение 군비감축
военное сотрудничество 군사협력 ◆ 공동의 적 혹은 위협에 대한 공동의 안정이나 이익을 추구하기 위하여 국가들 간의 부문에 있어서 협조적 관계를 유지하는 것
военно-спортивный комплекс 병영 스포츠센터
военно-стратегическая стабильность 군사 전략적 안정
военно-стратегический паритет 군사 전략적 균형
военно-стратегическое превосходство 군사 전략적 우위
военно-стратегическое равновесие сторон 다극체제의 군사 전략적 균형
военно-строительные части 건설부대
военно-строительный отряд 건설부대 (대규모)
военное строительство 국방력건설
военное судно 군함
военно-технические науки 군사공학
военно-техническое сотрудничество [ВТС] 군기술협력

военно-топографическая служба 지형 정보지원국
военно-транспортная авиация 군수송항공대 [ВТА]
военно-транспортное авиационное командование 공군 기동 사령부 [AMC]
военно-учебные заведения 군사교육기관
военно-учётная специальность 병과 및 주특기
военно-финансовое управление 군사제정국
военно-химическая служба 화학전 근무
военно-химический отдел 화학전부
военно-химическое управление 화학국
военно-хозяйственный 군사경리의 ¶ ~ная служба // 군경리단 근무 ¶ ~ное снабжение // 군경리 보급
военно-штабной комитет [ВШК] 유엔안보리 군사참모위원회 [MSC]
военно-экономический потенциал [ВЭП] 군사-경제적 (전략적)잠재력 ◆ 군사력 기반의 하나로서 무력을 건설·유지하는 데 가용한 국가자원
военно-юридический 군법의
военнообязанный 동원 대상자
военнопленный, [복]~ные 전쟁포로 ¶ лагерь ~ных // 포로수용소
военнослужащий 군인, 군복무자 ¶ ~ в запасе // 예비역군인 ¶ ~ срочной службы // 현역병 ◆ 징집 또는 지원에 의하여 입영한 병 ¶ ~, находящийся в самовольной отлучке // 근무 이탈자 ¶ кадровый ~ // 직업군인 ¶ семья ~щих // 군인가족
военнослужащий-контрактник 계약복무자
военнослужащий-профессионал 직업군인
военный ① 군의 ¶ ~ авантюризм // 군사적 모험주의 ¶ ~ аналитик // 군사분석가 ¶ ~ атташе // 대사관 무관 ¶ ~ аэродром // 군용비행장 ¶ ~ билет // 병역수첩 ¶ ~ бюджет // 군예산 ¶ ~ вакуум // 군사진공 ¶ ~ городок // 군사도시 ¶ ~ еженедельник // 군사주간지 ¶ ~ заём // 군사차관 ¶ ~ закон // 군법 ¶ ~ инцидент // 군사도발 ◆ 군대, 군비, 전쟁에 의한 상대국의 국민과 재산 또는 영역에 가하는 일체의 위해행위 ¶ ~ историк // 군역사가 ¶ ~ капельмейстер // 군악대지휘자, 군악대장 ¶ ~ комиссариат // 지방병무청 ¶ ~ компактный реактор // 군사용 소형 원자로 [MCR] ¶ ~ корабль // 군함 ◆ 군적을 갖고 있는 선박을 총칭 ¶ ~ министр // 육군장관 ¶ ~ мундир // 군복 ¶ ~ наблюдатель // 군사옵서버 ¶ ~ обозреватель // 군사평론가 ¶ ~ объект // 군사시설 ¶ ~ округ // 군관구 ¶ ~ парад // 군사 퍼레이드 ¶ ~ преступник // 전범 ¶ ~ промышленный комплекс [ВПК] // 군산복합체 ¶ ~ разведчик // 군정찰병, 군사정보조사원, 첩보원 ¶ ~ руководитель // 군사교관 ¶ ~ совет // 군사회의,

군평의회 ¶ ~ специалист // 군사전문가 ¶ ~ суд // 군법회의 ¶ ~ теоретик // 군사이론가 ¶ ~ термин // 군사전문용어 ¶ ~ трибунал // 군법회의 ¶ ~ успех // 군사적 성공 ¶ ~ устав // 군사규정, 군사교범 ¶ ~ учёт // 병적등록 ¶ ~ финансист // 군회계사 ¶ ~ная авиация // 군항공 ¶ ~ная автомобильная инспекция // 안전 수송 감찰단 (지도반) ¶ ~ная администрация // 군사행정 ¶ ~ная академия // 군사대학, 군사아카데미 ¶ ~ная акция // 군사행동 ¶ ~ная база // 군사기지 ¶ ~ная блокада // 군사봉쇄 ¶ ~ная бухгалтерия // 군회계 ¶ ~ная делегация // 군사사절단 ¶ ~ная доктрина // 군사독트린 ¶ ~ная интервенция // 무력간섭, 군사개입 ◆ 어떤 논쟁의 과정에서 문제를 적극적으로 해결하기 위하여 군사력을 사용하는 계획적인 행동 ¶ ~ная информация // 군사정보 ¶ ~ная история // 전쟁역사 ¶ ~ная кинохроника // 군사기록영화 ¶ ~ная миссия // 군사사절단 ¶ ~ная мобилизация // 군사기동 ¶ ~ная мощь // 군사력 ¶ ~ная наука // 군사학 ¶ ~ная обувь // 군화 ¶ ~ная операция // 군사작전 ◆ 전쟁과 이에 미치지 못하는 분쟁 또는 평시에 국가 및 군사전략적 목적을 달성하기 위하여 전장 또는 그 이외의 특정지역에서 군사적 수단을 사용하는 제반 군사행동 ¶ ~ная повинность // 병역 ¶ ~ная подготовка населения // 민방위 훈련 ¶ ~ная политика // 군사정책 ◆ 국방정책의 일부로서 국가의 평화와 독립을 지키기 위하여 군사력의 유지, 조성 및 운용을 도모하는 오로지 군사에 관한 각종의 정책 ¶ ~ная полиция // 헌병 ¶ ~ная почта // 군사 우편 ¶ ~ная прокуратура // 군검찰 ¶ ~ная промышленность // 군수산업 ◆ 국방산업, 방위산업 등의 용어로 쓰이고 있으며, 광의로는 군사적 요구를 충족시키기 위한 모든 산업이 망라됨 ¶ ~ная разведка // 군사정찰 ¶ ~ная реформа // 군사개혁 ¶ ~ная санкция // 군사제재 ¶ ~ная сила // 군사력 ¶ ~ная силовая политика // 군사력 정치 ¶ ~ная служба // 병역, 군복무 ¶ ~ная стратегия // 군사전략 ◆ 국가목표를 달성하기 위하여 군사력을 건설하고 운용하는 술과 과학 ¶ ~ная тайна // 군사비밀 ¶ ~ная теория // 군사교리, 군사이론 ◆ 군부대와 그 구성원에게 국가목표를 달성하기 위해 공식적으로 승인된 군사행동의 기본원칙과 지침 ¶ ~ная терминология // 군사전문용어 ¶ ~ная территория // 군사구역 ¶ ~ная техника // 군사장비 ¶ ~ная технология // 군사기술 ¶ ~ная топография // 군사지형학 ¶ ~ная флотилия // 소함대 ¶ ~ное воспитание // 군사교양 ¶ ~ное вторжение // 무력침공 ¶ ~ное давление // 군사적 압력 ¶ ~ное дело // ① 군사학 ◆ 전평시 군과 군사기구의 군건설과 군사활동의 이론과 실제. 군사력과 전투력은 이것의 결과로 나타나고, 국가주권 수호는 군사의 최종 결과가 된다. // ② 군사 ¶ ~ное имущество // 군자산, 군수물자 ¶ ~ное искусство // 군사술 (전략, 작전학, 전술) ¶ ~ное командование // 군통수부, 군사지휘부 ¶ ~ное министерство // 육군성 ¶ ~ное мореплавание // 군함의 해양항행 ¶ ~ное правительство // 군사정부 ¶ ~ное право // 군법 ◆ 일반시민과는 다른 환경과 규율아래 있는 군인 및 군인에 준하는

자와 예외적으로 인정한 민간인에게 적용되는 군사에 관한 모든 법 ¶ ~ное присутствие // 주둔 ¶ ~ное руководство // 군지휘부 ¶ ~ное снаряжение // 군장, 군수품 ¶ ~ное сокращение // 군비감축, 군축 ¶ ~ное сотрудничество // 군사협력 ¶ ~ное строительство // 군사건설, 국방건설 ¶ ~ное судно // 군함 ¶ ~ное укрепление // 요새 ¶ ~ные власти // 군사정권 ¶ ~ные грузы // 군용물자 ¶ ~ные действия // 군사행동 ¶ ~ные кредиты // 군사차관 ¶ ~ные круги // 군부 ¶ ~ные нужды // 군사적 필요 ¶ ~ные приготовления // 군비 ◆ 국가와 국권을 지키기 위한 군사설비, 즉 군대의 병력·무기·장비·시설 등의 총칭 ¶ ~ные расходы // 군사비 ¶ ~ные ресурсы // 군용물자, 군사적 자원 ¶ ~ное сообщение // 군수송망 ¶ журнал ~ных действий // 작전일지 ¶ с ~ной (политической) точки зрения // 군사적 (정치적)관점에서 ¶ театр ~ных действий // 전역(戰域) ② 전쟁의 ¶ ~ лад // 전시체제 ¶ ~ налог // 전시세금 ¶ ~ потенциал // 전력(戰力) ¶ ~ная игра // 워게임 ◆ 적의 방책 및 강약점, 작전지역 분석결과 등을 컴퓨터에 수록하여 아군의 무기체계, 부대임무, 지역 및 기상 등의 요소와 결합하여 아 행동의 순서로 전투의 양상을 판단하여 아군의 전투력 운용방법을 결정하기 위해 실시하는 것 ¶ ~ная конъюнктура // 전시경기, 군사상황 ¶ ~ная экономика // 전시경제 ¶ ~ное время // 전시 (戰時) ◆ 상대국에 대한 선전포고, 작계시행 시로부터 휴전이 성립될 때까지의 기간 ¶ ~ное мероприятие // 전시조치 ¶ ~ное положение // 전시상황, 계엄상태; 군법 ¶ ~ное преступление // 전쟁범죄 ◆ 개인 또는 부대가 공인된 법률 및 전시관례를 위반하는 것 ¶ ~ные запасы // 전시비축

военпред *(военный представитель)* 군사대표

военспец *(военный специалист)* 군사전문가

военторг(военная торговля) 복지단(福祉團)

военщина 군부, 군부지배, 호전적인 군부

вожак 지도자, 리더

вождение 통솔, 통수, 차량의 운전 ¶ ~ боевых машин // 전투차량 조정 ¶ ~ танков под водой // 탱크 도하조종

возвращение 반환 ¶ ~ территорий // 영토반환

возглавлять [нсв] 지휘하다 ¶ ~ войско // 군대를 지휘하다 ¶ ~ колонну // 대열을 지휘하다

воздействие 제재 ¶ оказать ~ // 영향을 주다 ¶ ослабить (устранить) ~ на кого-что // ~에 대한 영향을 약화 (제기)하다 ¶ под ~ием кого // ~의 압력 하에 ¶ подвергнуться ~вию // 영향을 받다 ¶ усилить (активизировать) ~ на кого-что // ~에 대한 영향을 강화 (적극화)하다 ¶ физическое ~ // 강제력, 물리력

воздухообмен 환기, 통풍

воздухоочиститель 공기청정기, 공기정화기
воздухоплаватель 비행사
воздухотряд *(воздушный отряд)* 항공부대
воздушно-десантная дивизия 공정사단
воздушно-десантная рота 공수중대
воздушно-десантная часть 공정대, 낙하산부대
воздушно-десантное войско 공정부대 ◆ 공수착륙이나 공중투하로써 전투지대에 투입되어 전투작전을 수행할 목적으로 편성 및 정비되고 훈련된 부대로서 지상군과 공군으로 구성됨
воздушно-стрелковая тренировка 공중사격훈련
воздушно-штурмовые действия 공정작전 ◆ 전략(작전)적 임무수행을 위해 전투부대와 장비를 수송항공기에 의하여 목표지역으로 이동시켜 공두보를 확보한 후 제한 지상 작전을 실시하는 작전
воздушный 항공의, 비행의 ¶ пост ~ной связи // 공중연락초소 ¶ ~ бой // ① 공중전 ◆ 2대 이상 항공기 간에 공중에서 이루어지는 전투 // ② 항공전투 ◆ 항공우세를 획득하기 위한 전투로서, 비행장, 항공기 제작공장 등에 대한 항공공격을 포함함. ¶ ~ винт // 프로펠러 ¶ ~ десант // 항공 육전대, 공수보병 (空輸步兵), 공정특전대, 낙하산부대 ◆ 항공기 수송으로 전투지역에 투입되는 보병 ¶ ~ командный пункт // 공중지휘소 ◆ 비행중인 항공기에 적절한 통신장비를 설치하여, 지휘관이 부대의 지휘 및 통제를 실시하는 지휘소 ¶ ~ командный пункт управления операциями на поле боя // 전장 공중지휘통제본부 [ABCCC] ¶ ~ корабль // 비행선 ¶ ~ лайнер // 정기항공기 ¶ ~ налёт // 전격공습(電擊空襲) ◆ 지상 목표에 대한 군용기의 기습공격 ¶ ~ объект // 대공표적 ¶ ~ пункт управления // 공중지휘소 ¶ ~ транспорт // 항공수송, 공수수송 ¶ ~ флот // ① 대비행대 ◆ 1,000기 이상으로 편성된 공군의 집단 // ② 공중함대 ¶ ~ная атака // 공중공격 ¶ ~ная война // 공중전 ¶ ~ная выучка // 조종 숙련도 ¶ ~ная линия 또는 ~ная трасса // 항로 ¶ ~ная мишень // 대공표적 ¶ ~ная мощь // 공군력 ◆ 공군이 지상, 해상, 공중 및 우주공간에서 군사작전을 수행하는데 필요한 군사력 ¶ ~ная оборона // 방공 ◆ 적기 또는 유도탄의 효과를 무력화하거나 감소시키는 수단의 총칭으로, 이에 대한 방어방책은 소극적 방공과 적극적 방공으로 구분됨 ¶ ~ная обстановка // 공중상태 ¶ ~ная подушка // 공기부양 ¶ ~ная почта // 항공우편 ¶ ~ная разведка // 공중정찰 ¶ ~ная разведка с низких высот // 저고도 항공정찰 [ARL] ¶ ~ная связь // 공중연락 ¶ ~ная система дальнего радиолокационного обнаружения и управления // 공중조기 경보체계 [AWACS] ◆ 항공기 탑재 탐색레이더에 의해서 목표를 탐지·식별하며 동시에 아군의 전투기, 함정 등을 공중에서 지휘 통제하는 체계 ¶ ~ная стрельба // 공중사격 ¶ ~ная территория // 영공 ¶ ~ная тревога // 공습경보 ◆ 적의 항공기, 유도탄, 지상

전력에 의한 공격이 절박하거나 진행 중일 때 발령되는 경보 ¶ ~ная цель // 공중표적 ¶ ~ное заграждение // 공중차단 ¶ ~ное наблюдение // 항공관측, 항공감시 ¶ ~ное наблюдение, оповещение и связь // 항공감시통보연락 ¶ ~ное нападение 또는 ~ная атака // 공습(空襲) ◆ 항공기로 적의 영토나 영공을 공격하는 것 ¶ ~ное право // 항공법 ¶ ~ное пространство // 공역(空域) ◆ 육상 또는 해면을 포함하는 지표상에 구역과 고도로 표시되는 공중영역 ¶ ~ное раннее предупреждение // 공중조기경보 ◆ 항공기에 탑재된 탐지장비로 공중, 지상 및 해상에 위협요소를 탐지하여 아군에게 경보를 보내는 것 ¶ ~ное сообщение // 항공운수 ¶ ~ мост // 무착륙항로 ◆ 특수한 목적으로 두 지점사이를 비행하는 항로

возникновение 발생, 발발 ¶ ~ войны // 전쟁발발

возобновление 재개, 갱신, 수복, 회복 ¶ ~ дипломатических отношений // 외교관계의 회복 ¶ ~ договора // 조약갱신 ¶ ~ переговоров // 회담재개

возраст 연령 ¶ призывной ~ // 징집연령

воин 군인, 병사, 무사 ◆ 군인에 대한 존칭의 표현 ¶ он истинный ~ // 그는 진정한 군인이다 ¶ павший ~ // 전몰용사 «속담» Один в поле не~ 독불장군은 없다 ◆ 전쟁마당에서 혼자서는 싸울 수 없다 ¶ Путь ~на - сражаться до последнего вздоха // 군인의 도리는 끝까지 싸우다 죽는 것

воинский 군인의, 군대의, 군사의, 군인다운 ¶ ~ билет // 군인신분증 ¶ ~ дух // 군인정신 ¶ ~ поезд // 군용열차 ¶ ~ устав // 군사규정, 군의 법령·교범 ¶ ~ учёт // 병무기록 ¶ ~ эшелон // 단위제대 ¶ ~кая дисциплина // 군기, 군율 ¶ ~кая доблесть // 무훈 ¶ ~кая обязанность // 병역의무 (유럽식) ¶ ~кая повинность // 병역의무 (러시아아식) ¶ ~кая часть // 부대 ◆ 국군조직법에 의하여 설치되는 국군의 모든 편성체 ¶ ~кие почести // 경례 ¶ ~кое воспитание // 군교육 ¶ ~кое звание // 군의 계급 ¶ ~кое обучение // 군사교육 ◆ 군사기술·전술·무기 등 군사지식·기능에 대한 교육

воинственность 호전적인 것, 전투적 용맹성

воинственный 전투적인, 호전적인 ¶ ~ народ // 전투적인 시민 ¶ ~ные планы // 전투 (전쟁)계획

война 전쟁 ◆ 국가의 생존이 달려있는 국가목표를 달성하기 위한 전역 ¶ ~ бюджетов // 예산전쟁 ¶ ~ за независимость // 독립전쟁 ¶ ~ на истощение // 소모전 ◆ 전쟁 상대국가 간에 인원, 병기, 물자 등을 계속적으로 투입하여 전쟁을 장기간 지속시킴으로써 쉽게 승부가 나지 않는 전쟁형태 ¶ ~ нервов // 신경전 ¶ агрессивная ~ // 침략전쟁 ¶ атомная ~ // 원자전쟁 ¶ бактериологическая ~ // 세균전쟁 ¶ братоубийственная ~ // 동족상잔의 내란 ¶ Великая отечественная ~ // 대조국전쟁 ◆ 1941년~1945년까지의 제2차 세계대전 ¶ вернуться с ~ны // 전쟁터에서 돌아오다 ¶ вовлекать в ~ну // 전쟁에 몰아 넣다 ¶ глобальная ~ // 세계대전 ¶ горячая ~ // 열전 ('냉전'의 반대어) ¶ гражданская ~ // 시민전쟁, 내전

¶ до ~ны // 전쟁 전에 ¶ жертвы (ужасы) ~ны // 전쟁의 희생자 (참화) ¶ затяжная ~ // 지구전, 지연전 ¶ захватническая ~ // 침략전쟁 ¶ звёздные ~ны // 별들의 전쟁 (Star Wars) ◆ 1980년대 중반 SDI에 의한 전쟁 ¶ идеологическая ~ // 사상전 ¶ локальная ~ // 국지전 ◆ 현대전의 한 형태로서 전면전쟁을 회피하면서 제한된 지역에서 어떤 조건하에 국가정책과 군사목적을 달성하기 위해 행해지는 전쟁형태 ¶ манёвренная ~ // 기동전 ◆ 적의 군사력을 물리적으로 파괴하기 보다는 기동을 통하여 심리적 마비를 추구함으로써 최소의 전투로 결정적 승리를 달성하게 하는 전쟁수행방식 ¶ мировая ~ // 세계대전 ¶ молниеносная ~ // 전격전 ¶ морская (воздушная) ~ // 해전 (공중전) ◆ 해상통제권을 확보, 유지 및 행사하고 적의 해양사용을 거부하기 위하여 해상전투에서 모든 해군력, 즉 해군부대를 운용하는 것 ¶ наступательная ~ // 공격전 ¶ находиться в состоянии ~ны // 전쟁 상태에 있다. ¶ начало ~ны // 전쟁발발 ¶ оборонительная ~ // 방어전 ¶ объявить ~ну // 선전포고를 하다 ¶ объявление ~ны // 선전포고 ¶ ограниченная ~ // 제한전 ◆ 한정된 정치목적에 부합되도록 행동지역, 사용수단, 사용무기, 병력 및 달성해야 할 목표 등에 일정한 제한을 가하면서 수행하는 무력전 ¶ Отечественная ~ // 조국전쟁 ◆ 1812년 나폴레옹전쟁 ¶ Отечественная освободительная ~ // 조국해방전쟁 ¶ партизанская ~ // 유격전, 게릴라전, 빨치산전 ◆ 적 지역이나 적 점령지역 내에서 무장한 주민 또는 정규군 요원에 의해서 직접, 간접으로 불규칙하게 수행되는 군사 및 준군사활동 ¶ пережить ~ну // 전쟁을 겪다 ¶ поджигатель ~ны // 전쟁도발자 ¶ позиционная ~ // 진지전 ¶ пойти на ~ну // 전쟁터에 나가다 ¶ поражение в ~не // 패전 ¶ предотвращение ~ны // 전쟁방지 ¶ провокация ~ны // 전쟁도발 ¶ провоцировать ~ну // 전쟁을 도발하다 ¶ пропаганда ~ны // 전쟁선전 ¶ психологическая ~ // 심리전 ¶ ракетно-ядерная ~ // 핵미사일전쟁 ¶ справедливая ~ // 정의의 전쟁 ¶ тотальная ~ // 전면전, 총력전 ¶ угроза (опасность) ~ны // 전쟁의 위협 (위험) ¶ устранение угрозы ~ны // 전쟁위협제거 ¶ участие в ~не // 참전 ¶ химическая ~ // 화학전 ¶ холодная ~ // 냉전 ◆ 제2차 세계대전 이후 미소에 의해 각기 영도된 서방 자유제국과 공산국가들 간의 이념, 정치, 경제대립으로 인한 전체전 이전의 분쟁상태 ¶ это к ~не // 이것은 전쟁의 징조다 «상용구» К~не вынуждают крайние обстоятельства. 전쟁은 부득이한 경우에만 하는 것이다 ¶ ~ может быть выгодной, а может быть и опасной // 전쟁은 이롭게도 될 수 있고, 위태롭게도 될 수 있다

войско [복] ~ка 군 (軍); 군대, 부대; 병과 ¶ ~ка береговой обороны // 해안방어부대 ¶ ~ка гражданской обороны // 민간방위군 ◆ 러시아연방의 민간방위조직으로 러시아연방 민간방위·비상사태·자연재해부 (МЧС)에 소속되어 있음. 한국의 민방위군과 달리, 상비군의 형태로 존재. ¶ ~ка действительной службы // 현역부대 ¶ ~ка народного ополчения // 의용군 ¶ ~ка охраны тыла // 후방경계부대 ¶ ~ка противовоздушной обороны // 방공포부대 ¶ ~ка радиационной, химической и биологической защиты // 방사선·화학·생물학방호병과 ¶ ~ка радиоэлектронной борьбы // 전자전부대 ¶ ~ка связи // 연락부대; 통신병과 ¶ ~ка специального назначения // 특수부대 ¶ ~ка технического обеспечения // 기술지원부대 ¶ автомобильные ~ка // 자동차부대 ¶ бронетанковые ~ка // 기갑부대 ¶ виды войск // 군종 ¶ внутренние ~ка // 내무군, 국내치안부대 ¶ военное училище сухопутных войск // 육군사관학교 ¶ воздушно-десантные ~ка // 항공육전대, 공정특전대 ¶ главнокомандующий сухопутными ~ками // (러시아) 육군총사령관 ¶ дорожные ~ка // 도로군 ¶ железнодорожные ~ка // 철도군 ◆ 러시아연방 철도의 건설·복구·방호를 주 임무로 하는데, 자연재해 등 비상사태에도 복구 작업에 참여. 원래 독립부대로 존재하였으나, 2004년 10월 이래 러시아 연방군 후방부에 편입 ¶ инженерные ~ка // 공병 ¶ кадровые ~ка // 정규군, 상비군부대 ¶ конвойные ~ка // 호송부대 ¶ космические ~ка // 러시아우주군 ◆ 러시아연방군의 독립병과로서 2001년 창설. 탄도미사일 공격의 경계, 대미사일방어, 군용·민용 인공위성의 개발·전개·유지 및 통제를 임무로 함 ¶ мотомеханизированные ~ка // 기계화부대 ◆ 장갑차 및 차량으로 기동화 된 보병부대가 전투력의 주체가 되어 전차, 포병, 공병 및 기타 제 병과부대로 편성된 부대 ¶ мотострелковые ~ка // 차량화소총부대 ¶ мятежные ~ка // 폭도 ¶ наёмные ~ка // 용병부대 ¶ наземные ~ка // 지상군 ¶ начальник штаба сухопутных войск // (대한민국)육군참모총장 ¶ оккупационные ~ка // 점령군 ¶ парашютно-десантные ~ка // 공수낙하부대 ¶ постоянные ~ка // 상비군 ◆ 전시는 물론 평시에도 유지하는 상비군 ¶ прикрывающие ~ка // 엄호부대 ◆ 적이 피엄호부대 본대를 공격하기 전에 적을 차단, 교전, 지연, 와해 및 기만할 목적으로 본대로부터 이격되어 작전하는 경계부대 ¶ разведывательные ~ка // 정보병과 ¶ ракетные ~ка и артиллерия // 로켓포병부대 ¶ регулярные ~ка // 정규군 ¶ резервные ~ка // 예비군 ¶ род войск (또는 оружия) // 병종, 병과 ¶ специальные ~ка // 지원병과, 특과병과 ¶ сухопутные ~ка // 육군부대 ¶ танковые ~ка // 전차대 ¶ телеграфные ~ка // 통신대 ¶ территориальные ~ка // 민병부대, 향토방위군 ¶ химические ~ка // 화학병 ¶ штаб сухопутных войск // 육군본부

войсковой (연대 이상)부대의, 군대의 ¶ ~тыл // 후방부대 ¶ ~вая собака // 군견 ¶ ~вая часть // 군부대 ¶ ~вое знамя // 부대기 ¶ ~вое товарищество // 전우애 ¶ ~вые соединения // 연합부대 ¶ ~вые транспортные средства // 군병력 수송수단 ¶ ~вые формирования // 부대

вокзал 기차역

волна ① 파도 ¶ ~ны бомбардировщиков // 폭격기들의 파상식 폭격 ② 전파 ¶ акустическая ~ // 음파 ¶ взрывная ~ // 폭발파 ¶ газовая ~ // 가스파 ¶ длина ~ны // 파장 ¶ длинная ~ // 장파 ¶ звуковая ~ // 음파 ¶ короткая

~ // 단파 ¶ передача на короткой ~не // 단파 전송 ¶ радио ~ // 무선전파 ¶ световые ~ны 또는 ~ны света // 광파 ¶ ультракороткая ~ // 초단파 ¶ электромагнитные ~ны // 전자파 ◆ 전계, 또는 자장의 주기적 변화에 의해 전파와 자차가 동시에 서로 동반하여 널리 공간에 전파되는 것 ③ (사람들의) 고조, 물결 ¶ штурмовая ~ // 돌격·공격·습격의 파도 (물결) ¶ на одной ~не // 한 물결(배)를 타고서 «상용구» мирская молва, что морская~ 사람들이 퍼뜨리는 소문은 바다물결과 같다 ◆ 발 없는 말이 천리 간다

В

волокуша 군용 가설도로

волонтёр 의용병

волнолом 방파제

вольный 자유로운 ¶ ~но! // <쉬어!> (구령)

вольт 볼트

вооружать [нсв] 무장시키나

вооружение ① 무장, 군비 ◆ ① 국가와 국권을 지키기 위한 군사설비, 즉 군대의 병력·무기·장비·시설 등의 총칭 ¶ ~ армии новой техникой // 새로운 전투기재로 군대를 장비시키는 것 ¶ ~ идёт усиленно // 군비가 강화되고 있다 ¶ взят на~ние // 무기로 채택되다 ¶ всенародное ~ // 전인민적무장 ¶ гонка ~ний // 군비경쟁 ◆ 둘 혹은 그 이상의 적대국 중 일방이 그들의 국가안보 내지 우위를 보장할 수 있는 방법이 군사력이라는 확신 하에 군대를 증강하거나 무기의 파괴력을 향상시키고 무기의 양을 경쟁적으로 증가시키는 일련의 행위 ¶ наращивание ~ний // 군비증강 ¶ ограничение ~ний // 군비제한 ◆ 특정 또는 비특정 기간의 군비수준을 어떤 일정규모 이상으로 늘리지 않도록 규제하는 것 ¶ принять на ~нии // 무기로 채택하다 ¶ сокращение (увеличение) ~ний // 군비축소 (확장) ¶ стоять на ~нии // 현역 무기로 채택되어있다. ◆ 군비를 현수준을 기준으로 일정한 비율로 감소 (증대)하는 것 ¶ увеличение ~ний // 군비증강 ② 무기, 병기 ¶ боевое ~ // 전투무기 ¶ быть на ~нии у кого // (무기를 주어로) ...로 무장하고 있다 ¶ иметь на ~нии // ...로 무장하다 ¶ личное ~ // 개인용 무기 ¶ новейшее ~ // 최신무기 ¶ новые виды ~ния // 신형무기 ¶ обычные ~ния // 재래식무기 ◆ 핵무기, 화학무기 및 생물학 무기를 제외한 무기의 총칭으로서 통상무기 또는 비핵무기라고 함 ¶ производство ~ния // 무기·장비 생산 ¶ ядерное (неядерное) ~ // 핵 (비핵)무기 ③ 장비, 장구 ¶ парусное ~корабля // 범선의 장구 (돛, 돛대, 돛줄 등) ¶ взять (принять) на ~ // 전쟁수단에 포함시키다, ...을 무기로 하다

вооружённый ① 무장의, 무력의, 장비된, 무장한 ¶ ~ные силы // 군사력, 군대 (войска) ◆ 국가의 안전보장을 위한 직접적이며 실질적인 국력의 일부로서 군사작전을 수행할 수 있는 군사적인 능력과 역량 ¶ ~ные силы общего назначения // 군대 ¶ Вооружённые Силы // 군 ¶ Вооружённые Силы РФ // 러시아 연방군

¶ министерство ~ных сил // 무력성 ② 무장을 가지고 진행하는 ¶ ~ная помощь // 군사원조 ◆ 한 국가가 다른 나라의 전투력 증강이나 전쟁수행을 돕기 위하여 병력, 무기, 기술 및 경제적 원조를 하는 것 ¶ ~ная борьба // 무장투쟁 ¶ ~ная провокация // 무장선동 ¶ ~ное вмешательство // 무력간섭 ◆ 어떤 분쟁사건에 무력으로 간섭하는 것 ¶ ~ное восстание // 무장폭동, 무장봉기 ¶ ~ное вторжение // 무장진입 ¶ ~ное нападение // 무력침공 ¶ ~ное столкновение // 무장충돌, 무력충돌 ¶ ~ный конфликт // 무력분쟁 ¶ ~ный мятеж и беспорядки // 무장봉기 및 무질서 ¶ ~нейтралитет // 무장중립 ¶ ~ной рукой // 무력으로, 전쟁으로

В

вооружить [св], **вооружать** [нсв] 무장시키다, 장비하다 ¶ ~армию современным оружием и боевой техникой // 군대를 현대무장과 전투기술로 무장시키다 ¶ ~ винтовками (пулемётами) // 보총 (기관총)으로 무장시키다 ¶ ~ отряд танками (ракетами) // 부대를 탱크 (미사일)로 무장시키다 ¶ ~жённый до зубов (с ног до головы) // 완전무장한

воровство 절도

воронка 탄흔 ¶ земля изрыта ~ками // 땅이 탄흔으로 패였다

воспитание 교양 ¶ воинское ~ // 군사교양

воспламенение 발화 ¶ точка ~ния // 발화점

воспламенитель 발화장치, 점화기

воспламеняемый 가연성의

воспламенять 발화하다

воспламеняющее устройство 발화장치, 점화기

воспретить [св], **воспрещать** [нсв] 금지하다 ¶ ~въезд во что // 입장을 금지하다 ¶ ~кому присутствовать // 참석을 금지하다 ¶ посторонним вход ~прещён // 비인가자 출입금지

восток ① 동쪽 ¶ расширение НАТО на ~ // 나토의 동진 ② 동양, 동방국가 ¶ Ближний В~ // 근동 ◆ 발칸반도, 소아시아 등 ¶ Дальний В~ // 극동 ◆ 동부시베리아, 한국, 중국, 일본 등 ¶ Средний В~ // 중동 ◆ 아라비아, 이라크, 이란 등

ВОУ *(высокообогащенный уран)* 고농축 우라늄

воюющий 전투를 하고 있는, 교전중인 ¶ ~щая страна // 교전국

вперёд 앞으로 ¶ ~ к новым победам // 새로운 승리를 향하여 앞으로 ¶ ~ ! // (명령) 전진! 앞으로 ! ¶ идти ~ // 전진하다 ¶ взад и ~ (= взад-вперёд) // 이리저리로, 사방으로 ¶ шаг ~ // 전진, 일보전진

ВПК *(военно-промышленный комплекс)* 군산복합체

враг 적, 적군, 적병 ¶ внутренний ~ // 내부의 적 ¶ грозный ~ // 강적 ¶ заклятый ~ // 불구대천의 적 (원수) ¶ победить ~га // 적을 이기다 ¶ разбить (разгромить) ~га // 적을 격파 (소멸)하다 ¶ смертельный ~ // 불구대천의 적 (원수) ¶ вероятный ~ 가상의 적 // 불구대천의 적 (원수) ¶ потенциальный ~ 잠재적인 적 // 불구대천의 적 (원수) ¶ условный ~ // 가적(假敵) «상용구» ~га нужно атаковать внезапно. 적은 불의에 습격해야한다 ¶ Не бойся ~га умного, бойся друга глупого // 영리한 적을 두려워 말고 어리석은 친구를 두려워하라. ¶ Наведи панику на ~га и потом наступай // 적을 교란시켜 놓고 공격하라 ¶ Если не знать ни ~га, ни себя, то хоть сто раз сражайся - все равно проиграешь // 적을 모르고 나를 모르면 백 번 싸워도 백 번 진다 ¶ Если не знать ~га, но знать себя, то будешь и проигрывать, и выигрывать // 적을 모르고 나만 알면 이기기도 하고 지기도 한다 ¶ Если знаешь себя и ~га, то и в ста сражениях победишь сто раз // 지피지기 백전백승 (知彼知己百戰百勝)

вражда 적의, 적대, 반목, 불화 ¶ быть во ~де с кем // …와 반목하고 있다, 적의를 품고 있다 ¶ кровная ~ // 오랫동안 사무친 적의 ¶ непримиримая ~ // 풀릴 수 없는 적대관계 ¶ питать ~ду к кому // …에게 적의를 품다

враждебный 적대시하는, 적의가 있는 ¶ ~ взгляд // 적의를 품은 시선 ¶ ~ная военная политика // 적대적 군사정치 ¶ ~ная сторона // 적측 ¶ ~ное чувство // 적대감 ¶ ~ные намерения // 적의에 찬 의도 ¶ ~ные отношения // 적대적 관계

врач 의사 ¶ ~ скорой помощи // 구급 (응급) 의사 ¶ быть на приёме у ~ча // 군의관에게 진찰받으러 가다 ¶ ветеринарный ~ // 수의사 ¶ военный ~ // 군의관 (육군) ¶ вызвать ~ча (на дом) // 왕진을 요구하다 ¶ лечиться у ~ча // 군의관의 치료를 받다 ¶ морской ~ // 군의관 (해군) ¶ обратиться к ~чу // 진찰받다, 군의관과 상담하다 ¶ показаться ~чу // 군의관에게 보이다 ¶ послать за ~чом // 군의관을 데리러 보내다 ¶ санитарный ~ // 위생 군의관

временный 임시적인, 일시적인, 잠정적인 ¶ ~аэродром // 임시비행장 ¶ ~военно-санитарный поезд // 군 임시 위생열차 ¶ ~договор // 잠정조약 ¶ ~ная позиция // 임시진지 ¶ ~ное правительство // 임시정부 ¶ ~ное соглашение // 임시협정, 잠정협정

время 시간 ¶ время "Ч" ~ // "시" 시간 ("H" 시간) ¶ в военное ~ // 전시에 ¶ в мирное ~ // 평시에 ¶ служебное ~ // 근무시간 ◆ "시" 시간(время "Ч")은 보병 또는 장비가 적 방어 1제대의 제1 참호에 뛰어드는 시간으로 공격개시시간을 통제하기 위한 수단 중 하나이다.

вручение 수여 ¶ ~ ордена // 훈장수여

ВС *(Вооруженные Силы)* 군, 무장력

ВС *(Военный совет)* 군사위원회

всеобщий 전반적인, 일반적인, 보편적인, 총적인 ¶ ~щая воинская обязанность

(또는 повинность) // 국민개병제 ¶ ~щая мобилизация // 총동원 ¶ ~щее военное обучение // 전반적 군사교육 ¶ ~щее сокращение вооружений // 전면적 군비축소

всеобъемлющий 모든 것을 포함한 ¶ ~щая безопасность // 포괄적 안보 ◆ 냉전종식 이후 안보위협이 다양해지고 국가간 상호 의존성이 심화됨에 따라 안보의 고려 영역이 확대되어, 정치 군사뿐만 아니라 경제, 환경, 자원, 마약, 인권, 난민 등의 개념을 포함하는 안보개념 ¶ ~щая система международной безопасности // 포괄적 국제안보체계

B

всепогодный 전천후의 ¶ ~ истребитель-перехватчик // 전천후포착추격기 ¶ ~ плащ // 전천후 우의 ¶ ~ спасательный катер // 전천후 구조선

всепобеждающий 백전백승의

всплытие 부상(浮上), 떠오른 것 ¶ ~ подводной лодки // 잠수함 부상

вспомогательный 보조의, 부차적인 ¶ ~ аэродром // 보조비행장 ¶ ~ наблюдательный пункт // 보조감시소 ¶ ~ное оружие // 보조무기 ¶ ~ пункт управления // 보조지휘소 ¶ ~ удар // 조공 (助攻) ◆ 공격 작전 시 주공의 성공을 돕기 위하여 공격을 실시하는 전술 ¶ ~ узел связи // 보조통신거점 ¶ ~ная цель // 보조목표 ¶ ~ные войска // 보조부대 ¶ ~ные суда // 보조함

встать 일어서다 ¶ Встать ! // 기립!, 일어섯!

встреча 상봉, 만남 ¶ вечер ~чи ветеранов войны // 참전 상봉의 밤

встречный бой 조우전(遭遇戰) ◆ 불완전한 전개 상태에서 이동하고 있는 부대가 불충분한 정보로 인하여 이동 중이거나 정지하고 있는 적과 조우되었을 때에 일어나는 전투행위

вступление 가입 ¶ ~ в армию // 입대 (入隊)

ВТ *(военный трибунал)* 군사재판소

ВТА *(военно-транспортная авиация)* 군용수송항공대

вторгаться 침입하다, 참견하다

вторжение 침입, 침공 ¶ армия ~ния // 침공군 ¶ внезапное ~ // 불의의 침입 ¶ военное ~ // 군사적 침공

второй 제2의 ¶ ~ ударный эшелон // 후속돌격제대 ¶ ~ эшелон // 제2제대

ВТС *(военно-техническое сотрудничество)* 군사기술협조

ВТС *(военно-топографическая служба)* 군사지도관리국

вход 출입, 입구 ¶ ~ воспрещён! // 출입금지

въезд (차량) 출입 ¶ ~ запрещён! // 차량출입금지!

выброска 투하

выведывать 탐지해내다, 알아내다 ¶ ~ секрет // 비밀을 탐지하다 ¶ ~чьи-н. намерения // ~의 의도를 간파하다

вывод 철수, 철군 ¶ ~ войск // 철수, 철군 ◆ 전개하고 있는 부대의 전부 혹은

일부가 적으로부터 이탈하는 작전, 철수는 주간 혹은 야음 하에서 실시되며 적의 강압 하에서 또는 자발적으로 실시될 수 있음 ¶ ~иностранных войск из страны // 국가로부터 외국군대의 철수 ¶ немедленный ~ // 신속한 철수

выговор 경고, 주의, 징계 ◆ 정치적, 군사적 위협 등 잠재하는 적 활동의 넓은 범위에 걸쳐 내재하는 위험의 통지 ¶ сделать ~ // 징계하다 ¶ снять ~ // 징계를 풀다 ¶ строгий ~ // 엄중한 경고

выдвижение 진격; 증원; 등용 ¶ ~авангарда на юг // 전위부대의 남쪽으로의 진격 ¶ ~ войск // 부대증원 ¶ ~ молодых кадров // 젊은 간부의 등용

выдвинуться, [нсв] **выдвигаться** ① 전진하다, 진출하다, 나서다 ¶ из-за дома ~лись три танка // 집 뒤로부터 탱크 3대가 앞으로 나왔다 ¶ рота ~лась на километр // 중대는 1km 전진하였다 ② 돌출하다 ¶ мол, ~нувшийся в море // 바다로 돌출해 나온 방파제 ③ 진급하다 ¶ ~ в комсостав // 간부로 진급하다.

выезд 출발

выжидание 대기

выжидательный 대기의 ¶ ~ период // 대기시기 ¶ ~ная позиция // 대기진지 ¶ ~ район // 대기구역 ◆ 상륙작전에 있어서 상륙주정이나 상륙장갑차가 상륙군을 탑재한 후 상봉하여 파를 형성하는 지역으로서 이 지역에서 공격개시선을 향하여 출발

вызов 호출, 도전 ¶ ~ огня // 사격지원요청 ¶ аварийный ~ // 비상소집 ¶ бросить ~кому // ~에게 도전하다 ¶ бросить ~ окружающим // 주위 사람들에게 도전장을 내다 ¶ принять ~ // 도전에 응하다 ¶ с ~вом // 도전적으로 ¶ срочный ~ // 긴급호출

вызывной 호출하는 ¶ ~ная частота // 호출주파수 ¶ ~ное устройство // 호출장치

выйти, [нсв] **выходить** ① 탈퇴하다, 나오다 ¶ ~ из больницы // 퇴원하다 ¶ ~ из боя // 전투에서 이탈하다, 전투능력을 잃다 ② 떠나다 ¶ ~ в поход // 행군을 떠나다 ③ …로 되다 ¶ ~ в отставку // 전역하다, 퇴역하다 ¶ ~ в офицеры // 장교로 되다

вылазка 출격, 기습 ¶ ~врага // 적의 기습 ¶ ~из осаждённой крепости // 포위된 요새로부터의 출격 ¶ сделать (произвести) ~ку (выйти на ~ку) // 출격하다

вылет 이륙; 출격 ¶ ~назначен на завтра // 출격은 내일로 예정되었다 ¶ ~ самолёта // 비행기의 이륙 ¶ боевой ~ // 전투비행 ¶ возвратиться из ~та // 출격에서 귀환하다 ¶ групповой ~ // (비행기의) 편대출동 ¶ совершить ~ // 이륙 (발진)하다 ¶ срочный ~ // 긴급출격

вымпел 국적·척수·함대구성 표시 깃발 ◆ 군함의 돛대 꼭대기에 띄우는

제비꼬리모양으로 된 국적·척수·함대구성 표시 깃발 ¶ брейд-~ // 사령관 깃발 ¶ флот в количестве ста ~лов // 100척으로 구성된 함대

вынужденный 강요된, 부득이한 ¶ ~ная посадка // 불시착 ◆ 불시착은 항공기가 비행이 곤란한 상태, 환경으로 인하여 어느 곳에서나 적당한 곳에 착륙하는 것으로 타국의 영공 또는 중립지대를 침범, 비행하다가 해당국가의 공권력에 의해서 강제로 착륙되는 강제착륙 (принужденная посадка)과 구분된다. ¶ ~ заход // 기항 ◆ 비상시 상대국의 허락 없이 항구에 입항하는 것 ¶ ~ заход кораблей // 함정의 긴급기항 ¶ ~ отход // 부득이한 퇴각

выполнять 완수하다, 수행하다 ¶ ~ команду // 구두명령 ¶ ~ поручение // 위임을 실행하다 ¶ ~ приказ // 명령을 집행하다

выправка 자세, 바른 자세 ¶ военная ~ // 군인의 외적자세, 군인자세, 군인다운 자세

выпрыгнуть, [нсв] **выпрыгивать** 뛰어나오다 · 나가다 ¶ ~ с парашютом // 낙하산으로 뛰어내리다

выпрыгивающий 도약하는 ¶ ~щая мина // 도약지뢰

выпрямитель 정류기

выпускать 발사하다 ¶ ~ пулемётную очередь // 기관총을 연발로 발사하다 ¶ ~ снаряд (пулю) // 포탄 (총탄)을 발사하다

высадить [св], **высаживать** [нсв] 내리게 하다, 상륙시키다 ¶ ~ десант // 육전대를 상륙시키다 ¶ ~ на берег // 상륙시키다

высадка 상륙 ¶ ~ воздушного десанта // 공수부대의 상륙 ¶ ~ морской пехоты // 해병대의 상륙

выследить [св], **выслеживать** [нсв] 탐지하다

выслуга 근속 ¶ ~ лет // 근속연한, 복무기간 ¶ назначение пенсии за ~гу лет // 규정 근속연한에 의한 연금지불 ¶ уйти на пенсию за ~гой лет // 근속연한을 마치고 연금생활에 들어가다

высокоточный 고정밀의 ¶ ~ное оружие // 고정밀 무기

высота ① 높이, 고도 ¶ ~ башни (горы) // 탑(산)의 높이 ¶ ~ выброски // 낙하고도 ¶ ~ полёта // 비행고도 ¶ ~ сбрасывания // 투하고도(폭탄,화물) ¶ ~ здания двадцать метров // 건물의 높이는 20m이다 ¶ ~ над землёй // 지상으로부터의 높이 ¶ ~ над уровнем моря // 해발고 ¶ ~-1400 метров над уровнем моря // 높이는 해발 1400m입니다 ¶ ~тою в два метра 또는 два метра~ты 또는 два метра в ~ту // 높이 2m ¶ достигать ~ты нескольких метров // 수m의 높이에 이르다 ¶ заданная ~ // (비행체 등의)예정고도 ¶ значительная (огромная) ~ // 뚜렷한 (현저한) 높이 ¶ какова ~этой горы над уровнем моря? // 이 산은 해발 몇입니까? ¶ максимальная ~ // 최대고도 ¶ на ~те человеческого роста // 사람의 키 높이에 ¶ набрать ~ту // 고도를

취하다, 올라가다 ¶ не подходит (друг к другу) по ~те // 높이가 (서로) 같지 않다·맞지 않는다 ¶ небольшая ~ // 저공 ¶ он взял двухметровую ~ту (~ту в два метра) в прыжке // 그는 도약에서 2m를 뛰어넘었다 ¶ осмотреть что с ~ты // 높은 곳에서 …를 관찰하다 ¶ подняться на большую ~ту // 매우 높은 곳에 오르다 ¶ пролёт на ~ту // 높이 날아오르는 것 ¶ руль ~ты // 승강타 ¶ самолёт летит на большой ~те // 비행기는 고공에서 날고 있다 ¶ средняя ~ // 평균고도 ¶ указатель набора ~ты // 고도계 ② 고지, 구릉, 언덕 ¶ взять (또는 занять) ~ту // 고지를 점령하다 ¶ горные ~соты // 산고지, 산에서 높은 곳 ¶ командная ~ // 감제고지

высотный 고공의, 고공용의 ¶ ~ костюм // 고공비행복 ¶ ~ полёт // 고공비행 ¶ ~ самолёт // 고공비행기 ¶ ~ ное снаряжение // 고공비행장비

высотомер 고도계

выставить, [нсв] **выставлять** 위병 등을 배치하다, 어떤 목적으로 파견하다 ¶ ~ большую армию // 대군을 파견하다 ¶ ~ охрану на мосту // 다리에 경비대를 배치하다 ¶ ~ пост // 초소를 배치하다 ¶ ~ сторожевое охранение // 본부대 경계망을 배치하다 ¶ ~ сторожевой пост // 초소를 배치하다 ¶ ~ часовых // 보초를 세우다

выстрел 사격, 발사 ¶ ~ из ружья (пушки) // 소총 (대포)발사 ¶ ~лы в минуту // 분당 발사속도 ¶ боевой ~ // 실탄사격 ¶ дать ~ // 사격하다 ¶ меткий ~ // 명중사격 ¶ навесный ~ // 수직사격 ¶ настильный ~ // 평사격 ¶ одним ~лом // 단발에 ¶ предупредительный ~ // 경고사격 ¶ пробный ~ // 시험사격 ¶ произвести (сделать) ~ из пистолета // 권총사격을 하다 ¶ производить холостой ~ // 공포탄 사격을 하다 ¶ ружейный (пушечный) ~ // 소총 (대포)발사 ¶ с первого ~ла попасть во вражеский корабль // 첫 발로 적함을 명중시키다 ¶ салютные ~лы // 예포 ¶ слепой ~ // 맹목적 사격 ¶ точный (меткий) ~ // 정확한 사격 ¶ удачный ~ // 명중사격 ¶ без ~ла (взять, сдать) // 총 한방 쏘지 않고 (점령하다, 내어주다) ¶ на ~ // 유효사거리에, 사정거리에, 멀리 ¶ приблизиться на ~ // 사정거리에 접근하다 ¶ подпустить кого на ~ // …를 유효사거리 안에 접근시키다

выступить, [нсв] **выступать** ① 떠나다, 출동하다, 출발하다 ¶ ~в поход // 행군을 떠나다 ¶ ~в путь // 길을 떠나다 ¶ противник ~пает значительными силами // 적군은 상당한 병력으로 출동하고 있다 ② [с чем] (대중 앞에서) 발언하다, 출연하다, 의견을 발표하다 ¶ ~в прениях // 토론에 참가하다 ¶ ~на собрании // 회의에서 발언하다 ¶ ~с докладом // 발표하다 ¶ ~с заявлением // 성명하다 ¶ ~с критикой // 비판하다 ¶ ~с нападками на кого // …를 인신공격하다 ¶ ~с показаниями на суде // 법정에서 진술하다 ¶ ~с предложением // 제안·제의하다 ¶ ~с протестом // 항의하다 ¶ ~с речью // 연설하다 ¶ профессор

~пит с лекцией о современной стратегии // 교수는 현대전술에 대하여 강연하게 되어 있다 ③ [за что, в защиту кого-чего] (…를) 찬성하다, 찬성하여 발언하다, 지지해 나서다; [против кого-чего] (…를) 반대하다 ¶ ~в защиту друга // 친구를 변호해 나서다 ¶ ~в защиту мира // 평화를 옹호하다 ¶ ~ за независимость (разоружение, разрядку международной напряженности, запрещение ядерного оружия) // 독립 (군축, 국제적 긴장완화, 핵무기금지)을 위해 발언 (행동)하다 ¶ ~ против гонки вооружений // 군비경쟁을 반대하다 ¶ ~ против расистов // 인종차별주의자들을 반대하다 ¶ решительно ~ против решения // 결정을 단호히 반대하다 ④ (어떤 분야에) 등장하다 ¶ ~на политической арене // 정계에 나서다

выступление 출동, 진격 ¶ ~ в поход // 출정 ¶ приказ о ~нии // 출동명령

высший 최고의, [высокий의 최상급] ¶ ~шее военное авиационное училище // 공군사관학교 ¶ ~шее военно-морское училище // 해군사관학교 ¶ ~ орган государственной власти // 최고주권기관 ¶ ~ пилотаж // 고등비행 ¶ ~шая награда // 최고표창 ¶ ~шее командование // 최고사령부 ¶ ~шее начальство // 최고간부

вытяжной 늘이는, 펴는 ¶ ~ парашют // 조종사용 낙하산

выхлопной 배기의, 배출의 ¶ ~ газ // 배기가스 ¶ ~ клапан // 배기밸브 ¶ ~ная труба // 배기관

выход ① 나가는 것 (출항, 출격, 출전, 이탈, 탈퇴) ◆ 나가는 것 (출항, 출격, 출전, 이탈, 탈퇴) ¶ ~ (корабля) из порта = ~ (корабля) в море // 출항 ¶ ~ из боя // 전투이탈 ¶ ~ из затонувшей подводной лодки // 이함 ◆ 침몰직전의 잠수함이나 군함에서 이탈하는 것 ¶ ~ из партии // 탈당 ¶ ~ из пикирования // 급강하탈출 ¶ ~ из строя // 대열로부터의 이탈, 고장 ¶ ~ к переднему краю // 전선으로의 진출 ¶ ~ на орбиту // (인공위성 등이)궤도에 진입하는 것 ¶ разрешение на ~ // 외출허가 ② 출구 ◆ 출구 ¶ запасной (запасный) ~ // 비상구 ¶ страна без ~да к морю // 바다로 나가는 곳이 없는 나라

ВЭП *(военно-экономический потенциал)* 군사경제잠재력

Г

ГА (Генеральная Ассамблея) (유엔) 총회 [ООН]

гавань 항, 항구, 항만 ¶ бросить якорь в ~ни // 군항에 닻을 내리다 ¶ военная ~ // 군항 ¶ естественная (искусственная) ~ // 자연 (인공)항 ¶ незамерзающая ~ // 부동항 ¶ пароход вошёл в ~ (вышел из ~ни) // 기선이 입항 (출항)하였다 ¶ свободная (또는 вольная) ~ // 자유항

газ 가스 ¶ болотный ~ // 메탄가스 ¶ гремучий ~ // 산수소 폭명기, ¶ дать ~ // (발동기의 회전수를 높이면서) 속도를 내다 ¶ на полном газе (газу) // 전속력으로 ¶ природный ~ // 자연가스, 천연가스 ¶ сбавить ~ // (발동기의 회전수를 낮추면서) 속도를 죽이다 ¶ сжатый ~ // 압축가스 ¶ слезоточивый ~ // 최루성가스 ¶ угарный ~ // 일산화탄소 ¶ углекислый ~ // 탄산가스 ¶ удушливый ~ // 질식가스 ¶ ядовитый ~ // 독가스

газовый 독가스의 ¶ ~вая атака // 독가스공격 ¶ ~вая война // 독가스전쟁 ¶ ~вая камера // 독가스실 ¶ ~вая сварка // 가스용접 ¶ ~вая тревога // 가스경보 ¶ ~вая турбина // 가스터빈 ¶ ~вый баллон // 가스통

газогенератор 가스발생기

газомёт 가스방사기

газотурбинный 가스터빈의 ¶ ~ двигатель // 가스터빈기관

газоубежище 가스 대피소, 가스대피호

галлон 갈론 ◆ 미국에서는 3.785(리터)

галлюцинация 환각, 착각 ¶ акустическая ~ // 음향착각 ¶ слуховая ~ = ~ слуха // 청각착란 ¶ страдать ~циями // 환각으로 앓다

гараж 차고 ¶ въехать в ~ // (사람이 군용차량을 타고) 차고에 들어가다 ¶ машина выехала из ~жа // 차량이 차고에서 나왔다 ¶ машина стоит в ~же // 차량이 차고에 있다 ¶ поставить машину в ~ // 차량을 차고에 넣다

гарантировать [св] [нсв] от чего 안전하게 하다, 보장하다, 예방하다

гардемарин 해군장교후보생 ◆ 제정러시아 시대의 해군사관학교 최고 학년생

гарнизон 수비대, 경비대, 주둔군 ¶ начальник ~на // 위수사령관, 주둔군사령관

гарнизонный 수비대 · 경비대 · 주둔군의 ¶ ~ная служба // 국경경비대 근무 ¶ ~ная стоянка войск // 요새, 영구기지

гаубица 곡사포 ◆ 평사포와 박격포의 특성을 가지고 있는 대포이며, 저사계 및 고사계 사격을 할 수 있음

гауптвахта 영창 ¶ посадить на ~ту // 영창에 넣다 ¶ сидеть на ~те // 영창에 들어가다 ¶ трое суток ~ты // 3일간 영창구류

гашетка 방아쇠 ¶ нажать ~ку // 방아쇠를 당기다 ¶ нажать на ~ку // 압철을 누르다

гвардеец 근위병

гвардия 근위부대 ¶ ~дии капитан // 근위대 대위 ¶ ~дии майор // 근위대 소령 ¶ ~дии сержант // 근위대 중사

гвоздь ① 못 ◆ 못 ¶ вбить (또는 вколотить, вогнать) ~ // 못을 박다 ¶ винтовые ~ди // 나사못 ¶ вытащить (выдернуть) ~ // 못을 뽑다 ¶ головка (шляпка) ~дя // 못의 윗부분 ¶ остриё ~дя // 못의 끝 ¶ прибить ~ями // 못을 박아 붙이다 ② (전) чего 가장 중요한 것, 핵심, 중심고리 ◆ (전) чего 가장 중요한 것, 핵심, 중심고리 ¶ в этом ~ вопроса // 여기에 문제의 핵심이 있다

гегемон 지도자, 패자(霸者, hegemon)

гегемонизм 패권주의

гегемонистский 패권주의의

гегемония 헤게모니, 지배권, 패권 ¶ борьба за ~нию // 패권을 위한 전투

гелиограф 일광반사신호기, 회광통신기

генерал 【陸】 장군, 장성 ¶ ~ армии (= полный ~) // 대장 (4성장군) ¶ ~-лейтенант // 중장 (3성장군) ¶ ~-майор // 소장 (2성장군) ¶ ~-полковник // 상장 (3성과 4성장군 사이) ¶ бригадный ~ // 준장 (1성장군) ¶ свадебный ~ // 모임이나 회의에 중요한 인물로 참가한 사람 «상용구» ~, возвращающийся с победой // 개선장군(凱旋將軍) ◆ 싸움에서 이기고 돌아온 장군 ¶ У хорошего ~ла нет ненужных солдат, у хорошего писателя нет ненужных букв // 잘 싸우는 장수에게는 내버릴 병사가 없고 글 잘 쓰는 자에게는 내버릴 글자가 없다 ¶ Побежденному ~лу нечего говорить // 패장은 말이 없다

генеральный 지도하는, 총 ◆ 어떤 부문, 분야, 기관, 단체, 조직 등의 계통총체를 «지도하는»의 뜻을 가지면서, 대부분 «총»으로 사용됨 ¶ ~ бой // 주력전, 결전 ¶ ~ директор // 대표이사 ¶ ~ консул // 총영사 ¶ ~ курс // 주항로 ¶ ~ прокурор // 검찰총장 ¶ ~ная репетиция // 최종연습 ¶ ~ секретарь партии // 당 총서기관 ¶ ~ совет // 총평의회 ¶ ~ штаб // 총참모부, 총참모본부 ¶ ~ное сражение // 결전 ¶ ~ штаб ВС РФ // 러시아군 총참모본부 ¶ Г~ная Ассамблея ООН // 유엔총회 ¶ Г~ный секретарь ООН // 유엔사무총장

генсек 총비서, 총서기관 (= генеральный секретарь)

географический 지리적 ¶ ~кое положение // 지리적 위치 ¶ ~кие условия // 지리적 조건

геодезический 측지학의 ¶ ~пункт // 측지점 ¶ ~кая карта // 측지도 ¶ ~кая линия // 측지선 ¶ ~кие средства // 측지장비

геоморфология 지형학
геополитика 지정학
геополитический 지정학의
геостратегия 세계전략
герб 기장, 국장, 문장 ¶ государственный ~ США // 미국의 국장
герметический 밀폐한 ¶ ~кая кабина // 여압실 ¶ ~ кабинет // 기밀실 ¶ ~ сосуд // 밀폐용기
героизм 영웅주의, 영웅적 행동 ¶ массовый ~ // 대중적 영웅적 행동 ¶ бессмертный ~ // 불멸의 영웅주의

Г

героический ① 영웅적인, 장렬한 ¶ ~ эпос // 서사시 ¶ ~кая поэма // 영웅서사시 ¶ ~кая смерть // 장렬한 최후 ¶ ~кие подвиги // 영웅적 위훈 ¶ ~ человек // 영웅적인 공헌을 한 사람 ② 용단을 요하는, 대담한, 최후의 수단으로서이, 비상한 ¶ ~кие меры // 대담한 조치 ¶ ~кие усилия // 비상한 노력, 각고의 노력 ¶ Придётся принять ~ие меры, чтобы добиться цели // 목표를 달성위해, 특단의 조치를 취해야 한다
герой 영웅 ¶ национальный ~ // 민족적 영웅 ¶ легендарный ~ // 전설적 영웅 ¶ присвоить звание ~я // 영웅칭호를 수여하다
гибель ① 파괴, 파멸, 소멸 ¶ ~ корабля // 배의 파괴 (난파) ¶ ~ самолёта // 비행기의 조난 ② (불상사, 자연재해, 폭력으로 인한) 죽음 ¶ ~ на войне (в бою) // 전쟁 (전투)에서의 죽음 ¶ быть (또는 находиться) на краю ~ли // 죽음·멸망의 위기에 처하다
гибельный 치명적인, 파멸적인 ¶ ~ная политика // 파멸적 정책 ¶ ~ные последствия // 치명적 결과
гибкий ① 구부러지기 쉬운, 연약한 ¶ ~ вал // 탄력있는 축 ② 융통성있는, 신축성있는 ¶ ~кая политика // 융통성 있는 정책
гигиена 위생, 위생학, 위생법, 건강법 ¶ ~ труда // 노동위생 ¶ военная ~ // 군사위생학 ¶ космическая ~ // 우주위생학 ¶ личная ~ // 개인위생 ¶ соблюдение правил ~ны // 위생규칙의 준수 ¶ социальная ~ // 사회위생, 공중위생
гигиенический 위생의, 위생적인, 위생에 준한 · 관한 ¶ ~кие меры // 위생대책
гигрограф 자동기록습도계
гигрометр 습도계 ¶ абсолютный (весовой) ~ // 절대습도계 ¶ конденсационный ~ // 응결습도계
гидроавиация 수상항공기 항공대
гидроакустика 수중음향기구, 수중음향학
гидроакустический 수중음향의 ¶ ~ барьер // 수중음파탐색지역 ¶ ~ контакт // 수중음파탐지 ¶ ~ поиск // 수중음파탐색 ¶ ~кая маскировка // 수중음파탐지 방지책 ¶ ~кая разведка // 수중정보 ◆ 대잠함, 대잠항공기와 잠항중인 잠수함간

음향신호를 이용한 통신수단 ¶ ~кая станция // 음향탐지소 ¶ ~кие средства // 음향탐지장비 ¶ ~кое подавление // 수중음파탐지 방해책

гидроаэродром 수상비행장

гидроаэроплан 수상비행기

гидрографический 수로의, 수문학의 ¶ ~кая карта // 수로도, 해도 ¶ ~кое судно // 수로연구용선박

гидрография 수로학

гидрология 수문학

гидрокомбинезон 잠수복 (=гидрокостюм)

гидролокатор 음향탐지기 ◆ 음향의 방향을 탐지하는 기구로서 보이지 않는 적화기 및 장비의 위치를 발견하는 데 이용

гидролокационный 수중탐지의

гидролокация 수중탐지

гидросамолёт 수상비행기, 비행정, 수상항공기 ¶ лодочный ~ // 수상비행정 (= гидроплан)

гидростат 심해연구용 잠수정

гидрофон ① 수중청음기 ◆ 잠수함의 공격을 알아내기 위한 목적용 기기 ② 수중통신기

гильза 탄피, 탄통 ¶ патронная ~ // 탄약상자

гимн 찬가 ¶ государственный ~ // 국가(國歌)

гимнастёрка 군복상의 ◆ 깃이 곧고 허리에 허리띠를 맬 수 있는 군복상의 ¶ поправлять перед зеркалом ~ку // 거울 앞에서 군복을 단정히 하다

гироагрегат 자이로장치

гироазимут 자이로 방위각 측정기

гирокомпас 자이로콤파스 (= 자이로스코프) ◆ 회선나침의를 지칭하는 말, 이는 관성항법장치의 원리를 이용하여 이동체의 속도와 위치를 알 수 있는 장비임 (= гироскоп)

гироскопический 자이로의, 회전기의 ¶ ~ компас (=гирокомпас) // 자이로콤파스

ГК *(главное командование)* 총사령부

ГКО *(Государственный Комитет Обороны)* 국방위원회

ГКЧП] *(Государственный комитет по чрезвычайному положению)* 국가비상사태위원회

глава 수반, 수장; 지도자 (책임자) ¶ ~ государства (правительства) // 국가원수, 정부수반 ¶ ~делегации // 대표단 단장 ¶ Прибыла делегация во ~ве с министром // 장관을 단장으로 한 대표단이 도착하였다 ¶ во ~ве кого-чего (быть, находиться, идти, стоять) // ...의 선두에 (있다, 놓여있다, 서서 가다, 서있다) ¶ во ~ве с кем // ...를 지도자·책임자로 하여, ...를 수반으로 하여 ¶ ставить что во ~ву угла // 중요시하다, 중점을 두다, 선행하다

главарь 수괴(首魁)

главенство 최고지배권, 최상위
главнокомандование 총사령부 ¶ верховное ~ // 최고사령부
главнокомандующий 총사령관 ¶ ~военно-воздушными силами // 공군총사령관 ¶ ~морскими силами // 해군총사령관 ¶ ~сухопутными войсками // 육군총사령관 ¶ верховный ~ // 최고총사령관
главный ① 주요한 ¶ ~ командный пункт // 주지휘부 ¶ ~ линия сопротивления // 주저항선 ¶ ~удар // 주요한 공격, 주공 ¶ ~ная мысль доклада // 보고의 주요사상 ¶ ~ная оборонительная полоса // 주방어지대 ¶ ~ное событие // 주요사건 ¶ ~ные силы // 주력 ◆ 중심세력의 부대 ② 총적인, 본부의, 책임적인, 상급의, 지휘하는, 통솔하는 ¶ ~ врач // 책임 군의관 ¶ ~ штаб // 총참모부; 참모본부 ¶ ~ная ставка главнокомандующего // 총사령부 ¶ ~ное артиллерийское управление // 포병총국 ¶ ~ное военно-инженерное управление // 공병총국 ¶ ~ное военно-санитарное управление // 군위생총국 ¶ ~ное командование // 총사령부 ¶ ~ное управление // 총국, 총관리국 ¶ ~ное управление военной промышленности // 군수산업총국 ¶ ~ное управление военно-учебных заведений // 군사학교총국 ¶ ~ное управление воздушных сил // 공군총국 ¶ ~ное управление всеобщего военного обучения // 군사교육총국 ¶ ~ное управление пограничной и внутренней охраны // 국경 및 국내경비총국 ¶ Г~ штаб войск ПВО // 방공군 총사령부 ¶ Г~ штаб ракетных войск стратегического назначения // 전략미사일군 총사령부 ¶ Г~штаб сухопутных войск // 육군총사령부 ¶ ~ным образом // 주로
глиссада 항공기의 착륙궤도, 항공기의 강하궤도
глобальный 전 세계적인, 전 지구적인 ¶ ~ная война // 세계대전 ¶ ~ная ракета // 대륙간탄도미사일 [ICBM] ◆ 대양을 횡단하여 대륙 간 사격이 가능한 사정거리 5,000마일 이상의 전략탄도미사일 ¶ ~ная стратегия // 세계전략 ¶ ~ное значение // 세계적의의 ¶ в ~ном масштабе // 세계적 범위에서
глубина ① 깊이 ¶ ~ погружения // 잠수깊이 ¶ ~ строя // 대열간의 거리 ¶ наибольшая ~ // 최대깊이 ¶ подходящая ~ // 적당한 깊이 ② 종심 깊은 곳 ¶ ~ боевого порядка // 종심 ◆ 공간, 시간 및 자원상의 작전범위를 말하며, 효과적인 기동에 필요한 공간과 작전준비에 필요한 시간 획득에 절대 필요하며 공격 및 방어 시 탄력성은 종심에서 비롯되고 적의 행동제한과 융통성, 지속력 감소를 위해서는 종심전투를 시도해야 함 ¶ ~ колонны // 종대종심 ¶ ~ обороны // 방어종심 ¶ ~ строя // 대형종심 ¶ вклиниться в расположение противника на ~ну до десяти километров // 적진으로 10km까지 종심깊이 들어가다 ③ (내직인 기초, 본질으로서의) 깊이, 본질 ¶ познать ~ну вещей // 사태의 본질을 파악하다
глубинный 깊은 곳의, 깊은 곳에서 작용하는 ¶ ~аэродром // 전선에서 멀리

떨어진 비행장 ¶ ~лов рыбы // 심해어업 ¶ ~ная бомба // 대잠용 폭뢰 ¶ ~ное бомбометание // 폭뢰투하

глубиномер 심도계

глубокий 깊은, 깊은 곳에 있는; 종심의 ¶ ~ охват // 종심깊은 포위 ¶ ~ тыл // 종심깊은 후방 ¶ ~тыл врага // 적의 종심후방 ¶ ~кая оборона // 종심방어 ◆ 적의 공격을 유인하고 점진적으로 약화시키며 모든 진지를 적이 최초에 관측할 수 없도록 방지함으로써 지휘관으로 하여금 예비대를 기동할 수 있도록 계획된 상호지원 방어진지의 배치 ¶ ~кая разведка // 종심정찰 ¶ ~кое эшелонирование // 종심깊은 제형·제대

Г

глушитель 소음기 ¶ ~ для пулемёта // 기관총용 소음장치

гнездо (사수, 기관총 등의) 은폐부, 진지 ¶ пулемётное ~ // 기관총 진지 ¶ снайперское ~ // 저격수의 은신처 ¶ стрелковое ~ // 보병전호

ГО *(гражданская оборона)* 민간방위

година (중대한 사건이 일어난) 때, 시기 ¶ ~ войны // 전쟁의 해

годовщина 기념일, 주년, 주년기념 ¶ ~ воинской части (корабля) // 부대창설기념일 (선박건조기념일) ¶ ~ основания чего… // 창립기념일 ¶ ~ провозглашения независимости // 독립선언기념일

головка 머리 부분 ¶ ~ авангарда // 전위선두 ¶ ~ колонны // 종대선두 ¶ ~ самонаведения // (로켓·미사일의)자체유도탄두 ¶ ядерная ~ // 핵탄두

головной ① 머리의 ¶ ~ная часть // 탄두부위 ¶ зимний ~убор // 방한모 ② 선두의 ¶ ~ дозор // 첨병소대, 선두척후 ¶ ~ корабль // 선두함 ¶ ~ отряд // 선견대 ¶ ~ная походная застава // 선두첨병 ¶ ~ танк // 선두전차 ¶ ~ное укрепление // 교두보 ◆ 도하작전 시 주력부대를 충분히 수용할 수 있고, 도하지점을 적절히 방어할 수 있으며 계속되는 공격의 발판을 제공할 수 있는 적측에 있는 지역

гонец 연락병

гонка 경주 ¶ ~ вооружений // 군비경쟁

гопкалит 화생방용 여과장치(정화통)

горизонт 수평 ¶ ~ оружия // 총구수평

горизонтальный 수평의 ¶ ~ная наводка // 방향조준 ¶ ~ полёт // 수평비행

горка 급상승

горнист 신호나팔수

горный 산의, 산악의 ¶ ~ная артиллерия // 산악포병 ¶ ~ная местность // 산악지형 ¶ ~ные войска // 산악부대

городок 소도시 ¶ военный ~ // 군사도시

горючее 연료 ¶ ископаемое ~ // 광물성 연료 ¶ ядерное ~ // 핵연료

горючесть 가연성

горячий 강한, 치열한, 격렬한, 긴장한 ¶ ~ бой // 치열한 전투 ¶ ~ спор // 격렬한 논쟁 ¶ ~чая война // 열전 ¶ ~чая линия // 긴급전화선, 비상용전화, 핫라인 (Hot Line) ¶ ~чая работа // 고비에 이른 일 ¶ ~чая точка // 위기지역, 전쟁발생 지역, 교전지역

госаппарат 국가기관

госдепартамент 국무성

госпиталь 군병원 ¶ военный ~ // 군대병원 ¶ выписываться (выходить) из ~я // 퇴원하다 ¶ плавучий ~ // 병원선 ¶ полевой ~ // 야전병원 ¶ походный ~ // 군 구급차 ¶ тыловой ~ // 후방병원 ¶ эвакуационный ~ // 후송병원 ¶ этапный ~ // 병참병원

Г

господство 지배, 통치, 통수 ¶ ~ в воздухе // 제공권 ◆ 전 전쟁지역에서 적 공군력의 간섭을 배제할 수 있는 절대적인 공중우세의 정도를 말하며 공중우세 및 공중제패의 개념을 포함한 보다 광의의 개념 ¶ ~ в космосе // 제우주권 ¶ ~ на море // 제해권 ◆ 적 해군으로부터의 간섭을 배제할 수 있는 해양우세의 정도를 말하며 완벽한 제해권은 불가하므로 해양통제의 개념으로 사용됨 ¶ ~ на суше // 제육권 ¶ завоевать ~ // 지배권을 장악하다. ¶ завоевать ~ в воздухе (на море) // 제공권 (제해권)을 얻다 (획득하다) ¶ мировое ~ // 세계제패 ¶ утратить ~ в воздухе (на море) // 제공권 (제해권)을 잃다

господствовать [нсв] 지배하다, 통치하다, 패권을 잡다 ¶ ~ над кем-чем // 지배하다, 통치하다, 패권을 잡다 ¶ ~ на море (в воздухе) // 바다 (하늘)를 지배하다, 제해 (제공)권을 가지다 ◆ 바다 (하늘)를 지배하다, 제해 (제공)권을 가지다 ¶ ~ на суше // 지상을 제패하다

госсекретарь *(государственный секретарь)* (미국의) 국무장관 ¶ помощник ~ря // 국무 차관보

государственный 국가의, 국영의, 국립의, 국가적인 ¶ ~ аппарат // 국가기구 ¶ ~ банк // 국립은행, 국가은행 ¶ ~ бюджет // 국가예산 ¶ ~ герб // 국장 ¶ ~ гимн // 국가, 애국가 ¶ ~ план // 국가계획 ¶ ~ строй // 국가제도 ¶ ~ суверенитет // 주권 ¶ ~ университет // 국립종합대학 ¶ ~ флаг // 국기 ¶ ~ язык // 국가공용어, 국어 ¶ ~ная безопасность // 국가안전 ¶ ~ная власть // 권력 ¶ ~ная граница // 국경 ¶ ~ная мобилизация // 국가동원 ◆ 전시 또는 이에 준하는 국가비상사태 하에서 국가안전보장상의 목표를 달성하기 위하여 한 나라의 인적·물적자원, 재화 및 용역 등의 모든 국가자원을 국가안전보장에 기여할 수 있도록 효율적으로 통제, 관리, 운용하는 국가권력 작용을 말함 ¶ ~ная оборона // 국방 ◆ 국가 안전보장과 국가 이익을 보호하기 위해 국내 외로부터의 군사적 및 비군사적 위협을 배제하는 일체의 국가 방위활동 ¶ ~ная политика // 국가정책 ◆ 국가목표를 구현하기 위한 국가의 행동방책 또는 지침 ¶ ~ная служба // 국가직무 ¶ ~ная собственность // 국가재산 ¶ ~ная тайна // 국가기밀 ¶ ~ное управление

// 국가관리 ¶ ~ные займы // 국채 ¶ Г~ комитет обороны [ГКО] // 국가방위원원회 ¶ орган ~ной власти // 국가주권기관

государственность 국가기구, 국가조직, 국가체제

государство 국가, 나라 ¶ ~, не имеющее выхода к морю // 해양으로의 통로가 없는 국가 ¶ бюджет ~ва // 국가예산 ¶ ведущие ~ва мира // 세계의 주요국들 ¶ воюющее ~ // 교전국 ¶ миролюбивое ~ // 평화애호국가 ¶ многонациональное ~ // 다민족 국가 ¶ невоюющее ~ // 비교전국 ¶ независимое ~ // 독립국가 ¶ нейтральное ~ // 중립국가 ¶ новое (또는 молодое) ~ // 신생국가 ¶ оказывать помощь развивающимся ~вам // 개발도상국에 원조를 주다 ¶ отсталое ~ // 후진국 ¶ развитое ~ // 선진국 ¶ союзное ~ // 동맹국 ¶ суверенное ~ // 주권국가 ¶ федеративное ~ // 연방국가

Г

государство-агрессор 침략국

государство-архипелаг 군도(群島)국가

государство-буфер 완충국

государство-спонсор терроризма 테러지원국

государство-участник 가맹국

готовность 준비 (정도), 준비태세 ¶ боевая ~ (또는 ~ к бою) // 전투준비, 전투태세 ¶ ~ номер один // 완전전투준비 ¶ быть в боевой ~ти // 전투태세에 있다 ¶ привести в боевую ~ // 전투태세에 들어가다 ¶ всё было приведено в состояние ~ти // 모든 것이 준비태세에 들어갔다

градусный 경위도의 ¶ ~ные измерения // 경위도측정 ¶ ~ная сеть (또는 сетка) // 지도상의 좌표 ¶ нанести ~ные деления на что // …에 좌표의 눈금을 새기다

градусник 온도계

гражданин 시민, 공민

гражданка 사회생활 (군생활에 대한 민간인 생활, 군대 은어) ¶ он перешёл на ~ку // 그는 제대한 후 민간인이 되었다

гражданский 시민의, 공민의, 국민의, 군인이 아닌 (일반의) ◆ 시민의, 공민의, 국민의, 군인이 아닌 (일반의) ¶ ~аэродром // 민간비행장 ¶ ~воздушный флот // 민용항공 ¶ ~объект // 민간시설 ¶ ~кая авиация // 민간항공 ¶ ~кая война // 내전 ◆ 국내의 대립된 세력이 무력에 의해 서로 싸우는 상태로서, 내란이 전투형태와 같이 된 상태 ¶ ~кая космическая техника // 민간 우주 기술 ¶ ~кая оборона // 민방위 ◆ 적의 침공이나 전국 또는 일부 지방의 안녕질서를 위태롭게 한 민방위 사태로부터 주민의 생명과 재산을 보호하기 위하여 정부의 지도하에 주민이 수행하여야 할 방공, 응급적인 방재, 구조, 복구 및 군사작전상 필요한 노력지원 등 일체의 방위적 활동 ¶ ~кая служба // 사회기관복무, 문민직, 비군사적 공직 ¶ ~кие власти // 민정 (당국) ¶ ~кое население // 민간인 ¶ министерство по делам ~кой обороны // 민방위부

граната 수류탄 ¶ бронебойная~ // 장갑 수류탄 ¶ винтовочная ~ // 총류탄 ¶ зажигательная ~ // 소이탄 ◆ 항공기 및 지상화기에서 연소성 목표물을 점화하기 위한 탄약 ¶ метать ~ту // 수류탄을 던지다 ¶ осколочная ~ // 세열수류탄 ¶ противотанковая ~ // 대전차 수류탄 ¶ ручная ~ // 수류탄 ¶ ручная кумулятивная ~ // 휴대용 성형작약 대전차 수류탄

гранатомёт 유탄발사기 ◆ 유탄을 발사할 수 있는 기구로 총포 또는 소총에 부착되는 부가물 ¶ противотанковый ~ // 대전차 총류탄 발사기 ¶ реактивный ~ // 반동포 ¶ ружейный ~ // 소총유탄 ¶ связка ~т // 수류탄뭉치 ¶ станковый ~ // 중척탄포

гранатомётчик 척탄병, 수류탄병, 유탄발사기 사수

граница 국경 ¶ ~ между Россией и Китаем // 러시아와 중국의 국경 ¶ ~ с Китаем // 중국과의 국경 ¶ ворваться в ~цы // 국경에 침입하다 ¶ длина (протяжённость) ~цы // 국경의 길이 ¶ защита ~ниц // 국경방위 ¶ здесь проходит ~ // 여기를 국경선이 지나 가고 있다 ¶ инцидент на ~це // 국경분쟁 ¶ линия государственной ~цы // 국경선 ¶ линия морской ~цы // 해상경계선 ¶ нарушение воздушной (морской) ~цы // 영공 (영해)의 침범 ¶ неприкосновенность ~цы // 국경의 불가침 ¶ обозначить на карте ~цу // 지도에 국경을 표시하다 ¶ отвести войска от ~цы // 군대를 국경에서 철수시키다 ¶ открыть (закрыть) ~цу // 국경을 개방하다 (봉쇄하다) ¶ охранять ~цу // 국경을 경비하다 ¶ передвинуть ~цу // 국경을 옮기다 ¶ перейти (переехать) через ~цу // 국경을 걸어서 (차를 타고)넘다 ¶ пересечь ~цу // 국경을 횡단하다 ¶ пересмотреть (изменить) ~цы // 국경을 재검토 (변경)하다 ¶ продвигаться вдоль ~цы // 국경을 따라 전진하다 ¶ редемаркация ~ниц // 국경선 재설정 ¶ служить на ~це // 국경에서 복무하다 ¶ стянуть войска к ~це (또는 сосредоточить войска у ~цы) // 군대를 국경에 집결시키다 ¶ за ~цей // 외국·국외에서 ¶ за ~цу // 외국으로, 국외로 ¶ из-за ~цы // 외국·국외로부터

граничить с чем …와 인접하다, …와 경계를 두다 ¶ Северная Корея ~чит с Китаем // 북한은 중국과 국경을 접하고 있다 ¶ эти две страны ~чат друг с другом // 이 두 나라는 서로 국경을 접하고 있다

грань 경계 ¶ на ~ни // 한계점에, 극한점에 ¶ на ~ни войны // 일촉즉발의, 전쟁이 임박한

гребной 노를 저어 움직이는, 노를 젓기 위한 ¶ ~ винт // (군함의) 추진기, 스크류 ¶ ~ная лодка // 조정보트 ¶ ~ное колесо // (군함의) 추진바퀴 ¶ воздушный ~винт // 비행기용 프로펠러

гриф 인장, 도장, 또는 이것이 찍힌 문건 ¶ ~ секретности // 급비날인, 비밀문서의 등급표시 ¶ бумага с ~фом // 도장이 찍힌 문건

Г

громкоговоритель 확성기

грузовой 화물의, 화물수송의 ¶ ~вое устройство // (선박의) 적하설비 ¶ ~вая ватерлиния // 만재흘수선 ¶ ~вая марка // 만재흘수선 표식

грузоподъёмность 화물적재중량

группа ① 집단군, 단 ◆ 지정된 사령관하에 있는 수개의 야전군 ¶ ~ армий // 집단군 ◆ 러시아 연방군에서 10만 명 이상, 2개 군 이상, генерал армии, маршал이 지휘관임 ¶ ~ тыловой поддержки // 후방지원단 ¶ армейская ~ // 집단군 ¶ артиллерийская ~ // 포병군 ¶ специальная ~войск // 특별부대 ¶ строй ~пы самолётов // 편대군대형 ② 조(組), 반(班) ◆ 3~8명으로 구성되는 특수부대 ¶ ~ заграждения // 장애물 설치조 ¶ ~ разграждения // 장애물 제거조 ¶ ~ связи // 통신반 ¶ ~ сосредоточений огня // 화력집중조 ◆ 전술적 국지를 감제하는 사격집중 ¶ ~тыловой поддержки // 후방지원조 ¶ ~управления военно-транспортной авиацией // 공수통제반 ¶ авиационная ~ // 비행편대 ¶ оперативная ~ // 작전조 ¶ передовая ~ // 전초부대 ¶ разведывательная ~ // 정찰조 ¶ сковывающая ~ // 견제조 ¶ ударная ~ // 타격조 ¶ штурмовая ~ // 공격조

группировка 집결, 배치 ¶ ~войск // 부대배치 ¶ военно-политическая ~ // 군사·정치적 그룹 ¶ ударная ~ // 타격집단

групповой 집단의 ¶ ~ полёт // 편대비행 ◆ 2~4대의 항공기로 구성된 공군의 기본적인 전술단위의 비행 ¶ ~вое оружие // 공용화기 ◆ 2명 이상의 인원이 1조로 조작하는 화기로 부대의 화력지원을 위해 사용됨

гуманизм 인도주의

гуч *(Гидрографический участок)* 수로측량 지역 ◆ 수로측량(해양조사)가 완료되어 작전이 가능한 구역

гюйс 정박하고 있는 군함의 선두깃발

Д

давление 압력 ¶ коэффициент ~ния // 압력비 ¶ оказывать на кого ~ // …에게 압력을 가하다 ¶ политическое (военное) ~ // 정치적 (군사적)압력

дальневосточный 극동의

дальний, дальный 원거리의, 장거리의 ¶ ~нее плавание // 원양항해 ¶ ~нее расстояние // 원거리, 장거리 ¶ ~ний огонь // 원거리 사격 ¶ ~ное орудие // 장거리 포 ¶ ~няя разведка // 원거리 정찰 ¶ ракета ~него действия // 장거리 미사일

дальнобой 원거리 항행

дальнобойка 장거리포

дальнобойность 최대사정거리

дальнобойный 장거리 사격의 ¶ ~ное орудие // 장거리포 ¶ ~ная артиллерия // 장거리포병

дальномер 거리계, 거리측정기

дальномерщик 거리측정 수

дальность (사물이 작용하고 운동하는) 거리 ¶ ~ видения // 가시거리 ◆ 수평선 위로 크고 작은 목표물을 육안으로 볼 수 있는 정도의 수평거리 ¶ ~ действительного огня // 유효사거리 ◆ 어떤 무기가 평균 50% 확률로 표적을 명중시킬 수 있는 거리 ¶ ~ действия ракет // 미사일의 사정거리 ¶ ~ захвата цели // 표적탐지거리 ¶ ~ наблюдения // 감시거리 ¶ ~ обнаруживания // 탐지거리 ¶ ~ перевозки грузов // 화물수송거리 ¶ ~ перехвата цели // 표적제압거리 ¶ ~ плавания // 순항거리 ◆ 함정이나 항공기가 연료보급 후 보통속력 또는 순항속력으로 항해할 수 있는 거리 ¶ ~ полёта без дозаправки // 무급유 비행거리 ¶ ~ полёта на максимальной скорости // 최대 항속거리 ¶ ~полёта пули // 탄알의 비행거리, 착탄거리 ¶ ~полёта самолёта // 비행기의 비행거리 ¶ ~полёта снаряда // 탄착거리 ¶ ~прямой видимости // 직접관측거리 ¶ ~ радиолокационной станции // 레이더 탐지거리 ¶ ~стрельбы // 사거리, 사정거리 ¶ выверка по ~ти // 거리조정 ¶ максимальная ~действия // 최대항속거리 ¶ максимальная ~стрельбы // 최대사거리 ¶ наибольшая ~ // 최대거리 ¶ отклонение по ~ти // 거리편차 ¶ прицеливание по ~ти // 거리조준 ¶ прицельная ~ // 조준거리 ¶ ракета большой (средней) ~ти // 장 (중)거리 미사일

данные 데이터, 정보, 자료, 제원 ¶ ~для ведения огня // 사격제원 ¶ ~ испытаний

// 시험데이터 ¶ входные ~ // 입력정보 ¶ исходные ~ // 기본 데이터 ¶ научные (исторические) ~ // 과학적 (역사적)자료 ¶ объективные (субъективные) ~ // 객관적 (주관적)자료 ¶ статистические ~ // 통계자료 ¶ цифровые ~ // 숫자자료

дать, [нсв] давать ① 수여하다, 표창하다 ◆ 수여하다, 표창하다 ¶ ~ орден // 훈장을 수여하다 ② (타격을) 가하다, 치다 ◆ (타격을) 가하다, 치다 ¶ ~ удар // 타격을 가하다

датчик 전송기 ¶ ~ вибраций // 진동계 ¶ ~ времени // 타이머 ¶ ~ температуры // 온도계 ¶ ~-измеритель // 게이지

ДВЗЯИ *(Договор по всеобъемлющему запрещению ядерных испытаний)* 포괄적 핵실험 금지조약 [CTBT]

двигатель 기관, 디젤 ¶ ~внутреннего сгорания // 내연기관 ¶ ~ переменного (постоянного) тока // 교류 (직류)전동기 ¶ нефтяной ~ // 석유발동기 ¶ реактивный ~ // 분사식발동기 ¶ турбореактивный ~ // 터보제트엔진 ¶ электрический ~ // 전동기

двигать [нсв] (어떤 방향으로) 돌리다, 파견하다, 이동시키다, 출동시키다 ¶ ~батальон в атаку // 대대를 공격하려고 이동시키다 ¶ ~ войска по бережью // 부대를 연안지대에 출동시키다

движение 운동 ¶ ~ армии // 군대의 이동 ¶ ~ вперёд // 전진 ¶ ночное ~ // 야간행군 ¶ оборонительное ~ // 방어이동 ¶ обходное ~ // 우회이동 ¶ походное ~ // 행군 ¶ скорость ~ния // 행군속도

двуколка 이륜차, 이륜마차 ¶ пулемётная ~ // 기관총 이륜차 ◆ 소형야포, 기관총의 견인에 쓰인 마차 및 차량

двунога 양각대 ◆ 자동총 등을 올려두는 받침대

двусторонний 쌍방의, 쌍무적인 ¶ ~нее соглашение // 쌍무협정 ¶ ~няя связь // 쌍방향통신

двухвинтовой 쌍추진기의, 프로펠러 또는 로터(Rotor)가 2개인

двухмоторный 쌍발동기의 ¶ ~ тип самолёта // 쌍발기

деблокада 봉쇄해제 (= деблокирование)

деблокировать [св] [нсв] что 봉쇄를 해제하다 ¶ ~ крепость // 요새의 봉쇄를 해제하다

дебордировать [нсв] 양측으로 적을 공격하다

дегазационный 제독의 ¶ ~ пункт // 제독소 ¶ ~ная машина // 제독장비

дегазация 제독, 가스제거

дегазировать [св] [нсв] 독가스를 제거하다

дед [복]~ды 고참병 ◆ 군대에서 신참과 구분할 때 사용하는 말

дедовщина 저변문제 ◆ 군대에서 선임병 또는 상급자에 의해 하급자, 후임자에 대해 이루어지는 폭행, 갈취, 언어폭력 등을 포괄적으로 이르는 용어. 한국군에서는

저변문제라는 용어를 행정용어로 사용

дежурный 당직의 ¶ ~ аэродром // 비상활주로 ¶ ~ врач // 당직군의관 ¶ ~ корабль // 초계정(함),당직함 ◆ 동일함대 내에서 다른 함정보다 더욱 철저한 전비태세를 갖추도록 임무가 특별히 부여된 함정 ¶ ~ офицер // 당직장교 ¶ ~ по кораблю // 갑판당직 ¶ ~ по связи // 통신당직 ¶ ~ по штабу // 당직참모 ¶ ~ пункт // 당직실 ¶ ~ режим работы // 경계근무태세 ¶ ~ самолёт // 경계기 ¶ ~ная часть // 당직부대 ¶ ~ное подразделение // 당직부대, 대기부대 ¶ ~ные силы и средства // 대기부대 및 장비

~ [남],~ная [여] // 당직자

дежурство 당직근무, 경계근무 ◆ 지휘관의 명을 받아 군풍기의 유지, 제 규정의 이행, 인원, 물자 및 시설의 보호, 기타 각종 사고를 미연에 방지하기 위하여 일정한 기간 내 지정된 위치에서 근무하는 것 ¶ ~на аэродроме // 출격대기태세 ¶ ~в воздухе // 초계비행 ¶ дневное ~ // 주간당직 ¶ назначить кого на ~ // ...를 당직으로 임명하다 ¶ ночное ~ // 야간당직 ¶ принять ~ // 당직을 인계받다 ¶ приступить к ~ву // 당직에 착수하다 ¶ расписание ~ств // 당직표, 당직근무자명부 ¶ сдать ~ // 당직을 인계하다 ¶ сменное ~ // 교대당직 ¶ установить ~ // 당직을 두다

дезактивация 방사성물질 오염제거

дезертир 탈영병

дезертирование 도주

дезертирство 탈영 ¶ ~с корабля // 군함에서 탈영

дезинсекционный 해충구제의 ¶ ~ная мера // 해충구제조치

дезинфекционный 소독의 ¶ ~ная камера // 소독실

дезорганизация 와해, 교란 ◆ 질서 있는 체제 및 작전에 혼란이 일어난 상태

дезориентирование 방향감각상실

делимитация 국경설정

действие [복]~ия [복]군사행동, 군사작전, 군사행위 ¶ ~ огня // 사격의 효력 ¶ ~ разрыва // 파열효력 ¶ ~ия одиночного бойца в бою // 각개전투 ◆ 이미 분단되었거나 이격하여 위치한 적이 상호지원하기 전에 각각의 적을 격파하는 전술행동 ¶ агрессивные ~ия // 침략적 행위 ¶ боевое ~ // 전투행동 ¶ воздушное ~ // 공중행동 ¶ демонстративные ~ия // 양동작전 ¶ журнал боевых ~ий // 전투행동일지 ¶ ложное демонстративное ~ // 양동(陽動) ◆ 적을 기만할 목적으로 아군이 결정적인 작전을 기도하고 있는 지역으로부터 적의 관심과 행동을 딴 곳으로 이끌어오기 위한 것 ¶ открыть военные ~ия // 군사행동을 일으키다. ¶ порядок ~ий // 행동절차 ¶ прекращение военных ~ий // 군사행동 중지 ¶ радиус ~ия // 행동반경 ◆ 어떤 함정, 항공기 또는 차량이 모든 안전 및 작동계수의 고려 하에서 정상적인 전투적재를 하고 주어진 코스를 따라서 기지로부터 출발해서 재급유

없이 다시 무사히 기지로 귀환할 수 있는 최대거리 ¶ район ~ия противника // 적의 작전구역 ¶ театр военных ~ий // 전장(戰場), 작전지대 ◆ 전투행위가 전개되고 있는 장소로서 공중전을 위한 공중공간도 포함됨 ¶ фугасное ~ // 폭뢰작용

действительный 유효한, 효력이 있는 ¶ ~ ружейный огонь // 유효사격 ¶ ~ная (военная) служба // 현역, 현역복무

действовать [нсв], подействовать [св] ① 군사행동을 하다, 작전을 하다 ¶ ~в тылу врага // 적 후방에서 활동하다 ¶ ~ решительно // 단호하게 행동하다 ② 효력을 가지다 ¶ договор уже не ~вует // 이 조약은 이미 효력을 상실하였다 ¶ закон ~вует со дня его опубликования // 법은 공포된 날부터 효력을 가진다 ¶ это правило ещё не ~вует // 이 규정은 아직 효력을 발생하지 못한다

д

действующий 활동하는 ¶ ~щая армия // (전쟁 시기에) 전투부대

декларация 선언

делегат 대표 ¶ ~связи // 연락대표

делегация 대표단 ¶ ~во главе с… // …를 단장으로 하는 대표단 ¶ ~в составе пяти человек // 5명으로 구성된 대표단 ¶ состав ~ции // 대표단 구성 (성원) ¶ член ~ции // 대표단 단원 ¶ глава ~ции // 대표단 단장 ¶ дать обед в честь ~ции // 대표단을 위하여 오찬을 마련하다 ¶ возглавлять ~цию // 대표단을 인솔하다 ¶ ~РФ // 러측 대표단 ¶ иностранная ~ // 외국대표단 ¶ правительственная ~ // 정부대표단 ¶ представление ~ции РК // 한측 대표단 소개

дело ① 일 ¶ военное ~ // 군사 ② 전투 ¶ вступить в ~ // 전투에 진입하다 ¶ ранен в деле под Москвой // 모스크바부근 전투에서 부상당하였다 ¶ участвовать в ~лах и походах против неприятеля // 적을 반대하는 전투와 행군에 참가하다

деловой 공무적인 ¶ ~ое время // 업무시간 ¶ ~ заход кораблей // 함정의 실무적인 기항 ◆ 함정이 군수적재, 정비, 승조원 상륙을 실시하기 위한 일시적 입항

демаркационный 분계선의 ¶ ~ная линия // (정전시의) 군사분계선

демаркация 경계설정 ¶ ~морских границ // 해양경계선의 확정

демарш (어떤 국가정부에 보내는) 외교적인 연설 · 조치 · 활동 ¶ ~ посла // 대사의 외교적인 활동 ¶ предпринять ~ // 외교적인 조치를 취하다

демаскировать [св] [нсв] кого-что (위장하였던 부대 혹은 포진지 등을) 노출시키다 ◆ (위장하였던 부대 혹은 포진지 등을) 노출시키다 ¶ ~военный объект // 위장한 군사대상물을 노출시키다

демилитаризация 비무장화 ¶ ~ территории // 영토의 비무장화 ¶ ~ космического пространства // 우주공간의 비무장화

демилитаризованный 비무장된 ¶ ~нная зона // 비무장지대 ◆ 적대하는 두 나라의 군대 사이를 격리시키는 지대로서 이곳에서 군의 주둔과 무기배치 및 군사시설을 설치하는 것이 금지된 지역

демилитаризовать [св] [нсв] кого-что 비군사화하다, 무장해제하다
демобилизация ① 동원해제, 제대 ¶ ~ армии // 군대의 동원해제 ¶ ~ рядовых // 전사들의 제대 ¶ произвести ~цию // 동원해제하다 ② 전시체제해제 ¶ ~ армии (промышленности) // 군대 (산업)의 전시체제해제
демобилизованный 제대군인
демобилизовать [св] [нсв] кого-что 제대시키다, 동원해제하다, 평화상태로 옮기다 ◆ 제대시키다, 동원해제하다, 평화 상태로 옮기다
демократизация 민주화
демонстративный 허위적인, 시위적인, 기만작전의, 양동의 ¶ ~ бой // 양동전투 ¶ ~ное выступление // 기만작전 출격 ¶ ~ное наступление // 양동공격 ¶ ~ные действия // 양동작전
демонстрация (군사력) 과시, 양동작전, 시위행동, 기만작전 ◆ (군사력)과시, 양동작전, 시위행동, 기만작전 ¶ ~ мышц (мускулов) // 군사력과시
демонтирование (기계의) 분해, 해체
демонтировать [св] [нсв] (기계를) 해체하다, 철거하다 ¶ ~ атомную электростанцию // 원자력발전소를 해체하다 ¶ ~ оборудование // 설비를 해체(철거)하다
деморализация 사기저하, 기강해이 ¶ ~ войск противника // 적군의 사기저하 ¶ внести ~цию в ряды противника // 적군의 사기를 잃게 하다
деморализовать [св] [нсв] кого-что 사기를 저하시키다
денуклеаризация 비핵화
день (특정한)날 ¶ Всемирный ~ гражданской обороны // 세계 민방위의 날 (3월 1일) ¶ Всемирный ~ океанов // 세계 해양의 날 (6월 8일) ¶ Д~Бородинского сражения русской армии под командованием М.И.Кутузова с французской армией // 보로디노전투 승리의 날 (9월 8일) ◆ 1812년 보로디노전투의 승리를 기념하는 날 ¶ Д~ внутренних войск Министерства внутренних дел Российской Федерации // 러시아연방 내무부 내무군의 날 (3월 27일) ¶ Д~Военно-воздушных сил // 러시아 공군의 날 (8월 12일) ¶ Д~военного разведчика // 러시아 정찰병의 날 (11월 5일) ¶ Д~Военно-Морского Флота // 러시아 해군함대의 날 (7월 마지막 일요일) ¶ Д~воздушного Флота России // 러시아 전투항공기의 날 (8월 셋째 일요일) ¶ Д~Воздушно-десантных войск // 러시아 공수부대의 날 (8월 2일) ¶ Д~ войск противовоздушной обороны // 러시아 방공부대의 날 (4월 둘째 일요일) ¶ Д~ войск радиационной, химическойи биологической защиты // 러시아 화생방부대의 날 (11월 13일) ¶ Д~ Героев Отечества // 조국 영웅의 날 (12월 9일) ¶ Д~ Железнодорожных войск // 러시아 철도군의 날 (8월 6일) ¶ Д~ защитника Отечества // 조국수호의 날 (2월 23일) ◆ 1918년 적군 창설을 기념하는 날 ¶ Д~ инженерных войск // 러시아 공병의 날 (1월21일)

¶ Д~ Космических войск // 러시아 우주군의 날 (10월 4일) ¶ Д~ космонавтики // 러시아 우주비행사의 날 (4월 12일) ¶ Д~ памяти // 현충일 (6월 6일) ¶ Д~ Победы // 전승기념일 (5월 9일) ◆ 2차 세계대전 승리를 기념하는 날 ¶ Д~победы русской армии под командованием Пётра Первого над шведами в Полтавском сражении // 폴타바전투 승리의 날 (7월 10일) ◆ 1709년 폴타바전투의 승리를 기념하는 날 ¶ Д~ пограничника // 러시아 국경수비대원의 날 (5월 28일) ¶ Д~ подводника // 러시아 잠수함승조원의 날 (3월 19일) ¶ Д~ подразделений специального назначения // 러시아 특수부대의 날 (10월 24일) ¶ Д~ разгрома советскими войсками немецко-фашистских войск в Курской битве // 쿠르스크전투 승리의 날 (8월 23일) ◆ 1943년 쿠르스크전투의 승리를 기념하는 날 ¶ Д~ ракетных войск и артиллерии // 러시아 미사일부대 및 포병의 날 (11월 19일) ¶ Д~ Ракетных войск стратегического назначения // 전략미사일군의 날 (12월 17일) ¶ Д~ России // 러시아의 날 (6월 12일) ◆ 1990년 러시아연방공화국 주권선언을 기념하는 날 ¶ Д~ снятия блокады города Ленинграда // 레닌그라드봉쇄 해제의 날 (1월 27일) ◆ 1944년 레닌그라드 포위전을 기념하는 날 ¶ Д~ специалиста по радиоэлектронной борьбе // 러시아 전자전 전문가의 날 (4월 15일) ¶ Д~Сухопутных войск // 러시아 육군의 날 (10월 1일) ¶ Д~ Тыла Вооружённых Сил Российской Федерации // 러시아연방 후방군의 날 (8월 1일) ¶ Международный ~ мира // 국제평화의 날 (9월 21일)

депо 창고, 차고 ¶ пожарное ~ // 소방서

депутат 국회의원, 대의원 ¶ ~- слуга народа // 국회의원은 시민의 심부름꾼이다 ¶ городской ~ // 시의원 ¶ избрать ~та // 국회의원을 선거하다 ¶ кандидат в ~ты // 국회의원 후보 ¶ палата ~тов // 하원, 중의원

депутация 대표단

держава 독립국, 대국, 강국 ¶ великая ~ // 강대국 ¶ великие ~вы // 열강 ¶ великие и малые ~вы // 대국과 소국 ¶ военная ~ // 군사대국 ¶ европейские (западные) ~вы // 유럽 (서방) 열강 ¶ индустриальная ~ // 공업대국 ¶ мировая экономическая ~ // 세계경제대국 ¶ морская ~ // 해양강국, 해군강국 ¶ сверхдержава // 초강대국 ¶ могучая и процветающая ~ // 강성대국 ¶ ядерные ~вы // 핵강국

деривация 탄도편차

десант 상륙부대, 특수부대(원) ¶ воздушный ~ // 공수부대, 낙하산 부대 ¶ высадить ~ // 특수부대원을 상륙시키다·착륙시키다 ¶ морской ~ // 해군특수부대원 ¶ пункт высадки ~та // 상륙지점 ¶ танковый ~ // 전차상륙부대

десантирование 특수부대투입, 공수투입

десантный ① 상륙의 ¶ ~ная операция // 상륙작전 ◆ 함선 또는 항공기에 탑승한 해군 및 상륙군이 바다로부터 육상에 군사력을 투사하는 군사작전을 말하며,

Д

계획수립, 탑재, 연습, 이동, 결정적 행동의 5단계를 포함. ¶ ~ные суда // 상륙용 주정 ◆ 부대 및 장비의 수송, 접안, 하역 및 철수용으로 특별히 건조된 상륙작전용 주정 ② 특수부대의 ¶ ~отряд // 특수부대, 상륙함으로 구성된 상륙선단 ¶ ~эшелон // 특수작전제대 ¶ ~ные войска // 특수부대, 공정부대 ¶ ~ные силы // 특수전 세력

десантник 상륙부대원, 공중낙하부대원

дестабилизация 불안정화

дестабилизировать [св] [нсв] что 불안정화하다

детонатор 뇌관, 기폭제 ◆ 포탄이나 탄환 따위의 화약을 점화하는데 쓰는 발화용 금속관, 충격에 의해 발화됨

де-факто 사실적 [de-facto], 사실상 (на деле)

дефектация 군사장비의 결함검사

дефензива 방위, 방위전술

дефолиант 고엽제

децентрализация 분산 ¶ ~зованное управление // 분산지휘

децентрализовать 분산하다

дешифратор 암호해독기

дешифровщик 암호해독전문가

деэскалация 규모의 축소, 전쟁확대의 중지 ¶ требовать ~ции войны // 전쟁확대의 중지를 요구하다

де-юре 원칙적으로, 법적으로

деятельность 활동 ¶ активная ~ // 적극적인 활동 ¶ боевая ~ // 전투활동 ¶ подрывная ~ // 전복활동

джип 지프차

диагноз 진단

диверсант 파괴공작원, 특공대원

диверсия 파괴적 방해활동, 후방교란활동, 유인작전, 견제 ◆ 파괴적 방해활동, 후방교란활동, 유인작전, 견제

дивизион ① 【陸】 (포병이나 기갑부대의)대대 ¶ артиллерийский (танковый) ~ // 포병 (탱크)대대 ② 【海】 전대 ◆ 러시아연방군에서 포병·전략군 대대, 해군전대의 부대단위로서 300~900명, 2~6개 중대, майор, подполковник이 지휘관임 ¶ ~ миноносцев // 기뢰전대 ◆ 기뢰부설 또는 기뢰대항작전을 수행하기 위하여 기뢰전 세력으로 편성된 기동조직

дивизионный 사단의 ¶ ~ автопарк // 사단차량기지 ¶ ~ная артиллерия // 사단포병 ¶ ~ госпиталь // 사단야전병원 ¶ ~ командир // 사단장 ¶ ~ обменный пункт // 사단교환소 ¶ ~ транспорт // 사단수송 ¶ ~ штаб // 사단참모부 ¶ ~ные части и подразделения // 사단예하부대

Д

дивизия ① 【陸】【空】사단 ¶ ~ действующей армии // 야전사단 ¶ авиационная ~ // 항공 (비행) 사단 ¶ артиллерийская ~ // 포병사단 ¶ гвардейская ~ // 근위사단 ¶ кавалерийская ~ // 기병사단 ¶ механизированная ~ // 기계화사단 ¶ моторизованная ~ // 차량화사단 ¶ офицер ~зии // 사단장교 ¶ пехотная (танковая) ~ // 보병 (탱크) 사단 ¶ стрелковая ~ // 보병사단 ② 【海】전단 ◆ 기본 제병협동부대이며 자체수단으로써 전술작전을 수행할 수 있는 모든 필수적인 전투 및 근무병과로서 구성되는 최소단위부대 ◆ 러시아연방군에서 1만~2만 명, 2~4개 여단, генерал-майор가 지휘관임. ¶ ~линейных кораблей // 전함전단

дизель 디젤(군함의 기관)

диктат 강요정책 ¶ политика ~та // 강요정책

диктатор 독재자

диктаторский 독재자의 ¶ ~ режим // 독재정권 ¶ ~ тон // 명령조, 명령투

дилемма 진퇴양난 ¶ стоять перед ~мой // 양자택일의 궁지에 빠지다

динамика 역학 ¶ ~ боя // 전투의 흐름, 추이

динамит 다이너마이트 ¶ взрывать что ~том // 다이너마이트로 폭발하다

диоптр 조준장치, 조준경

дипломатический 외교적인, 외교상의, 외교의 ¶ ~ иммунитет // 외교 (관) 특전과 특권 ¶ ~ корпус // 외교단 ¶ ~кая миссия // 외교사절단 ¶ ~кая неприкосновенность // 외교관의 불가침권 ¶ ~кая нота // 외교각서 ¶ ~кие отношения // 외교관계 ¶ ~кое представительство // 외교대표부 ¶ установить (порвать) ~кие отношения // 외교관계 (국교)를 맺다 (단절하다) ¶ установить ~ контакт с кем-чем // …와 외교접촉을 맺다

дипломатия 외교, 외교술; 외교적 수완, 책략 ¶ ~ авианосцев // 항공모함에 의한 위협외교

директива 작전지시, 명령서 ¶ оперативная ~ // 작전명령서 ◆ 작전을 수행하기 위하여 예하지휘관에게 임무와 작전수행방법, 협조사항 등을 지시하는 명령서

директриса 사격기본방향 ¶ ~ стрельбы // 조준선

дирижабль 비행선 ¶ мягкий ~ // 연식 비행선

дирижёр 지휘자 ¶ военный ~ // 군악대 지휘자

диск (자동화기의) 탄창 ¶ ~ автомата // 자동소총의 탄창

дислокационный 병력배치의 ¶ ~ная карта // 병력배치도

дислокация 전개, 병력배치 ¶ ~ войск // 부대배치 ¶ ~ армии // 군대의 배치 ¶ произвести ~цию чего // …를 배치하다

диспансеризация 야전위생활동, 건강진단

диспетчерский 관제의 ¶ ~кая вышка // 관제탑 ¶ ~ пункт // 관제소 ¶ ~кая служба // 배차근무 ¶ ~кая // 관제실

диспозиция ① 병력배치 계획 · 안, 작전계획 ② (서면으로 된) 전투 · 출동명령서

¶ ~ кораблей // 군함 출동명령서

дистанционный 거리의 ¶ ~ная бомба // 원격조종폭탄 ¶ ~ная трубка // (폭탄 등의)시한신관 ¶ ~ное управление самолётом // 비행기의 원격조종

дистанция 거리, 간격; 대간거리 ¶ ~ (в) пятьсот метров // 500m의 거리 ¶ ~действительного огня // 유효사거리 ¶ ближняя ~ // 근거리 ¶ большая ~ // 장거리 ¶ держать ~цию в три-четыре шага // 3~4보의 간격을 유지하다 ¶ максимальная ~огня // 최대사거리 ¶ предельная ~ стрельбы // 최대착탄거리 ¶ сохранять ~цию // 간격을 유지하다 ¶ средняя ~ // 중거리 ¶ стрелять с дальней ~ции // 원거리사격을 하다

дисциплина **규율, 군율** ¶ воинская ~ // 군사규율, 군기 ◆ 확립된 지휘계통에 따라 상경하애하며 일정한 방침에 따라 일률적인 활동을 하게하는 규율과 질서의식 ¶ железная ~ // 강한 규율 ¶ нарушение воинской ~ны // 군기위반 ¶ нарушить (ослабить) ~ну // 규율을 위반하다 (약화시키다) ¶ плохая (слабая, низкая) ~ // 문란한 (약한, 낮은) 규율 ¶ подчиниться ~не // 규율에 복종하다 ¶ приучиться к ~не // 규율에 습관되다 ¶ установить (соблюдать, укрепить) ~ну // 규율을 세우다 (지키다, 강화하다) ¶ хорошая (отличная, высокая) ~ // 훌륭한 (더 말할 나위 없는, 고도의) 규율 «상용구» Кто нарушает воинскую дисциплину, тот губит Родину. 군율을 어기는 자는 나라를 망치는 자다

дисциплинарный **규율의, 군율의** ¶ ~ батальон // 징계부대, 교화부대 ¶ ~ устав // 복무규율, 규율규정 ¶ ~ная часть // 군기교육대 ¶ ~ное взыскание // 징계처벌

дифферент **선수와 선미의 흘수차** ¶ ~ на нос (корму) // 배가 앞으로 (뒤로) 기우는 것

ДК *(дегазационный комплект)* **화생방제독장비**

ДК *(десантный корабль)* **침투정**

ДКБ *(Договор о коллективной безопасности)* **집단안보조약**

длина **길이** ¶ ~ волны // 파장 ¶ ~ною в четыре метра // 길이 4m인

длинноствольный **총신 · 포신이 긴** ¶ ~ миномёт // 장신 박격포 ¶ ~ная винтовка // 장소총 ¶ ~ное орудие // 장신포

длиться [нсв], **продлиться** [св] **계속되다, 오래 끌다** ¶ бой длился до тёмной ночи // 전투는 밤이 캄캄해질 때까지 계속되었다 ¶ война ~лась без конца // 전쟁은 끝없이 계속됐다 ¶ война ~лась четыре года // 전쟁은 4년간 계속됐다 ¶ долго (недолго) ~лась наша беседа // 우리 담화는 오래 계속되었다 (곧 끝났다) ¶ полёт длится два часа // 비행시간은 두 시간이다 ¶ такое положение не будет долго ~ // 그러한 상태는 오래 계속되지 않을 것이다

ДМП *(дивизионный медицинский пункт)* **사단의 무대**

дневальный **당직병**

дневник 일지

дневной 주간의 ¶ ~ поиск // 주간수색

дно 배의 밑바닥 ¶ ~ корабля // 선저 до~на! // 건배 ¶ идти ко ~ну // 침몰하다 ¶ на ~не моря // 해저에서 ¶ опустить якорь на ~ // 밑바닥에 닻을 내리다 ¶ пустить (отправить) на ~ // 침몰시키다

ДНЯО *(Договор о нераспространении ядерного оружия)* 핵무기비확산조약(NPT)

добить, [нсв] добивать кого-что (적을)완전히 소멸하다, 격파하다, 섬멸하다 ¶ ~ врага // 적을 섬멸하다

доброволец 의용군, 지원병 ¶ записаться ~вольцем // 지원병으로 등록하다 ¶ идти на войну ~вольцем // 지원병으로 전선으로 나가다

Д

довольствие 급여

ДОВСЕ *(Договор об обычных вооружённых силах в Европе)* 유럽 재래식 무기에 관한 협약

договор 조약 ¶ ~ вступает в силу в день обмена ратификационными грамотами // 조약은 비준서를 교환한 날부터 발효한다 ¶ ~ между правительствами // 정부 간의 조약 ¶ военный ~ // 군사조약 ¶ временный ~ // 잠정조약 ¶ выполнить ~ // 조약을 이행하다 ¶ действующий ~ // 현행조약 ¶ заключить ~ // 조약을 체결하다 ¶ международный ~ // 국제조약 ¶ мирный ~ (=~ о мире) // 평화 (강화)조약 ¶ многосторонний (двухсторонний) ~ // 다자 (쌍무)조약 ¶ на основе ~ра // 조약 (계약)에 기초하여 ¶ нарушить (расторгнуть, аннулировать) ~ // 조약을 위반하다 (폐기하다, 무효화하다) ¶ неравноправные ~ры // 불평등조약 ¶ односторонний ~ // 일방적인 계약 ¶ пересмотреть (изменить) ~ // 조약을 개정 (변경)하다 ¶ по ~ру=в соответствии с~ром // 조약 (계약)에 따라 ¶ продлить ~ // 조약을 연장하다 ¶ проект (текст) ~ра // 조약초안 (본문) ¶ ратифицировать (подписать) ~ // 조약을 비준 (조인)하다 ¶ соблюдать ~ // 조약을 준수하다 ¶ составить ~ // 조약을 작성하다 ¶ статьи ~ра // 조약규정, 계약조항 ¶ участвовать в ~ре // 조약에 참가하다 ¶ ~ о дальнейшем сокращении и ограничении стратегических наступательных вооружений [СНВ-2] // 전략무기 제한협상 [SALT-Ⅱ] ¶ ~ о дружбе и взаимной помощи // 우호 및 호상협조조약 ¶ ~ о взаимном сокращении обычных вооружений // 재래식 무기 상호감축조약 ¶ ~ о всеобъемлющем запрещении ядерных испытаний [ДВЗЯИ] // 포괄적 핵실험 금지조약 [CTBT] ¶ ~ о военном сотрудничестве // 군사협력조약 ¶ ~ о запрещении испытаний (нераспространении) ядерного оружия // 핵무기시험금지 (비확산)조약 ¶ ~ о коллективной безопасности // 집단안보조약~о мире и дружбе // 평화우호조약 ¶ ~ о ненападении // 불가침조약 ¶ ~ о нераспространении ядерного оружия [ДНЯО] // 핵확산금지조약 [NPT] ◆ 1970년 3월 3일 발효된 핵무기 확산에 관한 조약 ¶ ~ об обычных вооружённых силах в Европе [ДОВСЕ] // 재래식 무기에 관한 조약 ¶ ~ о сокращении и ограничении стратегических наступательных вооружений [СНВ-1] // 전략무기감축협상 [START-Ⅰ] ¶ ~о торговле и мореплавании // 통상 및 항해조약 ¶ ~ по противоракетной обороне [ПРО] // 대미사일 방어조약 [ABM]

договорённость 합의, 사전협의, 이해 ¶ достигнута ~ // 합의·이해에 도달했다 ¶ корейско-китайские ~ти // 한중간의 합의 ¶ между нами нет ~ти об этом // 우리들 사이에는 이 일에 대한 합의가 없다 ¶ на основе ~ти // 합의에 기초하여 ¶ по ~ти // 합의에 따라 ¶ предварительная ~ // 사전합의 ¶ устная ~ // 구두합의

договорно-правовой 조약상의 권리 · 기준에 입각한

дозаправка 급유 ¶ ~ в воздухе // 공중급유

дозволение 허가

дозор ① 순시, 순찰, 순찰근무 ¶ ~ морской // 해상순시 ¶ быть (находиться) в ~ре // 순찰 중에 있다 ¶ выйти в ~ // 순찰나가다 ¶ нести ~ // 순찰근무를 서다 ¶ обходить ~ром // 순찰하다 ¶ обходить (объезжать) ~ром // 순회하다, 순찰하다 ¶ стоять в ~ре // 순찰근무 중이다 ② 순찰 · 척후병 (대) ¶ боевой ~ // 전투척후대 ¶ боковой ~ // 측면척후대 ¶ головной ~ // 선두척후대 ¶ ночной ~ // 야간척후대 ¶ разведывательный ~ // 정찰척후대 ¶ тыловой ~ // 후방척후대

дозорный ① 순시의, 순찰의, 순찰근무의 ¶ ~ катер // 순찰정 ¶ ~ная служба // 해상순시근무 ¶ ~ное судно // 순시선 ② 순찰 · 척후병(대)의 ¶ выслать ~ных // 척후병을 파견하다 ¶ сменить ~ного // 척후병을 교체하다

док 도크 ¶ ввести в ~ // 도크에 넣다 ¶ выйти из дока // 도크에서 나오다 ¶ зайти в ~ // 도크에 들어가다 ¶ плавучий ~ // 부유도크 ¶ сухой ~ // 건도크, 건선거 ¶ транспортный ~ // 수송도크

доклад 보고서 ¶ ~ командиру // 지휘관에 대한보고 ¶ Без ~да не входить! // 무단출입금지! ¶ написать ~ // 보고서를 쓰다 ¶ письменный ~ // 서면보고 ¶ устный ~ // 구두보고

доктор 박사 ¶ ~ военных наук // 군사학 박사

доктрина 교리, 원칙, 독트린 ◆ 일반적인 개념과 군사적인 개념으로 구분되며, 일반적인 개념으로는 명제, 정치적으로는 기본방향을 제시하는 정치지침을 말함. 군사적인 개념으로는 군사력으로 국가목표를 달성하기 위하여 공식승인된 군사행동의 기본원칙과 지침으로서 권위는 있으나 적용시에는 판단이 요구됨. ¶ военная ~ // 군사독트린 ◆ '국가안보전략'의 하위문서로서 국방분야에 대한 러시아의 국가전략 지침이고, 국방정책의 기초이며, 법적 구속력이 있는 국가문서임. 러시아의 군사상중 최상위개념으로 군사과학, 군사전략 등 하위개념의 발전 방향을 제시할 뿐 아니라,

군사정책 전반을 결정하는 근거 ¶ военная ~государств - участников Варшавского Договора // 바르샤바조약 가맹국의 군사독트린
¶ военная ~ НАТО // 나토의 군사독트린

долг 의무, 본분 ¶ ~ перед Родиной // 조국에 대한 의무 ¶ защита отечества - священный ~каждого военного // 조국보위는 각 군인의 신성한 의무이다

долговременный 영구적인 ¶ ~ная огневая точка (= ~ное огневое сооружение) // 영구화점 ¶ ~ное укрепление // 영구요새 (영구보루)

доминировать 제압하다 ¶ ~ над чем // 제압하다

доминирующий 지배적인

донесение (상부에 대한) 보고, 신고 ¶ ~ разведки // 정보보고 ¶ внесрочное ~ // 비정기보고 ¶ по ~ниям разведки // 정찰보고에 의하면 ¶ получить ~о движении неприятельских войск // 적군의 동태에 대한 보고를 받다 ¶ сделать ~ // 보고하다 ¶ срочное ~ // 긴급보고

донести, [нсв] **доносить** о чём (상부에) 보고하다 ¶ ~о приближении противника // 적의 접근을 통보하다

дополнительный 보충적 ¶ ~ отпуск // 보충휴가

допризывник 훈련생 ◆ 병역복무 전에 군사훈련을 받은 청장년

допризывный 징집전의 ¶ ~ возраст // 징집전 연령 ¶ ~ная подготовка // 징집전 군사교육

допуск 허가 (증) ¶ получить ~ к секретным документам // 비밀문서열람허가 (증)를 받다

дорога 도로 ¶ водная ~ // 수로 ¶ военная ~ // 군용도로 ¶ воздушная ~ // 항공로 ¶ железная ~ // 철길 ¶ проезжая ~ // 차도

дорожка 길

ДОСААФ *[досаф] (Добровольное общество содействия армии, авиации и флоту)* 소련 육해공군 후원회

дослужить 일정기간 복무하다 ¶ ~ до окончания срока // 기한이 끝날 때까지 복무하다

досмотр 검사, 감독 ◆ 지휘관의 계획 및 명령이 적절한 방법으로 이행되고 있는가를 확인하는 행위

досрочный 기한전의 ¶ ~ное увольнение в отставку // 조기전역

доступ к чему 이용, 열람 ¶ получить ~к секретным документам // 비밀문서의 열람허가를 얻다 ¶ получить ~к ЯО и другим видам ОМУ // 핵무기와 다른 대량살상무기 형태의 이용허가를 얻다 ◆ 핵무기와 다른 대량살상무기 형태의 이용허가를 얻다

досягаемость 도달거리, 착탄거리, 사정거리 ¶ ~ орудия // 사정거리, 착탄거리 ¶ быть (находиться) в пределах (вне пределов) ~ти // 도달범위 안 (밖)에

·사정거리 안 (밖)에 있다 ¶ находиться в пределах ~ти дальней артиллериии ракет // 원거리 포와 로켓의 사정거리 안에 있다

доядерный 핵무기전의 ¶ ~ная эпоха // 핵무기이전시대

ДПРО *(Договор об ограничении систем противоракетной обороны)* 대로켓방어 제한조약 ◆ 1972년에 체결

драка 전투, 싸움 ¶ в ~ку вступили резервные войска // 예비군들이 전투에 인입되었다 ¶ доходить до ~ки // 싸움으로 되다 ¶ пойти на ~ку // 싸움하러 가다 «상용구» Сегодняшнее согласие лучше завтрашней~ки. 오늘날 약속이 앞으로의 싸움만 낫다

дрейф 표류 (선박의)

дрейфующий 표류의 ¶ ~щая мина // 【陸】부유지뢰; 【海】부유기뢰 ◆ 수면상에 떠다니다가 함선에 접촉되면 폭발하여 함선을 손상시키도록 고안된 기뢰 ¶ ~щее судно // 표류선

дренажный 배수의 ¶ ~ная сеть // 배수망 ¶ ~ные трубы // 배수관

дружественный 우호적, 우방의 ¶ ~ная политика // 우호정책 ¶ ~ная страна // 우방 ¶ ~ное сотрудничество // 우호적 협조 ¶ ~ные отношения (связи) // 우호관계 ¶ ~ные связи между народами // 양국 국민간의 우호적 관계 ¶ в тёплой и ~ной атмосфере // 화기애애한 분위기 속에서

ДРХР *(дозор радиационной и химической разведки)* 화생방정찰조

дуло 총구, 포구

дульный 총구의 ¶ ~ тормоз // 포구제한기 ¶ ~ная часть // 포구부분, 총구부분 ¶ ~ное пламя // 총구화염

дух 의기, 사기, 정신 ¶ боевой ~ // 전투정신, 전의 ¶ воинственный (воинский) ~ // 군인정신 ¶ высокий боевой ~ // 앙양된 전투사기 ¶ моральный ~ // 정신상태, 사기 ¶ поднять чей ~ // ...를 격려하다, ...의 사기를 북돋아주다 ¶ подорвать ~войска // 부대의 사기를 떨구다 ¶ подъём ~ха // 의기왕성 ¶ в приподнятом ~хе // 용기백배하여 ¶ сильный ~хом // 의지가 강한 ¶ собраться с ~хом =набраться~ху // 용기를 내다 ¶ упадок ~ха // 의기소침 «상용구» Чтобы сражаться с врагом, нужен совершенный боевой~ 적과 싸우는 데는 사기가 왕성해야 한다

дуэль 결투 ¶ вызывать на ~ // 결투를 신청하다

дымовик 연막치는 장비, 발연기

дымовой 연막의 ¶ ~ снаряд // 연막탄 ¶ ~ танк // 연막탱크 ¶ ~вая бомба // 연막폭탄 ¶ ~вая завеса // 연막

дымопуск 발연, 발연장치

Д

E

европейский 유럽의 ¶ Е~кое оборонительное сообщество [ЕОС] // 유럽방위공동체 [EDC]

единица ① 독립적인 단위, ¶ боевая ~ // 전투단위 ¶ оперативная ~ // 작전단위 ¶ тактическая ~ // 전술단위 ② 척 (배를 세는 단위)

есть 알았습니다. (영어의 yes)

ефрейтор 병장

ефрейторский 병장의

Ё

ёж 장애물 ¶ проволочный ~ // 철조망 ¶ противотанковый ~ // 대전차 고슴도치, 체코고슴도치 ◆ 해안선 또는 개활지에 설치, 전차, 장갑차등의 기동을 저지 또는 지연시키기 위한 철제 인공장애물 ¶ установить противотанковые ежи // 대전차 장애물을 설치하다

ёмкость 수용력, 수용능력 ¶ ~ аэродрома // 비행장의 수용력 ¶ ~ линии связи // 통신선로 소통능력 ¶ меры ~ти // 용적단위 (ℓ, m^3등)

Ж

жандармерия 헌병대
жандармский 헌병대의
железнодорожный 철도의, 철길의 ¶ ~ батальон // 철도대대 ¶ ~ полк // 철도연대 ¶ ~ путь // 철로 ¶ ~ транспорт // 철도운수 ¶ ~ узел // 철도분기점 ¶ ~ная ветка // 철도지선 ¶ ~ная рота // 철도중대 ¶ ~ная сеть // 철도망 ¶ ~ные войска // 철도부대, 철도병과
женщина 여성, 여자 ¶ ~-космонавт // 여성우주비행사 ¶ ~-лётчик // 여성비행사
жертва ① 희생 ¶ пасть ~вой чего // …을 위하여 전사하다 ¶ принести ~ву чему // ...를 위하여 희생하다 ¶ принести себя в ~ву Отечеству // 조국을 위하여 자신을 희생하다 ¶ ценой любых жертв // 어떤 희생을 치르더라도 ② 희생자 ¶ ~ клеветы // 중상의 피해자 ¶ ~вы стихийного бедствия // 자연재해의 피해자

Ж

жертвовать, [св] **пожертвовать** кем-чем ради (для, во имя, за) кого-чего …을 희생하다, 바치다 ¶ ~ своей жизнью во имя Родины // 조국을 위하여 자기목숨을 바치다 ¶ ~ собой // 자기 목숨을 바치다
жесть 양철
живой 살아있는 ¶ ~вые силы // 유생역량, 병력 ¶ ~вые силы и текхника // 유생역량과 기재(병력과 장비) ◆ 러시아군에서 유생역량은 비단 병력뿐 아니라 생명이 있는 것, 즉 우마, 군견도 포함된다는 점이 우리 군과 다르다.
живьём 산채로 ¶ захватить ~ в плен // 생포하다
жидкостный 액체의 ¶ ~ ракетный двигатель // 액체연료 로켓엔진
жидкость 액체 ¶ жидкостно-ракетный // 액체연료 로켓의 ¶ незамерзающая ~ // 부동액
жизнеобеспечение 생존성 보장 ¶ система ~ния в космическом корабле // 우주비행선에서의 생명유지장치
жизнеобеспечивающий 생존성 보장의, 생명유지의 ¶ ~щие системы // 생명유지시스템
жизнеспособность 생존능력
жизнь 목숨; 삶 ¶ борьба за ~ // 생존경쟁 ¶ военная ~ // 군생활 ¶ отдать ~ за Родину // 조국을 위해 목숨 바치다 ¶ посвятить ~ чему // 목숨을 …에 바치다 ¶ при ~ни // 생존 때에 ¶ ~ на волоске // 위기일발, 풍전등화 ¶

лишить ~ни 또는 решить~ни // 죽이다 ¶ лишиться ~ни 또는 решиться~ни // 죽다 ¶ между ~нью и смертью // 생사기로에서 ¶ отдать (또는 положить)~ за кого-что // ...를 위하여 목숨을 바치다·희생되다 ¶ по гроб ~ни // 죽을 때까지 «상용구» Солдат не щадит своей~ни 군인은 목숨을 아끼지 않는다 ¶ За правое дело и ~ отдают // 올바른 일을 위해서는 목숨을 바친다

жилет 구명띠, 구명조끼 ¶ пробковый ~ // 코르크구명대 ¶ спасательный ~ // 구명대

ЖРД *(жидкостный ракетный двигатель)* 액체로켓기관

журнал ① 일지, 기록부 ¶ ~ боевых действий // 전투일지 ¶ ~ военных действий // 군사작전일지 ¶ ~ заседаний // 회의록 ¶ ~ наблюдений // 감시일지, 관측일지 ¶ ~ успеваемости (посещаемости) // 성적부 (출석부) ¶ бортовой ~ // 기상일지 ¶ судовой ~ // 항해일지 ② 잡지

3

забор 울타리 ¶ проволочный ~ // 철조망

завал 방공기구, 장애물

заведение 기관, 시설 ¶ военно-учебное ~ // 군사교육기관 ¶ учебное ~ // 교육기관

заведующий 장, 책임자 ¶ ~ военной кафедрой // 군사학과장

завербование 모집, 징모

завербовать, [нсв] завербовывать 모집하다, 징모하다 ¶ ~ кого в подпольную организацию // 지하조직으로 끌어들이다

завеса 막, 장막 ¶ дымовая ~ // 연막 ¶ огневая ~ // 탄막 ◆ 방어선이나 방어지역에 대한 돌파를 방해함으로써 아군부대나 시설을 방호할 목적으로 형성된 소화기 화력을 제외한 포화의 장벽

3 завладеть, [нсв] завладевать кем-чем 점령하다, 빼앗다 ¶ ~ неприятельской крепостью // 적의 요새를 점령하다

завод 공장 ¶ авиационный ~ // 비행기공장 ¶ автомобильный ~ // 자동차공장 ¶ военный ~ // 군수공장 ¶ машиностроительный ~ // 기계제작공장 ¶ металлургический ~ // 제철소 ¶ оружейный ~ // 병기공장 ¶ химический ~ // 화학공장

завоевание 정복, 침략, 달성

завоевательный 정복하려는, 침략적인 ¶ ~ная война // 침략전쟁 ¶ ~ные замыслы // 침략기도

завоевать 침략하다, 정복하다, 공격하여 탈취하다 ¶ ~крепость // 요새를 공격하여 탈취하다. ¶ ~победу // 승리를 쟁취하다 ¶ ~страну // 나라를 정복하다 [속담] Мира не ждут - мир завоевывают 평화란 기다려서는 안 된다, 싸워서 얻어야 한다(평화란 주어지는 것이 아니라 쟁취하는 것이다)

завязка 시작, 출발점, 발단 ¶ ~ боя // 전투개시

загвоздка 난점, 어려운 문제 ¶ вот в чём ~ // 바로 이것이 난점이다

заговор 음모, 밀약 ¶ быть в ~ре с кем // ...와 결탁되어있다 ¶ втянуть кого в ~ // 음모에 끌어들이다 ¶ сорвать ~ // 음모를 좌절시키다 ¶ составить ~ // 음모를 꾸미다 ¶ участник ~ра // 음모가담자 ¶ ~ молчания // 고의적인 침묵, 무언의 합의

загонять 혹사하여 지치게 하다 ¶ ~ подчинённых // 부하들을 혹사하다

заградитель 기뢰부설함 ¶ минный ~ // 기뢰부설함 ◆ 전략적, 전술적 이익을 획득하기 위해 미리 계획된 계획에 따라 특정한 해양, 항만, 호수, 강 및 해상교통로에 기뢰를 부설하는 함정

заградительный 견제하는, 저지하는, 방해하는 ¶ ~ аэростат // 조애기구 ◆ 적기를 막기 위하여 철사나 철망을 연결한 저색기구 ¶ ~ огонь // 견제사격, 저지사격, 방어사격 ◆ 지원하기 위하여 실시되는 사격으로 원거리사격, 근접방어사격, 최후방어사격, 진내사격으로 구분됨 ¶ неподвижный ~ огонь // 부동조애사격 ¶ подвижный ~ огонь // 이동조애사격

заграждение 바리게이트, 차단물, 장애물 ¶ воздушное ~ // 공중저지 ¶ группа ~ния // 차단조 ¶ минные ~ния // 지뢰 (기뢰) 차단물 ¶ полоса ~ния // 장애물지대 ¶ проволочные ~ния // 철조망장애물지대 ¶ противотанковые ~ния // 대전차 장애물 ¶ устранять ~ // 장애물을 제거하다

загруженность 만재, 부하량 ¶ ~ транспорта // 수송량의 만재

зад 뒤, 뒷면, 후면 ¶ ~ автомобиля // 자동차의 후면 ¶ ~ дома // 집의 후면 ¶ идти задом // 후퇴하다, 뒷걸음질하다 ¶ стоять задом // 돌아서 있다

задание 과업, 과제, 임무 ¶ боевое ~ // 전투임무 ¶ дать ~ // 과제를 주다 ¶ перевыполнить ~ // 과업을 초과완수하다 ¶ плановое ~ // 계획과제 ¶ производственное ~ // 생산과제

задача 임무, 과업, 과제 ◆ 예하부대에 할당된 기능이나 직무 또는 상위기관에 의한 지시 ¶ ближайшая ~ // 최근임무 ¶ боевая ~ // 전투임무 ¶ оперативная ~ // 작선임무 ¶ очередная ~ // 당면과제 ¶ последующая ~ // 차후임무 ¶ ставить себе ~чей 또는 ставить перед собой ~чу // 자신의 임무로 삼다 ¶ тактическая ~ // 전술임무

задержание 구금, 구류

задумка 기도, 계획

зажигательный 점화의, 연소의 ¶ ~ снаряд // 소이탄 ¶ ~ шнур // 도화선 ¶ ~ная бомба // 소이폭탄 ¶ ~ные средства // 점화재료

зажигать 점화하다

зажим 조이개, 압착기 ¶ винтовой ~ // 나사식 조이개

заземление 접지 ¶ ~антенны // 안테나의 접지

закалённый 강인한, 단련된 ¶ ~ в боях // 전투를 통해 단련된 ¶ ~ная воля // 강인한 의지

закалка 단련, 수양 ¶ ~ организма // 신체의 단련 ¶ политическая ~ // 정치적 단련 ¶ физическая ~ // 체력단련

закладка 부설, 매설 ¶ ~ мины // 지뢰매설

заключение ① 체결 ¶ ~ договора // 조약·계약의 체결 ¶ ~ мира // 강화조약체결 ¶ ~ соглашения // 협정체결 ② 감금, 구금 ¶ ~ в тюрьму // 투옥 ¶ быть

3

(находиться) в ~нии // 감금되다 ¶ выйти из ~ния // 출옥하다 ③ 결론 ¶ ~экспертизы // 전문가의 결론, 전문가의 의견

заключить, [нсв] заключать ① что 맺다, 체결하다 ¶ ~ договор // 계약을 체결하다 ¶ ~ мир // 강화조약을 체결하다 ¶ ~ соглашение // 협정을 체결하다 ¶ ~ союз // 동맹을 맺다 ② кого-что 감금하다, 구금하다 ¶ ~ под стражу // 체포하다, 구금하다

заклятый 타협할 수 없는, 불구대천의 ¶ ~ враг // 불구대천의 원수

закон 법, 법률 ¶ соблюдать ~ // 법을 지키다, 법을 준수하다

закрепить, [нсв] закреплять кого-что 공고히 하다, 견고하게 하다, 방어를 공고히 하다 ¶ ~ достижения (успехи) // 성과를 공고히 하다 ¶ ~ завоёванные позиции // 탈취한 진지를 견지하다 ¶ ~ победу // 승리를 공고히 하다

закрепление ① 차지한 진지의 강화, 견지, 지탱 ② 공고화, 견고화 ¶ ~ курса на приоритет военному делу // 군사적 우위에 대한 방침의 공고화

закрытый 닫힌, 비공개적인, 은폐된 ¶ ~тая цель // 은폐된 목표 ¶ ~тое голосование // 비밀투표 ¶ ~тое заседание // 비공개회의 ¶ ~тая местность // 차폐지대 ◆ 고지, 능선 또는 둑 같은 장애물에 의하여 적의 관측과 사격으로부터 방호되는 지대 ¶ ~тое море // 영해 ◆ 모든 해안이 한 국가에 속한 바다 ¶ ~тая позиция // 차폐진지 ¶ ~ порт // 미개항 항구 ¶ при ~тых дверях // 비공개리에 ¶ с ~тыми глазами // 위험을 무릎 쓰고

З

залив 만

заливной 소화용의, 물을 부어 넣기 위한 ¶ ~ насос // 소화용 펌프 ¶ ~ная труба // 소화호스, 소화관

залихватски 용맹하게, 씩씩하게, 패기있게

залихватский 용맹스러운, 씩씩한, 패기있는 ¶ ~ вид // 장한 모습

заложник 인질 ¶ брать кого ~ком // …를 인질로 잡다 ¶ взять ~ков // 인질로 잡다

залп 일제사격 ¶ дать ~ // 일제사격하다 ¶ дать ~ по врагу из орудий // 포로 적에게 일제사격하다 ¶ ружейный ~ // 소총일제사격

залповый 일제사격의 ¶ ~ выстрел (= ~ огонь) // 일제사격 ◆ 동일부대에서 2문 이상의 포가 동일한 표적을 동시에 사격하는 방법 ¶ ~ сброс вод // 대량의 배수

залпом 일제사격으로 ¶ выстрелить ~ // 일제히 사격하다

замедление 지연, 지체 ¶ без ~ния // 지체없이

замедлитель 감속장치 ¶ ~ взрыва // 폭발지연장치 ¶ ~ движения // 감속기

заместитель 부, 차관, 차장 ¶ ~ командира полка // 부연대장 ¶ ~командующего войсками военного округа // 관구 부사령관 ¶ ~ председателя // 부의장

замкнуть, [нсв] замыкать кого-что 연결하다, 포위하다 ¶ ~кольцо окружения

// 포위망을 닫다 ¶ ~накоротко большую политику на действия войск // 부대행동에 대한 대정책을 짧은 시간에 연결시킨다 ¶ ~цепь // 포위망을 닫다

замок 총기 폐쇄기 ¶ ~ огнестрельного оружия // 화력무기의 폐쇄기 ¶ ударный ~ // 격발기

замыкающий 후미, 후위 ¶ замыкающий // 대열의 마지막 사람 ¶ идти в цепочке ~кающим // 종대의 후미에 행진하다

замысел 구상, 의도, 기도 ¶ ~ командования // 지휘부의 의도 ¶ ~ операции // 작전개념 ¶ опасный ~ // 위험한 기도 ¶ осуществить свой ~ // 자신의 구상을 실현하다 ¶ стратегический ~ // 전략적 구상 ¶ тактический ~ // 전술개념

занавес 장막 ¶ железный ~ // 철의 장막 ¶ бамбуковый ~ // 죽(竹)의 장막

занятие 훈련, 수업, 점령 ¶ ~ в поле // 야외훈련 ¶ ~ рубежа атаки // 돌격선 점령 ¶ строевые ~тия // 제식훈련 ¶ тактические ~тия // 선술훈련

занять, [нсв] занимать кого-что 점령하다 (무력으로) ¶ ~ крепость // 요새를 점령하다 ¶ ~ город // 도시를 점령하다

запад 서쪽 ¶ к ~ду от // …에서 서쪽으로 ¶ на ~ // 서쪽으로, 서부로 ¶ на ~де // 서쪽에서, 서부에서 ¶ северо-~ // 서북 ¶ юго-~ // 서남

запал 신관, 포의 점화, 구식포의 도화선 ¶ орудийный ~ // 포점화관, 도화선 ¶ подрывной ~ // 폭파도화선

запас 예비군, 예비역, 예비, 저장물, 비축물품 ¶ ~ боеприпасов // 예비탄약 ¶ ~ вооружённых сил // 예비군, 예비역 ¶ ~ второй очереди // 후비(後備)역, 제2예비역 ¶ ~ первой очереди // 제1예비역 ¶ ~сы материальных средств // 예비보유량 ¶ боевой ~ // 전투예비품 ¶ ввозимый ~ // 운반예비품 ¶ выйти в ~ // 예비역이 되다 ¶ зачислять в ~ // 예비역에 편입시키다 ¶ неприкосновенный ~ // 비상용 비축품 ¶ носимый неприкосновенный ~ // 휴대용 비축품 ¶ офицер ~са // 예비역군관 (장교) ¶ полковник ~са // 예비역 대령 ¶ служба в ~се // 예비역 ◆ 현복역무를 마친 자와 기타 병역법에 의하여 예비역에 편입된 자 ¶ уволить кого в ~ // 예편시키다

запасной 예비의 ¶ ~ аэродром // 예비비행장 ¶ ~ батальон // 예비대대 ¶ ~ второго разряда // 제 2예비군, 후비병 ¶ ~ наблюдательный пункт // 예비관측소 ¶ ~ная частота // 예비주파수 ¶ ~ной командный пункт // 예비지휘소 ◆ 주 지휘소가 기능을 발휘하지 못할 경우 지휘소의 기능을 계속 수행하기 위하여 지휘관에 의하여 선정된 지휘소 ¶ ~ной парашют // 예비낙하산 ¶ ~ной район // 예비주둔지 ¶ ~ной топливный бак // 예비연료통 ¶ ~ный путь // 예비로 ¶ ~ная огневая позиция // 예비화력진지

заправка 급유 ¶ ~ горючим // (작전상의) 급유 ¶ ~ топливом в полёте // 공중급유 ¶ беспричальная ~ кораблей // 함정의 해상급유

запрет 금지 ¶ быть (находиться) под ~том // 금지당하다

3

запрещение 금지 ¶ ~атомного и водородного оружия // 원자 및 수소 무기의 금지 ¶ ~испытаний ядерного оружия // 핵무기 실험금지 ¶ ~применения ядерного оружия // 핵무기 사용금지 ¶ Конвенция о ~ии химического оружия // 화학무기금지협약 [CWC] ¶ наложить ~ // 금지하다 ¶ принцип ~ния применения силы или угрозы силой // 무력사용 및 무력 위협 금지 원칙 ¶ снять ~ // 금지를 해제하다

запуск 발사, 시동, 높이 띄우는 것 ¶ ~ искусственного спутника Земли // 지구 인공위성 발사 ¶ ~ космического корабля // 우주선 발사 ¶ ~ мотора // 발동기 시동 ¶ ~ ракет // 미사일 발사

заражение 감염, 오염 (화생방 무기에 의한) ¶ ~ местности // 지역의 오염, 지역의 감염 ¶ зона ~ния // 감염지대, 오염지대 ¶ степень ~ния // 감염정도, 오염수준 ¶ участок ~ния // 오염구역, 감염부위

заражённость 감염성

заражённый 오염된 ¶ ~ воздух // 오염된 공기 ¶ ~ная местность // 감염지역, 오염지역

заразить, [нсв] **заражать** 전염시키다, 감염시키다, 오염시키다 ¶ ~ воду // 물을 오염시키다 ¶ ~ кого болезнью // …에게 병을 전염시키다 ¶ ~ кого гриппом // …에게 독감을 전염시키다 ¶ ~ почву химическими ядами // 토양을 화학적 독물로써 오염시키다

3

заразный 전염성의, 전염병의 ¶ ~ больной // 전염병 환자 ¶ ~ная болезнь // 전염병 ¶ ~ное отделение // 전염병동 ¶ изолятор для ~ных // 전염병환자 격리실

зарубежье 외국

заряд ① 폭약 ¶ ~ атома // 원자폭뢰 ◆ 대잠수함 공격에 사용하는 원자력을 이용한 폭뢰 ¶ ~ взрывчатки // 폭약 ¶ пороховой ~ // 장약 ¶ разрывной ~ // 폭파약, 장약 ¶ ядерный ~ // 핵폭약 ② 총탄, 탄알, 탄환 ¶ боевой ~ // 실탄, 전투용탄환 ¶ забить ~ в пушку // 대포에 장탄하다 ¶ ружейный ~ // 보총탄약 ¶ холостой ~ // 공탄 ③ 충전 ¶ ~аккумуляторных батарей // 축전지의 충전

зарядить, [нсв] **заряжать** что 장약하다, 장탄하다 ¶ ~винтовку пулей // 소총에 총탄을 장약하다 ¶ ~ орудие снарядами // 대포에 포탄을 장탄하다 ¶ ~ оружие // 장탄하다, 충전하다 ¶ ~пушку // 대포에 장탄하다 ¶ ~жай! // 장탄 !

зарядка ① 충전, 장탄 ¶ ~ аккумулятора // 축전지의 충전 ¶ ~ ружья // 총의 장탄 ② 체조 ¶ ~ на воздухе // 야외체조 ¶ делать ~ку // 체조를 하다 ¶ на ~ку становись! // (구령) 체조대형으로 모여 (벌려)! ¶ утренняя ~ // 아침체조 ③ 힘의 축적 ¶ дать ~ку // 힘을 돋구어주다, 기운을 내다

заряжание ① 장탄, 장약 ¶ ~ ружья // 총에 장탄하는 것 ② 충전, 장전 ¶ ~ батареи // 축전지의 충전 ¶ ~ с дула // 포구장전 ¶ ~ с казённой части // 포미장전 ¶ одиночное ~ // 단발장전

засада ① 매복 ¶ действия из ~ // 매복행동 ¶ засесть в ~ду // 매복시키다 ¶ попасть в ~ду // 매복에 걸려들다, 복병을 만나다 ¶ сидеть в ~де // 매복 중에 있다 ¶ спрятаться в ~де // 몸을 감추고 매복하다 ¶ танк в ~де // 탱크는 매복 중이다 ¶ танковая ~ // 전차매복 ¶ устроить ~ду // 매복하다 ② 매복 장소, 매복한 부대, 복병 ◆ 이동 중이거나 일시적으로 정지한 적에게 은폐된 진지에서 기습공격을 하려고 잠복 대기하고 있는 행동 ¶ дать залп из ~ды // 매복 진지에서 일제사격을 하다 ¶ сильная ~ // 강력한 복병

засекретить, [нсв] **засекречивать** 기밀 · 비밀에 붙이다, 비밀로 삼다, 비밀취급을 하다 ¶ ~ документы // 서류를 비밀에 붙이다, 비밀문건으로 취급히디 ¶ ~ изобретение // 발명을 비밀에 붙이다

заслон 엄호부내 ¶ выставить ~ // 엄호대를 세우다 (배치하다) ¶ огневой ~ // 엄호사격 ◆ 우군부대가 적 소화기의 사정 내에 있을 때 그들을 보호하기 위하여 실시하는 사격

заслонный 장애물의, 엄호대의

заслуга 공로, 공훈, 공적 ¶ ~ перед государством // 국가에 대한 공헌 ¶ ~персд Родиной // 조국을 위한 공로 ¶ боевые ~ги // 무공 (전투공로) ¶ наградить кого за ~ги // 공로에 대하여 표창하다 ¶ он был награждён по ~гам // 그는 공로로 표창 받았다 ¶ он имеет большие ~ги // 그는 큰 공로가 있다 ¶ по ~гам // 공로에 의하여 ¶ у этого человека много ~луг // 이 사람은 공로가 많다

застава 초소, 국경경비초소, 전초, 경계부대 ¶ боковая ~ // 측방 경계부대 ¶ на ~ве // 국경경비대에서 ¶ начальник ~вы // 국경경비대장 ¶ неподвижная ~ // 고정초소 ¶ отдельная ~ // 독립초소 ¶ пограничная ~ // 국경수비대 ¶ сторожевая ~ // 전초부대 ◆ 본대의 정지 간, 숙영 간 혹은 진지에 있는 동안 이를 적의 관측과 기습으로부터 보호하기 위하여 본대로부터 약간의 거리를 두고 운용되는 경계파견부대 ¶ тыльная походная ~ // 행군간 후방 경계부대

заступник (남자) 옹호자, 비호자

заступница (여자) 옹호자, 비호자

затвор 폐쇄기, 폐쇄장치, 격발기 ¶ ~ винтовки // 소총 격발기 ¶ безопасный ~ // (총의)안전장치

затемнение 등화관제 ¶ ~ корабля // 배의 등화관제

затишье 무풍상태 ; 정적, 적막; 일시적 평온 ¶ ~ перед бурей // 폭풍우를 앞둔 정적 ¶ ~ перед грозой // 폭풍전의 고요 ¶ воспользоваться ~шьем // 바람이 잠잠해 진 기회를 이용하다 ¶ наступило ~ // 적막이 깃들었다, 잠잠해졌다

З

затмение 일시적으로 흐려지는 현상, 식 ¶ ~ Луны (Солнца) // 월식 (일식) ¶ лунное (солнечное) ~ // 월식 (일식)

затон 정박소

затонуть (배가) 가라앉다, 침몰하다 ¶ ~нувшие корабли // 침몰한 배 ¶ пароход ~ул // 배가 가라앉았다

затылок 뒤통수, 뒷머리 ¶ в ~ (стоять, идти, становиться, шагать등) // 한 줄로 늘어서서, 일렬종대로 ¶ идти в ~ // 한 줄로 서서 가다 ¶ надеть шляпу на ~ // 모자를 뒤로 젖혀 쓰다 ¶ сдвинуть шапку на ~ // 모자를 뒤로 젖히다 ¶ стать в ~ // 한 줄로 서다

затяжной 오래 끄는, 장기적인 ¶ ~ бой // 장기전투 ¶ ~ выстрел // 지연발사 ¶ ~ прыжок // (낙하산의) 비산개도약, 낙하산을 오래 펴지 않고 내리기 ◆ (낙하산의) 비산개도약, 낙하산을 오래 펴지 않고 내리기 ¶ ~ная война // 지연전, 지구전 ¶ ~ная игра // 시간을 오래 끄는 경기

захват 점령, 장악, 강점, 약탈, 탈취 ¶ ~ власти // 정권의 탈취 ¶ ~ неприятельских судов // 적 선박의 나포 ¶ ~рынков // 시장의 점유 ¶ ~судна // 배의 나포 ◆ 위법행위를 한 적성국, 제 3국 또는 자국의 모든 해상운반체에 대해 아측의 완전 통제 하에 두는 행위 ¶ ~ чужой территории // 다른 나라 영토의 강점

заход ① 들리는 것, 진입 ¶ ~ в порт // 기항 ② 돌아가는 것, 우회 ¶ ~ в тыл не приятеля // 적의 배후로 우회 (= захождение)

3

захоронение 매장, 묘지 ¶ срочное ~ // 가매장

зацепка 비호, 연줄 ¶ иметь ~пку у начальства // 상부에 연줄이 있다

зачисление 편입, 충당 ¶ ~ в запас // 예비역 편입

защита 방어, 보호, 보위 ¶ ~ города // 도시의 방어 ¶ ~ государственной безопасности // 국가안보수호 ¶ ~ крепости от врагов // 적으로부터의 요새 방어 ¶ ~ мира // 평화수호 ¶ ~ родины // 조국수호 ¶ приспособление индивидуальной ~ты // 개인용 보호장구 ¶ противохимическая ~ // 화학방어 (= оборона)

защитник 수호자, 보호자, 옹호자 ¶ ~ки мира // 평화옹호자들 ¶ День ~ка Отечества // 조국 수호자의 날 ◆ 2월 23일 러시아 국경일 ¶ славные ~ки Родины // 조국의 영예로운 수호자

защитный ① 방위 · 방비용의 ¶ ~ зонтик // 미국의 군사보호, 핵우산 ¶ ~ное сооружение // 방어시설 ¶ ~ные лесные полосы // 방풍림 ¶ ~ные очки // 시각 보호경 ② 국방색의 ¶ ~ цвет // 국방색

заявление ① 성명, 언명, 선언 ¶ выступить с ~нием // 성명을 하다 ¶ опубликовать ~ правительства // 정부성명을 발표하다 ¶ сделать официальное ~ // 공식성명을 하다 ② 신청서 ¶ ~ о неявке на работу // 결근신청서 ¶ ~ об отпуске // 휴가신청서 ¶ написать ~ // 신청서를 쓰다

звание 칭호, 계급 ¶ воинские ~ния // 군사칭호, 군인의 계급칭호 ¶ принимать воинское ~ // 군사칭호를 받다 ¶ присвоить почётное ~ // 명예칭호를 수여하다

звено 편대 (비행편대, 고속정편대), 반 ◆ 2척 이상 고속정 (항공기)으로 구성된 기본적인 전술단위 ◆ 러시아연방군에서 3~8명, младший сержант가 지휘관임. ¶ ~ самолётов // 비행기편대

звеньевой 편대장

звук ① 소리 ¶ ~ выстрела // 총소리, 사격소리 ¶ раздался ~ взрыва // 폭발소리가 났다 ② 음, 음향 ¶ скорость ~ка // 음속도

звуковой ① 소리의 ② 음, 음향의 ¶ ~вая волна // 음파 ¶ ~вая разведка // 음향정찰 ¶ ~вая связь // 음향통신 ¶ ~вая сигнализация // 음향신호 ¶ ~вое колебание // 음진동

звукозапись 녹음 ¶ радиопередача по ~си // 녹음방송

звуколента 녹음테이프

звукомаскировка (보사격에서) 소음장치

звукометрический 음향측정의, 음향탐지의 ¶ ~кая станция // 음향측정소

звукосниматель 음파수신기

звукоулавливатель 음향탐지기, 청음기

здоровый ① 건강한, 튼튼한 ¶ ~ вид // 건강한 모습 ② 건장한 ¶ ~ парень // 건장한 청년 ③ 건전한, 정당한, 옳은, 합리적인 ¶ ~ образ жизни // 건전한 생활양식 ¶ ~вая идея // 건전한 사상 ¶ ~вая критика // 정당한 비판 ④ 큰, 심한, 센 ¶ ~ голос // 큰 목소리 ¶ ~ мороз // 혹한 ¶ ~ снаряд // 큰 포탄

здоровье 건강 ¶ за твоё (ваше) ~ // (축배에서)당신의 건강을 위하여

землетрясение 지진 ¶ ~ силой 3 (три) балла // 진도 3의 지진 ¶ пострадать от ~ния // 지진피해를 받다 ¶ произошло (возникло) ~ // 지진이 일어났다 ¶ сильное (слабое) ~ // 강한 (약한) 지진

земля ① 지구 ¶ Луна - спутник ~ли // 달은 지구의 위성이다 ② (하늘, 바다에 대립하는) 땅, 육지, 지상, 세상 ¶ высадиться на ~лю // 상륙하다 ¶ лететь высоко над ~лёй // 하늘 높이 날다 ¶ на корабле увидели ~лю // 배에서 육지를 보았다

зенитка 고사포

зенитный 고사(高射)의, 고사용의 ¶ ~ пулемёт // 고사기관총 ¶ ~ управляемый снаряд // 고사형 유도탄 ¶ ~ная артиллерия // 고사포병 ¶ ~ная батарея // 고사포중대 ¶ ~ное орудие (= зенитка) // 고사포, 대공포 ¶ ~ная пушка // 고사포

зенитчик 고사포병

зимовать 월동준비하다, 겨울을 나다

3

зимостойкий 내한성의

знак 표; 기호; 휘장; 신호 ¶ ~ ки отличия // 훈장과 메달 ◆ 개인 또는 부대에 수여되는 훈장, 메달과 기타 표장들 ¶ ~ ки различия // 기장, 직급표, 표시 ◆ 개인의 계급, 소속 군종 및 병종 따위를 나타내기 위하여 제복에 부착하는 것들 ¶ делать (подавать) ~ рукой // 손으로 신호하다 ¶ личный ~ // 군번표 ¶ повелительный ~ // 명령신호 ¶ опознавательный ~ // 표지 ¶ тактический ~ // 전술적 부호 ¶ топографический ~ // 측지부호

знамёнщик (군대에서) 기수

знамя 군기, 깃발, 기치 ¶ ~ победы // 승리의 깃발 ¶ боевое ~ // 부대기 ¶ водрузить ~ победы // 승리하다 ¶ воинское ~ // 군기 ¶ государственное ~ // 국기 ¶ полковое ~ // 연대기 ¶ под ~менем // 지침으로 하여, 기치아래서 ¶ поднять ~ чего // 깃발을 들다 ¶ склонить ~ перед кем-чем // 항복하다 ¶ стать (또는 встать) под ~ (знамёна) кого-чего // ...의 편에서 싸우다

значок 표, 마크, 휘장 ¶ нагрудный ~ // 흉장 ¶ надеть ~ на грудь // 가슴에 휘장을 달다 ¶ носить ~ // 휘장을 달고 다니다 ¶ памятный ~ // 기념휘장 ¶ прикрепить ~ к пиджаку // 양복에 휘장을 달다 ¶ университетский ~ // 종합대학휘장

зов 부름, 호소 ¶ ~ о помощи // 원조에 대한 호소 ¶ ~ Родины // 조국의 부름

З

зона 지대, 지역, 구역, 권 ¶ ~ безопасности // 안전지대 ¶ ~ боевых действий сил и средств ПВО // 대공방어구역 ¶ ~ влияния // 영향권 (내) ¶ ~ военных действий // 군사작전지대 ¶ ~ движения // 행동권 ¶ ~ дезактивации // 제독지역 ¶ ~ дежурства в воздухе // 공중초계구역 ¶ ~ действительного поражения // 유효사격구역 ¶ ~ мира // 평화지역 ¶ ~ наблюдения // 감시지역 ¶ ~ обороны // 방어지대 ¶ ~ огня // 화력권 (내) ¶ ~ операции системы ПВО // 방공작전구역 [ADOA] ◆ 방공부대가 적 항공기와 교전하는 데 최대의 자유를 보장하고 방공작전과 기타작전의 상호방해 및 간섭을 최소화하기 위하여 작전절차가 수립된 일정한 범위의 지리적인 구역 ¶ ~ опознавания системы ПВО // 방공식별구역 [ADIZ] ◆ 영공 외곽의 일정지역 상공에 설정되며 영공방위를 위하여 항적의 탐지, 식별과 전구항공통제임무를 수행하는 데 기준이 되는 공역 ¶ ~ совместной охраны // 공동경비구역 [JSA] ¶ арктическая (антарктическая) ~ // 북극 (남극)대 ¶ безъядерная (безатомная) ~ // 비핵지대 ¶ демилитаризованная ~ // 비무장지대 ¶ нейтральная ~ // 중립지대 ¶ оккупированная ~ // 점령지대 ¶ опасная ~ // 위험지대 ¶ пограничная ~ // 국경지대 ¶ пригородная ~ // 교외지대 ¶ пустынная ~ // 사막지대

зонд 수심측정기, 기상관측기, 탐지기, 탐침, 탐지봉 ◆ 수심측정기, 기상관측기, 탐지기, 탐침, 탐지봉 ¶ космический ~ // 우주공간탐사용 자동행성간 정류소

зонт 우산 ¶ ~ безопасности // (미국의 핵무기에 의한) 안전보장 ¶ ядерный ~ // 핵우산

ЗРВ *(зенитные ракетные войска)* 대공미사일부대

зрительный 견시의 ¶ ~ сигнал // 견시신호 ¶ ~ная связь // 견시연락 (= видимый, визуальный)

И

ИДВ *(Институт Дальнего Востока)* 과학아카데미 극동연구소

идти ① на кого-что 진격하다, 공격하다 ¶ ~ на крепость // 요새를 공격하다 ¶ танки идут прямо на нас // 탱크가 우리에게 돌진하고 있다 ② во что 돌입하다, 들어가다 ¶ ~ в атаку // 공격에 돌입하다 ¶ ~ в бой // 전투에 진입하다

избиение 구타, 학살 ¶ ~ мирных жителей // 양민의 학살

избранник 선발된 사람, 당선자 ¶ депутаты — ~ки народа // 의원들은 국민에게서 선발된 사람이다.

известие ① 통지, 통신, 보도, 소식 ¶ ~ о приезде (приёме) кого // …의 도착 (채용)소식 ¶ ~, что он погиб // 그가 전사하였다는 소식 ¶ долгожданное ~ // 학수고대한 소식 ¶ ждать ~тия // 소식을 기다리다 ¶ нет никаких ~тий // 아무런 소식도 없다 ¶ никаких ~тий // 아무런 소식도 없다 ¶ получить ~ // 통지를 받다 ¶ я давно не имею от него ~тий // 그에게서는 오래전부터 아무런 소식이 없다 ② [복] 공보, 학보, 통보 ¶ Известия Академии наук // 과학원통보, 학보

извещение 통지, 통보, 통고, 알림, 통지서 ¶ ~ о смерти // 사망통보 ¶ ~ об отправке чего // …의 발송 (통지)장 ¶ отправить (получить) ~ // 통지서를 보내다 (받다) ¶ официальное ~ // 공보 ¶ получить ~ // 통지·통지서를 받다

изгнание 추방 ¶ ~ за пределы страны // 국외추방 ¶ находиться в ~нии // 추방되어 있다 ¶ правительство в ~нии // 망명정부

изгой 불량배 ¶ страна(государство) ~ // 불량국가

изгородь 울타리 ¶ колючая ~ // 가시철조망

изготовка 준비, 준비자세 ¶ ~ к метанию гранат // 수류탄투척준비 ¶ ~ к стрельбе // 사격준비 ¶ взять ружьё на ~ку // 총을 쥐고 사격자세를 취하다

излучение 복사, 방열, 발산, 방사 ¶ космическое ~ // 우주복사 ¶ радиоактивное ~ // 방사선복사 ¶ ядерное ~ // 핵의 방사선

изматывание 극도로 지친것 (지치게 만든 것), 맥 빠지게 하는 것 ¶ ~ противника // 적을 몹시 피로케 하는 것

измена 배신, 배반, 반역 ¶ ~ Родине // 조국에 대한 배반

изменник 반역자, 배신자 ¶ ~ Родины // 매국노

измерение 측량, 측정 ¶ ~ напряжения электрического тока // 전압측정 ¶ ~ расстояния // 거리측정 ¶ ~ температуры // 온도측정

измерительный 측정 (용)의 ¶ ~ прибор // 측정기, 계기 ¶ ~ная техника // 측정기술
изнурение 극도의 피로 · 쇠약 ¶ дойти до полного ~ния // 극도로 피로하다
изобличение (죄상의)폭로 ¶ ~ преступника // 범인의 적발
изыскание 조사, 답사, 탐사 ¶ делать ~ния // 예비탐사를 진행하다
иммунитет 면제, 면책특전, 특권 ¶ ~ военного корабля // 군함의 면책특권 ¶ дипломатический ~ // 외교관의 면책특전
импульс 충동, 자극
имущество 소유물, 재산 ¶ военное ~ // 군수품, 군수물자 ◆ 군에 소요되는 물품관리법상의 물품을 말하며, 국방부 및 직할기관 그리고 각 군에서 관리하는 동산 중에서 현금과 유가증권을 제외한 모든 물품 ¶ инженерное ~ // 공병기재 ¶ подрывное ~ // 폭파물자 ¶ санитарное ~ // 위생비품
имя 이름 ¶ во ~ мира во всём мире // 전 세계의 평화를 위하여 ¶ во ~ Родины // 조국의 영광을 위하여 ¶ сражаться во ~ Родины // 조국의 영광을 위해 싸우다
индивидуальный 개인적인, 개인의 ¶ ~ окоп // 개인호 ¶ ~ные средства защиты от ОВ // 개인화학방호기재
индикатор 지시계, 지압계 ¶ ~ высоты и направления полёта // 비행고도 · 방향계 ¶ ~ кругового обзора // 신호변환장치 ¶ ~ радиоактивности // 방사선량계 ¶ ~ скорости летательного аппарата // 항공기속도계 [ASI]
индустриализация 공업화 ¶ ~ страны // 국가의 공업화
инженер 기사, 기술자 ¶ военный ~ // 공병장교, 군기사, 기술장교 ¶ главный ~ // (군함의) 기관장, 기술부장
инженер-генерал 공병대장
инженер-капитан 공병대위
инженер-механик 정비병
инженер-минёр 기뢰부설장교
инженер-полковник 공병대령
инженер-связист 통신기사, 통신병
инженер-электрик 전기기사
инженерно-авиационный 항공정비의, 항공기술의 ¶ ~ная служба // 항공정비국 ¶ ~ное обеспечение // 항공정비지원
инженерно-артиллерийский 포병정비의 ¶ ~кое обеспечение // 포병정비지원
инженерно-мостостроительная рота 부교가설중대
инженерно-ракетный 로켓정비의 ¶ ~ное обеспечение // 로켓정비지원
инженерно-строительный 건설공병의 ¶ ~ батальон // 건설공병대대
инженерно-технический 공병기술의 ¶ ~кие войска // 공병기술부대 ¶ ~кие

кадры // 공병기술요원

инженерный 기사의, 공병의 ¶ ~ батальон // 공병대대 ¶ ~ная разведка // 공병정찰 ¶ ~ная часть // 공병부대 ¶ ~ное дело // 공병학 ¶ ~ное заграждение // 공병차단물 ¶ ~ное обеспечение // 공병보장 ¶ ~ные войска // 공병 ¶ ~ные работы // 공병작업

инициатива ① 주창, 발기, 구상 ¶ по ~ве генерального секретаря ООН // 유엔사무총장의 발기에 의하여 ¶ стратегическая оборонная ~ [СОИ] // 전략방위구상 [SDI] ② 주도권, 지도적 역할 ¶ взять ~ву в свои руки // 주도권을 장악하다 ¶ взять на себя ~ву // 주창하다, 발기하다, 자진하여...하다 ¶ вырвать у неприятеля ~ву наступления // 적군에게서 공격의 주도권을 빼앗다 ¶ держать ~ву в своих руках // 주도권을 장악하다 ¶ захватить ~ву в переговорах // 교섭의 주도권을 빼앗다 ¶ потерять (уступить) ~ву // 주도권을 잃다 (양보하다) ¶ стратегическая ~ // 전략적 주도권

инициатор 발기자, 주도자

инспектирование 검열

инспектор 검열관, 감독관 ¶ высылка из Северной Кореи ~ров МАГАТЭ // 국제원자력기구 (IAEA) 사찰단의 북한에서의 추방 ¶ ~ артиллерии // 포병검열관 ¶ ~ кавалерии // 기병검열관 ¶ ~ пехоты // 보병검열관 ¶ ~ связи // 통신검열관

инспекционный 점검의, 검열의 ¶ ~ная поездка // 순찰 ¶ ~ные органы // 검열기관

инспекция 점검, 검열; 검역소 ¶ ~ ядерных объектов // 핵사찰 ¶ вторичная (окончательная) ~ // 재 (최종)검사 ¶ санитарная ~ // 위생검역소

И

инстанция (종속관계에 있는 사법 · 행정의) 기관 ¶ вышестоящие ~ции // 상급기관 ¶ командная ~ // 지휘계통 ¶ низшая ~ // 하급기관

инструктор 교관 ¶ ~ по стрельбе // 사격교관 ¶ авиационный ~ // 비행교관

инструкция 교시, 훈령 ¶ действовать по ~ции // 지시에 따라 행동하다

интендант 보급관, 병참장교

интендантский 경리의, 지원장교의, 보급관의 ¶ ~ склад // 경리문서창고, 병참창고 ¶ ~кая служба // 보급부서 ¶ офицер ~кой службы // 경리장교

интендантство 경리부, 후방부

интенсификация 집약화, 강화 ¶ ~ американо-северокорейского диалога // 미북 대화의 강화 ¶ ~ производства // 생산의 집약화

интервал 간격 ◆ 공격지대 및 방어지역에 있어서 배치부대간의 공간 ¶ с ~лом в... // ...의 간격을 두고

интервент 간섭자

интервенция (외국의) 내정간섭 ¶ вооружённая (военная) ~ // 무력간섭

интерес, [복] ~сы (국가의) 이익 ¶ в ~сах безопасности // 안전을 위하여

¶ в ~сах государства // 국가의 이익을 위하여 ¶ вредить (наносить ущерб) ~сам кого-чего // …의 이익을 손상시키다 (…에 손해를 주다) ¶ защищать государственные ~сы // 국가의 이익을 옹호하다 ¶ отстаивать свои ~сы // 자신의 이익을 옹호하다 ¶ подчинять личные ~сы ~ сам общества // 개인의 이익을 사회의 이익의 아래에 두다 ¶ сочетать личные ~сы с ~ сами общества // 개인의 이익과 사회의 이익을 결합시키다 ¶ ставить на первое место общие ~сы // 공동이익을 최우선으로 하다

интернационализация 국제화

интернирование 억류, 무장해제 ◆ 중립국이 자국영토에 있는 교전국 군대, 주민, 선박에 대해 실시하는 것

интернировать (외국군대 · 외국인 · 외국선박을) 억류하다

интрига 음모, 흉계

информационный 정보의 ¶ И~ное агентство США [ЮСИА] // 미국해외정보국 [USIA]

информация 정보 ¶ военная ~ // 군사정보 ¶ источник ~ции // 정보의 출처 ¶ средства массовой ~ции // 대중매체수단

инцидент 사변, 돌발적인 사건 ¶ ~исчерпан // 사태는 종결되었다 ¶ маньчжурский ~ // 만주사변 ¶ Тонкинский ~ // 통킹만사건 ¶ пограничный ~ // 국경상의 사태

искусственный 인공적인 ¶ ~спутник Земли // 인공지구위성 ¶ ~ные препятствия // 인공장애물

искусство 교리, 기교, 학(學) ¶ военное ~ // 군사술 (전략,작전학, 전술) ¶ оперативное ~ // 작전교리, 작전술

И

исполнительный 집행력 있는 ¶ ~ная команда // 시행(실행)

использование 사용, 이용 ¶ ~ атомной энергии в мирных целях // 원자력의 평화적 이용 ¶ ~ космического пространства в мирных (военных) целях // 우주공간의 평화적 (군사적) 이용

испытание 시험, 실험, 시운전 ¶ ~ техники // 군장비 실험 ¶ ~ самолёта // 비행기시험 ¶ ~ прошло удачно (успешно) // 실험은 성공했다 ¶ ~ атомной (водородной) бомбы // 원자 (수소)탄시험 ¶ ~ машины // 차의 시운전 ¶ ~ ядерного оружия // 핵무기의 실험 ¶ ~ химического и биологического оружия // 화학, 생물학무기 실험 ¶ быть (находиться) на ~нии // 실험중에 있다 ¶ выдержать ~ // 실험 (시험)에 합격하다 ¶ подвергнуть что ~нию // …을 실험 (시험)하다 ¶ проведение ядерных ~ний // 핵실험 실시 ¶ произвести ~ // 실험 (시험)하다 ¶ тщательное (всестороннее) ~ // 면밀 (전면적인)한 시험 ¶ ядерные ~ния // 핵시험

испытательный 시험의 ¶ ~полёт // 시험비행 ¶ ~ (=учебный) полигон

// 시험사격장, 시험폭격장

история 역사 ¶ ~ болезни // 병력서 ¶ ~ войн // 전쟁사 ¶ военная ~ // 군사사

истощение 소모, 고갈 ¶ война на ~ // 소모전

истребитель [남] ① 박멸자 ② 전투기, 추격기 ¶ ~- бомбардировщик // 전투폭격기 ¶ ~-перехватчик // 요격기 ¶ ~- пикировщик // 급강하폭격기 ¶ реактивный ~ // 분사식추격기 ¶ сверхзвуковой ~ // 초음속추격기 ③ 【海】 구축함 ◆ 대양에서 독자적으로 작전할 수 있는 수상함정으로 순양함보다는 크기가 작고, 무장도 적게 장착하고 있으며 항속거리도 짧음. 기능은 전투, 선단호송, 해상화력지원 등 다양하고 대잠, 대함, 대공방어가 가능하며 호위함 (Frigate)과 구분되는 이유로 호위함은 설계 및 기능에 있어 한 가지 임무를 수행하게끔 크기가 작은 데 비해 구축함은 다양한 임무를 수행함

истребительный ① 박멸·섬멸하는, 소탕의 ¶ ~ная война //섬멸전 ◆ 적의 병력과 장비를 완전히 사살, 파괴 또는 포획하여 영구히 그 저항근원을 말살시키는 작전 ② 전투·구축 · 격추용의, 추격의 ¶ ~ отряд // 추격·전투 비행중대 ¶ ~ самолёт(истребитель) // 추격기, 전투기

истребить 근절하다, 절멸하다 ¶ ~ неприятельские войска // 적군을 소탕하다.

истребление 절멸, 근절

исходный 시발의, 출발의, 근거로 되는 ¶ ~ момент // 출발점 ¶ ~ ориентир // 공격개시방위 ¶ ~ пункт // 출발점 ¶ ~ пункт маршрута // 비행항로출발점 ¶ ~ пункт наведения // 표적탐지선 ¶ ~ная линия // 기선 ◆ 영해의 폭을 측정하기 위한 선 ¶ ~ная линия территориального моря // 영해기선 ¶ ~ная позиция // 공격개시진지 ¶ ~ная точка // 출발점 ¶ ~ное положение // 공격출발단계 돌입 ¶ ~ные данные // 근거로 되는 자료 ¶ нормальная ~ная линия // 통상기선 ◆ 영해 측정 기준의 하나로 연안국에 의하여 공인된 대축척 해도 상에서 표시된 연안의 저조선 ¶ прямая ~ная линия // 직선기선 ◆ 해안선의 굴곡이 심하거나 해안에 암초나 도서가 많이 모여 있을 때는 일반적인 '통상기선'이 부적당함. 이때 최원방의 도서나 암초의 최외측점을 직선으로 연결하여 기선으로 하는데 이를 '직선기선'이라 함.

ищейка 수색견, 탐지견

К

кабель 전선 ¶ лёгкий ~ // 경전선 ¶ подводный ~ // 해저전선 ¶ подземный ~ // 지하전선 ¶ полевой ~ // 야전용전선

кабина 방, 실, 선실, 객실, 운전실, 조종실 ¶ ~ пилота, пилотская ~ // 조종실 ¶ ~ экипажа // 승무원실, 승조원실 ¶ телефонная переговорная ~ // 전화부스

каботаж 연안항해 ¶ большой ~ // 복수해역의 연안항해 ¶ малый ~ // 단일해역의 연안항해

кавалер (훈장을 받은) 수훈자

кавалерийский 기갑의, 기병의 ¶ ~ батальон // 기병대대 ¶ ~ корпус // 기병군단 ¶ ~ полк // 기병연대 ¶ ~ эскадрон // 기병중대 ¶ ~кая бригада // 기병여단 ¶ ~кая винтовка // 기병총 ¶ ~кая дивизия // 기병사단 ¶ ~кая разведка // 기병정찰

кавалерист 기병

кавалерия 기병대 ¶ лёгкая ~ // 경기병대

каверза 책략, 음모

кадет (혁명전) 사관학교생도, 유년사관학교

кадетский (혁명전) 사관학교생도의 ¶ ~ корпус // (혁명전) 사관학교 ¶ ~ школа // 육군유년학교

кадр, [복] ~ры ① [단] (평시의)상비병력, 상비군 ② [복] 군대의 핵심; 주요간부, 장교후보생; 인원 (личный состав) ¶ ~ специалистов // 전문가들, 기술자들 ¶ административные ~ // 행정간부 ¶ выдвижение (подготовка, воспитание) ~ров // 인재 (간부) 등용 (양성, 교육) ¶ готовить ~ // 인재를 양성하다 ¶ молодые ~ // 젊은 간부 ¶ начальник отдела ~ров // 인사과장 ¶ начальник управления ~ров // 인사부장 ¶ недостаток в ~рах // 인재부족 ¶ остаться в ~рах // 부대의 핵심성원으로 남다 ¶ отдел ~ров // 인사과 ¶ подбор ~ров // 간부·일군들의 선발 ¶ проблема ~ров // 인사문제 ¶ расстановка ~ров // 인원배치 ¶ состоять (служить) в ~рах // 현역으로 있다·복무하다 ¶ текучесть ~ров // 인원의 유동(성) ¶ управление ~ров // 인사부

кадровик 상비병

кадровый ① 상비의, 상비군의, 평시편제의, 정예의 ¶ ~ состав // 상비병력, 요원, 간부원 ¶ ~вая армия // 상비군, 정예군 ¶ ~вые офицеры // 간부 장교 (평시 편성의) ② 핵심적인, 골간을 이루는 ¶ ~ офицер // 핵심장교 ¶ ~ рабочий

// 핵심노동자 ¶ ~вые войска // 핵심부대

казарма, [복] ~мы [단] 군대막사, 군용건물, 병사; [복] 병영, 군이 주둔하여 사용하는 건물들을 총체적으로 의미 ¶ подземная ~ // 지하병영 ¶ я иду в ~му // 영내에서 내무반 막사로 갈 때 ¶ я иду из ~мы // 영내를 벗어났다가 귀대할 때

каземат ① 지상 · 지하식 방탄시설 (포탄에 견디는) ② (군함의) 장갑포좌 (중소구경포의)

казённик (포의) 폐쇄기실 · 부분, (총의) 약통실

казённый 노리쇠뭉치의 ¶ ~ная часть // 노리쇠부분

казнь // 사형 ¶ место ~ни // 사형장 ¶ осудить на ~ // 사형을 구형하다 ¶ повести на ~ // 사형장으로 끌고 가다 ¶ приговорить кого к смертной ~ни // …에게 사형을 언도하다 ¶ смертная ~ // 사형 ¶ совершить ~ // 사형을 집행하다 ¶ торговая ~ // 공개태형 ◆ 1845년까지 러시아에서의 공개태형

калибр (총포탄의) 구경, 직경 ¶ ~ оружия // 총포의 구경 ¶ малый (средний, крупный) ~ // 소 (중·대)구경

кампания ① 개별적 전역을 위한 작전(일반적으로) 전역, 전쟁 ¶ зимняя ~ // 동계작전 ¶ летняя ~ // 하계작전 ¶ первая ~ // 1차 전역 ¶ ударная ~ // 돌격작전, 돌진 ◆ 상륙작전에 있어서 상륙군의 함안이동 및 최초 예정파의 상륙과 함께 시작되고 상륙군의 최종 지상목표를 확보함으로써 종료되는 작전 ② (함대의) 항행 (또는 작전) 기간, 출항기

канал ① 물길, 수로, 운하 ¶ К~ имени Москвы // 모스크바운하 ¶ оросительный ~ // 관개수로 ¶ судоходный ~ // 선박항행운하 ② 관 모양의 공간, 구멍 ¶ ~ передачи // 송신통로 ¶ ~ ствола // 포신강 ¶ ~ управления // 조종통로 ¶ кабельный ~ // 카벨관 ③ [복] 방도, 방법, 수단 ¶ дипломатические ~лы // 외교적 통로 ¶ открыть (закрыть) ~ торговли // 통상로를 열다 (닫다)

кандалы 수갑 ¶ заковать кого в ~ // 족쇄를 채우다, 구속하다 ¶ надеть ручные ~ // 수갑을 채우다 ¶ ножные ~ // 족쇄 ¶ ручные ~ // 수갑

канистра 휘발유통, 기름통

канонада (모든 함대의 일제) 맹포격

канонерка ① 포함 (砲艦) ② 군사적 압력, 위협정치 ¶ дипломатия ~ки ◆ (강압정책) 군사적 압력, 위협정치, 포함외교(gunboat diplomacy)

канцелярия 사무실, 행정실 ¶ ~ министра // 장관사무실 ¶ ~ роты // 중대행정실

капитан ① 【陸,空】 대위, 【海】 함장, 영관급장교 ¶ ~ авиации // 공군대위 ¶ ~ запаса // 예비역 대위 ¶ ~ медицинской службы // 군의대위 ¶ ~ юстиции // 법무대위 ¶ ~ первого ранга // 해군대령 ¶ ~ второго ранга // 해군중령 ¶ ~ третьего ранга // 해군소령 ¶ ~-лейтенант // 해군대위 ② 함장, 선장 ¶ ~ дальнего плавания // 원양항해선장 ¶ помощник ~на // 부선장 ③ 주장 ¶ ~ футбольной команды // 축구팀 주장

капитулировать 항복하다, 투항하다, 굴복하다 ¶ ~ перед трудностями // 곤란

К

앞에 굴복하다

капитуляция 항복, 투항 ¶ безоговорочная ~ // 무조건 항복

капкан 덫, 함정 ¶ оказаться в ~не // 함정에 빠지다, 진퇴양난에 처하다

капсула 기밀실; 인공지구위성의 하강장치 ¶ ~ с космонавтом приводнилась в океане // 우주비행사를 태운 하강장치가 대양에 착수하였다 ◆ 우주비행사를 태운 하강장치가 대양에 착수하였다

каптенармус 후방부; 하사관

карабин 기병총, 카빈소총

карабинер 총기병(銃騎兵)

карантин 검역, 방역 ¶ пребывать в ~не // 격리 중에 있다 ¶ снятие ~на // 방역격리 해제

карантинный 검역의 ¶ ~ инспектор // 검역관 ¶ ~ порт // 검역항 ¶ ~ сигнал // 검역신호 ¶ ~ срок // 검역기간 ¶ ~ое судно // 검역선 ¶ ~ флаг // 검역기 ¶ ~ое свидетельство // 검역필증 ¶ снятие ~на // 검역필

караул 위병, 보초병; 보초, 경비 ¶ быть (стоять) в (на) ~ле // 위병근무를 서다, 당직중이다 ¶ взять (сделать) на ~ // 들어총을 하다 ¶ внутренний ~ // 내부 위병대 ¶ вступить в (на) ~ // 경비·보초근무에 들어가다 ¶ выставить ~ // 위병·호위·보초 (병)를 세우다 ¶ наружный ~ // 외곽위병 ¶ начальник ~ла // 위병장 ¶ нести (держать) ~ (=идти в (на)) ~ // 경비·보초를 서다 ¶ отводный ~ // 선도병, 첨병 ¶ полевой ~ // 분초 ¶ постовая ведомость ~ла // 위병소 일지 ¶ принять ~ // 경비·보초 (근무)를 맡다 ¶ приставить ~ // 위병·호위를 붙이다 ¶ пройти почётный ~ // 의장대를 사열하다 ¶ расписание ~ла // 위병근무명단 ¶ расставить ~лы // 위병·보초병을 배치하다 ¶ смена ~ла // 위병교대 ¶ смениться с ~ла // 위병이 교체되다 ¶ сменять ~ // 경비·보초를 교대하다 ¶ снять ~ // 위병·호위·보초 (근무)를 철수하다 ¶ усилить ~ // 위병·보초 근무를 강화하다

караульный 위병의, 위병근무의 ¶ ~ устав // 위병근무규정 ¶ ~ная будка // 위병소 ¶ ~ная служба // 위병근무 ¶ под охраной ~ных // 위병들의 호위를 받으며 ¶ ~ная // 위병소

карта 지도; 천체도 ¶ ~ в масштабе 1 : 200000 (один к двумстам тысячам) // 20만 분의 1지도 ¶ ~ Кореи // 한국지도 ¶ ~ погоды // 일기도 ¶ авиационная ~ // 항공지도 ¶ генеральная ~ // 종합도 ¶ географическая ~ // 지도 ¶ двухкилометровая ~ = ~, имеющая масштаб (сделанная в масштабе) два километра в сантиметре // 2km를 1cm로 줄인 지도 ¶ звёздная ~ // 별자리도 ¶ искать (найти) на ~те // 지도상에서 찾 (아내)다 ¶ каков масштаб этой ~ты? // 이 지도의 축척은 얼마입니까? ¶ климатическая ~ // 기후도 ¶ кодированная ~ // 암호지도 ¶ крупномасштабная ~ (~ крупного масштаба) // 대축척지도

К

◆ 1:75,000 또는 그 이상의 축적에 의한 지도 ¶ масштаб этой ~ты десять километров в сантиметре // 이 지도의 축척은 10km가 1cm로 되어 있다 ¶ мелкомасштабная ~ (~ мелкого масштаба) // 소축척지도 ¶ морская ~ // 해도 ¶ нанести что на ~ту // …을 지도에 써넣다 ¶ оперативная ~ // 작전지도 ¶ ориентироваться по ~те (без ~ты) // 지도로 (지도없이) 방위를 판정하다 ¶ отмечать на ~те флажками военные объекты // 지도 위에 작은 깃발로 군사시설들을 표시하다 ¶ отчётная ~ // 보고도면 ¶ подробная ~ // 상세도 ¶ показать (отметить) на ~те // 지도상에서 보여 주다 (지적하다) ¶ полётная ~ // 비행용 지도 ¶ правила чтения ~ты // 독도법 ◆ 지도에 표시되어 있는 내용을 해독하는 기술 ¶ разведывательная ~ // 정찰지도 ¶ рельефная ~ // 기복지도 ◆ 플라스틱 면에 인쇄되어 입체모형을 이루고 있는 지형도로서 지형도에 들어 있는 것과 같은 첩보를 입체적으로 나타냄 ¶ сверить с ~той // 지도와 대조하다 ¶ составить ~ту // 지도를 만들다 ¶ стратегическая ~ // 전략적 지도 ¶ тактическая ~ // 전술적 지도 ¶ топографическая ~ // 지형도 ¶ чертить ~ту // 지도를 그리다

картуз ① 테가 없는 남자용 모자, 약모 ② 탄약통

каска 금속, 가죽으로 투구모양으로 만든 전투모 ¶ голубые ~ки // 푸른 철모 ◆ UN 소속의 평화유지군이 착용하는 푸른색의 철모에서 유래. 평화유지군을 뜻하는 고유명사화 ¶ пехотная ~ // 보병헬멧 ¶ пожарная ~ // 소방대철갑모 ¶ стальная ~ // 철갑모

катастрофа 참사 ¶ виновник (жертва, причина, следствие) ~фы // 사고책임자 (희생자, 원인, 결과) ¶ его жизнь была рано прервана ~фой // 그는 사고로 (하여) 갑자기 죽었다 ¶ избежать ~фы // 사고·참사를 피하다·면하다 ¶ он вышел невредимым из этой ~ // 그는 이 사고에서 무사히 구원되었다 ¶ привести к ~фе // 참사를 일으키다 ¶ уцелеть в ~фе // 사고에서 무사하다 ¶ ущерб от ~фы // 사고로 인한 손해

К

катастрофически 파국적으로, 파멸적으로 ¶ события развивались ~ // 사태는 파국적으로 번졌다

катер 단정, 소형발동선 ¶ ~ на подводных крыльях // 수중익정 ◆ 전속력을 내면 양쪽 선저에 붙은 특수날개에 의하여 선수가 40° 뜨고 선미는 잠겨서 쾌속으로 달리는 배, 선체 아래쪽 앞뒤 부분에 날개를 단 배 ¶ быстроходный ~ // 쾌속정 ¶ моторный ~ // 발동선 ¶ пожарный ~ // 소방정 ¶ сторожевой ~ // 경비정 ¶ торпедный ~ // 어뢰정

катер-тральщик 소해정

кашевар 취사병

каюта 선실 ¶ капитанская ~ // 선장실 ¶ пассажирские ~ты // 승조원실

кают-компания (군함에서) 지휘부의 사관실 ¶ ~ младших офицеров // 위관

(하급) 사관실 ¶ офицерская ~ // 영관 (상급) 사관실 ¶ старшинская ~ // 부사관실

квалификация 직업능력, 전문능력 ¶ военная ~ // 군인의 자질

квартира 숙소, 숙영지 ¶ ~ для несемейных офицеров // 독신 장교 숙소 [BOQ] ¶ расположиться на зимние ~ры // 숙소를 배정받다

квартирмейстер 경리원, 보급계; 숙영 담당관

квартирный 숙영의 ¶ ~ное расположение войск // (행군시의) 숙소배치, 숙영

квартировать 숙영하다, 주둔하다

квартирьер 숙영담당관

КЕДО *(Организация по развитию энергетики на Корейском полуострове)* 한반도에너지 발전기구

кессонная болезнь 잠수병

кибертеракт 사이버테러

километровый 1km의 ¶ ~ столб // 이정표 (매 km마다 세우는 표시) ¶ ~вое расстояние // 1km의 거리

киль (선박의)용골

кильватер 배가 지나간 자리, 항적 (航跡) ¶ в ~ (в ~ре) // (앞배를) 따라서, 일렬로

кильватерный 배가 지나간 자리의, 항적 (航跡)의 ¶ ~ная колонна // 선박종대

кинжал (양쪽에 날이 있는) 단검 ¶ заколоть ~лом // 단검으로 찌르다

кинжальный 단검의 ¶ ~ огонь // 단도사격 ◆ 적의 아진지에 대한 접근로 상에 매복, 기습적으로 가하는 사격 ¶ ~ пулемёт // 단도기관총 ¶ ~ная рана // 단검에 의한 자상

китель 깃을 세운 간부용 제복, 상의 군복 ¶ морской ~ // 해군간부용 상의 군복

кл *(Канонерская лодка)* 포함(砲艦) ◆ 19세기 말까지 활동한 연안이나 강에서 작전을 수행하는 함포로 무장한 함정

кладь 짐, 화물 ¶ ручная ~ // 수화물

клика 도당, 군벌 ¶ военная ~ // 군벌

климат 형편, 정세, 사태 ¶ политический ~ в мире за последнее время изменился // 세계의 정치정세는 최근에 변하였다

клинок (칼의)날

ключ (방어 또는 공격 대상의) 요충지, 관문, 관건적인 지점 ◆ 요충지, 관문, 관건적인 지점 Малахов курган-~севастопольских укреплений 말라호브 언덕은 세바스토폴 진지를 방어하는 요충지이다

ключевой 주요한 ¶ ~вая позиция // 주요한 진지·지점

клятва 맹세, 선서, 서약 ¶ ~ верности (또는 в верности) // 충성의 맹세 ¶

К

дать ~ву // 서약하다 ¶ нарушить ~ву // 다짐을 어기다

КНДР *(Корейская Народно-Демократическая Республика)* 조선인민민주주의공화국, 북한

книга 책, 서적, 저서 ¶ ~ о войне (про войну) // 전쟁에 대한 책 ¶ ~ почётных посетителей // 방명록 ¶ белая ~ // 백서 ◆ 일부 나라들에서 정부가 외교관계 문제의 발생, 해결 등 결과를 자국민 주변관계국에 알리는 공포문 ¶ белая ~ по вопросам обороны // 방위백서

КНР *(Китайская Народная Республика)* 중화인민공화국, 중국

коалиционный 연합의 ¶ ~ная война // 연합군 전쟁 ¶ ~ные войска // 연합군

коалиция 연합, 동맹

кобура 권총집

код 신호, 부호, 암호 ¶ расшифровать ~ // 암호를 해독하다 ¶ телеграфный ~ // 전신부호

кодекс 법전 ¶ К~ о льготах для военнослужащих и военнообязанных и их семей // 軍근무자, 병역의무자 및 그 가족의 혜택에 관한 법

кодирование 암호

кодировать 암호를 쓰다

кодировщик 암호전문가

кодовый 암호의 ¶ ~вая система // 암호체계 ◆ 암호화 또는 복호화의 단일 기능을 제공하는 단위로 사용되는 통신보호 자재의 관련 품목

кокарда 모표, 모자표, 모장 ◆ 군대 등에서 모자에 부착하는 상징마크 ¶ ~ ВВС // 공군모표 ¶ ~ ВМС США // 미해군 모표 ¶ ~ ВМФ // 해군모표 ¶ общевойсковая ~ // 전군모표

К

количество 양 ¶ ~ атмосферных осадков // 강수량

коллективный 집단의 ¶ ~ная безопасность // 집단안보 ◆ 다수의 국가가 그 상호 간에 전쟁, 기타 무력행사를 금지하고 이에 위반하여 전쟁, 무력행사를 행하는 국가에 대하여 다수의 모든 국가가 집단적으로 방지 또는 진압하는 것

колонна 종열, 종대 ¶ ~ главных сил // 주력종대 ¶ ~ демонстрантов // 시위자들의 긴 대열 ¶ ~ по два // 2열 종대 ¶ ~ по одному // 1열 종대 ¶ ~ по три // 3열 종대 ¶ главная ~ // 주력종대 ¶ глубина ~ны // 종대의 종심 ¶ голова ~ны // 종대의 선두 ¶ идти сомкнутой ~ной // 밀집종대로 가다 ¶ кильватерная ~ судов // 종열진, 한 줄로 늘어선 배들 ◆ 향도 전방 또는 후방으로 일렬로 편성된 함정의 배열 ¶ наступающая ~ // 공격종대 ¶ походная ~ // 행군종대 ¶ пятая ~ // 오열 ¶ ротная ~ // 중대종대 ¶ сомкнутая ~ // 밀집종대

кольцо 고리형, 고리형으로 된 것 ¶ ~ блокады // 봉쇄망 ¶ выбраться из ~ца окружения // 포위망에서 벗어나다 ¶ попасть в ~ врагов // 적의 포위망에 들다

кольчуга 사슬갑, 쇄갑(鎖甲)

команда ① 구령; 명령, 지시 (распоряжение) ¶ выполнить (исполнить) ~ду // 명령을 집행하다 ¶ дать (подать, отдать) ~ду // 구령을 내리다 ¶ исполнительная ~ // (구령의)동령 ¶ крик ~ды // 구령의 외침 (소리) ¶ по ~де // 구령에 따라 ¶ предварительная ~ // (구령의)예령 ◆ 동작을 미리 준비할 수 있도록 하는 역할을 하는 구령의 첫 부분 ¶ принимать ~ду // 명령을 복창하다 ¶ раздалась ~ марш (смирно, разойдись)! // 앞으로 갓 (차렷, 헤쳐갓)! 구령이 났다 ¶ строиться (стрелять) по ~де // 구령에 따라 정렬하다 (사격하다) ② 지휘 ¶ отдать что под чью ~ду // ...를 ...의 지휘에 맡기다 ¶ под ~дой офицера // 장교의 지휘 하에 ¶ по ~де // 지휘계통을 통하여 ¶ принять (сдать) ~ду над кем-чем // ...의 지휘를 넘겨받다 (넘겨주다) ③ (특별한 임무를 지닌)대 ¶ ~ разведчиков // 정찰대 ¶ ~ связи // 통신대 ¶ музыкальная ~ // 군악대 ¶ пожарная ~ // 소방대 ¶ пулемётная ~ // 기관총반 ¶ рыболовная ~ // 어선대 ¶ спасательная ~ // 구호대, 구조대 ④ 승조원, 승무원 ¶ ~ подлодки // 잠수함승조원 ¶ как по ~де // 일제히 (разом)

командарм (командующий армией) 군사령관

командир 지휘관, 부대장 (начальник воинской части), 사령관, 대장, 함장 ¶ ~ батареи // 포대장 ¶ ~ взвода (роты, батальона, полка, дивизии, корпуса) // 소대 (중대, 대대, 연대, 사단, 군단)장 ¶ ~ всех степеней // 각급지휘관 ¶ ~ дивизиона // 포병대대장 ¶ ~ звена // 편대장 ¶ ~ и бойцы // 장병 ¶ ~ корабля // 함장 ¶ ~ космического корабля // 우주비행선 선장 ¶ ~ отделения // 분대장 ¶ ~ подводной лодки // 잠수정정장 ¶ ~ самолёта // 기장 ¶ ~ танка // 전차장 ¶ ~ части // 부대장 ¶ ~ эскадрильи // 비행대대장 ¶ ~ эскадрона // 기병중대장 ¶ вышестоящий ~ // 상급지휘관 ¶ младший ~ // 하급지휘관 ¶ подчиняться ~ру // 지휘관에게 복종하다 «상용구» Если~ и солдаты не доверяют друг другу, солдаты не повинуются приказам. 지휘관과 사병 간에 신뢰가 없으면 사병들은 명령을 지키지 않는다. ¶ ~ должен есть вместе с солдатами // 지휘관은 반드시 먹는 것을 사병들과 같이하라 ¶ ~ должен относиться к солдатам, как к своим детям ¶ ~ не должен быть жадным // 지휘관은 인색하지 말아야 한다 ¶ ~ не должен быть надменным // 지휘관은 교만하지 말아야 한다 ¶ ~ не должен в бою поддаваться эмоциям // 지휘관은 감정으로 전투를 해서는 안 된다 ¶ ~ру нельзя отдыхать раньше солдат // 지휘관은 사병들이 쉬기 전에 쉬어서는 안 된다 ¶ ~ру нельзя есть раньше солдат // 지휘관은 사병들이 먹기 전에 먹어서는 안 된다 ¶ Если ~не будет сурово наказывать, солдаты не будут соблюдать порядка // 지휘관은 형벌을 엄하게 하지 않으면 사병들의 질서가 없어지게 된다 ¶ Если ~ры бездарные, то армия становится слабой // 지휘관이 유능하지 못하면 군대는 약하게 된다

К

¶ Когда ~ не следует оперативным планам, штаб отвергает его действия // 지휘관이 작전 계획에 따르지 않으면 참모들이 배반하게 된다 ¶ Когда ~ хвалит только себя, он умаляет заслуги подчиненных // 지휘관이 자기만 자랑하면 부하들이 공이 적게 된다 ¶ Когда ~ры несмелые, армия не станет отборной // 지휘관이 용감하지 않으면 온 군대는 정예부대로 될 수 없다

командирование 파견, 출장; 출장명령서, 출장증

командировка 출장 명령 · 지시 ¶ он в ~ке // 그는 출장 중이다 ¶ получить ~ку // 출장명령을 받다 ¶ предъявить свою ~ку // 출장증을 내보이다 ¶ уехать в ~ку // 출장가다

командировочный 출장의 ¶ ~ное удостоверение // 출장증명서 ¶ ~ные деньги // 출장비

по-командирски 지휘관답게

командирский 지휘관의; 지휘관다운 ¶ ~ танк // 지휘전차 ¶ ~ тон // 지휘관다운 말투 ¶ ~кая подготовка // 지휘관 훈련 ¶ ~кая разведка // 지휘정찰

командно-наблюдательный пункт 지휘관측소

командно-диспетчерский пункт 관제소

командно-разведывательный 지휘정찰의 ¶ ~ центр // 지휘정찰본부 ¶ ~ная бронемашина // 지휘정찰장갑차량

командно-штабной 지휘참모의 ¶ ~ная машина // 지휘차량 ¶ ~ное учение // 지휘참모훈련 ¶ стратегическая ~ная тренировка [СКШТ] // 전략지휘참모훈련

командный ① 간부의, 지휘관의; 지휘의 ¶ ~ пункт // 전투지휘소 ¶ ~ пункт корабля // 함교 ◆ 함정 상부전방에 위치하는 함상으로 이 구조체 안에는 함정 조종소 및 시각통신소가 들어 있음. ¶ ~ состав // 지휘관, 간부 ¶ ~ная линия // 지휘계통 ◆ 최상급 지휘관으로부터 말단 지휘관까지 지휘가 집행되는 지휘 상의 계열 ¶ ~ная должность // 간부의 지위 ¶ высший ~ состав // 고급간부 ¶ младший ~ состав // 하급간부 (부사관) ¶ средний ~ состав // 중급간부 (위관) ¶ старший ~ состав // 상급간부 (영관) ② 주도적인, 지배적인 ¶ ~ положение // 주도적인상태 ¶ ~ная позиция // 중요거점 ¶ ~ные высоты // 감제고지 ◆ 전투지휘를 위한 내려다 볼 수 있는 고지

К

командование ① 지휘, 명령, 통솔 ¶ ~ войсками // 군의 지휘 ¶ ~ полком // 연대의 지휘 ¶ отстранить кого от ~ния // …에게서 지휘권을 박탈하다 ; …를 지휘관의 지위에서 밀어내다 ¶ принять ~ // 지휘를 맡다 ¶ седьмая дивизия находится под ~нием кого // 제7사단은 …의 지휘 하에 있다 ② 사령부, 지휘부, 본부 ¶ ~ воздушных перевозок ВВС // (미국)공군기동사령부 [AMC] ¶ ~ специальных операций ВВС // (미국)공군 특수작전사령부 [AFSOC] ¶ ~ бригады // 여단본부 ¶ ~полка // 연대본부 ¶ Верховное ~ объединёнными вооружёнными силами НАТО в Европе // 유럽 NATO통합군 최고사령부 ¶ верховное (главное)

~ // 최고 (총)사령부, 최고 지휘부 ¶ высшее военное ~ // 최고 군사령부 ¶ Объединённое ~вооружённых сил // (미국)통합군사령부 ¶ Центральное ~США // 미국 중부사령부 [CENTCOM]

командовать кем-чем 지휘하다. 지령하다 ¶ ~ над местностью // 지형을 제압하다 ¶ ~ парадом // 열병을 지휘하다 ¶ ~ полком // 연대를 지휘하다 ¶ ~ ротой // 중대를 지휘하다

командующий 사령관; 지휘관 ¶ ~ войсками // 군사령관 ¶ ~ войсками военного округа // 군관구 사령관 ¶ ~ космическими войсками // 우주사령관 ¶ ~ парадом // 열병사령관 ¶ ~ РВСН РФ // 러시아전략미사일군 사령관 ¶ ~ флотом // 함대사령관 ¶ главный ~ армией // 군사령관

комбат *(командир батальона)* 대대장

комбатант, [복]~ты 전투원

комбинированный 결합된, 조합된 ¶ ~нная система управления ракетой // 유도탄 조종통합시스템 ¶ ~нные операции // 【陸·海·空】 공동작전

комбриг (командир бригады) 여단장

комвзвод (командир взвода) 소대장

комдив (командир дивизии) 사단장

комендант (성새, 요새, 점령지 등의) 사령관 ¶ ~ береговой охраны // 해안경비대장 ¶ ~ города // 위수사령관 ¶ ~ крепости // 요새사령관 ¶ ~ штаба // 참모부사령관

комендантский 위수사령부의 ¶ ~кая служба // 경무근무 ¶ ~кий час // 통행금지

комендатура 위수사령부

комиссариат 위원부 ◆ комиссар가 지도하던 일련의 국가행정 기관에 대한 이름 ¶ военный ~ // 군사위원부; 지방병무소

комиссия 위원회 ¶ ~ по разоружению // 군축위원회 ¶ военная ~ по перемирию [ВКП] // 군사정전위원회

комитет 위원회 ¶ Военно-научный ~тыла ВС России // 러시아연방군 후방부 군사학위원회 ¶ государственный ~обороны // 국방위원회

комкор *(командир корпуса)* 군단장

коммуникационный 연락의, 통신의 ¶ ~ная линия // 연락선, 통신선

коммуникация 교통로, 연락보급로 ¶ водные ~ции // 수상교통로 ¶ перерезать ~ции противника // 적의 후방교통로를 차단하다 ¶ энергетические ~ции // 에너지 보급로

комната 방 ¶ ~для хранения оружия // 무기고 ¶ ~ командира роты // 중대장실 ¶ ~ посетителей (= приёмная) // 면회실

компас 나침반 ¶ идти (ориентироваться·определить местонахождение) по ~су // 나침반에 의해 전진하다 (방위, 위치를 정하다) ¶ магнитный ~ // 자기나침판

К

¶ стрелка ~са указывает на север // 나침판의 바늘이 북을 가리킨다

комплекс 집합체, 총체, 복합체 ¶ военно-промышленный ~ // 군산(산군)복합체 ¶ зенитный ракетный ~ // 고사(高射)미사일체계 (무기) ¶ в ~се // 전체·총체적으로 ¶ возможно только в~се // 단지 총체적으로 가능하다

комплект 한조, 한벌; 정원 ¶ боевой ~ // 전투정량 ¶ два ~та формы // 제복 2벌 ¶ он был принят сверх ~та // 그는 정원 외에 받아들여졌다 ¶ полный ~ курсантов был 120 человек // 생도들의 총 정원수는 120명 이었다

комплектование 보충 ¶ ~ военнослужащими // 군복무자 보충 ¶ ~ вооружённых сил // 병력보충

компонент ① 성분, 구성요소, 조성 ¶ ~ ракетного топлива // 로켓연료의 성분 ¶ взрывчатый ~ // 폭발성분 ¶ военный ~ // 군사적 요소 ② (조직으로서의) 반 ¶ ~ управления воздушными операциями // (미국) 공중전투반 (airborne combat element) ¶ ~ управления воздушного пространства // (미국) 공역통제반 (airspace control element) ¶ авиационный ~ // 항공지원반

компромисс 타협, 화해, 절충 ¶ войти в (пойти на) ~ со своей совестью // 양심과 타협하다 ¶ войти с кем в ~ // …와 타협하다 ¶ вынужденный ~ // 부득이한 타협 ¶ гнилой ~ (нечестный ~) // 더러운 타협 ¶ пойти на ~ (в этом вопросе) // (이 문제에서)타협하다 ¶ прийти к ~су // 타협을 이루다, 타협에 겨우 도달하다

компромиссный 타협적인 ¶ ~ное решение // 타협적인 결정, 타협하려는 결심 ¶ ~ная позиция // 타협적 태도 ¶ ~ное предложение // 타협안 ¶ ~ный вариант // 절충안 ¶ было достигнуто ~ное соглашение // 타협이 이루어졌다

комсостав 간부 · 지휘 요원 ¶ ~ полка // 연대지휘요원

К

конвенция (국가 간의) 특수 협정 · 조약 ¶ воздушная ~ // 항공조약 ¶ К~ о запрещении применения, накопления запасов, производства и передачи противопехотных мин // 대인지뢰의 사용·생산·비축 및 전파금지와 폐기에 관한 협약, 1997년 ¶ К~ о запрещении химического оружия // 화학무기금지협약, 1992년 ¶ К~ ООН по морскому праву // 유엔해양법협약, 1982년 ¶ рыболовная ~ // 어업협정

конверсия 군수전환, 민수전환 ¶ ~ военного производства (~ оборонной промышленности) // 군수산업의 민수화

конвертоплан 전환식 비행기 (convertiplane) ◆ 수직 이착륙이 가능한 비행기

конвоир 호위, 호위병

конвоировать [нсв] кого-что 호위하다, 호송하다

конвоируемый 호위된 ¶ ~ караван судов // 호위된 선단

конвой 호송대, 호위대; 호위함대 · 비행대 ¶ под ~оем // 호송하에, 호송되어

конвойный 호의의 ¶ ~ная служба // 호송·호위 근무 ¶ ~ная команда //

호송대, 호위대

конд**у**ктор 【海】 상급하사관 (제정러시아시대)

конкурент 경쟁자, 적수 ¶ вытеснить ~тов // 경쟁자를 밀어내다

конкуренция 경쟁 ¶ без ~ции // 경쟁없이 ¶ выдержать жестокую ~цию // 격렬한 경쟁에서 이겨내다 ¶ обострился режим ~ции (конкурентной борьбы) // 경쟁체제가 첨예화되었다

конник 기병

конница 기병대

конногвардеец 근위기병

конный 기병의 ¶ ~ ординарец // 전령말 ¶ ~ патруль // 기마순찰 ¶ ~ полк // 기병연대 ¶ ~ посыльный // 기마전령 ¶ ~ строй // 기마대형 ¶ ~ная артиллерия // 기마포병 ¶ ~ная гвардия // 근위기병 ¶ ~ное оружие // 기병총

консолидация 강화, 단결, 통일

конспиративный 비밀리의, 지하의 ¶ ~ная квартира (또는 явка) // 비밀회합 · 연락장소 (= подпольный)

конспиратор 비밀공작원

конспираторский 비밀공작원의

конспирация 지하활동, 비밀공작, 비밀준수, 비밀보장 ¶ соблюдать (또는 сохранять) строгую ~цию // 비밀을 엄수하다

конспирировать 비밀을 지키다, 지하활동을 하다

конституция 헌법, 국가기본법 ¶ ~ основной закон государства // 헌법은 국가의 기본법이다

консультация 협의 ¶ ~ по выполнению Соглашения // 협정이행 협의

контингент (인원의) 정수, 정원 ¶ ежегодные ~ты граждан, подлежащих призыву на действительную службу // 매년 현역 징집대상 시민의 정원 ¶ призывный ~ // 징집대상 정원

контратака 반격 ¶ отбивать ~ку противника // 적의 반격을 맞받아치다 ¶ отразить ~ку // 반격을 격퇴하다 ¶ перейти в ~ку // 반격으로 넘어가다 ¶ провести ~ку // 반격을 하다

контрмера 대응책, 대책

контрминный 지뢰제거의 ¶ ~нная работа // 지뢰제거작업

контрнаступление 역습, 반격 ◆ 방어 작전 간 공격중인 적의 노출된 약점과 과오를 최대로 이용, 기습적인 공세행동을 실시하여 돌파구 내의 적부대를 격멸하거나 상실된 방어지역을 회복함으로써 작전의 주도권을 장악하기 위해 실시하는 제한된 공격작전 ¶ переходить в ~ // 역습으로 전환하다

контрподготовка 역습준비 ¶ огневая ~ // 공격준비파괴사격 ◆ 적의 공격이 임박했을 때 실시하는 강력한 사격준비

контрразведка 방첩기관; 방첩 ◆ 적성국의 정보활동 효과를 파괴하여 간첩에 대하여 방호하고 소요에 대하여 인원을 방호하고 전력파괴에 대하여 시설 또는 물자를 방호하기 위한 모든 활동을 망라하는 정보의 단계

контрразведчик 방첩요원

контрудар 반격 ¶ нанести противнику ~ // 적에게 반격을 가하다

контроль 통제, 감시 ¶ ~ над вооружениями // 군비통제 (軍備統制) ◆ 잠재 적대국 간 군비경쟁의 안정화, 즉 군사력의 운용과 구조(병력, 무기)를 통제하고 합의사항 위반을 제재함으로써 전쟁위험과 부담을 제거 또는 최소화시켜 안보를 증대하려는 모든 노력을 말함. 군비통제는 군비해제, 군비감축 또는 군비제한을 포함하는 포괄적인 개념. 군비해제와 군비감축은 군비를 일방적 또는 국제적으로 폐기 또는 감축하는 것을 말하며 INF협정, START가 여기에 해당 ¶ ~ ООН по морскому праву // UN해양법 회의 ¶ ~ по разоружению // 군축회의 ¶ государственный ~ // 국가 관리·통제 ¶ международный ~ за мерами разоружения // 국제 군비축소 감시 ¶ международный ~ над использованием атомной энергии // 원자력 이용에 대한 국제관리 ¶ усилить (ослабить, смягчить) ~ // 통제·감독을 강화 (약화, 완화)하다

конфедерация 동맹

конференция 국제회의 ¶ К~ООН по морскому праву // 유엔해양법회의 ¶ К~ по разоружению // 군축회의 ◆ 1978년 제1차 유엔군축특별총회에서 설립된 회의 ¶ К ~ стран Азии и Африки // 아시아·아프리카 국가회의 ¶ мирная ~ // 강화회의

конфиденциально 비밀리에 ¶ строго ~ // 극비

конфиденциальный 비밀리의 ¶ ~ договор // 비밀조약 ¶ ~ная беседа // 밀담 ¶ ~ная информация // 기밀정보 ¶ ~ные сведения // 비밀자료

К

конфликт (의견, 힘의) 충돌 (столкновение), 분쟁, 갈등, 불화 (разногласие) ¶ ~ты между представителями старого и молодого поколения // 신구세대간의 갈등 ¶ ближневосточный~ // 중동분쟁 ¶ военный ~ // 군사분쟁 ¶ вооружённый ~ // 무장충돌, 무력분쟁 ¶ вооружённый ~на границе // 국경지방의 무장충돌, 무력분쟁 ¶ избегать ~тов // 분쟁을 피하다 ¶ пограничные ~ты // 국경분쟁 ¶ политический ~ // 정치갈등 ¶ региональный ~ // 지역분쟁 ¶ силовой ~ // 무력충돌 ¶ территориальный ~ // 영토분쟁 ¶ уладить (разрешить) ~ // 분쟁을 조정 (해결)하다 ¶ урегулирование ~тов // 분쟁의 해결 «상용구» Не бывает, чтобы в~те была виновата только одна сторона. 싸움은 한편만 나빠서 되는 것이 아니다.

конфликтология 분쟁학

конфронтация 대립 ¶ военная ~ // 군사적 대립 ¶ военно-политическая ~ // 군사-정치적 대립 ¶ политическая ~ // 정치적 대립 ¶ устранить ~цию

// 분쟁을 해소하다

концентрация 집중, 집결 ◆ 결정적인 목적을 위해서 중요한 장소와 시간에 전투력의 상대적 우세를 유지하는 것

концепция 기본구상, 개념 ◆ 작전 또는 일련의 임무에 관한 지휘관의 의도 및 가정이 구두 혹은 서술적인 진술로써 표현되는 총괄적인 윤곽 ¶ ~ армейского строительства // 군건설개념 ¶ ~ национальной безопасности // 국가안보개념

конъюнктура 정형, 정황, 형세, 시국 ¶ международная ~ // 국제정세 ¶ политическая ~ // 정치정세

координата 좌표 ¶ ~ цели // 목표 좌표 ¶ полярная ~ // 극좌표 ¶ текущая ~ // 현재 좌표

координатный 좌표의 ¶~ные оси // 좌표축

координатор ①조정자 ②【海】 위치 지시장치

координировать [св] [нсв] что 또는 что с чем 일치시키다, 조정하다 (согласовать), 보조를 맞추다 ¶ ~ действия пехоты и танков // 보병과 탱크의 행동을 일치시키나 ¶ ~ усилия // 힘을 일치시키다

корабельный 선박의; 조선용의 ¶ ~ бомбомёт // 대잠박격포 ¶ ~ вид (또는 паспорт) // 항해권 ¶ ~ истребительный авиационный полк // 함재전투비행연대 ¶ ~ ракетный комплекс // 함정탑재로켓 ¶ ~ самолёт // 함재기 ¶ ~ состав // 함상근무자 ¶ ~ная артиллерия // 함포 ¶ ~ная архитектура // 조선학 ¶ ~ная верфь // 조선소 ¶ ~ная глубинная бомба // 수상함의 수중폭뢰 ¶ ~ная мачта // 배의 돛 ¶ ~ная радиолокационная станция // 함상레이더 ¶ ~ная служба // 함상근무 ¶ ~ное боевое учение // 함정전투훈련 ¶ ~ное вооружение // 함정탑재무기 ¶ ~ные огни // 항해등 ¶ ~ные правила // 함상예절 ¶ ~ные работы // 함상업무 ¶ ~ные снасти // 선구 (船具), 삭구 (索具)

кораблевождение 항해술 ¶ ~ подводных лодок // 잠수함 항해술 ¶ искусство ~ния // 항해술

кораблекрушение 조난, 파선, 난파 ¶ потерпеть ~ // 조난당하다 ¶ спастись от ~ния на острове // 조난을 만나서 겨우 목숨만을 부지하고 섬에 닿다

корабль 배, 군함, 함정 ¶ ~ лёг в дрейф // 함선이 표류하기 시작하였다 ¶ ~ на воздушной подушке // 공기부양정 ¶ ~ на подводных крыльях // 수중익선 ◆ 전속력을 내면 양쪽 선저에 붙은 특수날개에 의하여 양력이 생겨 선수가 40°뜨고 선미는 잠겨서 쾌속으로 달리는 선박 ¶ ~ с газотурбинным двигателем // 가스터빈 군함 ¶ ~-тренажёр // 훈련함 ¶ атомный ~ // 원자력선 ¶ большой разведывательный ~ [БРК] // 대형정찰함 ¶ военный ~ // 군함 ◆ 군적을 갖고 있는 선박을 총칭하는 것으로 무장함은 물론 무장이 없는 각종 특수 군함 및 이들 선박에 탑재되어 있는 단정도 포함 ¶ воздушный ~ // 비행선 ¶ вооружение ~ля // 함정무기 ¶ вражеский ~ // 적함 ¶ зависимый ~ // 예속함정 ◆ 한

К

부대의 작전지휘와 작전통제 하에 있는 함정 ¶ команда (командир, капитан) ~ля // 승조원 (함장, 선장) ¶ командир ~ля // 함장 ¶ корпус ~ля // 선체 ¶ космический ~ // 우주선복사·방사선복사 ¶ купеческий (또는 торговый) ~ // 상선 ¶ линейный ~ // 전함 ¶ малый разведывательный ~ [МРК] // 소형정찰함 ¶ надводный ~ // 수상함 ¶ океанский ~ // (대양)함정 ¶ патрульный ~ // 순찰함 ¶ плавать на ~ле // 함정으로 항행하다 ¶ поисковый ~ // 정찰함 ¶ поставить ~в док // 함정을 도크에 넣다 (세우다) ¶ приданный ~ // 배속함정 ◆ 한 편성체에 부대나 인원을 일시적으로 배치한 함정 ¶ садиться на ~ // 승함하다 ¶ сжечь свои ~ли // 배수진을 치다 ¶ служить на ~ле // 함정에서 근무하다 ¶ соединение ~лей // 함정연합부대 ¶ сойти (на берег) с ~ля // 함정에서 (기슭에) 내리다 ¶ спустить на воду ~ // 함정을 진수시키다 ¶ средний разведывательный ~ [СРК] // 중형정찰함 ¶ сторожевой ~ // 초계함, 경비함 ◆ 우군전력을 보호하기 위한 경비와 같은 뜻으로 사용되면, 경비임무를 수행하는 함정 ¶ строить ~ // 함정을 건조하다 ¶ флагманский (또는 адмиральский) ~ // 기함 ¶ большому ~лю - большое (и) плавание // 《상용구》 배가 크면 바다도 큰 법, 성공, 대업을 성취하라는 뜻

корабельный 함정의, 함재의 ¶ ~ торпедный аппарат // 함정어뢰기 ¶ находящийся на ~ле // 함재의

кораблестроение 배건조, 군함건조

корвет ① (18-19세기) 세 개의 돛을 단 군함 ② (2차 대전 때 영국의)해방정, 반잠수함, 호위-정찰정

кордон 국경경비대; 초소, 국경초소, 경계초소 ¶ пограничный ~ // 국경수비대 ¶ полицейский ~ // 경찰의 비상선소

К

корма 함미 ¶ осталось за ~мой две тысячи миль // 2천 해리를 항행하였다 ¶ резать ~му другому судну // 다른 배가 지나간 뒤를 곧 가로질러가다

кормовой 함미의 ¶ ~ ветер // 순풍 ¶ ~ огонь // 함미등 ¶ ~ торпедный аппарат // 함미어뢰발사관 ¶ ~ флаг // 함미기

коробка 작은 곽 ¶ магазинная ~ // 연말총 탄창

короткоствольный 총신 · 포신이 짧은 ¶ ~ная винтовка // 단소총 ¶ ~ное орудие // 단신포

корпус, [복] ~са ① 군단 ¶ стрелковый (авиационный, танковый, гвардейский) ~ // 보병 (비행, 탱크, 근위)군단 ② 특수부대 ¶ ~ быстрого развёртывания // 신속전개군(Rapid Deployment Forces) ¶ ~ быстрого реагирования // 신속대응군(Quick Reaction corps) ¶ ~ жандармов // 헌병대 ¶ ~ мира // 평화부대 ③ 특정분야에서 근무하는 사람의 총칭 ◆ 상급부대의 작전적 목표달성에 기여하기 위하여 작전을 수행하는 최고의 전술제대로서, 상급부대로부터 수개의 사단과 각종 전투 및 전투지원부대를 배속받아 운용됨. ◆ 러시아연방군에서 3만~5만 명, 2~4개

사단, генерал-лейтенант가 지휘관임. ¶ ~ офицеров генерального штаба // 총사령부장교

корпусной 군단의 ¶ ~ командир // 군단장 ¶ ~ комиссар // 군단정치위원 ¶ ~ная артиллерия // 군단포병

корректирование 수정 ¶ ~ огня // 사격수정

корректировочный 사격수정의, 탄착관측의 ¶ ~ пост // 사격수정소 ¶ ~ самолёт // 사격수정·탄착관측 비행기

корректировка 수정 ¶ ~ огня // 화력수정

корректировать 수정하다 ; (사격을) 수정하다 ¶ ~ курс корабля // 항로를 수정하다 ¶ ~ стрельбу // 사격을 수정하다

корректировка¶ ~ огня // 화력수정

корреспондент 통신원, 기자 ¶ военный ~ // 종군기자 ¶ специальный ~ // 특파원

кортик 해군 · 공군 간부의 단검

космический ① 우주 (공간)의 ¶ ~ объект // 우주물체 ¶ освоение ~кого пространства // 우주 (공간)개발 ② 우주비행의, 우주비행을 위한 ¶ ~ аппарат = ~кая лаборатория (станция) = ~кое устройство // 우주정류소 ¶ ~дозор // 우주정찰 ¶ ~ корабль // 우주비행선 ¶ ~ летательный аппарат // (인공위성 등)우주비행물체 ¶ ~ полёт // 우주비행 ¶ ~ полёт с человеком на борту // 유인우주비행 ¶ ~ скафандр // 우주비행복 ¶ ~кая метеостанция // 우주기상관측소 ¶ ~кая скорость // 우주속도 ¶ ~кая техника (технология) // 우주개발기술 ¶ ~кая трёхступенчатая ракета // 3단계 우주로켓 ¶ ~кое командование ВВС // (미국)공군우주사령부 [AFSC] ¶ ~кое оружие (~кие вооружения) // 우주무기 ¶~кое радиоизлучение // 우주선복사, 방사선복사

космодром 우주비행장

космолётчик 우주비행사

космонавт 우주 비행사 ¶ лётчик-~ // 우주비행가(구소련, 러시아의 우주비행사) ◆ 미국 등 서구국가의 우주비행사는 астронавт

космос 우주, 세계

косоприцельный 목표에 대해 기울어진 ¶ ~ огонь // 사사 (斜射) ◆ 전방의 사면을 좌하에서 우상으로 또는 좌상에서 우하로 훑는 사격

КОСПАС *(космические системы спасания)* 러시아의 조난구조위성시스템

костюм 옷, 의복 ¶ водолазный ~ // 잠수복 ¶ защитный ~ // 방독복 ¶ купальный ~ // 수영복

котёл 완전포위 ¶ попасть в ~ // 포위되다

котелок 야전용 솥단지 ¶ солдатский ~ // 야전용 밥통

кочегарка 기관실

КП *(командный пункт)* 지휘소

КПП *(контрольно-пропускной пункт)* 검문소

КР *(космическая ракета)* 우주로켓

КР *(крейсер)* 순양함 ◆ 수상전투함 분류상 전함 (battleship)과 구축함 (destroyer)의 중간급이라고 할 수 있는 다목적 전투함으로, 순항거리가 길고 속력이 고속인 것이 특징. 순양함은 적의 수상함 및 항공기의 공격으로부터 주력체를 보호하는 호위함 역할 및 지상전을 위한 함포지원 역할을 수행함. 오늘날 순양함은 유도탄순양함 (Guided Missle Cruiser; CG)과 핵추진유도탄순양함 (Guided Missle Cruiser Nuclear Propulsion; CGN) 두 가지로 분류함

красный ① 붉은, 빨간 ¶ ~ное знамя // 적기, 붉은 기발 ② 혁명파의, 혁명적인, 혁명정부를 지지하는 ¶ ~ные // 혁명파 ¶ ~ные части // 붉은 군부대 ③ 아름다운, 훌륭한 ¶ ~ная площадь // 붉은 광장 (아름다운 광장) ¶ ~ная звёзда // 붉은 별 ◆ 1924년 1월 1일부터 발간되는 러시아 국방일보. 인터넷사이트 www.redstar.ru ¶ (Международный) ~ Крест = Общество К ~ного Креста // (국제)적십자사 ¶ К~ флот // 붉은함대 ◆ 1918-1946년 소련 해군의 옛 명칭 ¶ К ~ная Армия // 붉은군대 ◆ 1918-1946년 소련 군대의 옛 명칭

КРВБ *(крылатая ракета воздушного базирования)* 공중발사순항미사일 [ALCM]

крейсер 순양함 ¶ ~-вертолетоносец // 헬기순양함 ¶ лёгкий (тяжёлый) ~ // 경(대형)순양함 ¶ линейный ~ // 순양전함

крейсерский 순항하는 ¶ ~кая скорость // 순항속도 ¶ ~ танк // 순항전차 ¶ ~кое плавание // 순항항해

крейсерство 순항

крепость 요새, 기지 ¶ неприступная ~ // 난공불락의 요새 ¶ превращение всей страны в ~ // 전국토의 요새화

К

кризис 위기 ¶ ~ прошёл // 위기가 사라졌다 ¶ духовный ~ // 정신적위기 ¶ международный ~ // 국제위기 ¶ преодолеть ~ // 위기를 극복하다 ¶ приближается (надвигается) ~ // 위기가 닥쳐오고 있다 ¶ стоять перед ~сом // 위기에 직면하고 있다 ¶ энергетический ~ // 에너지위기 ¶ ядерный ~ // 핵위기

криминал 범죄 ¶ это пахнет ~лом // 이것은 범죄의 냄새가 난다

КРНБ *(крылатая ракета наземного базирования)* 지상발사순항미사일 [GLCM]

кровавый 유혈의 ¶ ~вая битва // 격전 ¶ ~вые события // 유혈참사

кровопролитие 유혈, 대학살 ¶ всё дело обошлось без ~тия // 모든 일이 유혈사태없이 해결되었다 ¶ избежать ~тия // 유혈극을 모면하다

кровопролитный 유혈적인 ¶ ~ инцидент // 유혈사건 ¶ ~ное сражение // 유혈적 전투, 혈전

кроки 약도, 지형도 ¶ ~ расположения неприятельских войск на позиции

// 적군 진지배치도

круг 특정집단 ¶ военные ~ги // 군부

круговой 원형의, 사주의, 전방위의 ¶ ~ обстрел // 원형사격, 전방위사격 ¶ ~вая оборона // 사주방어, 원형방어(북한) ¶ ~вое охранение // 사주경계

кругом ...을 돌아 ¶ К~! // 뒤로 돌아! ¶ К~-Марш! // 뒤로 돌아-가!

крупнокалиберный (총, 포 등의)대구경의 ¶ ~ пулемёт // 대구경 기관총 ¶ ~ное оружие // 대구경화기

крупномасштабный 대규모의, 대축적의 ¶ ~ная карта // 대축적도 ¶ ~ное наступательное боевое действие // 대규모 공격행위

крупный 큰, 대규모의 ¶ ~ масштаб // 대규모 ¶ ~ные события // 큰사건

крутой 가파로운 ¶ ~ вираж // 급선회 ¶ ~ подъём (склон) // 급한 경사면

крушение 사고, 탈선, 전복 ¶ ~ поезда // 열차사고 ¶ ~ судна // 배의 난파 ¶ потерпеть ~ // 전복되다, 파산되다

крыло ① 날개 ¶ ~лья у пароходного винта // 기선추진기의 날개 ¶ левое ~ // 좌측날개 ¶ правое ~ // 우측날개 ¶ самолёт с изменяемой стреловидностью ~ла // 가변익 후퇴각을 가진 비행기 ② 전투서열의 좌우축 ¶ правое ~ отряда // 부대의 우익 ③ 비행연대 ¶ авиационное ~ // 비행연대 ¶ опустить ~лья // 사기를 잃다 ¶ принять под своё ~ кого // ...를 엄호하다

крылатая 비행의 ¶ ~ ракета // 순항미사일

крышка 덮개 ¶ ~ люка // (배 갑판의) 승강구 해지 ¶ ~ ствольной коробки // 총포덮개

КУГ *(корабельная ударная группа)* 함정타격단대

кузов 몸체, 동체, 적재함 ¶ ~ военного автомобиля // 군용차의 차체 ¶ ~ корабля // 군함의 선체

кулак ① 주먹 ¶ броситься на кого с~ками // 주먹을 불끈 쥐고 ...에게 덤벼들다 ¶ грозить кому ~ком // 주먹으로 위협하다 ¶ размахивать ~ками // 주먹을 휘두르다 ¶ сжать ~ // 주먹을 쥐다· ¶ ударить ~ком // 주먹으로 때리다 ② 주력부대 ¶ собрать дивизию в ~ // 한개 사단을 돌격대로 편성하다 ¶ танковый ~ // 전차 주력부대 ¶ ударный ~ // 돌격대 [속담] Лосле драки ~ками не машут! // 싸움 후에 주먹을 휘두르지 않는다

курковый 방아쇠 · 격철 (курок)의, 방아쇠 · 격철이 있는 ¶ ~вое ружьё // 격철이 있는 총

курок 격철 ¶ взводить ~ // 격철을 걸다 ¶ поставить ~ на боевой взвод // 격철을 발사 위치에 걸다 ¶ спустить ~ // 방아쇠를 당기다

курс ① 행로, 항로, 침로 ¶ ~ корабля // 배의 침로 ¶ ~ цели // 표적이동방향 ¶ ~сы боевого маневрирования // 전투기동방향 ¶ боевой ~ // 공격방향 ¶ корабль держит правильный ~ // 배는 정확한 항로로 전진하고 있다 ¶

К

лечь на обратный ～ // 귀항의 길에 오르다 ¶ менять ～ // 항로·진로를 바꾸다 ¶ отклониться от (сбиться, сойти с) намеченного ～са // 예정된 항로에서 벗어나다 ② 방침, 노선, 기본방향 (정치의) ¶ ～ на умиротворение (разрядку международной напряжённости, разоружение) // 조절 (국제긴장완화, 군축)정책 ¶ мирный (агрессивный) ～ // 평화 (침략)노선 ¶ установить ～ внешней политики (внешнеполитический ～) // 외교방침을 수립하다

курсант 사관생도 ¶ ～ третьего курса // 3학년생도

курсантский 사관생도의 ¶ ～кая форма // 사관생도의 제복

кучность 집중(탄약, 포탄을 한 지점에), 탄착군 ¶ ～ стрельбы // 탄착군의 형성

кучный 집중적인 ¶ ～ная стрельба // 집중사격 ◆ 2척 또는 그 이상의 함정이 단일표적에 대하여 실시하는 사격

кухня 취사장 ¶ полевая ～ // 야전취사장

кювет 배수로, 물도랑 ◆ 성 주위를 파고 물을 채운 곳

Л

лавирование 우회항행, 충돌회피
лагерь ① 병영 ② 수용소 ¶ ~ для военнопленных // 포로수용소 ¶ концентрационный ~ // 강제수용소 ③ 진영 ¶ крах социалистического ~ря // 사회주의 진영의 붕괴
лагсбор *(лагерный сбор)* 야영소집, 야영훈련소집
лазарет 소규모 병원, 의무대, 군의소 ¶ корабельный ~ // (군함의) 진료실 ¶ плавучий ~ // 병원선 ¶ полевой (또는 походный) ~ // 야전병원 ¶ полковой ~ // 연대군의소 ¶ этапный ~ // 병참병원
лазер 레이저 ¶ сварка ~ром // 레이저용접
лазерный 레이저의 ¶ ~ луч // 레이저광선
лазутчик 정찰병
лампа 전등, 진공관 ¶ электронная ~ // 전자진공관 ¶ зажечь (погасить) ~пу // 전등을 켜다 (끄다)
лафет 포좌, 포가
легально 합법적으로 ¶ поступить ~ // 합법적으로 행동하다
легион 군단, 부대 ◆ 혁명전 러시아를 포함한 몇 개국의 대규모부대, 특수부대, 파시스트부대의 명칭 ¶ иностранный ~ // 외인부대
легитимность 정통성
легитимный 정통성 있는 ¶ ~ная власть // 정통성있는 정권
ледокол 쇄빙선 ¶ атомный ~ // 원자쇄빙선 ¶ океанский ~ // 대양쇄빙선 Л
лейтенант 중위 ◆ 고등군사학교 졸업생에게 부여되는 계급 ¶ младший ~ // 소위 ◆ 중등군사학교 졸업생에게 부여되는 계급 ¶ старший ~ // 상위
лента 훈포장띠, 리본; 탄띠 ¶ орденская ~ // 훈포장띠 ¶ пулемётная ~ // 기관총 탄약띠
лёгкий 가볍게 무장한 ¶ ~ бомбардировщик // 경폭격기 ¶ ~ крейсер // 경순양함 ◆ 1, 2차 세계대전 이후 유도탄 탑재 이전까지 주포의 크기에 의하여 순양함을 분류하였으며, 주포가 6인치 이하인 순양함을 지칭 ¶ ~ миномёт // 경박격포 ¶ ~ пулемёт // 경기관총 ¶ ~танк // 경전차
лётный 비행의, 항공의, 공군의 ¶ ~ костюм // 비행복 ¶ ~ состав // 비행원 ¶ ~ час // 비행시간 ¶ ~ная дорожка // 활주로 ¶ ~ная часть // 비행부대 ¶ ~ная школа // 항공학교 ¶ ~ное задание // 비행임무 ¶ ~ное поле // 이착륙장

¶ ~ные качества самолёта // 비행기의 비행성능

лётчик 비행사 ¶ ~-инструктор // 비행교관 ¶ ~-испытатель // 시험비행사 ¶ ~-истребитель // 전투기비행사 ¶ ~-космонавт // 우주비행사 ¶ ~-смертник(пилот-смертник,лётчик-камикадзе) // 자살특공대 조종사, 가미가제 조종사 ¶ военный ~ // 군용기비행사 ¶ второй ~ // 부조종사

лидер 지도자, 지휘자; 향도함

лидерство 지도력, 리더십 ◆ 작전의 성공을 위해 아군에 유리한 상황을 조성해 나감으로써 아군이 원하는 방향으로 전투를 이끌어 가는 능력

ликвидация 청산, 철폐 ¶ ~ военных баз на чужих территориях // 외국주둔 군사기지 폐쇄 ¶ ~ оружия массового уничтожения [ОМУ] // 대량파괴무기 철폐

линейный 전열의, 제1선의, 주력의, 정규의, 상비의 ¶ ~ корабль // 전함, 전투함, 주력함 ¶ ~ крейсер // 순양함 ¶ ~ное построение // 횡대 ¶ ~ные войска // 상비군, 정규군, 주력부대

линия ① 선, 줄, 한계 · 방향 · 수준 등의 표시선 ¶ ~ горизонта // 지평선, 수평선 ¶ ~ нагрузки судна // 흘수선 ¶ ~ огня // 화선 ¶ ~ прицела // 조준선 ¶ ~ противовоздушной обороны // 대공방위선 ¶ береговая ~ // 해안선 ¶ демаркационная ~ // 군사분계선 ¶ коммуникационная ~ // 병참선, 보급로, 연락선 ◆ 작전 중인 군부대와 작전기지를 연결하여 보급품 및 병력이 이동하는 일체의 육해공로를 말하며, 통상 병참지대에서는 병참선이라 하고, 전투지대에서는 주보급로라고 하며, 병참선이나 주보급로는 같은 뜻으로 해석 ¶ наблюдательная ~ // 감시선 ¶ оборонительная ~ // 방 (어)선 ¶ передовая ~ // 전선, 전연, 제1선 ② 열, 줄; 대열 ¶ построить корабли в ~нию // 배를 1열로 정렬시키다 ③ 경계, (국경; 국경선 상의) 요새, 보루 ④ 선로, 선, 노선; 교통로 ¶ ~ курса // 항행로, 항로 ¶ воздушная ~ // 비행 항로 ¶ железнодорожная ~ (또는 ~ железной дороги) // 철도선로 ¶ трамвайная ~ // 전차선 ⑤ 노선, 방침 ¶ ~ поведения // 행동방침 ¶ держаться правильной ~нии // 옳은 방침을 견지하다

Л

личный 일신상의 ¶ ~ документ // 개인문건 ¶ ~ состав // 인원 ¶ начальник отдела ~ного состава // 인사과장 ¶ начальник управления~ного состава // 인사국장 ¶ отдел ~ного состава // 인사과 (처) ¶ отделение ~ного состава // 인사계 ¶ управление ~ного состава (кадров) // 인사국

лишить, [нсв] **лишать** кого-что, кого-чего 빼앗다, 박탈하다, 상실케 하다 ¶ ~ врага оружия // 적의 무기를 빼앗다 ¶ ~ кого жизни // …의 생명을 빼앗다 ¶ ~ кого прав // …에게서 권리를 박탈하다 ¶ ~ кого свободы // …의 자유를 박탈하다, 구금하다 ¶ война ~шила его родителей // 전쟁은 그의 부모들을 빼앗아갔다

ловушка 함정 ¶ избежать ~ки // 함정을 피하다, 간계를 피하다 ¶ поймать в ~ку // 함정으로 잡다 ¶ попасть в ~ку // 함정에 빠지다 ¶ минные ~ки // 지뢰지대

логистика 군수(軍需)

лодка …함, …정 ¶ ~ку валяло со стороны на сторону // 함정이 좌우로 되게 흔들렸다 ¶ летающая ~ // 비행정 ¶ моторная ~ // 발동선 ¶ подводная ~ // 잠수함(정) ◆ 잠수함은 300톤 이상의 잠수함으로 독립작전이 가능하며, 주무장은 어뢰나 어뢰발사관, 발사용 유도탄로켓을 장착할 수 있음. 잠수정은 150톤 이하의 소형전투잠수정 ¶ торпедная ~ // 어뢰정

ложа 총대

ложемент 호, 참호

ложный 기만의, 위장의 ¶ ~ аэродром // 위장비행장 ¶ ~ манёвр // 기만기동 ◆ 적의 아 병력의 기동에 대한 잘못된 판단을 유도, 병력의 배치를 잘못된 방향으로 하도록 하기 위한 기동 ¶ ~ окоп // 위장참호 ¶ ~ сигнал // 허위신호 ¶ ~ танк // 모조전차 ¶ ~ удар // 양동공격 ¶ ~ная атака // 기만공격 ¶ ~ная позиция // 위장진지 ¶ ~ная цель // 허위표적, 기만표적 ¶ ~ное показание // 위증, 허위진술 ¶ ~ные сведения // 허위정보

ложь 기만 ◆ 상대방의 상황인식에 영향을 줌으로써 상대방이 어떤 행동을 하거나 또는 하지 못하게 하는 것으로 군에서는 군사기만을 사용함

лозунг ① 표어, 구호, 좌우명 ¶ выдвинуть ~ // 구호를 내놓다 ¶ повесить ~ // 구호·표어를 내걸다 ¶ под ~гом чего // …의 구호 밑에 ② 암호

локатор 탐지기, 위치탐지기

лопата 삽 ¶ копать землю ~той // 삽으로 흙을 파다 ¶ пехотная (сапёрная) ~ // 보병 (공병)삽

лоция 수로지, 항로도; 항해술

лоцман 수로안내자

лоцманский 수로안내자의 ¶ ~кое судно // 수로안내선

лунодром 우주비행장

луч 복사선 ¶ инфракрасные ~чи // 적외선 ¶ радиоактивные ~чи // 방사선

лучевой 광선의 ¶ ~вое оружие // 레이저무기

льгота (전적인 또는 부분적인) 면제, 특혜, 특전 ¶ ~ ветеранов войны // 참전재향군인 우대 ¶ пользоваться ~тами // 특전을 받다 ¶ предоставить ~ту // 특전을 주다

лыжник 스키병

люк 현측포문, (함정 등에서)승강구, 해치, 채광창 ◆ 현측포문, (함정 등에서) 승강구, 해치, 채광창 ¶ ~ танка // 탱크의 문 ¶ ~-лаз // 우주비행선의 승강구 ¶ бомбовый ~ // 폭탄투하구 ¶ грузовой ~ // 화물해치 ¶ корабельный ~ // (선박 현측의)전함

포신구

люлька (대포의) 포신 지지부

люнет 방진구 (전방에 한 두 개의 장벽과 참호가 있는)

лютый ① 잔인한, 격렬한, 유혈적인 ¶ ~тая битва // 격전 ② 모진, 엄한 ¶ ~ ветер // 모진 바람 ¶ ~ мороз // 혹한

лядунка 기병들의 권총탄주머니 (띠를 달아 어깨에 거는)

M

магазин (=магазинная коробка) 탄창 ¶ барабанный ~ // 원통형 탄창 ¶ дисковый ~ // 원반형탄창 ¶ коробчатый ~ // 상자형 탄창 ¶ оружейный ~ // 총포상 ¶ шнековый ~ // 나선형탄창

магазинное оружие 탄창장전식 화기

МАГАТЭ *(Международное агентство по атомной энергии)* 국제원자력기구 [IAEA]

магнит 자석 ¶ полюс ~та // 자극

магнитный 자석의 ¶ ~ меридиан // 자기자오선 ¶ ~ная обсерватория // 자기관측소 ¶ ~ная сила // 자력 ¶ ~ная стрелка // 자침 ¶ ~ное склонение // 자기편차 ◆ 진북과 자북간의 수평각, 진북의 동쪽 또는 서쪽에 위치함에 따라 동쪽 또는 서쪽을 도분으로 측정하며 자침편차라고도 함 ¶ ~ные явления // 자기현상

мазут 중유

майор 소령 ¶ ~ авиации (пехоты) // 공군 (육군)소령

макет 모형, 견본 ¶ ~ корабля // 선박모형 ¶ ~ местности // 지형 사판

макетный // 모의의, 모형의 ¶ ~ оружие // 모의 화기

максимальный 최대한의, 최대의, 최고의 ¶ ~ная глубина погружения // 최대잠수깊이 ¶ ~ная дальность полёта без дозаправки // 최대무급유항속거리 ¶ ~ная дальность стрельбы // 최대사거리 ¶ ~ное время полёта самолёта в воздухе // 최대체공시간

малокалиберный 소구경의 ¶ ~ная винтовка // 소구경 소총 ¶ ~ная пушка // 소구경 평사포 ¶ ~ное ядерное оружие // 소구경핵무기

маневрирование 작전행동, 군사기동연습

маневрировать 기동하다, 기동연습을 하다.

манёвр ① 훈련, 기동, (공격하기 위한) 이동 ¶ ~ налево // 좌현기동 ¶ ~ направо // 우현기동 ¶ ~ по высоте // 고공기동 ¶ военный~ // 군사훈련 ¶ ложный ~ // 위장기동 ¶ обходный ~ // 우회기동 ¶ тактический ~ // 전술적 기동 ② 꾀, 속임수, 술책, 책동 ¶ политический ~ // 정치적 모략 ¶ прибегать к ~рам // 술책을 쓰다 ③ 연습, 군사연습, 기동훈련 ¶ ~силами постоянной готовности // 지속적인 군사연습 ¶ двусторонние ~ры // 대항연습 ¶ провести морские ~ры // 해상기동을 하다

манёвренность 기동성, 기동력 ◆ 군부대가 고유의 임무를 완수할 능력을 보유한 채 한 장소로부터 다른 장소로 이동하는 특성 ¶ высокая ~ войск // 군대의

높은 기동성

манёвренный 기동하는, 기동의, 기동성 있는 ¶ ~ крейсер // 기동성 있는 순양함 ¶ ~ная война // 기동전 ¶ ~ная оборона // 기동방어 ◆ 과감한 역습으로 적을 격멸하는 방어형태

манифест 선언(서), 성명(서), 포고문 ¶ ~ мира // 평화선언

манометр 기압계

мародёр 약탈자

мародёрство 약탈

марш 행진, 행군 ¶ Бегом ~! // (구령) 뛰어 가! ¶ дневной ~ // 주간행군 ¶ ночной ~ // 야간행군 ¶ пеший ~ // 도보행군 ¶ скорость движения на ~ше // 행군속도 ¶ форсированный ~ // 강행군 ¶ церемониальный ~ // 분열식의 행진

маршал 원수 ¶ ~ бронетанковых войск // 장갑전차병 원수 ¶ ~ войск связи // 통신대원수 ¶ ~ инженерных войск // 공병원수 ¶ ~ Советского Союза // 소연방 원수 ¶ главный ~ авиации // 공군원수

маршальская 원수의 ¶ ~ звезда // (소련의)원수계급장

маршевик (후방에서 전선으로 오는) 보충병

маршевый ① 행군의, 행진곡의 ¶ ~ порядок строя // 행진대열 ¶ ~вая музыка // 행진곡 ② 후방에서 전선에 보충되는 ¶ ~ батальон // 보충대대 ¶ ~вая рота // 보충중대 ¶ ~ двигатель // 순항추진기관

маршрут 경로, 노선, 코스 ¶ ~ движения // 이동·운행 경로 ¶ ~ перелёта // 원거리비행항로 ¶ обратный ~ // 귀환경로 ¶ определить ~ // 코스를 정하다 ¶ изменить ~ // 코스를 변경하다

маска 마스크, 얼굴가리개 ¶ противогазовая ~ // 방독면

маскировка 가장; 위장물, 엄폐물 ¶ ~ военных объектов // 군사목표물의 위장 ¶ световая ~ // 등화관제 ◆ 야간에 함정의 불빛을 밖에서 볼 수 없도록 막는 방법으로 이때는 정박등 및 항해등도 소등

М

маскировочный 위장(용)의 ¶ ~ халат // 위장용 외투 ¶ ~ная одежда // 위장복 ¶ ~ная сетка // 위장망 ¶ ~ная часть // 위장부대

массирование 집중 ¶ ~ огня // 화력집중 ¶ ~ сил и средств // 병력 및 장비의 집중

массированный 집중한, 집결한 ¶ ~ боевой порядок // 밀집전투대형 ¶ ~ налёт авиации // 공군의 집중공격 ¶ ~ная бомбардировка // 집중포격 ¶ ~ное использование // 집중이용 ¶ тактика ~ных ударов // 집중타격 전술

массовый 대량적인, 다수의, 대규모의, 광범한 ¶ ~вое бедствие // 대규모 재해 ¶ ~вое производство // 대량생산 ¶ ~вые аресты // 대량검거 ¶ оружие ~вого поражения // 대량파괴무기 [MCW] ¶ оружие ~вого уничтожения // 대량살상무기

[WMD] ◆ 핵, 화학, 생물학무기 등과 같이 대량살상 및 파괴를 유발하는 무기의 총칭

мастер 숙련공, 기능공 ¶ ~ по вооружению // 무기제작공

мастерство 기술 ¶ с большим ~вом // 높은 기교를 가지고 ¶ лётное ~ // 비행술

масштаб 축척 ¶ ~ 25 километров в сантиметре // 1 : 2,500,000의 축척

материал ① 재료 ¶ стратегические ~лы // 전략물자 ◆ 한 나라의 기본적인 운영요건을 충족시키는 데 필요한 모든 물자로서 일국의 경제발전에 중추적 역할을 담당하며 발전과정에 있어 핵심이 되는 중요물자 ② 자료 ¶ ~ для наблюдений // 관측자료

матрос 수병 ¶ палубный ~ // 갑판병 ¶ старший ~ // 【海】 상병

матроска 수병복

матросский 수병의 ¶ ~кая форма // 수병복 ¶ ~кая шапка // 수병모

мачта ① 국기게양대; 깃대 ② 돛대, 마스트 ¶ поднять флаг на ~ту // 돛대에 깃발을 걸다

машина ① 기계 ¶ адская ~ // 시한폭탄 ¶ паровая ~ // 증기기관 ② 기구, 조직 ¶ военная ~ // 군사기구 ¶ государственная ~ // 국가기구 ③ 자동차 ¶ ~ огневой поддержки на колёсном ходу // 차륜화력지원차량 ¶ ~ радиационной и химической разведки // 화생방정찰차량 ¶ ~ технической помощи // 기술지원차량 ¶ ~ управления // 지휘차량 ¶ боевая ~пехоты // 보병전투차량 ¶ боевые, специальные, транспортные ~ны // 전투용, 특수용, 수송용 차량 ¶ бронированная ~ // 장갑차 ¶ личная (служебная) ~ // 개인용(공무용) 차 ¶ плавающая ~ // 수륙양용차

маяк 등대; 표식, 표시기 ¶ аэродромный ~ // 비행장등대 ¶ береговой ~ // 연안등대 ¶ опознавательный ~ // 표지등대 ¶ плавучий ~ // 등대배, 등선, 부유등대 ¶ радиолокационный ~ // 전파탐지표시기

МБР *(межконтинентальная баллистическая ракета)* 대륙간 탄도미사일

МБС *(межконтинентальный баллистический снаряд)* 대륙간 탄도탄 [ICBM] ◆ 대양을 횡단하며 대륙 간 사격이 가능한 사정거리 5,000마일 이상의 전략탄도미사일

MB *(механизированные войска)* 기계화부대

MB *(миномётный взвод)* 박격포소대

МВС *(Министерство вооружённых сил)* 국방성

МВТ *(Международный военный трибунал)* 국제군사재판소

МВт *(мегаватт)* 메가와트

мгла 안개 ¶ в густой ~ле // 짙은 안개 속에서 ¶ дымная ~ // 스모그, 연무

МГИМО *(Московский Государственный институт международных отношений)* 모스크바국립국제관계대학교

М

МГУ *(Московский Государственный университет имени М.В.Ломоносова)* 모스크바국립대학교 [MSU] ◆ 정치학부 (철학부에서 분리), 국제관계학부에는 안보·군사문제에 관한 박사과정이 개설되어 있음

мегафон 확성기, 메가폰

медаль 휘장, 메달 ¶ золотая ~ // 금메달

медицина 의학 ¶ авиационная ~ // 항공의학 ¶ военно-морская ~ // 해군의학 ¶ судебная ~ // 법의학

медицинский 치료의, 의료의, 의학의 ¶ ~ осмотр // 건강진단 ¶ ~ центр армии // 육군의무사령부 [AMC] ¶ ~кая сестра // 간호사 ¶ ~кая служба // 의무지원대

межгосударственный 국가 간의 ¶ ~ная специализация // 국가 간 전문화 ¶ ~ные территориальные споры // 국가 간 영토분쟁

международный 국제적인 ¶ ~ валютный фонд [МВФ] // 국제통화기금 ¶ ~ военный трибунал // 국제군사법정 ¶ ~ договор // 국제조약 ¶ ~ комитет морского права // 국제해양법위원회 ¶ ~ конфликт // 국제분쟁 ¶ ¶ ~ суд // 국제재판소 ¶ ~ терроризм // 국제테러리즘 ¶ ~ная выставка // 국제전람회 ¶ ~ная конференция // 국제회의 ¶ ~ная конференция по разоружению // 국제군축회의 ная~ практика // 국제관례 ¶ ~ная солидарность // 국제적 연대성 ¶ ное~ положение // 국제정세 ¶ ~ное право // 국제법 ¶ ~ные отношения // 국제관계 ¶ ~ные расчёты // 국제결제 ¶ на фоне текущих ~ных событий // 현국제정세하에서

мелкокалиберный 소구경의 ¶ ~ная винтовка // 소구경보총

мемориал 기념물, 기념상 ¶ военный ~ // 전쟁기념물, 전몰장병기념관

мемуары (공적성격을 가진) 각서 ◆ 합동부대급 이상의 지휘관이 시행일정 및 예정사항 같은 것을 자신의 참모에게 보내는 비공식 문서 ¶ военные ~ // 진중메모

мера, [복]~ры [복] 조치, 수단, 방책, 대책 ¶ ~ры наказания // 처벌조치 ¶ ~ры самообороны // 자위적 조치 ¶ временные ~ры // 임시적 조치·수단 ¶ гибкие ~ры // 융통성 있는 대책·조치 ¶ неотложные ~ры // 긴급조치 ¶ законная ~ // 법적수단 ¶ принимать ~ры // 대책·조치를 취하다 ¶ принудительные ~ры // 강제조치 ¶ экстренные ~ры // 긴급비상조치 ¶ ~ры доверия // (국가들 사이의)신뢰마련조치

меридиан 자오선 ¶ географический ~ // 지리학적 자오선 ¶ Гринвичский ~ // 그리니치 자오선, 본초자오선(本初子午線) ¶ истинный ~ // 진자오선 ¶ магнитный ~ // 자기자오선 ¶ небесный ~ // 천구자오선 ¶ нулевой ~ // 본초자오선(本初子午線)

мероприятие 대책, 조치, 행사 ¶ ~ для(ради) галочки // 행사를 위한 행사 ¶ ~ по противотанковой обороне // 대전차 방어대책 ¶ оборонительные ~тия

// 방어책 ¶ правительственные ~тия // 정부의 대책 ¶ провести ~ // 대책을 세우다

местность 지대, 지역, 지형 ¶ гористая ~ // 산악지대 ¶ горный характер ~ти // 산악지대의 특성 ¶ использование ~ти // 지형의 이용 ¶ обстреливаемая ~ // 사격 지역·지대 ¶ пересечённая ~ // 애로지형 ¶ рельеф ~ти // 지형의 기복 ¶ складки ~ти // 지대의 높낮이 ¶ танкодоступная ~ // 전차기동가능지역 ¶ танконедоступная ~ // 전차기동불가지역 ¶ труднопроходимая ~ // 장애물이 많은 지형

местный 지역의, 지방적인 ¶ ~ ориентир // 현지방위목표 ¶ ~ предмет // 지형지물 ¶ ~ная атака // 지역적 공격 ¶ ~ная оборона // 지역방어 ¶ ~ные стрелковые войска // 현지보병부대, 현지경비대

место ① 장소, 곳, 현장, 자리 ¶ ~ боя // 싸움터, 전장 ¶ ~ расквартирования // 주둔지 ¶ на (своём) ~те // 정위치(제자리에) ¶ по ~там! // 위치로! ② 지위, 직위, 위치 ¶ занимать руководящее ~ // 지도적 지위를 차지하다 ¶ на вашем ~те // 내가 당신의 입장에 있다면

местонахождение 소재지 ¶ ~ корабля на карте // 지도에서 배가 있는 곳

метеорологический 기상의, 기상학의 ¶ ~ спутник // 기상위성 ¶ ~кая обсерватория // 기상관측소 ¶ ~кая ракета // 기상 (관측) 로켓 ¶ ~кая сводка // 기상통보, 일기예보 ¶ ~кая станция // 기상대, 기상관측소 ¶ ~кие наблюдения // 기상관측 ¶ ~кие условия // 기상조건

мсткий 정확한, 명중의, 백발백중의 ¶ ~ выстрел // 정확한 사격, 명중사격 ¶ ~ стрелок // 명사수 ¶ ~кая пуля // 명중탄

механизированный 기계화된 ¶ ~ная бригада // 기계화여단 ¶ ~ная дивизия // 기계화사단 ¶ ~ная часть // 기계화부대 ¶ ~ное минирование // 기계화 지뢰매설 ¶ ~ное соединение // 기계화연합부대 ¶ ~ные войска // 기계화부대, 기갑부대

механизм ① 기구, 기계장치, 기계의 내부장치 · 구조, 기계작용 ¶ ~ блокировки // 폐색기구 ¶ ~ дистанционного управления // 원격조종장치 ¶ ~ передачи движения // 전동기구 ¶ ~ перезаряжения // 재장전장치 ¶ ~ управления огнём // 사격조종기구 ¶ нажимный ~ // 압착기구 ¶ предохранительный ~ // 안전기 ¶ программный ~ // 프로그램장치 ¶ соединительный ~ // 연결기구 ¶ спусковой ~ // 방아쇠장치 ¶ сцепной ~ // 연동장치 ¶ счётный ~ // 계산기 ¶ тормозной ~ // 제동장치 ¶ ударный ~ // 격발장치 ¶ часовой ~ // 시한장치 ② 기구, 기관, 조직, 체제, 매커니즘 ¶ ~ власти // 권력기구 ¶ ~ наводки // 조준메커니즘 ¶ в договоре ~ не предусмотрен // 조약에는 기구가 예견되어있지 않다 ¶ государственный ~ // 국가기구

мсханик 기관사

М

меч 검, 긴 칼; (형벌의 상징으로서의) 검 ¶ точить ~ // 칼을 갈다 ¶ обнажить ~ // 칼을 뽑다 ¶ ~ возмездия // 복수·보복의 검, 복수의 형벌 ¶ ~ закона // 법의 검, 법이 내리는 준엄한 형벌 ¶ ~ правосудия // 공정한 재판의 형벌 ¶ скрестить ~чи // 전투에 진입하다 [속담] Кто пускает в ход меч, от меча и погибает 칼을 쓰는 자는 칼로써 망한다

мешок ① 자루, 주머니 ¶ вещевой ~ // 잡낭, 의류대 ② (대부대에 의한)완전포위 ¶ вырваться из ~шка // 포위에서 벗어나다 ¶ огневой ~ // 화집점(火集點), 화력집중운용지점 ¶ попасть в ~ // 포위당하다

МЗА *(малокалиберная зенитная артиллерия)* 소구경 고사포

милитаризация 군대화, 군국주의화 ¶ ~ промышленности // 산업의 군사화

милитаризированный 군사화된 ¶ ~ная промышленность // 군사화된 공업 ¶ ~ная экономика // 군사화된 경제

милитаризировать 군국주의화하다 ¶ ~ школу // 군사교육을 실시하다

милитаристский 군국주의의 ¶ ~кая политика // 군국주의 정책

милицейский 경찰의 ¶ ~кая форма // 경찰관의 제복 ¶ подвижная ~кая группа [ПМГ] // 경찰순찰반

милиционер 경찰관

милиция 경찰 ◆ 혁명전 경찰은 полиция이나, 1917년 2월 혁명 이후 милиция로 되어 2011년 이후 다시 사용하고 있음 ¶ отделение ~ции // 경찰서

мина 지뢰, 기뢰 (=морская ~, подводная ~), 수뢰 ¶ ~ заграждения // 방어기뢰 ¶ ~ замедленного действия // 지연지뢰 ◆ 시한작용의 한 방법을 이용한 지뢰 ¶ ~ контактного действия // 접촉식 지뢰 ¶ ~ магнитно-индукционного действия // 자기감응식 지뢰 ¶ ~ наведённого действия // 감응기뢰 ◆ 물리적인 접촉에 의하지 않고 목표물에 의한 감응작용에 의하여 발화장치가 작동되도록 설계된 기뢰로서 감응방법에 따라 자기기뢰, 음향기뢰, 압력기뢰 및 복합기뢰로 분류. ¶ ~ против воздушного десанта // 대공수지뢰 ¶ ~ с зарядом атомного взрывчатого вещества // 핵지뢰 ¶ ~нное поле // 지뢰밭 ¶ акустическая ~ // 음향기뢰 ¶ дрейфующая ~ // 부유기뢰 ¶ заложить (поставить)~ны // 기뢰를 부설하다 ¶ круг взрыва ~ны // 지뢰유효권 ¶ ложная ~ // 위장지뢰 ¶ магнитоакустическая ~ // 자기음향기뢰 ¶ миномётная ~ // 박격포탄 ¶ наскочить (наткнуться) на ~ну // 지뢰를 밟다 ¶ нащупать ~ну // 지뢰를 탐지하다 ¶ неподвижная ~ // 기뢰 ◆ 기뢰수뢰의 준말로 함선에 손상을 주거나 격침 또는 해상이동을 억제하기 위하여 수면 밑에서 폭발하는 장치로서 계류기뢰, 부류기뢰, 해저기뢰로 분류 ¶ очищать море от мин // 해역의 기뢰를 제거하다, 소해하다 ¶ плавучая ~ // 부유기뢰 ¶ подземная ~ // 지뢰 ¶ попасть на ~ну // 기뢰에 걸리다 ¶ противопехотная ~ // 대인지뢰 ¶ противотанковая ~ // 대탱크 지뢰 ¶ разрядить ~ну // 지뢰를 제거하다 ¶ самодвижущая ~

// 어뢰 ¶ химическая ~ // 화학지뢰
минёр 지뢰를 부설 · 해제하는 공병, 지뢰매설병
минирование 지뢰부설
министерство 정부 부처 ¶ ~ обороны // 국방부
министр 장관 ¶ ~ иностранных дел // 외무부장관 ¶ ~ обороны // 국방부장관
минный 지뢰의, 기뢰의 ¶ ~ аппарат // 기뢰발사관 ¶ ~ взрыв // 지뢰폭발 ¶ ~ заградитель // 기뢰부설함 ¶ ~ трал // 지뢰제거기 ¶ ~ная атака // 기뢰공격 ¶ ~ное поле // 기뢰밭, 지뢰밭 ¶ ~ные заграждения // 지뢰·기뢰망
минобороны *(Министерство обороны)* 국방부 ¶ ~ России // 러시아 국방부 ¶ ~ СССР // 소련 국방부
миноискатель 지뢰탐지기, 지뢰탐지병
миномёт 박격포 ¶ гвардейский ~ // 무포신 로켓포 ¶ ручной ~ // 수타식 박격포
миномётный 박격포로 장비된 ¶ ~ выстрел // 박격포사격 ¶ ~ огонь // 박격포사격 ¶ ~ная рота // 박격포중대
миномётчик 박격포병
миноносец 어뢰정 ¶ эскадренный ~ (= эсминец) // 구축함
миноносный 어뢰로 무장한 ¶ ~ катер // 어뢰정
мир ① 평화 ¶ ~ во всём мире // 세계평화 ¶ миру - ~ // 세계에 평화를 ¶ борьба за ~ // 평화를 위한 전쟁 ¶ война и ~ // 전쟁과 평화 ¶ вооружённый ~ // 무장평화, 군비 확상 경생 ¶ движение за ~ // 평화운동 ¶ поддержание международного ~ра // 국제평화유지 ¶ проводить политику ~ра // 평화정책을 실시하다 ¶ сторонники ~ра // 평화옹호자 ¶ укрепление ~ра и безопасности // 평화·안보의 구축 ② 강화, 강화조약, 평화조약 ¶ заключить ~ // 강화(평화)조약을 체결하다 ¶ переговоры о ~ре // 강화(평화)교섭 ¶ подписать ~ // 강화(평화)조약에 서명하다 ¶ позорный ~ // 굴욕적인 강화 ¶ сепаратный ~ // 단독강화 ¶ ~ во всём мире // 전세계의 평화 **[속담]** Худой ~ лучше доброй ссоры 나쁜 평화라도 좋은 분쟁보다는 낫다 ¶ Мира не ждут - ~завоевывают // 평화란 기다려서는 안 된다, 싸워서 얻어야 한다
мирный 평화의 ¶ ~ договор // 평화조약 ¶ ~ проход в территориальных водах // 영해의 무해통항(無害通航) ¶ ~ состав // 평시편제 ¶ ~ная конференция // 평화회의 ¶ ~ное время // 평시 ¶ ~ное разрешение вопроса // 문제의 평화적 해결 ¶ ~ное сосуществование // 평화공존 ◆ 자본주의체제와 사회주의체제라는 상이한 정치, 경제, 사회체제가 평화적으로 공존하는 것 ¶ ~ное строительство // 평화적 건설 ¶ ~ное урегулирование корейского вопроса // 한반도문제의 평화적 해결 ¶ ~ные переговоры // 평화회담 ¶ принцип ~ного разрешения международных споров // 국제분쟁의 평화적 해결 원칙

М

мировой ① 세계의, 세계적인, 우주의 ¶ ~ океан // 대양 ¶ ~ рекорд // 세계기록 ¶ ~ рынок // 세계시장 ¶ ~вая война // 세계대전 ¶ ~вая история // 세계사 ¶ ~вая слава // 세계적 명성 ¶ ~вое господство // 세계제패 ¶ ~вое пространство // 우주공간 ¶ ~вые державы // 세계열강 ¶ в ~вом масштабе // 세계적 규모에서 ¶ учёный с ~вым именем // 세계적 학자 ② 화해의, 중재의, 조정의 ¶ ~вая сделка // 화해, 화의

миропорядок 세계질서

миротворец 평화유지군

миротворческий 평화유지의 ¶ ~кая миссия // 평화유지임무 ¶~кие силы // 평화유지군

мироустройство 세계질서 ¶ многополюсное ~ // 다극적 세계질서

миссия ① 임무, 과업 ¶ возложить важную ~сию на кого // …에게 중요한 임무를 맡기다 ¶ выполнить свою ~сию // 자기의 임무를 수행하다 ② 사명, 천직 ¶ ~ военных // 군의 사명 ¶ благородная ~воина // 군인의 숭고한 사명 ③ 공사관； 그 건물 ¶ американская ~ // 미국공사관 ¶ английская ~ // 영국공사관 ¶ работники ~сии // 공사관원 ④ 사절단 ¶ военная ~ // 군사사절단 ¶ правительственная ~ // 정부사절단 ¶ торговая ~ // 통상사절단

мичман ① 【海】 준위 ¶ старший ~ // 상급준위

мишенный 표적의, 목표의 ¶ ~ная обстановка // 표적상황, 전투사격 훈련상황 ¶ ~ное поле // 전투사격훈련장 ② 【海】 갑판장

мишень 표적, 과녁, 목표물 ¶ неподвижная (движущаяся) ~ // 고정 (이동)목표 ¶ стрельба по ~ни // 목표조준사격

младший 초급의 ¶ ~ командный состав // 초급지휘관 ¶ ~ офицер // 위관

многонациональный 다민족의 ¶ ~ные силы // 다국적군 ◆ 2개 이상의 국가 또는 그의 군대가 공동의 목적을 달성하기 위하여 협력하는 것으로 각국 고유의 독자적인 지휘체제를 유지하면서 협동의 관계를 이룬다는 점에서 연합과 다르나 일반적으로 다국적군도 연합의 한 형태로 분류함

многоцелевой 다목적의 ¶ ~ автомобиль // 다목적차량 ¶ ~вая атомная подводная лодка // 다목적 원자력잠수함 ¶ ~вая подлодка // 다목적잠수함

МО *(Министерство обороны)* 국방부

мобилизационный 동원의 ¶ ~ план // 동원계획 ¶ ~ приказ // 동원령 ¶ ~ная готовность // 동원태세·준비

мобилизация ① (군사) 동원 ¶ ~ всех сил страны // 모든 국력의 동원 ¶ ~ государственных ресурсов // 국가자원의 동원 ¶ военная ~ // 군사동원 ◆ 전쟁을 위하여 계획되고 규정된 군대를 양성하며, 이들에게 필요한 군수지원을 제공하는 과정 ¶ всеобщая ~ // 총동원 ¶ объявить ~цию // 동원령을 선포하다 ¶ осуществить всеобщую ~цию // 총동원하다 ¶ указ о ~ции // 동원령

¶ частичная ~ // 부분적 동원 ② 전시체제로의 개편, 전시체제화 ¶ ~ армии // 군사력의 전시체제로의 개편 ¶ ~ промышленности // 산업의 전시체제개편, 산업동원

могила 묘, 무덤 ¶ ~ неизвестного солдата // 무명용사의 묘 ¶ братская ~ // 집단묘지

модернизация 근대화, 현대화 ¶ ~ армии // 군현대화 ¶ ~ вооружённых сил // 군사력의 현대화 ¶ ~ национальной обороны // 국방의 현대화 ¶ ~ национальной системы противовоздушной обороны // 국가방공체계의 현대화

молниеносный 전격적인, 빠른 ¶ ~ бой // 전격전투 ¶ ~ удар // 기습공격 ¶ ~ная война // 전격전 ¶ ~ная операция // 전격전

моральный ① 도덕적인 ¶ ~ное воздействие // 도덕적 감화 ② 정신적인, 무형의 ¶ ~ дух армии // 군의 사기

море 바다 ¶ ~ шумит // 바다가 파도가 거칠게 인다 ¶ берег ~ря // 바다기슭, 해안, 연안 ¶ береговое ~ // 근해 ¶ бурное ~ // 풍랑이 이는 바다 ¶ ветер с ~ря // 바다바람, 해풍 ¶ война на ~ // 해전 ¶ Восточное (Западное) ~ // 동 (서)해 ¶ выйти в ~ // 출항하다 ¶ глубина ~ря // 바다의 깊이 ¶ господство на ~ // 제해권 ◆ 한 국가가 자국의 경제 및 국가안전을 유지하기 위하여 적 해군으로부터 간섭을 배제할 수 있는 해양우세의 정도를 말하며 완벽한 제해권은 불가함으로 해양통제의 개념으로 사용됨 ¶ дно ~ря // 바다바닥 ¶ ехать ~рем (또는 по морю) // 배로 가다 ¶ купаться (плавать) в ~ // 해수욕을 하다 ¶ Мёртвое ~ // 사해(死海) ¶ незамерзающее ~ // 부동해(不凍海) ¶ отдыхать на ~ (у ~ря) // 바다 (바다가)에서 휴식하다 ¶ поехать на ~ (к ~рю) // 바다 (바다가)에 가다 ¶ работать на ~ // 바다에서 일하다 ¶ сопредельные ~ря // 접속해역 ¶ спокойное ~ // 고요한 바다 ¶ территориальное ~ // 영해 ¶ туман на ~ // 해상의 안개 ¶ ~ по колено кому // 아무것도 무섭지 않다 ¶ в открытое ~ (выйти) // 넓은 바다로, 해안에서 멀리 (나가다) ¶ в открытом ~ // 넓은 바다에서, 해안에서 멀리 ¶ ему ~ по колено // 그는 아무것도 무서워하지 않는다 ¶ ждать у ~ря погоды // 공연한 기대를 걸다, 요행수를 바라다 ¶ за море // 해외에로, 외국에 ¶ за морем // 해외에서 ¶ закрытое (또는 внутреннее) ~ // 영해 ¶ из-за ~я // 해외로부터 ¶ капля в ~ // 창해의 일속 ¶ на дне ~ря найти (또는 сыскать) 또는 со дна ~ря достать // 바다·땅 밑에서라도 기어코 찾아낼 것이다 ¶ открытое ~ // 공해

мореплавание 항해; 항해술 ¶ изучать ~ // 항해술을 배우다 ¶ соглашение о ~нии // 항해협정

мореходность 항해능력

Морзе 모르스 ¶ ~ код (азбука ~зе) // 모르스부호

морской ① 바다의, 해양의 ¶ ~ берег // 해안 ¶ ~ бой // 해전 ¶ ~ ветер

// 바다바람 ¶ ~ волк // 노련한 뱃사람 ¶ ~ климат // 해양성 기후 ¶ ~ песок // 바다모래 ¶ ~ пират // 해적 ¶ ~ транспорт // 해상운수 ¶ ~кая блокада // 해상봉쇄 ¶ ~кая вода // 바닷물 ¶ ~кая держава // 해양국 ¶ ~кая карта // 해도 ¶ ~кая служба // 해상근무 ¶ ~кая страна // 해양국 ¶ ~кая торговля // 해상무역 ¶ ~кие перевозки // 해운, 해상수송 ¶ ~кие продукты // 해산물 ¶ ~кие пути // 바다길, 항로 ¶ ~кое дно // 바다 밑 ¶ ~кое пиратство // 해적행위 ¶ ~кое путешествие // 항해 ¶ ~кое течение // 해류 ¶ на дне ~ком найти (또는 сыскать) // 바다 밑에서라도 기어코 찾아내다 ¶ со дна ~ кого достать // 바다 밑에서라도 기어코 찾아내다 ② 항해의, 해운의 ¶ ~порт // 항구 ¶ ~кая авария // 해난 ¶ ~кая болезнь // 뱃멀미 ¶ ~кое право // 해상법 ¶ ~кое страхование // 해상보험 ③ 해군의 ¶ ~ офицер // 해군장교 ¶ ~ флот // 함대, 선단 ◆ 행정 및 작전 통제권을 행사하는 사령관 또는 사령관의 지휘 하에 있는 함정, 항공기 및 육상 관할부서의 한 조직으로 함대라는 용어는 일반적으로 지리적 위치를 표시하는 형용사와 함께 사용되거나 숫자를 붙여 제 1함대, 제 2함대 등으로 사용됨 ¶ ~кая база // 해군기지 ¶ ~кая пехота // 해병대 ¶ ~кие силы // 해군력, 해군 ◆ 국가이익을 증진하고, 국가목표를 달성하며, 국가정책을 수행하기 위하여 해양을 통제하고 사용할 수 있는 국가의 역량 ¶ ~ патрульный самолёт // 해상초계기 ¶ ~кая тактика // 해군전술 ¶ законы и обычаи ~кой войны // 해전법

мортира 박격포 ◆ 통상 국경 15mm이상의 긴 포신을 가진 곡사포

мортирный 박격포의 ¶ ~ артиллерийский дивизион // 박격포대대 ¶ ~ная стрельба // 박격포사격

мостовой 다리 · 교량의 ¶ ~ая рота // 부교중대 ¶ ~ая часть // 가교부대 ◆ 작전행동의 방해를 제거하고 병참선을 확보하기 위하여 하천 등을 횡단 연결시키기 위한 교량을 가설하는 부대

мостоукладчик 부교차량 ¶ танковый ~ // 전차형 부교차량

моторизованный 차량화된, 기계화된 ¶ ~ная дивизия // 차량화사단 ¶ ~ная пехота // 기갑보병 ¶ ~ные части // 기계화부대, 기갑부대

М

моторный 발동기의 ¶ ~ная лодка // 발동선 ¶ ~ное отделение // (함정의) 기관부

мотострелковый 차량화소총의 ¶ ~ полк // 차량화 소총연대 ¶ ~вая бригада // 차량화 소총여단 ¶ ~вая дивизия // 차량화 소총사단 ¶ ~вые войска // 차량화 소총부대

мощность, [복]~ти 위력; 출력 ¶ ~ бомбы // 폭탄의 위력 ¶ ~ государства // 국가의 위력, 국력 ◆ 국가가 그 국가목표 또는 국가정책을 달성하기 위하여 보유하는 능력으로서, 가장 원시적인 요소로서는 인구, 영토, 천연자원 3가지를 말하나, 21세기에는 정보지식력, 과학기술력 등 연성국력이 중시 ¶ ~ радиостанции // 무선소 출력

¶ ~ ядерного боеприпаса // 핵폭탄의 성능 ¶ тяжёлая артиллерия большой ~ти // 중포병 ¶ ядерные ~ти // 핵위력

мощь 힘, 위력 ¶ военная ~ // 군사력

МП *(минное поле)* 지뢰밭

МПС *(Международная палата по судоходству)* 국제항행관리소

МС *(Международный суд Организации Объединённых Наций)* 유엔국제재판

МС *(морские силы)* 해군

МСЯС *(морские стратегические ядерные силы)* 해군 전략 핵파워

МТА *(Минно-торпедная Авиация)* 대잠항공기(기뢰, 어뢰) ◆ 기뢰 부설 또는 어뢰사용이 가능한 수상함 공격 항공기

музей 박물관 ¶ ~ боевой славы // 전투영예박물관

мундир 제복, 예복, 정복 ¶ военный ~ // 군복 ¶ генеральский ~ // 장군정복 ¶ офицерский ~ // 장교정복 ¶ парадный ~ // 예복 ¶ пачкать (또는 марать) ~ (또는 честь ~ра) // (개인 또는 단체의)명예를 더럽히다

мушка 가늠쇠 ¶ взять (брать) на ~ку кого-что // 조준하다, 겨냥하다

муштра 군사교육시스템 ◆ 엄격한 질서, 반복훈련, 가혹한 규율 등에 기초한 군사교육시스템

МШ *(морской штаб)* 해군참모부

мщение 복수

мятеж 폭동, 반란 ¶ вооруженный ~ // 무장폭동

мятсжник 폭도, 반란군

мятежный 반란에 참가한 ¶ ~ные войска // 반란군

Н

наблюдатель 옵서버, 감시자 ¶ ~- разведчик // 감시정찰병, 척후병 ¶ ~-связной // 감시연락병 ¶ военные ~ли // 군사감시단 ¶ военные ~ли ООН // UN군사감시단 ¶ группа ~лей // 감시조

наблюдательный 관측 · 감시용의 관찰의 ¶ ~ аэростат // 감시기구, 관측기구 ¶ ~ пост // 감시초소 ¶ ~ пункт // 관측소, 감시소 ¶ ~ная вышка // 망루, 감시탑 ¶ ~ная дальность // 관측거리 ¶ ная~ щель // 감시창

наблюдение 감시, 관측 ¶ ~ за воздухом // 대공감시 ◆ 적·아 항공기 및 대형유도탄의 발견, 확인, 판단을 목적으로 전자, 시각 및 기타 수단에 의하여 체계적으로 행하는 관측 ¶ ~ за полем боя // 전장감시 ¶ ~ за флангом // 측방감시 ¶ ~ с воздуха // 공중으로부터의 감시 ¶ воздушное ~ // 공중감시 ◆ 전자, 시각 또는 여러 방법으로 공간을 조직적으로 관측하는 것 ¶ возможности ~ния // 감시능력 ¶ время ~ния // 감시시간 ¶ дальность ~ния // 감시거리 ¶ журнал ~ния // 감시기록부 ¶ запись~ния // 관측기록 ¶ командир группы приборов ~ния // 감시기구대장 ¶ место ~ния // 감시지점 ¶ наземное ~ // 지상관측 ¶ находиться под ~нием // 감시를 받다 ¶ подразделение ~ния // 감시대 ¶ полоса ~ния // 감시지대 ¶ прибор ~ния // 감시기구 ¶ прямое ~ // 직접감시 ¶ пункт ~ния и связи // 감시통신지구 ¶ разведка ~нием // 감시정찰 ¶ район ~ния // 감시구역 ◆ 위협을 탐지할 수 있는 구역으로서 작전구역의 최외권이며 탐색, 탐지 및 추적이 실시되고 시각탐지도 이용되며, 감시구역의 크기는 탐지장비의 성능 및 작동상태, 조기경보항공기 및 초계함정 사용, 기상 및 전파통제에 따라 변함 ¶ система ~ния // 감시시스템, 감시계통, 감시망 ¶ служба ~ния // 감시근무 ¶ средства ~ния // 감시자재 ¶ стрельба с ~нием // 관측사격

наведение 조준, 유도; (지상의 지시 · 신호에 의한 비행기의) 유도 ¶ ~ орудий // 포조준 ¶ ~ телескопа // 망원경조절

навесный 곡사의 ¶ ~ огонь // 곡사 ¶ ~ная траектория // 곡사탄도

навигационно-гидрографическое обеспечение [НГО] 항행보조자료

навигационный ① 항해의, 항법의 ¶ ~ журнал // 항해일지 ¶ ~ период // 항행기간 ¶ ~ сезон // 항해기 ¶ ~ центр // 항법지원센터, 전술항법센터, TACAN센터 ¶ ~ная прокладка // 항로 ¶ ~ное предупреждение // 항행경보 ② 항해용의 ¶ ~ная карта // 항해도 ¶ ~ные приборы // 항해기구

навигация ① 항해, 항행 ② 항행술, 항해학 ③ 항해기 ④ 항공술, 항공학

нависнуть, [нсв] **нависать над** кем-чем (불행, 위험 등이)위협하다, 닥쳐오다 ¶ ~сла опасность // 위험이 닥쳐왔다 ¶ войска ~сли над флангами врага // 부대들은 적의 양측면을 위협하였다

наводка 조준 ¶ ~ орудия // 대포조준 ¶ вертикальная ~ // 수직조존 ¶ горизонтальная ~ // 수평조준 ¶ механизм ~ки // 조준장치 ¶ непрямая ~ // 간접조준 ¶ огонь прямой ~ки // 직사 ¶ прямая ~ // 직접조준 ¶ самостоятельная ~ // 각개조준 ¶ точка ~ки // 조준점

наводчик 사격수, 조준수

навылёт 관통하여, 뚫고 ¶ пуля ранила его навылет // 총알이 그의 몸을 관통하였다

наган 권총

награда 표창, 상 ¶ выдавать в ~ду что // 상으로 ...을 주다 ¶ высшая правительственная ~ // 최고국가표창 ¶ денежная ~ // 상금 ¶ правительственная ~ // 국가표창 ¶ в ~ду // 표창·상으로

наградной 표창의 ¶ ~ лист // 표창장

наградные 상금

награждение 표창, 시상 ¶ ~ орденом или медалью // 훈장 또는 기장의 수여 ¶ ~ почётной грамотой // 표창장의 수여 ¶ представить к ~нию // 표창을 내신하다

нагрудный 가슴에 다는 ¶ ~ знак // 흉장 ¶ ~ медальон // 가슴메달

нагрузка 적재; (기계 등의)부하; 하중 ¶ ~ на двигатель // 기관부하 ¶ бомбовая ~ // 폭탄 적재량 ¶ полётная ~ // 비행 적재량

надводный 해상 · 수상의 ¶ ~ная скорость // 수상속력 ◆ 지정속력 또는 회피항행 중 기본속력에 대해 해류나 조류 등의 기상 영향을 받아 항진하게 되는 속력 ¶ ~ торпедный аппарат // 대함어뢰발사관 ¶ ~ флот // 수상함대 ¶ ~ ядерный взрыв // 해상핵폭발 ¶ ~ная цель // 수상표적 ¶ ~ное положение // 부상상태

надёжность 신뢰성, 신뢰도 ¶ ~ военной техники // 군사장비의 신뢰도

надствольный 총포신 위에 있는 ¶ ~ дальномер // 사거리 측정기 ¶ ~ целеуказатель // 표적지시기

надстройка 상부구조

надувной 공기로 부풀린 ¶ ~ная лодка // 공기팽창식 고무주정 [IBS]

надульник 총구 · 포문덮개

надульный 포문덮개의

наёмник 용병

наёмный 용병의, 고용된 ¶ ~ солдат // 용병 ¶ ~ные армии // 용병군대 ◆ 고대부터 유럽에서 활약한 군대 ¶ ~ные войска // 용병부대

нажать, [нсв] **нажимать на** кого-что 맹공격을 가하다, 압박하다 ¶ приказано было ~ на противника // 적에게 맹공격을 가하라는 명령이 하달되었다

нажим 압박, 맹공; (집요한) 독촉, 압력 ¶ ~ со стороны врагов // 적군 측의 공격 ¶ дипломатический ~ // 외교적 압력 ¶ требовать без ~ма // 압박을 가하지 않고 요구하다

нажимный 압박의 ¶ ~ная дипломатия в отношении КНДР // 대북한 압박외교

наземный 지상의 ¶ ~ командный пункт // 지상지휘소 ¶ ~ная пусковая установка // 지상발사대 ¶ ~ная радиолокационная станция // 지상레이더기지 ¶ ~ная разведка // 지상정찰 ¶ ~ная цель // 지상표적 ¶ ~ное наблюдение // 지상감시 ¶ ~ное оборудование // 지상시설 ¶ ~ные войска // 지상군

назначен(а) на пост кого ~직에 임명된

назначение 보직, 임명, 사명, 임무, 목적, 직무, 직능, 권한 ¶ ~ кого на пост кого // ~를 ~직에 임명 ¶ ~ корабля // 함정의 임무 ¶ отряд особого ~ния // 특수부대, 특별임무를 지닌 부대

назначенный 임명된, 정해진

назначить 임명하다 ¶ ~ кого в запас // …를 예비역으로 보내다

наказание 처벌, 형벌, 징벌 ¶ ~ за преступление // 범죄에 대한 형벌 ¶ высшая мера ~ния // 최고형 ¶ подвергнуть кого ~нию // …를 처벌하다 ¶ подвергнуться ~нию // 처벌받다, 처벌되다 ¶ требование ~ния // 구형

накат (사격 후에 포의)복좌

накидка 외투 ¶ защитная ~ // 방호외투

накрыть, [нсв] накрывать (포격 · 폭격으로 목표물을) 격파하다 ¶ ~ артиллерийским огнём // 포화력으로 격파하다 ¶ Блиндаж ~ло снарядом // 엄폐호가 포탄을 맞아 파괴되었다

налево! (군대, 체육의 구령) 좌향 좌! ¶ равнение ~ (~ равняйся) // 좌로 나란히 (정렬)! (구령)

налёт 급습, 습격; 집중공격 ¶ ~ авианосной авиации // 함재기 공습 ¶ ~ авиации // 비행대의 집중타격 ¶ ~ авиации противника // 적기 공습 ¶ артиллерийский ~ // 포병화력에 의한 습격 ¶ внезапный ~ // 기습 ¶ воздушный ~ // 공습 ¶ ночной ~ // 야간기습 ¶ огневой ~ // 화력집중공격, 화력습격 ¶ опустошительные ~ты // 파괴적인 습격

налицо 인원에 이상이 없는, 출석하여 있는

Н

наличный 실재의, 현존하는 ¶ ~ состав // 현재인원

наметить, [нсв] метить кого-что 겨누다, 조준하다 ¶ ~ ружьё на цель // 총을 목표에 조준하다 ¶ ~тил в голову, а попал в руку // 머리를 겨누었으나 팔에 맞았다

нападение 공격, 습격 ◆ 통상 소규모의 부대로 적지 안으로 신속히 침입하여 첩보를 입수하거나 적을 혼란 또는 적의 시설을 파괴하고 임무 완수 후 계획된 철수를 단행하는 기습작전 ¶ ~ из засады // 매복공격 ¶ внезапное ~ // 기습 ¶ вооружённое

~ противника // 적의 무력침공 ¶ дальнее огневое ~ // 원거리 화력습격 ¶ отразить ~ // 공격을 격퇴하다 ¶ подвергнуться ~нию с воздуха // 공중습격(공습)을 받다

напасть, [нсв] нападать на кого-что 공격하다, 습격하다 ¶ ~ на врага // 적을 공격하다 ¶ не собираться ~ на врага // 적을 공격할 계획이 없다.

напор 맹공격, 맹습, 맹공세 ¶ отступить под ~ром наших войск // 아군의 맹공격으로 후퇴하다 ¶ под ~ром наших войск // 아군의 맹공격하에

направить, [нсв] направлять ① [кого-что] 돌리다, 향하게 하다, 집중하다 ¶ ~ дуло пистолета на врага // 총구를 적에게로 돌리다 ② [кого-что (к) кому-чему]파병하다, 파견하다. 보내다 ¶ ~ войска на помощь Соединенным Штатам в Ираке // 이라크에 미국지원부대를 파병하다

направление ① 방향, 방향선 ¶ ~ вспомогательного удара // 조공방향, 보조타격방향 ¶ ~ главного удара // 주공방향, 주타격 방향 ◆ 결정적인 목표에 대부분의 공격역량을 집중 지향하는 전술집단. 부대 임무수행에 최대루 기여하는 목표의 확보에 지향되는 공격방향 ¶ ~ наступления // 공격방향 ¶ взять ~ на север // 방향을 북쪽으로 잡다 ¶ ложное ~ // 위장공격방향 ¶ менять ~ // 방향을 바꾸다 ¶ по ~нию к морю // 바다를 향하여 ¶ по разным ~ниям // 여러 방향으로 ¶ противоположное ~ // 반대방향 ¶ решающее ~ // 결정적 방향 ② 전선, 전선군 ¶ бои на западном ~нии // 서부전선에서의 전투 ¶ на южном ~нии // 남부전선에서

направляющий 향도부대, 향도함, 주도기 (비행기의) ¶ ~щая часть // 기준부대 ◆ 전술작전에 있어서 이동 또는 기동의 계획 및 실시의 핵심이 되는 부대 또는 편성체

направо! (구령으로) 우향-우! ¶ равнение ~! // 우로 나란히 !

напролёт 계속, 쉬지 않고 ¶ всю ночь ~ // 철야하며, 밤을 꼬박 새워

напряжение 긴장 ¶ ослабление международного ~ния // 국제긴장의 완화

напряжённость 긴장성, 긴장상태, 긴박성; 긴장도 ¶ ~ в международных отношениях // 국제관계에서의 긴장성 ¶ международная ~ // 국제적 긴장 ¶ ослабление международной ~ти // 국제긴장상태의 완화 ¶ разрядка ~ти // 긴장완화

напряжённый 긴장된 ¶ ~ная борьба // 격전 ¶ ~ные международные отношения // 긴장된 국제관계

нарастание 증대, 증강 ¶ ~огня // 사격확대

наращивание 강화, 증대, 증강 ¶ ~ военной мощи // 군사력의 증강 ¶ ~ вооружений // 군비증강

нарезка (나사못이나 원통 따위의) 홈, 강선 ¶ ~ ствола орудия // 포신의 강선

нарезной 나선으로 된, 홈이 패여 있는 ¶ ~ ствол // 강선총열 ¶ ~ное орудие

Н

// 강선포 ¶ ~ное оружие // 강선무기 ¶ ~ное ружьё // 강선총

нарушение ① 교란 ¶ ~ мира // 평화교란 ② 위반, 침해, 침범 ¶ ~ воздушной границы // 영공침범 ¶ ~ воинской дисциплины // 군기위반 ¶ ~ границы // 국경침범 ¶ ~ дисциплины // 규율위반 ¶ ~ закона // 위법 ¶ ~ соглашения о перемирии // 정전협정의 위반

нарушитель 교란자

наряд ① 복장 ② 명령; 특별임무; 특별임무를 맡은 조 ¶ быть в ~де // 군사임무 수행 중에 있다 ¶ дать ~ // 특별임무를 내리다 ¶ работа по ~дам // 명령에 따른 업무 ¶ сторожевой ~ // 경비·수비대 ¶ суточный ~ // 주간특별임무

население 거주민, 주민 ¶ местное ~ // 현지 주민 ¶ мирное ~ // 비무장 민간인

наставление 교범 ¶ ~ по инженерному делу // 공병교범 ¶ ~ по противовоздушной обороне // 대공방어교범 ¶ воинские ~ния // 군사교범

настильность 최저표척 ¶ ~ огня // 최저표척사 ¶ ~ полёта снаряда // 탄의 최저표척 비행

настильный (탄알 등에 대하여) 지표면에 평행하는 ¶ ~ выстрел // 평사사격 ¶ ~ная траектория // 평사탄도, 직사탄도

настроение 사기

наступательный 공격적인 ¶ ~ бой // 공격전투 ¶ ~ дух // 공격정신 ¶ ~ная война // 공격전 ¶ ~ная операция // 공격작전 ¶ ~ное движение // 공세 (攻勢) ◆ 주도권을 행사해서 적을 격파하는 적극적인 대규모 공격행동 ¶ ~ные действия // 공세 (攻勢)

наступающий ① 공격의 ¶ ~щая армия // 공격군 ② 공격측 ¶ ~щая сторона // 공격측

наступить, [нсв] **наступать** на кого-что 진격하다, 공세를 취하다 ¶ армии ~ пают широким фронтом // 군대는 넓은 전선에 걸쳐 공격한다

наступление 공격, 진공, 진군, 진격 ¶ ~ местного значения // 국지공격 ¶ внезапное ~ // 불시공격 ¶ генеральное ~ // 총공격 ¶ глубина ~ния // 공격종심 ¶ дальнейшее ~ // 차후공격 ¶ задержать ~ // 공격을 저지 (좌절)시키다 ¶ исходные позиции для ~ния // 공격출발진지 ¶ исходный рубеж для ~ния // 공격전개계선 ¶ начать ~ // 공격을 개시하다 ¶ объект ~ния // 공격목표 ¶ перейти в ~ // 공격으로 전환하다 ¶ подготовка ~ния // 공격준비 ¶ приказ на ~ // 공격명령 ¶ стремительное ~ // 재빠른 공격 ¶ фронтальное ~ // 정면공격 «상용구» Есть ~, но нет отступления! 전진은 있어도 후퇴는 없다

натиск 공격, 맹습, 돌격 ¶ под ~ком наших войск // 아군의 맹렬한 공격 하에 ¶ под ~ком кого-чего // ~의 압력을 받아

НАТО *(Организация Североатлантического договора)* 나토, 북대서양 조약기구 [NATO]

находиться [нсв] (상태에)놓여 있다, 처해 있다 ¶ ~ в осаде // 포위되어 있다 ¶ ~ в отпуску (отпуске) // 휴가를 받고 있다 ¶ ~ в подполье // 잠복하고 있다 ¶ ~ в распоряжении кого // ...의 관할 하에 있다 ¶ ~ между жизнью и смертью // 생사기로에 서 있다 ¶ ~ на посту // 초소에 서 있다 ¶ ~ под влиянием кого-чего // ...의 영향 하에 있다 ¶ ~ у власти // 정권을 장악하고 있다

национализация 국유화

национальный ① 국민의 ② 국가의 ¶ ~ гимн // 국가 ¶ ~ комитет // 국가(전국)위원회 ¶ ~ флаг // 국기 ¶ ~ная безопасность // 국가안전보장 ◆ 국내외의 군사, 비군사적 위협으로부터 국가목표를 달성하기 위하여 정치, 외교, 문화, 군사, 과학기술 등의 제 수단을 종합적으로 운용, 당면하고 있는 위협을 효과적으로 배제하고 또한 일어날 수 있는 위협의 발생을 미연에 방지하며 나아가 불의의 사태에 적절히 대처하는 것

начальник 책임자, 장; 상관, 지휘관 ¶ ~ артиллерии полка // 연대포병대장 ¶ ~ арьергарда // 후방지휘관 ¶ ~ боевого питания // 전투급양관 ¶ ~ бронетанковой службы // 기갑대장 ¶ ~ вещевой службы // 보급대장 ¶ ~ гарнизона // 위수대장, 경비대장 ¶ ~ Генштаба ВС (~ Генерального штаба Вооружённых Сил) // 총참모장 ¶ ~ главного управления // 총국장 ¶ ~ заставы // 엄호대장 ¶ ~ инженерной службы полка // 연대 공병근무대장 ¶ ~ медицинской службы полка // 연대 의무근무대장 ¶ ~ отдела // 부장 ¶ ~ отдела по оперативным и учебным вопросам // 작전훈련처장 ¶ ~ отделения по юридическим вопросам // 법무실장 ¶ ~ пожарной охраны // 소방대장 ¶ ~ полевого караула // 분초장 ¶ ~ продовольственной службы // 급양대장 ¶ ~ противовоздушной обороны полка // 연대 방공대장 ¶ ~ разведки полка // 연대 정보대장 ¶ ~ рода войск // 병과장 ¶ ~ связи полка // 연대 통신대장 ¶ ~ службы радиационной, химической и биологической защиты полка // 연대 화생방근무대장 ¶ ~ сторожевой заставы // 소초장 ¶ ~ тыла // 후방책임자 ¶ ~ управления // 국장 ¶ ~ финансовой службы полка // 연대 재정근무대장 ¶ ~ штаба // 참모장 ¶ ~ штаба ВМС РК // 대한민국 해군참모총장 ◆ 다른 표기 방법 "Главнокомандующий штабом ВМС РК" ¶ ~ штаба сухопутных войск РК/США // 대한민국/미국 육군참모총장 ¶ ближайший ~ // 차상급자 ¶ младший ~ // 하급부서의 장 ¶ непосредственный ~ // 직속상관 ¶ прямой (непосредственный) ~ // 직속상관·책임자 ¶ старший ~ // 상급부서의 장

начальный 처음의, 시초의; 초보의 ¶ ~ное военное обучение // 기초군사훈련

начальствовать над кем-чем 지휘하다, 통솔하다 ¶ ~ над войском // 군대를 통솔하다

Н

начальствующий 책임자, 지휘관, 사령관 ¶ ~ состав // 사령부원, 막료

нашествие 침략, 침입

нашивка (관등급을 표시하는) 줄, (팔소매) 견장; 부상자나 근무연한이 넘은 사람들에게 달아주는) 영예 표식 ¶ ~ки капитана третьего ранга // 해군소령 견장 ¶ лейтенантские ~ки // 중위 견장

небоевая потеря 비전투손실 ◆ 질병이나 상해로 인하여 사망한 자 또는 적 활동과 억류로 인한 행방불명자를 포함하여 소속부대를 이탈한 인원

невооружённость 비무장 (상태)

невооружённый 비무장의, 무장하지 않은 ¶ ~ глаз // 육안 ¶ ~ человек // 무장하지 않은 사람 ¶ ~ная зона // 비무장지대 ¶ ~ная охрана // 비무장 경비 ¶ ~ным глазом // 육안으로

невоюющее государство 비 (非)교전국

негласность 비공개

негласный 비밀의, 비밀리의 ¶ ~ надзор за кем // 비밀감시 ¶ ~ суд // 비공개재판 ¶ ~ное заседание // 비밀회의 ¶ ~ным образом // 비밀리에 ¶ по ~ным сведениям 비밀정보에 의하면

недоверие 불신임, 의심 ¶ отнестись с ~рием // 의심을 품고 대하다 ¶ питать ~ // 불신임을 품다

недолёт 근탄(탄환이 목표물에 닫지 못하는 것)

недружественный акт 비우호적 행위

независимый 독립의, 독립적인, 자주적인 ¶ ~мая политика // 자주정책 ¶ ~мое государство // 독립국가

незаконность 위법행위

незащищённый 무방비의 ¶ ~ город // 무방비도시 ◆ 군사시설이 없고 군사작전에 이용되지 않는 도시로서 이를 선언하여 효력을 발생한 도시

незыблемость 불가침성 ¶ ~ послевоенных границ // 전후 국경의 확고부동

неисполнение 불이행 ¶ ~ приказания // 명령불이행

нейтрализация 중립, 중립화, 중립선언 ¶ ~ государства (пограничной зоны, морей) // 국가 (국경지대, 해양)의 중립화 ¶ ~ ракетного топлива // 로켓 연료의 중화 ¶ политика ~ции // 중립정책

Н

нейтрализовать [св] [нсв] ① 중립시키다, 중립화하다, 중립으로 만들다, 중립을 선언하다 ¶ ~ армию (государство) // 군대 (국가)의 중립을 선언하다 ② (영향, 힘 등을)없애다, 무력하게 만들다 ¶ ~ влияние // 영향을 없애버리다 ¶ ~ ядерную угрозу // 핵 위협을 무력하게 만들다

нейтралитет 중립 ¶ ~ в военное время // 전시중립 ¶ активный ~ // 적극적 중립 ¶ вооружённый ~ // 무장중립 ¶ постоянный ~ // 영세중립 ¶ соблюдать ~ // 중립을 지키다

нейтральный 중립(국)의, 중립적인； 중립을 지키는 ¶ ~ная зона // 중립지대 ¶ ~ное государство // 중립국 ¶ ~ные воды // 중립수역
нейтрон 중성자
нейтронно-ракетный 중성자 로켓의
нейтронный 중성자의 ¶ ~ удар // 중성자타격 ¶ ~ная бомба // 중성자폭탄 ¶ ~ная бомбардировка // 중성자폭격 ¶ ~ное оружие // 중성자무기
немилитаризация 비군사화 ¶ ~ космоса // 우주의 비군사화
ненападение 불공격, 불침략, 불가침 ¶ пакт (договор) о ~нии // 불가침조약
необстрелянный 전투경험이 없는 ¶ ~ная дивизия // 전투경험이 없는 사단 ¶ ~ные юнцы // 전투경험이 없는 신병들
неопознанный 신원불명의, 식별되지 않은 ¶ ~ летающий объект // 미확인비행물체 [UFO] ¶ ~ самолёт // 미확인항공기
неотразимый 격퇴하기 힘든, 격파하기 힘든 ¶ ~мая атака // 격퇴할 수 없는 공격
неофициальный 비공식적인 ¶ ~ источник // 비공식적출처 ¶ ~ное сообщение // 비공식적인 보도
неповиновение 위반 ¶ ~ закону // 위법
неподвижный 부동의 ¶ ~ное боковое охранение // 부동측위 ¶ ~ заградительный огонь (НЗО) // 부동조애사격 ¶ ~ная огневая точка // 고정화점 ¶ ~ пулемёт // 고정기관총 ¶ ~ пост // 고정초소 ¶ ~ торпедный аппарат // 고정어뢰발사관 ¶ ~ фланг // 부동익
непосредственный 직속의; 직접적인 ¶ ~ начальник // 직속상관
непрерывный 끊임없는, 연속의 ¶ ~ огонь // 연속사격 ¶ ~ стаж работы // 근속
неприкосновенность 불가침 ¶ принцип ~ти государственной границы // 국경 불가침원칙 ¶ право ~ти // 불가침권 ¶ нарушить ~ // 불가침권을 유린하다 ¶ территориальная ~ // 영토불가침 ¶ дипломатическая ~ // 외교관의 치외법권
неприкосновенный 비상용으로 두는; 사용할 수 없는 ¶ ~ запас [НЗ] // 비상용품 ¶ ~ запас продовольствия // 비상용식량
непримиримый 비타협적인 ¶ ~ враг // 비타협적인 적 ¶ ~мая борьба // 비타협적인 전투
неприсоединение 비동맹 ¶ политика ~ния // 비동맹중립원칙
неприсоединившаяся 비동맹의 ¶ ~ страна // 비동맹 중립국
неприступный 점령할 수 없는, 난공불락의 ¶ ~ная крепость // 난공불락의 요새
неприятель 적, 적군 ¶ встречать ~ля ружейным огнём // 포화로 적을 맞이하다

Н

¶ окоп ~ля // 적 전호 ¶ разбить ~ля // 적을 격파하다

неприятельский 적군의, 적의 ¶ ~ отряд // 적부대 ¶ ~кая позиция // 적진지 ¶ ~кие войска // 적군

непроницаемый 침투시키지 않는 ¶ ~для пуль // 방탄의

неравноправие (권리의) 불평등

неравноправный 불평등의 ¶ ~ договор // 불평등 조약

нераспорядительный 통제력이 없는

нераспространение 비확산 ¶ ~ ракетных технологий // 미사일 기술 비확산 ¶ ~ ядерного оружия // 핵무기 비확산 ¶ договор о ~нии стал самым универсальным международным договором // 비확산조약은 가장 포괄적인 국제조약이 되었다 ¶ режим ~ния ОМУ // 대량살상무기 비확산 체제

нерушимость 비파괴 ¶ принцип ~ти границ // 국경존중의 원칙

несимметричность 비대칭성

несимметричный 비대칭적인 ◆ 상대국가 또는 비국가 행위자가 구사하는 통상적 수단, 방법과는 다른 것, 방법을 통해 상대방의 약점을 집중 공격하여 강점을 마비, 또는 약화시키는

несокрушимый 파괴할 수 없는; 백절불굴의, 확고한 ¶ ~мая вера в победу // 승리에 대한 확고한 신념 ¶ ~мая мощь // 불패의 위력 ¶ ~мая твердыня // 난공불락의 요새 ¶ ~мые стены // 파괴할 수 없는 벽

нестроевой 비전투의 ¶ ~вая рота // 비전투 중대 ¶ ~вая служба // 비전투 근무

неуставной 군사규정에 위반되는, 어긋나는

неустранимость 불가침성

неучастие 불참 ¶ ~ в военных блоках // 군사블록에의 불참가

неуязвимый 공격할 수 없는, 난공불락의 ¶ ~мая высота // 접근·공격할 수 없는 고지 ¶ ~мая крепость // 난공불락의 요새 ¶ замок был ~вим для врага // 성은 견고하여 적이 공격할 수 없었다 ¶ часть ядерных и военных объектов была ~вима для атаки с воздуха // 핵 군사시설 구역은 공중 공격할 수 없었다.

нештатный 정원 외의, 편제 외의, 비상근의 ¶ ~ная обстановка // 예견치 못한 정황

Н

неявка 불출두, 불출석 ¶ ~ в срок без уважительных причин на военную службу // 정당한 이유 없는 불출두는

неядерный 핵무기가 없는, 비핵의 ¶ ~ное государство // 비핵국가

НЗО *(неподвижный заградительный огонь)* 부동조애사격

низвержение 타도, 전복

никак 결코, 전혀 ¶ ~ нет // 아닙니다, 그렇지 않습니다

ниша 개인호

НЛО *(Неопознанный летающий объект)* 미확인비행물체 [UFO]
новобранец 신병
новобранный 신병의
нога 다리 ¶ выпустить ~ги шасси // (비행기가 착륙용) 다리를 뻗치다 ¶ дать ~гу // 보조를 맞추다 ¶ к ~ге! // 세워 총! ¶ ходить в ~гу // 행진하다, 보조를 맞추어 걷다
номер ① 번호 ¶ инвентарный ~ // 비품번호 ¶ личный ~ // 군번 ¶ порядковый ~ // 순번 ¶ поставить ~ // 번호를 찍다·매기다 ¶ регистрационный ~ // 등록번호 ② (기관총, 포에서 제 1, 2번의)기관총수, 포수 ¶ ~ первого орудия // 제1포의 포수 ¶ запасной ~ // 예비포수 ¶ каждый ~на своём месте // 매 포수는 제 위치에 있다 ¶ миномётные ~ра // 박격포수 ¶ орудийный ~ // 포수 ¶ первый ~ расчёта станкового пулемёта // 중기관포분대 제 1사수 ¶ пулемётные ~ра // 기관총수
норд 북, 북쪽
норд-вест 북서, 북서쪽 ¶ взять курс на ~ // 서북쪽으로 항로를 잡다
норд-норд-вест 북서쪽 · 방향
норд-ост 북동, 북동쪽; 북동풍
норма ① (법적)규범, 규정, 준칙 ¶ ~ снабжения // 보급기준량 ¶ ~мы морали＝моральные~мы // 도덕규범 ¶ ~мы поведения // 행동규범·준칙 ¶ выработать ~мы // 규범·준칙을 작성하다 ¶ нарушить ~мы // 규범·준칙을 위반하다 ¶ общепринятые ~мы // 공인된 규범 ¶ правовые ~мы // 법규범 ¶ следовать ~мам // 규범·규정·준칙을 따르다 ¶ соблюдать ~мы // 규범·준칙을 엄수하다 ¶ соответствовать ~мам // 규범·규정·준칙에 맞추다 ¶ существующие ~мы // 현존·현행규범·준칙 ¶ установить ~мы // 기준을 세우다 ② 정상상태, 원상태 ¶ в ~ме // 정상상태로, 제대로, 정상으로 (되다) ¶ войти (прийти) в (обычную) ~му // 원상태·정상으로 돌아가다 ¶ выйти из ~мы // 정상에서 벗어나다 ¶ это не ~, а исключение // 이것은 규범 (정상)이 아니라 예외이다 ③ 규범, 모범, 표본 ¶ служить ~мой для чего // …의 모범으로 되다
носильщик 들것병
носитель 운반체 ¶ ~ ядерного оружия // 핵무기 운반체 ¶ ракета- ~ // 운반로켓, 탑재로켓 ¶ самолёт- ~ // 탑재기
носовой 함수의 ¶ ~вая часть судна // 함수 ¶ ~вой подводный торпедный аппарат // 함수어뢰발사관
нота 각서 ¶ дипломатическая ~ // 외교각서 ¶ личная ~ // 비공식문서 ¶ обмен ~тами // 각서교환
НОУ *(низкообогащенный уран - low enriched uranium* [LEU] 저농축 우라늄
ночлег 숙영 ¶ место ~га // 숙영장소

Н

ночной 야간의 ¶ ~ бой // 야간전투 ¶ ~ дозор // 야간순찰 ¶ ~ истребитель // 야간전투기 ¶ ~ налёт // 야간기습 ¶ ~ полёт // 야간비행 ¶ ~ поход // 야간행군 ¶ ~ пропуск // 야간통행증 ¶ ~ сторож // 야간경비 ¶ ~ная атака // 야간공격 ¶ ~ная посадка // 야간착륙 ¶ ~ная работа // 야간작업 ¶ ~ная теплочувствительная прицельная подсистема наведения // 야간 열영상조준·유도장치 ¶ ~ное солнышко // 등대 ¶ ~ные боевые действия // 야간전투행위

НОЯМ *(незаконный оборот ядерных материалов)* 핵물질 불법거래

НП *(наблюдательный пункт)* 감시소, 관측소 ◆ 관측을 할 수 있고 사격을 요청 또는 조정할 수 있도록 통신이 설치된 장소

НПП *(непосредственная поддержка пехоты)* 직접지원

НПРО *(национальная противоракетная оборона)* 국가미사일방어체계 [NMD]

нукер (13세기 초부터 몽골) 황제(칸)의 장수

нуклеаризация 핵화

нуждаемость 필요량 ¶ установить ~ в топливе // 연료필요량을 확정하다

нулевой 영의, zero의 ¶ ~ вариант // 완전폐기방안, 제로옵션 ◆ 핵군축교섭에서 핵무기 완전폐기라는 의미

НЦУЯО (эн-цуяо) *(национальный центр по уменьшению ядерной опасности)* 전국 핵위협 감소센터

НШ *(начальник штаба)* 참모장

ныряние 잠수

О

обезболивание 마취
обезопасить кого-что от кого-чего 위험성을 제거하다, 안전하게 하다 ¶ ~ границы от вторжения врага // 적이 침입하지 못하게 국경을 안전하게 하다
обезоружение 무장해제
обезоружить 무장해제하다
обеспечение 보장, 보증, 지원 ¶ ~военных действий // 전투지원 ◆ 전투부대에 제공되는 화력지원과 작전지원 (보조 작전)을 말하며, 야전포병, 방공포병, 항공, 공병, 헌병, 통신 및 전자전이 포함됨 ¶ ~ жизни // 생활보장 ¶ ~ информационной безопасности на Корейском полуострове // 한반도 안전보장 ¶ ~ полётов // 항공지원 ¶ ~ флангов и стыков // 측후방 경계보장 ¶ авиационное ~ // 항공지원 ¶ боевое ~ // 전투지원 ¶ войска технического ~ния // 기술지원부대 ¶ инженерное ~ // 공병지원 ¶ социальное ~ // 사회보장
обеспечить, [нсв] **обеспечивать** что (...의 실현을) 보장하다, 가능하게 하다 ¶ ~ выживаемость режима // 체제의 생존을 보장하다 ¶ ~ мир во всём мире // 세계평화를 보장하다 ¶ ~ независимость // 독립을 보장하다 ¶ ~ победу // 승리를 가능하게 하다
обет 맹세 ¶ дать ~ // 서약하다 ¶ исполнить (нарушить) ~ // 서약을 실행하다
обзор ① 관찰 ¶ ~ местности // 지형관찰 ¶ сектор ~ра // 감시구역, 관찰구역 ② 전망 ¶ наблюдательный пункт имеет хороший ~ // 감시소는 시계가 양호하다 ¶ с высоты открывается круговой ~ // 고지에서는 사방이 다 보인다 ③ 개괄 ¶ международный ~ // 국제정세개관 ¶ он сделал краткий ~ международного положения // 그는 국제정세를 간단히 개괄하였다
ОБК *(отряд боевых кораблей)* 수상함 전투단 ◆ 일정 기간 동안 특별한 목적을 위해 구성된 전투함 협동부대
облава 포위망 ¶ попасть в ~ву // 포위망에 들다 ¶ устроить ~ву // 포위망을 치다
обложение 포위
обмен ① [чего, нач то] 교환, 바꾸기 ¶ в ~ на что // ...과 교환하여 ¶ совершить (произвести) ~ // 교환하다 ② [чем] 교환, 교류 ¶ ~ пленными // 포로교환 ¶ ~ послами (делегациями) // 대사(대표단)교환 ¶ военный ~ // 군사교류 ¶ соглашение об ~ не курсантами // 사관생도교류협정

обмундирование 제복, 피복 ¶ новое ~ // 새 제복 ¶ промотание или утрата ~ния // 군복의 위법적 처분 또는 분실

обнаружить 탐색하다

обогащение 농축 ¶ ~ плутония // 플류토늄 농축

обогащенный уран 농축우라늄

обоз 군수품수송대 ¶ дивизионный ~ // 사단군수품수송대

обозный 군수품수송대의 ¶ ~ отряд // 운송부대

обозреватель 평론가 ¶ военный ~ // 군사평론가

обойма 실탄클립, 탄창 ¶ расстрелять всю ~му // 모든 실탄을 다 쏘다

обойти, [нсв] обходить 측면으로 적후방에 들어가다, 적을 우회하다 · 포위하다 ¶ ~ противника // 우회하여 적후방에 들어가다, 적을 우회하다

оборона ① 방어, 방위, 방비, 수비, 방어진지 ¶ ~ в горах // 산악방어 ¶ ~ города // 도시방어 ¶ ~ крепости // 요새방어 ¶ ~ на широком фронте // 광활한 전선에서의 방어 ¶ ~ страны // 국방 ¶ активная (пассивная) ~ // 적극(소극)적 방어, 공세적 방어 ¶ быть (находиться, сидеть) в ~не // 방어하다 ¶ вопрос ~ны // 방위문제 ¶ глубокая ~ // 종심방어 ◆ 적의 공격을 유인하고 점진적으로 약화시키며 모든 진지를 적이 최초에 관측할 수 없도록 방지함으로써 지휘관으로 하여금 예비대를 기동할 수 있도록 계획된 상호지원 방어진지의 배치 ¶ государственная ~ // 국방 ¶ гражданская ~ // 민방위 ¶ занять ~ну // 방어태세를 갖추다 ¶ зона ~ны // 방어지대 ¶ круговая ~ // 원형방어, 사주방어 ¶ министерство ~ны // 국방부 (성) ¶ очаговая ~ // 고립방어 ◆ 적에 의하여 고립된 부대가 아군부대와의 연결이 불가능할 때 연결될 때까지 또는 중요지형을 계속 확보하여 차후작전에 유리한 발판을 제공하기 위하여 특정지역에서 전면방어 개념 하에 취해지는 방어작전 ¶ перейти от ~ны к нападению // 방어에서 공격으로 전환하다 ¶ подвижная ~ // 기동방어 ¶ позиционная ~ // 진지방어 ¶ противовоздушная ~ // 대공방어 ¶ противолодочная ~ [ПЛО] // 대잠방어 ¶ противоракетная ~ [ПРО] // 탄미사일방도탄요격어 [ABM] ¶ противотанковая ~ // 대전차방어 ¶ система ~ны // 방어시스템 ¶ узел ~ны // 방어중심점 ¶ упорная ~ // 완강한 방어 ¶ фронт ~ны // 방어정면 ② 방어체계, 국방 ¶ ~ страны // 국방 ¶ крепить ~ну страны // 국방을 강화하다 ¶ Министерство ~ны РФ // 러시아연방 국방부 ¶ расходы на ~ну // 방위비 ③ (= линия ~ны)방위선 ¶ вклиниться в ~ну противника // 적의 방어선에 쐐기를 박다 ¶ прорвать вражескую ~ну // 적의 방어선을 돌파하다

О

оборонительный 방위의 ¶ ~ная позиция // 방어진지 ◆ 상호 지원하고 있는 방어지역이나 또는 전술적으로 축성된 지대로서 부대에 의하여 점령된 지역 ¶ ~ная полоса // 방어지대 ¶ ~ союз // 방위동맹 ¶ ~ная доктрина // 방어적 독트린 ¶ ~ная линия // 방어선 ¶ ~ная политика // 방위정책 ¶ ~ная тактика //

방위전술 ¶ ~ное положение // 방어태세 ¶ ~ные действия // 방어작전 ¶ держать себя в ~ном положении // 방어태세를 취하다

оборонный 국방의, 방위의 ¶ ~ная мощь страны // 나라의 국방력 ¶ ~ная политика // 국방정책 ◆ 국가안전보장정책의 일부로서 외부로부터의 위협이나 침략에 대해 국가의 생존을 보호하기 위하여 군사, 비군사에 걸쳐 각종 수단을 유지, 조성 및 운용하는 정책 ¶ ~ная промышленность // 방위산업 ¶ ~ные предприятия // 군수기업 ¶ ~ное строительство // 국방건설 ¶ ~ная наука // 국방과학 ¶ ~ная мобилизация // 국방동원 ¶ ~ное воспитание // 국방교육 ¶ ~ная достаточность // 방어 충분성 ◆ 고르바쵸프 시대 소련의 국방개혁에서 방어에 충분한 수준까지 군비를 축소한다는 개념

оборонно-массовая работа 국민국방교육

Оборонно-Промышленный Комплекс [ОПК] 방위산업체

обороноспособность 방위력, 방위능력 ¶ ~ государства // 국방력 ¶ укреплять ~ страны // 국방력을 강화하다.

обороноспособный 방위 태세가 갖추어진

оборудование 설비, 시설품, 장비, 기계, 기구 ¶ ~ подводного вождения танков // 전차도하장비 ¶ инженерное ~ // 공병설비 ¶ современное (усовершенствованное) ~ // 현대적인 (개량된) 설비

обострение 첨예화, 격화 ¶ ~ международной напряжённости // 국제긴장의 첨예화 ¶ ~ ситуации // 상황의 첨예화

обращение ① 호소, 메시지 ¶ ~ к народу // 대국민 담화 ② 전환 ¶ ~ торговых судов в военные // 상선의 군함으로의 전환

обрушить, [нсв] **обрушивать** 강력한 힘을 집중시키다 ¶ ~ огонь на врага // 적에게 포화를 집중시키다

обрыв 절단된 곳 ¶ ~ в проводе // 전선의 절단된 곳 ¶ найти ~ на линии связи // 통신선의 절단개소를 발견하다

обслуживание 정비, 서비스 ¶ техническое ~ // 기술정비, 기술서비스

обстановка ① 조건, 환경, 정세, 정형, 상태, 분위기 ¶ ~ изменилась (улучшилась, стабилизировалась) // 정황이 변하였다 (좋아졌다, 안정되었다) ¶ в мирной ~ке // 평화적 환경에서 ¶ в спокойной ~ке // 안정된 상황에서 ¶ в тёплой ~ке // 따뜻한 분위기에서 ¶ если ~ позволит // 사정이 허락한다면 ¶ международная ~ // 국제정세 ¶ отображение ~ки // 상황판 ¶ политическая ~ // 정세, 정국 (政局) ¶ примениться (приспособиться) к ~ке // 정황에 적응하다 ¶ судоходная ~пути // 안전항행을 위한 항행표식 ¶ улучшение ~ки // 정세호전 ¶ ухудшение ~ки // 정세악화 ② 전투정황 ¶ быстро ознакомиться с боевой ~кой // 전투정황을 재빨리 이해하다

обстрел 사격, 포격 ¶ ~ вражеских позиций // 적진에 대한 사격 ¶ ~ с корабля (моря) // 함포사격 ◆ 함포사격에는 전포 일제사격, 일부 일제사격, 일제사격이 있음 ¶ артиллерийский ~ // 포사격 ¶ быть в поле ~ла // 사격권 안에 들어가다 ¶ вертикальный ~ // 종사 ¶ держать под ~лом // 사계에 넣다 ¶ объект ~ла // 사격목표 ¶ перекрёстный ~ // 십자포화 ¶ подвергнуть ~лу // 사격(포격)하다 ¶ попасть под ~ // 사격을 당하다 ¶ пулемётный ~ // 기총사격 ¶ сектор ~ла // 사격구간 ¶ брать (또는 взять) под ~ // 포화를 퍼붓다, 사격목표로 하다

обстрелять, [нсв] обстреливать 사격하다, 포격하다; 시험사격하다 ¶ ~ высоту // 고지를 사격하다 ¶ ~ город // 도시에 사격을 가하다 ¶ ~ из орудий // 포로 사격하다 ¶ ~ из пулемётов // 기관총으로 사격하다 ¶ ~ орудие // 포의 시험사격을 하다 ¶ ~ позиции противника // 적진을 사격·포격하다

обучение 교육, 훈련 ¶ ~ военных кадров // 군인력교육 ¶ ~ иностранным языкам // 외국어교육 ¶ военное ~ // 군사훈련, 군사교육 ¶ краткосрочное ~ // 단기교육

обход 우회, 순회 (하는 것); 우회작전 ¶ ~ кругом (стороной) // 우회 ¶ ~ фланга // 측면우회 ¶ двинуть полк в ~ // 연대를 우회기동시키다 ¶ делать (совершать) ~ // 우회하다 ¶ ночной ~участка // 담당구역의 야간순회

обходный 우회의, 우회작전의 ¶ ~ манёвр // 우회기동 ◆ 적 주력부대를 우회통과하거나 혹은 상공을 비행하여 적 후방의 종심 깊은 목표를 확보함으로써 적으로 하여금 현 진지를 포기하게 하거나 또는 우회부대에 대항하기 위하여 주력을 전환하지 않을 수 없도록 강요하여 공자가 선택한 위치에서 적을 격멸시키는 기동형태 ¶ ~ путь // 우회로 ¶ ~ная операция крупных отрядов // 대부대선회작전

общеармейский 전군의

общевойсковик 일반병종복무자

общевойсковой 전군 합동의, 다병종(多兵種) 합동의, 다병과(多兵科) 합동의 ¶ ~ бой // 전군합동전투 ¶ ~ командир // 전군합동지휘관 ¶ ~ начальник // 전군합동사령관 ¶ ~вая подготовка // 전군합동훈련 ¶ ~вое соединение // 다병종병과 합동부대 ¶ ~вая тактика // 전군합동전술 ¶ ~ штаб // 전군합동참모부 ¶ ~вая разведка // 전군합동정찰 ¶ ~вая часть // 다병종 병과부대

общий 전체적인, 총체적인 ¶ ~ резерв // 일반예비대 ¶ ~щая атака // 총돌격 ¶ ~щая мобилизация // 총동원 ¶ ~щее контрнаступление // 총반격

объединение 연합 (combined); 합동; 제병협동부대

* объединённые вооружённые силы 연합군, объединённые вооружённые силы НАТО 북대서양 조약 연합군, объединённое командование спецоперациями 연합특전사령부, объединённое командование 연합군 (통합군)사령부 ¶ оперативное ~ // 작전적 제병협동부대 ¶ оперативно-стратегическое ~ // 작전·전략적 제병협동부대 ¶ оперативно-тактическое ~ // 작전·전술급 제병협동부대

¶ стратегическое ~ // 전략적 제병협동부대 ¶ территориальное общевойсковое ~ // 지역적 제병협동부대

объединённый 통합 · 합동 · 연합 · 연맹의, 공동의 ¶ ~ комитет начальников штабов // 합동참모회의 ◆ 국방부장관의 군사자문기관으로 합참의장과 각 군 참모총장으로 구성되며, 이를 합동참모본부가 주관하게 되며 합동참모회의는 국방부장관의 최고 군사고문 역할을 하게 됨 ¶ ~ная система отслеживания и наведения на цель // 표적합동감시·파괴시스템 ¶ ~ная система противовоздушной обороны // 통합대공방어체계 ¶ ~ное заседание // 연합회의, 합동회의 ¶ ~ное командование // 합동사령부 ¶ ~ные вооружённые силы НАТО // 나토연합군 ¶ ~ные нации // (제2차 세계대전 때의)연합국 ¶ Организация Объединённых Наций // 유엔 (국제연합기구) ¶ ~ными силами // 힘을 합하여

объединить, [нсв] **объединять** 통일하다, 통합하다, 합병하다 ¶ ~ Родину // 조국을 통일하다

объезд 기마 순찰대 (= конный патруль)

объект 대상, 목표 ¶ военный ~ // 군사목표; 군사시설 ¶ неопознанный летающий ~ [НЛО] // 미확인비행물체 [UFO] ¶ секретный ~ // 비밀시설 ¶ оборонный ~ // 방위시설 ¶ ядерные ~ты // 핵시설

объявить, [нсв] **объявлять** что, о чём 발표 (공포)하다; 선언하다, 포고하다 ¶ ~ войну // 선전포고하다 ¶ ~ мобилизацию // 동원령을 내리다 ¶ ~ о прекращении переговоров (разрыве дипломатических отношений) // 교섭중지 (외교관세 난설)를 발표하다 ¶ ~ приказ // 명령을 내리다

объявление 포고, 선언, 선고, 공포 ¶ ~ безатомной (безядерной) зоной // 비핵지대 선언 ¶ ~ войны // 전쟁선포 ¶ ~ о мобилизации // 동원령 ¶ ~ решения суда // 판결선고

обычный 보통의, 통상의 ¶ ~ные виды оружия // 재래식무기

обязанность 의무 ¶ воинская ~ // 병역의 의무 ¶ всеобщая воинская ~ // 일반병역의 의무

обязательность 의무

обязательный 의무적인 ¶ ~ная военная служба // 의무병역제

обязывающая сила 구속력, 강제력

овладевать, [св] **овладеть** 점유 · 점령하다 ¶ ~ крепостью // 요새를 점령하다 ¶ ~ судном // 배를 포획하다

ОВМС *(объединенные вооруженные морские силы)* 연합 해군세력

оглашение 공개, 알리는 것 ¶ документ, не подлежащий ~нию // 비밀문서

огневой 화력의, 사격의 ¶ ~ бой // 화력전 ¶ ~ вал // 탄막 ¶ ~ заслон // 탄막사격 ¶ ~ налёт // 화력습격 ¶ ~ расчёт // 포병분대, 포수 ¶ ~ рубеж // 화선 ¶ ~ сектор // 사격구역 ¶ ~ удар // 포격, 화력습격 ¶ ~вая поддержка

// 화력지원 ◆ 박격포, 야전포병, 근접항공지원, 함포사격 등 전투계획을 지원하기 위하여 운용하는 지원화력의 통칭 ¶ ~вая связь // 화력연계, 화망구성 ¶ ~вая (обеспечивающая) группа // 화력 (보장)조 ¶ ~вая завеса // 탄막사격 ¶ ~вая задача // 화력임무 ¶ ~вая мощь // 화력 ◆ 부대 또는 무기체계에 의해 발사되는 사격량이나 사격능력 ¶ ~вая подготовка // 사격훈련 ¶ ~вая позиция // 화력진지 ¶ ~вая точка // 화점 (火點) ¶ ~вое взаимодействие // 화력협동 ¶ ~вое воздействие (удар) // 화력타격 ¶ ~вое оружие // 화력무기 ¶ ~вое превосходство // 화력우세 ¶ ~вое прикрытие // 화력엄호 ¶ ~вое сооружение // 화기시설물, 화기진지 ¶ ~вое сопровождение // 화력동반 ¶ ~вые средства // 화력기재, 화력장비

огнемёт 화염방사기

огнемётный 화염의 ¶ ~ танк // 화염전차 ¶ ~ная атака // 화염공격

огнемётчик 화염방사기 사수

огненный 화력의, 사격의 ¶ ~ бой // 화력전 ¶ ~ шар // 화구

огнепровод 도화선

огнепроводный 도화선의 ¶ ~ шнур // 도화선

огнестрельный ① 사격의, 발사의 ¶ ~ное оружие // 총포, 화력무기 ¶ ~ные припасы // 탄약 ② 탄환으로 인한, 파편으로 인한 ¶ ~ная рана // 총상

огнетушитель 소화기 ¶ ручной ~ // 소형소화기

огонь ① 사격, 화력, 포화 ¶ ~ в точку // 집중사격 ¶ ~ в накладку // 일제사격 ¶ ~ на подавление // 제압사격 ¶ ~ на поражение // 효력사 ¶ ~ на разрушение // 파괴사격 ¶ ~ по ходу движения // 기동간 사격 ¶ ~ с перерывами // 간헐사격 ¶ ~ с рассеиванием в глубину // 종사 (縱射) ¶ ~ с рассеиванием по фронту // 횡사 (橫射) ¶ ~ с рассеиванием по фронту и в глубину // 사사 (斜射) ¶ артиллерийский ~ // 포사격, 포 화력 ¶ беглый ~ // 속사 (速射) ¶ быть под огнём // 사격권 안에 들다 ¶ внезапный ~ // 불시사격, 불시사격 ¶ вызов огня // 화력지원요청 ¶ губительный ~ // 치명적 사격 ¶ данные для ведения огня // 사격제원 ¶ действительный ~ // 효력사 ◆ 평균탄착점이나 평균폭파점이 표적의 요망거리 또는 거리수정 지점 내에 있을 때 그 후에 실시하는 사격 ¶ заградительный ~ // 탄막사격, 저지사격, 조애사격 ¶ залповый ~ // 일제사격 ¶ заявка на ~ // 화력지원요청 ¶ корректирование огня // 사격수정 ¶ крупный ~ // 포사격 ¶ массированный ~ // 집중사격 ¶ мелкий ~ // 소총사격 ¶ меткий ~ // 정밀사격, 조준사격 ¶ настильный ~ // 최저표척사격 ¶ обстреливать пулемётным огнём // 기관총 사격을 퍼붓다 ¶ одиночный ~ // 단발사격 ¶ ответный ~ // 대응사격 ¶ отвечать на ~ // 응사하다 ¶ открытый ~ // 공개사격 ¶ открыть ~ // 사격을 시작하다 ¶ перекрёстный ~ // 교차사격, 십자포화 ¶ перенос огня // 사격이동 ¶ планирование огня

// 화력계획수립 ¶ плотность огня // 사격밀도 ¶ подвижный заградительный ~ // 부동저지사격, 부동조애사격 ¶ попасть под ~ противника // 적군의 사격을 받다 ¶ последовательное сосредоточение огня // 사격의 순차적 집중 ¶ прекратить ~ // 사격을 중지하다 ¶ прицельный ~ // 조준사격 ¶ пулемётный ~ = ~ из пулемёта // 기총사격 ¶ ружейный ~ // 소총사격 ¶ сильный ~ // 맹렬한 포화 (사격) ¶ система огня // 화력체계 ¶ сосредоточенный ~ // 집중사격 ¶ сосредоточить ~ // 화력·포화를 집중하다 ¶ точность огня // 사격의 정밀성, 사격의 정확도 ¶ управление огнём // 사격지휘 ¶ ураганный ~ // 질풍사격 ¶ фланговый ~ // 측면사격 ¶ фронтальный ~ // 정면사격 ¶ шквальный ~ // 맹사 (猛射) ② (구령)쏴 ! ¶ О~! // (구령)발사! 사격개시! ¶ по врагам ~! // 적을 향해 쏴 !

ограничение 제한 ¶ ~ продажи и поставок вооружений // 무기판매 및 공급 제한 ¶ ~ международных продаж и поставок обычных (неядерных) вооружений // 재래식 (비핵무기)의 국제 판매 및 공급 제한 ¶ ~ стратегических вооружений [ОСВ] // 전략무기제한 [SALT]

ограниченный 제한의, 국한된 ¶ ~ная война // 제한전 ¶ ~ная (= локальная) ядерная война // 제한 핵전쟁

одежда 복장 ¶ маскировочная ~ // 위장복 ¶ надеть (снять) ~ду // 옷을 입다(벗다) ¶ форменная ~ // 제복

одержать, [нсв] одерживать что победу 또는 ~ верх (전투에서) 승리하다, 이기다

один 하나 ¶ ~ночная подготовка // 신병적응교육 ¶ мы с вами одно целое! // 우리는 하나다! (대한민국 해군구호)

одиночный 단독의; 개개의, 개별적인 ¶ ~ полёт // 단독비행 ¶ ~ пост // 단초 ¶ ~ная разведка // 단독정찰 ¶ ~ное учение // 각개훈련 ¶ ~ные выстрелы // 산발적인 사격

однополчанин 전우, 같은 부대 복무자 ¶ встреча ~чан // 전우회

одноступенчатый 1단의 ¶ ~тая ракета // 일단 로켓

ожог 화상 ¶ получить ~ // 화상을 입다 ¶ тяжёлый ~ // 중상, 심한 화상

океан 대양, 해양 ¶ Атлантический ~ // 대서양 ¶ Великий ~ // 태평양 ¶ Индийский ~ // 인도양 ¶ Тихий ~ // 태평양

оккупант 점령군(자)

оккупационный 점령의 ¶ ~ режим // 점령체제 ¶ ~ная армия // 점령군, 진주군 ¶ ~ная зона // 점령지대 ¶ ~ные власти // 점령군당국 ¶ ~ные войска // 점령군, 진주군 ¶ ~ные деньги // 군표, 불환 지폐 (점령군이 발행하는) ¶ ~ные силы // 점령군, 진주군

оккупация 섬령, 점거

оккупированный 점령의 ¶ ~ная территория // 점령지 ¶ ~нный режим // 점령질서

оккупировать 점령하다.

околыш 모자의 테, 모자띠 ¶ форменная фуражка с красным ~шем 붉은 테가 달린 제모

окоп 참호 ¶ ~ для стрельбы лежа // "엎드려 쏴" 용 참호 ¶ ~ для стрельбы с колена // "무릎 쏴" 용 참호 ¶ ~-ячейка // 개인호 ¶ ложный ~ // 위장참호 ¶ одиночный ~ // 개인호 ¶ отрывать ~ // 참호를 파다 ¶ рыть ~ // 참호를 파다 ¶ стрелковый ~ // 사격전호

окопанный танк 참호형 전차

окопная война 참호전

округ 관구 ¶ военный ~ // 군관구 ¶ Дальневосточный военный ~ [ДВО] // 극동 군관구 ¶ Забайкальский военный ~ // 바이칼 군관구 ¶ Ленинградский военный ~ [ЛенВО] // 레닌그라드 군관구 ¶ Московский военный ~ [МВО] // 모스크바 군관구 ¶ Приволжско-Уральский военный ~ [ПУрВО] // 볼가우랄 군관구 ¶ Северокавказский военный ~ [СКВО] // 북카프카즈 군관구 ¶ Сибирский военный ~ [СибВО] // 시베리아 군관구

окружение 포위 상태

окружить, [нсв] окружать кого-что 포위하여 공격하다, 포위하다 ¶ ~ и уничтожить противника // 적을 포위소멸하다 ¶ ~ со всех сторон // 사방으로부터 포위하다 ¶ вражеские войска, ~жённые со всех сторон // 사방으로 포위된 적군

ОМП *(оружие массового поражения)* 대량파괴무기

ОМУ *(оружие массового уничтожения)* 대량살상무기 ◆ weapons of mass destruction

ООН *[оон] (Организация Объединенных Наций)* 국제연합기구

оперативно-тактический 작전 전술의, 작전 전술급의 ¶ ~кая ракета // 전술미사일 ¶ ~кое объединение // 작전전술급 제병협동부대

оперативный 작전의, 작전상의 ¶ ~ дежурный // 작전상황장교 ¶ ~ замысел // 작전개념, 작전구상 ◆ 작전 또는 작전과 관련된 지휘관의 가정과 의도의 윤곽을 구두나 서면으로 표현한 것 ¶ ~ отдел // 작전부 ¶ ~ное планирование // 작전계획 ¶ ~ приказ // 작전명령 ◆ 작전을 수행하기 위하여 예하지휘관에게 임무와 작전수행방법, 협조사항 등을 지시하는 명령 ¶ ~ штаб // 작전참모부, 작전본부 ¶ ~ная база // 작전기지 ¶ ~ная группа // 작전조 ¶ ~ная карта // 작전지도 ¶ ~ная сводка // 작전보고 ¶ ~ное делопроизводство // 작전수립업무 ¶ ~ное искусство // 작전술 ◆ 전략지침을 통해 하달되는 군사전략목표를 달성하기 위하여 전역과 대규모 작전을 계획 및 실시하며, 전술적 수단들을 결합 또는 연계시키는 이론과 실제의 활동임 ¶ ~ное обеспечение // 작전지원, 작전보장 ¶ ~ное управление

// 작전국 ¶ ~ные действия // 작전행동 ¶ ~ные документы // 작전문건 ¶ ~ная переписка // 작전 수발문건 ¶ ~ные планы // 작전계획 ◆ 진술된 가정을 기초로 하여 단일작전이나 동시 또는 연속적으로 수행되는 일련의 작전을 망라한 계획 ¶ ~ные силы // 작전세력 ¶ О~ центр управления сил ПВО // 방공작전본부 ¶ О~ная группа по борьбе с терроризмом // 대테러특수임무부대

операция 군사작전, 작전행동 ◆ 전략, 전술, 근무, 훈련 및 군 행정임무에 관한 군사적인 행동 또는 그 수행 ¶ ~ООН по поддержанию мира // 유엔군의 평화유지활동 ¶ ~ по захвату города // 도시점령계획 ¶ десантная ~ // 상륙작전 ◆ 함정, 주정 또는 항공기에 탑승한 해군과 상륙군이 해양을 통하여 적 해안에 군사력을 투사하는 공격작전 ¶ наступательная ~ // 공격작전 ◆ 적의 전투의지를 파괴하기 위하여 가용한 수단과 방법을 사용하여 전투를 적 방향으로 이끌어 나가는 작전 ¶ оборонительная ~ // 방어작전 ◆ 가용한 모든 수단과 방법을 사용하여 적의 공격을 방해, 저지, 격퇴 및 격멸하는 작전 ¶ поисковая ~ // 수색작전 ¶ провести ~цию // 작전을 하다 ¶ разработать план ~ции // 작전계획을 세우다

ОПК *(оборонно-промышленный комплекс)* 군산복합체, 방위산업체

оплот 작은 요새 ¶ стратегический ~ // 전략적 요새, 요충지

оповещение 통지, 통보

опознавание 식별 ¶ ~ сигналов // 신호의 식별

опознавательный 표식으로 되는 ¶ ~ная зона ПВО США // 미국의 방공공역 ¶ ~ные знаки // 표식

опознак 표시(점), 측점, 기준점

ополчение ① 비정규군 ◆ 제정러시아 군대에서의 비정규군 ② 예비역군대 ◆ 예비역군대는 퇴역군인 및 군복무를 하지 않은 사람들로 편성

опорный 지탱점의 ¶ ~ пункт // 거점, 지탱점 ◆ 작전의 성공을 위해 점령되는 지형상의 요충지

определиться, [нсв] **определяться** 직업, 직위가 정해지다. ¶ ~ в пехоту // 보병이 되다. 보병과에 들어가다. ¶ ~ на военную службу // 군대에 들어가다.

опрокинуть, [нсв] **опрокидывать** (적을) 물리치다 ¶ ~ войска противника // 적군을 물리치다

оптический 광학적인, 광학의; 광학기구의 ¶ ~ прибор // 광학기구 ¶ ~ прицел // 광학조준경 ¶ ~кая связь // 광학통신 ¶ ~кая сигнализация // 광학신호장치 ¶ ~кое стекло // 광학렌즈 ¶ ~кое явление // 광학적 현상

ОПЭСК *(отдельная противолодочная эскадра)* 단독 대잠전 전단

орбита 궤도 ¶ ~ Земли // 지구의 궤도 ¶ вывести на ~ту спутник Земли // 인공위성을 궤도에 진입시키다 ¶ выйти на ~ту // 궤도에 태우다 ¶ движение (полёт) по ~те // 궤도를 따라 운동 (비행) ¶ заданная ~ // 미리 정해진 궤도 ¶ покинуть ~ту (= сойти с ~ты) // 궤도를 벗어나다 ¶ провести коррекцию

~ты космической станции // 우주정류소의 궤도수정을 하다

орбитальная 궤도정류소

орган 기관 ¶ ~ разведки // 정찰기관 ¶ ~ управления // 지휘기관 ¶ исполнительный ~ // 집행기관

организация 조직, 편성, 조직체, 단체, 기관, 관청 ¶ государственная ~ // 국가기관 ¶ О~ Объединённых Наций [ООН] // 국제연합기구 [UN] ¶ О~ по безопасности и сотрудничеству в Европе [ОБСЕ] // 유럽안보협력기구 [OSCE] ¶ О~ североатлантического договора [НАТО] // 북대서양조약기구 [NATO]

орден 훈장 ¶ вручить ~ // 훈장을 수여하다 ¶ кавалер ~на // 수훈자 ¶ наградить (удостоить) кого ~ном // ...에게 훈장을 수여하다 ¶ носить ~ // 훈장을 달다 ¶ он весь в ~нах // 그는 가슴에 훈장이 가득하다 ¶ орден боевых заслуг // 무공훈장 ¶ О~ Президента // 대통령훈장 ¶ представить к ~ну // 훈장을 내신하다

орденский 훈장의 ¶ ~кая книжка // 훈장증명서 ¶ ~кая колодка // 훈장약장

ординарец 연락병; 연락장교 ¶ офицер-~ // 연락장교 ¶ пеший ~ // 도보전령

ориентир 방향지시기, 물표, 현저한 지형지물, 지표물 ¶ световой ~ // 발광표식물 ¶ путеводный ~ // 방향표식물

ориентировать кого-что 위치 (방향)를 결정하다 ¶ ~ космический корабль в полёте // 비행 중에 있는 우주선의 위치를 판정하다 ¶ компас и карта точно ~ли его // 나침판과 지도가 그에게 정확한 위치를 알려주었다

ориентировка 방위판정 ¶ ~ карты // 지도의 방위판정

оркестр 관현악단 ¶ военный ~ // 군악대

орудие 대포, 화포 ¶ артиллерийское ~ // 대포, 유탄포, 구포, ¶ батальонное ~ // 대포 ¶ зенитное ~ // 고사포 ¶ лёгкое ~ // 경포 ◆ 구경 120mm 및 그 이하의 곡사포 및 평사포 ¶ нарезное ~ // 강선포 ¶ полевое ~ // 야포 ¶ противотанковое ~ // 대전차포 ¶ самоходное ~ // 자주포 ¶ скорострельное ~ // 속사포 ¶ тяжёлое ~ // 중포 ◆ 구경 121~160mm까지의 곡사포 또는 평사포

орудийный 대포의, 화포의, 포의 ¶ ~ выстрел // 포사격 ¶ ~ огонь // 포화 ¶ ~ расчёт // 포수, 포분대 ¶ ~ станок // 포가 (砲架) ¶ ~ щит // 방패 ¶ ~ная платформа // 포상 (砲床) ◆ 적의 사격이나 폭격으로부터 화기와 장비를 방호하고, 또 제기능을 수행할 수 있도록 준비된 진지

оружейный 무기의, 병기의 ¶ ~ завод // 병기창, 무기·병기 공장, 병기제조소

О

оружие ① 무기, 병기 ¶ ~ массового поражения [ОМП] // 대량파괴무기 ¶ ~ массового уничтожения [ОМУ] // 대량살상무기 ¶ атомное ~ // 원자무기 ¶ биологическое (бактериологическое) ~ // 생물 (세균·미생물)무기 ¶ боевого ~жия в наличии не имелось // 전투무기는 가지고 있는 것이 없었다 ¶ быть при ~жии // 무장하고 있다 ¶ водородное ~ // 수소폭탄무기 ¶ вооружить (оснастить) ядерным ~жием // 핵무장하다 ¶ действия ~ием // 전투행위 ¶ защищаться с ~жием в руках // 무기를 거머쥐고 방위하다 ¶ индивидуальное ~ // 개인화기 ¶ космическое ~ // 우주병기 ◆ 대기권 외를 통과하는 병기의 총칭. 예를 들면 인공위성, 미사일, 대미사일 ¶ мино-взрывное ~ // 지뢰, 수뢰무기 ¶ наводить ~ // 조준하다 ¶ нейтронное ~ // 중성자무기 ¶ оборонительное ~ // 방어용 무기 ¶ обратить ~ против кого // …에게 무기를 대다 ¶ обычное ~ // 일반무기 ¶ огнестрельное ~ // 화력무기 ¶ отнять ~у врага // 적에게서 무기를 빼앗다 ¶ прибегнуть к ~жию // 무기에 의존하다 ¶ реактивное (ракетное) ~ // 방사 (미사일)무기 ¶ стрелковое ~ // 소화기 ¶ тактическое ядерное ~ // 전술적 핵무기 ¶ термоядерное ~ // 열핵무기 ¶ управляемое ~ // 유도무기 ¶ химическое ~ // 화학무기 ¶ химическое, биологическое и радиологическое ~ [ХБР] // 화생방무기 [CBR] ¶ холодное ~ // 무기 (칼, 창, 활 등) ¶ ядерное ~ // 핵무기 ② 군대, 군사력 ¶ род ~жия // 병종 ¶ слава ~жия // 군대의 영예 ¶ бить противника его же (его собственным) ~жием // 제바람에 넘어지게 하다, 제 손으로 제 발등을 찍게 하다 ¶ бряцать ~жием // 전쟁을 준비하다 ¶ взяться за (поднять) ~ // 무기를 들고 일어서다 ¶ к ~жию! // 무기를 잡아 ! ¶ положить ~ // 항복하다, 전쟁을 그만두다 ¶ призвать к ~жию // 군대에 동원하다 ¶ сложить ~ // 항복하다 «상용구» ~- это жизнь солдата! 무기는 군인의 생명이다!

осада 포위, 봉쇄 ¶ ~ крепости (города) // 요새 (도시)의 포위 ¶ берег в ~де // 해안은 봉쇄되어있다 ¶ выдержать ~ду // 포위공격을 견뎌내다 ¶ город в ~де // 포위된 도시 ¶ держать в ~де // 포위하다 ¶ сидеть в ~де // 포위되어있다 ¶ снять ~ду // 포위를 풀다

осадка (배의) 흘수 ◆ 선박이 물에 잠기는 깊이 ¶ небольшая ~ // 작은 흘수 ¶ судно с небольшой ~кой // 흘수가 얕은 배

осадный 포위 · 봉쇄의 ¶ ~ная артиллерия // 봉쇄포병 ¶ ~ное положение // 포위상태

осаждённый 포위된, 봉쇄된 ¶ ~ная крепость // 봉쇄된 요새

ОСВ *(ограничение стратегических вооружений)* 전략무기제한 [SALT]

осветительный 조명의 ¶ ~ снаряд // 조명탄

освободить, [нсв] **освобождать** ① 자유를 주다, 해방하다 ¶ ~ военнопленных (заключённых) // 전쟁포로 (수감자)를 석방하다 ¶ ~ из тюрьмы // 감옥에서 석방하다 ② [от чего] 면제하다 ¶ ~ от налогов (военной службы) // 세금(병역)을 면제하다

осечка (총의) 불발 ¶ дать ~ку // 불발되다

осколок 파편 ¶ ~ снаряда // 포탄파편 ¶ ранен ~ком // 파편에 부상당했다

осколочно-фугасный снаряд [ОФС] 파열탄

осколочный 파편의 ¶ ~ная бомба // 파편탄 ¶ ~ная рана // 파편상
ослабление 약해지는 것, 감소 ¶ ~ международной напряжённости // 국제긴장의 완화
осмотр 점검, 검사, 검열 ¶ ~ военной техники // 전투장비점검 ¶ внеплановый ~ // 불시검사 ¶ контрольный ~ // 검열 ¶ медицинский ~ // 건강진단 ¶ периодический ~ // 주기적 점검 ¶ плановый ~ // 기계획 검사,정기검사 ¶ послеполётный ~ // 비행 후 검사 ¶ технический ~ // 기술검사 ¶ утренний ~ // 조별점호
оснащение 장비
основательный 확고·견실한, 기본적인 ¶ ~ная учебная база // 기초훈련기지
основной 기본적인, 본질적인, 주요한 ¶ ~ная позиция // 주진지 ¶ ~ное направление стрельбы // 주사격 방향 ¶ ~ное орудие // 주포
оставление 이탈 ¶ ~ погибающего военного корабля // 파손된 군함으로부터 이함(離艦) ¶ самовольное ~ поля сражения // 전장에서의 무단이탈
осуществиться, [нсв] осуществляться 실현되다, 실행되다, 수행되다, 성취되다 ¶ план ~лся // 계획이 수행되었다 ¶ этот план так и не ~вился // 이 계획은 결국 수행되지 못하였다
ось 축; 중심 ¶ ~ зла // 악의 축 ¶ ~ переговоров // 회담의 중심 ¶ ~ перемещения КП // 지휘소의 이동축
отбить, [нсв] отбивать кого-что ① 격퇴하다. 격퇴시키다 ¶ ~ неприятеля // 적을 격퇴하다 ¶ атака была ~та // 공격은 격퇴당했다 ② 탈환하다 ¶ ~ город у неприятеля // 적에게서 도시를 탈환하다
отбой ① 일석점호 ¶ вечерний ~ // 일석점호 ② 해제 ¶ ~ воздушной тревоги // 공습경보해제 ¶ бить ~ // 해제신호를 하다 ¶ дать ~ // 해제신호를 하다 ¶ идти на ~ // 퇴각하다 ¶ ударить (трубить) ~ // 해제신호를 울리다
отборный 선별한, 우수한 ¶ ~ная постоянная армия // 정예상비군 ¶ ~ные воины (войска) // 정예부대
ответить, [нсв] отвечать 응답하다, 호응하다 ¶ ~ пулемётным огнём на вражеский обстрел // 적의 사격에 기총사격으로 대응하다
ответный 보복의, 대응의 ¶ ~ удар // 보복공격 ¶ ~ная атака // 보복을 위한 공격 ¶ ~ный огонь // 대응사격 ¶ ~ные меры // 보복조치, 대항조치
отвод 이동, 철수 ¶ ~ войск в тыл // 후방으로 부대의 철수
отдание чести 경례
отдача (사격할 때 총포의) 반동
отдел 부, 과 ¶ ~ боевой подготовки // 전투훈련부 ¶ ~ военного образования Тыла ВС России // 러시아연방군 후방부 군사교육부 ¶ ~ кадров Тыла ВС России // 러시아연방군 후방부 인사부 ¶ ~ связи // 통신부 ¶ ~ тыла // 후방부

¶ заведующий ~лом по морскому праву // 해양법과장 ¶ заведующий ~лом по операции // 작전과장 ¶ заведующий ~лом по политическому контролю // 정책조정과장 ¶ заведующий ~лом по учебным вопросам // 훈련과장 ¶ оперативный ~ // 작전부 ¶ разведывательный ~ // 정찰부 ¶ шифровальный ~ // 암호부

отделение 분대 ◆ 러시아연방군에서 8~16명, 2개조·반, младший сержант, сержант, старший сержант가 지휘관임. ¶ ~ управления в танке // 전차의 조종실 ¶ командир ~ния // 분대장 ¶ мотострелковое ~ // 차량화 소총분대 ¶ огневое ~ // 화력분대

отдельный 독립의, 독립행동을 할수 있는; 각개병사의, 개별의 ◆ 독립의, 독립행동을 할 수 있는; 각개병사의, 개별의 ¶ ~ батальон // 독립대대 ¶ ~ная бригада // 독립여단(사단에 속하지 않는 여단) ¶ ~ная застава // 독립소초 ¶ ~ отряд // 독립부대 ¶ ~ полевой караул // 독립분초 ¶ ~ танковый полк // 독립탱크연대

отечественный 조국의 ¶ Великая О~ная война // 대조국전쟁 ◆ 1941~45년 독소전쟁 ¶ О~ная война // 조국전쟁 ◆ 1812년 나폴레옹전쟁

отзыв (암구호) 답어

отказ 포기, 단념 ¶ ~ от ядерного оружия // 핵무기의 폐기

отказник 병역등록거부자

откат (총포의) 반동 ¶ ~ ствола // 총신의 후좌 ¶ длина ~та // 후좌거리

откатываться 격침을 당하다

отклонение 편차, 자차 ◆ 선내 나침의의 남북선과 자기 자오선의 교각 ¶ вертикальное ~ // 수직편차 ¶ магнитное ~ // 자기편차

открытие 개시 ¶ ~ военных действий // 전투행위의 개시

открыть, [нсв] открывать 열다, 개방하다; 누설하다; 개시하다 ¶ ~ границу // 국경을 개방하다 ¶ ~ заговор // 음모를 폭로하다 ¶ ~ огонь // 사격을 시작하다 ¶ ~ тайну // 비밀을 누설하다

открытый 열린, 개방된, 노출된, 공개된 ¶ ~ фланг // 노출된 측방 ¶ ~тая позиция // 노출된 진지 ¶ ~тая цель // 노출된 목표 ¶ ~тое море // 공해 ◆ 한 국가의 내수, 영해, 배타적 경제수역 또는 군도국가의 군도수역에 포함되지 않는 해양의 모든 부분으로서 연안국이나 군도국이 배타적 경제수역을 선포하지 않았을 경우에는 영해의 바깥으로부터 시작됨

отлив 썰물, 간조

отличие 공적, 공로; 우수한 성적 ¶ ~ по службе // 근무공로 ¶ боевое ~ // 전투공로 ¶ знак ~чия // 훈장

отлучка 외출 ¶ самовольная ~ // 무단이탈 ¶ уйти в самовольную ~ку // 무단이탈하다

отношение ① 태도 ¶ ~ начальника к подчинённым // 부하에 대한 상관의

О

태도 ¶ неуставные ~ния // 선임자의 후임자에 대한 가혹행위 ② 관계 ¶ ~ния между обеими странами ухудшились // 두 나라의 관계가 악화되었다 ¶ международные ~ния // 국제관계 ¶ развивать дружественные ~ния // 우호관계를 발전시키다 ¶ установить дипломатические ~ния // 외교관계를 수립하다

отойти, [нсв] **отходить** 후퇴하다, 퇴각하다, 철수하다 ¶ батальон отошёл на новые позиции // 대대는 새 진지로 철수하였다 ¶ враги отошли на запад // 적은 서쪽으로 퇴각하였다

оторванность 이탈, 고립

отплытие 출항, 출범

отплыть, [нсв] **отплывать** 출항하다 ¶ пароход ~плыл днём // 기선은 낮에 출항하였다

отпор 격침

отпуск 휴가 ¶ быть в отпуске (또는 в отпуску) // 휴가 중이다 ¶ вернуться из ~ // 귀대하다 ¶ график ~ков // 휴가계획표 ¶ ежегодный ~ // 연가 ¶ находиться в ~ке // 휴가 중이다 ¶ очередной ~ // 정기휴가 ¶ уходить в ~ // 휴가를 받다

отпускной 휴가의 ¶ ~ билет // 휴가증 ¶ ~ день // 휴가일 ¶ ~ное время // 휴가기간 ¶ ~ные деньги // 휴가비 ¶ ~ные солдаты // 휴가받은 병사들 ¶ получить ~ // 휴가를 받다

ОТР *(оперативно-тактическая ракета)* 작전전술미사일

отработанный 사용이 끝난 ¶ ~ное ядерное топливо [ОЯТ] // 사용 후 핵연료

отравляющий 중독 시키는, 유독한, 독성의 ¶ ~щие вещества // 중독물질 ¶ ~щие газы // 독가스 ¶ ~щие вещества кожно-нарывного действия // 수포작용제 ◆ 피부에 작용함으로써 수포를 형성하고 소화기, 눈, 호흡기 계통에 대해서도 독성을 나타내는 작용제 ¶ ~щие вещества нервно-паралитического действия // 신경작용제 ◆ 인체에 침입하면 자율신경계통인 교감신경과 부교감신경의 균형을 파괴함으로써 단시간 내에 사망하게 하는 급속살상 작용제 ¶ ~щие вещества рвотного действия // 구토작용제 ¶ ~щие вещества удушающего действия // 질식작용제

отражение 격퇴, 반박 ◆ 배치된 적 또는 공세행동중인 적에게 화력이나 공세행동을 가하여 그들의 임무를 포기하고 퇴각하게 하는 공격행동 ¶ ~ атаки // 돌격의 격퇴 ¶ ~ контрудара // 반격의 격퇴 ¶ ~ нападения // 공격의 격퇴 ¶ ~ штурма // 습격의 격퇴

отрасль 부문, 분야 ¶ ~ военной промышленности // 군수산업부문

отрезать 막다, 차단하다 ¶ ~ пути к отступлению // 퇴각로를 차단하다

отряд 부대, 대 【海】 분대, 단대 ¶ ~ кораблей // 함정단대 ◆ 해군에 있어서 기동전대 예하의 구성 단위대 ¶ ~ заграждения // 장애물 설치대 ¶ ~ крейсеров // 순양함

분대 ¶ ~ моряков // 해병대 ¶ ~ пехоты // 보병부대 ¶ ~ прикрытия // 엄호대 ¶ ~ разграждения // 장애물 제거대 ¶ авиадесантный ~ // 공정대 ¶ головной ~ // 전위부대 ¶ десантный ~ // 육전대 ¶ партизанский ~ // 유격대 ¶ передовой ~ // 선봉부대, 선견대 ¶ разведывательный ~ // 정찰대 ¶ ударный ~ // 돌격대 ¶ штурмовой ~ // 공중강습부대 ¶ эвакуационный ~ // 후송부대

отсек ① (배 · 비행기의) 격실 ¶ ~ корабля // 배의 격실 ¶ кормовой ~ // 선미, (항공기의)후미

отсрочка 연기 ¶ ~ от призыва // 징집연기 ② (전선부대간의) 간격지대

отставка 전역, 퇴역 ¶ быть в ~ке // 퇴역중이다 ¶ выйти в ~ку // 전역하다 ¶ выйти в ~ку с чином адмирала // 제독의 계급으로 퇴역하다 ¶ генерал в ~ке // 퇴역장군 ¶ генерал-лейтенант в ~ке // 퇴역중장

отставник 전역장교

отставной 전역의, 퇴역한 ¶ ~ военный // 퇴역군인 ¶ ~ офицер // 전역장교

отстоять, [нсв] **отстаивать** кого-что 방위하다; 옹호하다, 지키다, 고수하다 ¶ ~ независимость // 독립을 지키다 ¶ ~ Родину // 조국을 방위하다 ¶ ~ свободу (мир) // 자유 (평화) 를 지키다 ¶ ~ своё собственное убеждение // 자기 자신의 신념을 고수하다 ¶ ~ эту позицию // 이러한 입장을 고수하다

отступить, [нсв] **отступать перед** кем-чем 퇴각하다, 후퇴하다

отступление 퇴각, 후퇴

оттянуть, [нсв] **оттягивать** ① (군대 등을) 철수하다, 끌어당기다 ¶ ~ большие силы врага // 적의 큰 세력을 끌어당기다 ¶ ~ войска // 군대를 철수하다 ¶ ~ курок // (총의) 방아쇠를 당기다 ② 연기하다, 시간을 끌다, 미루다, 지연시키다 ¶ ~ время отъезда // 출발시간을 지연시키다 ¶ ~ выполнение решения // 결정 집행을 지연시키다 ¶ ~ время // (어떤 일을 끌어서) 시간을 얻다

отход 후퇴, 퇴각; (배의)출항 ¶ ~ с боем // 전투를 하면서 퇴각 ¶ пути ~да // 퇴로

отчётный 보고의 ¶ ~ная карточка // 보고용 지도 ¶ ~ная схема // 보고용 약도

офицер 장교 ¶ ~ генерального штаба // 참모, 참모 (본부)장교 ¶ ~ для поручений // 위탁장교 ¶ ~ запаса // 예비역장교 ¶ ~ по обслуживанию боеприпасов // 탄약관리장교 ¶ ~ связи // 연락장교 ¶ ~ флота // 해군장교 ¶ ~-наблюдатель // 관측장교 ¶ ~-переводчик // 통역장교 ¶ ~-техник // 기술장교 ¶ вахтенный ~ // 당직장교 ¶ высший ~ // 고급 (장관급)장교 ¶ младший ~ // 초급 (위관급)장교 ¶ солдаты и ~ры // 장병 (병사와 장교) ¶ старший ~ // 중견 (영관급)장교

офицерский 장교의, 군관의 ¶ ~ клуб // 장교클럽 ¶ ~ отряд // 장교부대,

군관부대 ¶ высший ~ состав // 【海】 제독, 【陸】 장군

офицерство 장교단, 장교신분 ¶ получить ~ // 장교신분을 받다

охват 협공, 협격 ¶ ~ флангов // 양익협공

охватить, [нсв] охватывать ① 포위하다 ② 우회하다 ¶ ~ фланги противника // 적의 측면을 우회하다

охрана ① 보호, 보위, 방위, 수호, 수비 ¶ боевая ~ // 전투경계 ¶ брать (взять) под ~ну // 보호하다 ¶ личная ~ // 개인경호 ¶ нести~ну // 경비를 서다 ¶ под ~ной часового // 위병의 호위 하에 ¶ походная ~ // 행군경계 ¶ тыльная ~ // 후방경계 ② 수비대, 경비대 ¶ береговая ~ // 해안경비대 ¶ в сопровождении ~ны // 호위를 받으면서 ¶ вооружённая ~ // 무장경비대 ¶ выставить ~ну // 경비를 세우다, 경비대를 배치하다 ¶ пограничная ~ // 국경경비대

охранение 보호, 보위, 방위, 수호, 수비, 경계 ¶ блиндаж ~ния // 경계 엄폐호 ¶ боевое ~ // 전투경계 ¶ боковое ~ // 측위 ◆ 능력 범위 내에서 적을 격파, 격멸, 지연함으로써 적의 지상관측 직사화기 및 기습적인 공격으로부터 이동 중이거나 정지하고 있는 부대를 방호하기 위하여 그 부대의 측방에서 작전하는 경계부대 ¶ выставить сторожевое ~ // 경비대를 배치하다 ¶ линия ~ния // 경계선 ¶ район ~ния // 경계구역

охранник 경비 (대)원

охранять 보호 · 보위 · 수호 · 수비 · 경계하다, 지키다 ¶ ~ границы // 국경을 지키다 ¶ ~ имущество // 재산을 보호하다 ¶ ~ интересы народа // 국민의 이익을 보호하다 ¶ ~ мир (свободу, покой) // 평화 (자유, 안녕)를 수호하다

оценка 평가, 판단 ¶ ~ местности // 지형평가 ¶ ~ обстановки // 상황판단

оцепление 포위하는 병력, 차단조

очаг 지역 ¶ ~ бактериологического поражения // 생물학탄 오염지역 ¶ ~ биологического поражения // 생물학탄 오염지역 ¶ ~ заражения // 감염지역 ¶ ~ ядерного поражения // 핵 피폭지역

очередной 순번의, 당번의 ¶ ~ номер газеты «Кук-Банг» // 국방'신문의 다음호 ¶ ~ дежурный // 당직 ¶ ~ная смена // 다음 교대 ¶ ~ное дневальство // 당직근무

очередь (기관총의) 연발 (사격); 일제사격 ¶ батарейная ~ // 포대의 일제사격 ¶ пулемётная ~ // 기관총연발사격 ¶ стрелять короткими ~дями // 점사(點射)로 사격하다, 점발사격하다

О

ошвартовать, [нсв] ошвартовывать (부두에) 배를 매다

ошвартоваться, [нсв] ошвартовываться (부두에) 닻을 내리다 ¶ ~ у пристани // 부두에 닻을 내리다

ОЯВЕ *(ограничение ядерных вооружений в Европе)* 유럽핵무기제한

ОЯТ *(отработанное ядерное топливо)* 핵폐연료

П

ПА *(полковая артиллерия)* 연대포병

павший 전사자 ¶ ~ в бою // 전사자 ¶ ~ на войне // 전사자 ¶ ~шие на поле битвы // 전몰장병 ¶ памятник ~шим на войне за Родину // 순국전사자기념물, 충혼비

ПАЗ *(противоатомная защита)* 반원자방어, 반핵방어

паёк 급양분, 식량 ¶ сухой ~ // 전투식량, 간편식

пакет 일괄 취급하는 것, 패키지 ¶ индивидуальный ~ // 개인용 응급처치도구

пакетный 일괄 취급하는 것의 ¶ ~ное предложение СССР по ядерным и космическим вооружениям // 핵·우주 무기에 관한 소련의 일괄 제안 ¶ ~ное соглашение // 일괄합의 ¶ ~ное решение // 일괄적 타결 ◆ 1986년 1월 고르바쵸프 제안

пакт 조약, 협정 ¶ ~ мира // 평화조약 ¶ ~ о взаимопомощи // 상호협조조약 ¶ ~ о нейтралитете // 중립조약 ¶ ~ о ненападении // 불가침조약 ◆ 국가 간에 상호 평화를 위하여 군사적 침략을 하지 않을 것을 약속하는 조약 ¶ подписывать ~ // 조약에 조인하다

палатка 텐트, 천막 ¶ разбить ~ // 천막을 치다

палуба 갑판 ◆ 함수에서 함미까지 통하는 갑판 중에서 제일 위에 있는 것을 주갑판이라 하며, 항공모함에서는 비행갑판이라 함 ¶ ~ бака // 함수갑판 ¶ броневая ~ // 장갑갑판 ¶ верхняя ~ // 상갑판 ¶ взлётная ~ // 이륙갑판 ¶ нижняя ~ // 하부갑판 ¶ полётная ~ // 비행갑판 ¶ средняя ~ // 중갑판 ¶ все на ~бу! // 전원 갑판에 집합!

палубный 갑판의 ¶ ~ истребитель // 함재전투기 ¶ ~ самолёт // 함재기 ¶ ~ная авиация // 함재기 ¶ ~ная морская авиация // 해군함재항공대

памятка 주의사항, 알아둘 사항, 준칙 ¶ солдатская ~ // 병사의 준칙

памятник ① 기념비, 동상, 묘비 ② 기념물, 유적

памятный 각서의 ¶ ~ная нота // 비망록

пан 성공 ¶ либо ~, либо пропал // 성공이냐 실패냐

панорама ① [чего]...의 광경; 전경화 ¶ ~ боя // 대전투의 광경 ¶ Севастопольская ~ // 세바스또폴 전투 전경화 ② 조준경

панцирник 갑옷으로 무장한 무사

панцирный 갑옷 (панцирь)의 ¶ ~ное кольцо // 사슬갑(쇄갑)의 고리형 사슬

¶ ~ные доспехи // 찰갑, 사슬갑

панцирь 갑옷 ¶ рыцарь в ~ре // 갑옷을 한 기사

парад 열병식, 분열식 ¶ ~ победы // 승전퍼레이드 ¶ военный ~ // 열병식 (분열식) ¶ воздушный ~ // 항공 (대)열병 ¶ на ~де // 열병식 (분열식)에서 ¶ праздничный ~ // 경축 열병식 (분열식) ¶ принимать ~ // 열병식 (분열식)을 사열하다 ¶ стоять в ~де на площади // 열병행렬의 한 성원으로 광장에 서다 ¶ участвовать в ~де // 열병식 (분열식)에 참여

парадный 열병의, 분열의 ¶ ~ марш // 분열, 행진 ¶ ~ смотр // 열병식사열 ¶ ~ная форма (мундир) // 분열식 복장 ¶ ~ное платье // 정복, 예복 ¶ ~ное шествие // 열병행진

параллельно 병행으로, …와 병행하여; …와 동시에 ¶ ~ вести экономическое и оборонное строительство // 경제건설과 국방건설을 병행시키다 ¶ ~ с этим // 이와 동시에

парашют 낙하산 ¶ вытяжной ~ // 보조낙하산 ¶ людской ~ // 인명구조용 낙하산 ¶ прыгнуть с ~том // 낙하산으로 뛰어내리다 ¶ раскрывать ~ // 낙하산을 펴다 ¶ совершать прыжки с ~том // 낙하산으로 뛰어내리다 ¶ спускаться на ~те // 낙하산으로 내리다

парашютист 공수단원, 낙하산병 ¶ отряд ~тов // 낙하산부대

парашютный 낙하산 (용)의 ¶ ~ десант // 낙하산전대 ¶ ~ная часть // 낙하산부대

парашютно-десантный 공수·낙하산의 ¶ ~ная рота // 공수낙하산중대 ¶ ~ное подразделение // 공수특전대

паритет 대등, 균등, 균형 ¶ военно-стратегический ~ // 군사전략적 균형

парк 차고, 격납고; 탄약 · 기술기자재 이동창고, 군수품 적재소 · 보급소 ¶ авиационный ~ // 항공보급창 ¶ артиллерийский ~ // 포병보급창 ¶ вагон идёт в ~ // 차량이 차고에 들어간다 ¶ инженерный ~ // 공병보급창 ¶ санитарный ~ // 위생기자재창고 ¶ трамвайный ~ // 전차차고

парламентёр 군사사절, 정전회담 대표

парламентёрский флаг 백기 ◆ 정전·휴전회담 요청 또는 항복의 의미

парный 2인조의, 복식의 ¶ ~ дозор // 2인조 순찰대 (병) ¶ ~ные часовые // 복초(複哨)

пароль 암호, 암구호

парольный 암호의, 암구호의

паром 선박, 페리

паромашина 증기기관

паромер 증기유량계 · 압력계

паромоторный 증기동력의

пароход 기선 ¶ буксирный ~ // 예인선 ¶ ледокольный ~ // 쇄빙선

партизан 유격대원, 빨치산대원
партизанский 유격전의, 빨치산의 ¶ ~ бой // 유격전 ◆ 적 지역이나 적 점령지역 내에서 무장한 주민 또는 정규군 요원에 의해서 직접, 간접으로 불규칙하게 수행되는 군사 및 준군사활동 ¶ ~ отряд // 유격대 ¶ ~кая война // 유격전쟁 ¶ ~кая тактика // 유격전술 ¶ ~кие методы ведения войны // 전쟁수행에서의 게릴라 전술 ¶ ~кое движение // 유격운동, 빨치산 운동
партизанщина 오합지졸, 무계획성, 무체계성, 갑론을박
партия 분견대 ¶ конная ~ // 기마대 ¶ пешая ~ // 도보부대
паспорт 신분증명서, 패스포트 ¶ служебный ~ // 관용여권 ¶ дипломатический ~ // 외교관여권 ¶ технический ~ // 기술사양서
пассивный 수동적인 ¶ ~ная оборона // 전수방어 (專守防御), 소극적 방어
патриот 애국자
патриотизм 애국심
патриотический 애국자의, 애국심의, 애국적인
патрон 탄약, 총탄, 탄피, 탄환 ¶ авиационный ~ // 항공탄 ¶ безгильзовый ~ // 무약협탄 ¶ боевой ~ // 실탄 ¶ винтовочный ~ // 소총탄 ¶ мелкокалиберный ~ // 소구경탄 ¶ набивать ~ // (엽총의) 탄피에 탄약과 화약을 장약하다 ¶ немой ~ // 불발탄 ¶ сражаться до последнего ~на // 탄환이 없어질 때까지 전투하다 ¶ холостой ~ // 공포탄
патронник 약실
патронный 총탄의, 탄약의; 탄피의 ¶ ~ завод // 탄약공장 ¶ ~ пункт // 탄약소 ¶ ~ ящик // 탄약상자 ¶ ~ная гильза // 탄피 ¶ ~ная коробка // 탄약통 ¶ ~ная лента // 탄띠, 탄대 ¶ ~ная повозка // 탄약차 ¶ ~ная сумка // 탄약주머니
патрулирование 순찰, 순시
патрулировать 순찰하다, 순시하다 ¶ ~ морские берега // 해안을 순찰하다
патруль 순찰대, 경비정, 순찰선, 초계정 ¶ боевой ~ // 전투순찰대 ¶ голубой ~ // 어로순시선 ¶ милицейский ~ // 민경순찰대 ¶ морской ~ // 해상순찰정
патрульный 순찰의, 척후의 ¶ ~ная служба // 순찰근무 ¶ ~ное судно // 순시선
ПБ *(пехотный батальон)* 보병대대
ПБЗ *(противобактериологическая защита)* 세균전 방어
ПВ *(пограничные войска)* 국경경비군
ПВ *(пулемётный взвод)* 기관총소대
ПВО *(противовоздушная оборона)* 방공, 대공방어
ПВП *(программа военной помощи)* 군사원조계획
ПВХО *(противовоздушная и противохимическая оборона)* 반항공 및 반화학 방위

ПГ *(противотанковая граната)* 반탱크수류탄
ПДО *(противодесантная оборона)* 대상륙방어
педагогика 교육학 ¶ военная ~ // 군사교육학
пеленгатор 방위측정기, 무선방향탐지기
пеленгаторный 방위측정의, 방위측정용의
пеленгация 방위측정 ¶ произвести ~цию // 방위를 측정하다
пеленгационный 방위측정의 ¶ ~ центр // 방위측정소
пенсия 연금 ¶ ~ семьям военнослужащих // 군인가족연금
Пентагон 국방부 (미국)
пентагоновец 미국군부대표
первый 가장 앞선 ¶ ~ удар // 선제 핵공격
перебегать, перебежать 투항하다
перебежка 약진; 달려 · 뛰어가는 것, 구보 ¶ ~ по одному // 각개약진 ¶ делать ~жки // (적을 앞에 두고) 약진하다
перебежчик ① 투항자 ② 위법월경자 ¶ ~из Северной Кореи // 탈북자
перевести, [нсв] переводить 전속시키다
перевезти, [нсв] перевозить 운송·수송하다; 도하시키다
перевод 이동 ¶ ~ в тыл // 후방에로의 이동
перевозка 수송 ¶ морские ~ки грузов // 화물의 해상수송
перевооружение 재무장
перевооружённость 과도한 무장 · 군비
перевооружить, [нсв] перевооружать 재무장하다, 무장을 갱신하다 ¶ ~ армию // 군대를 재무장하다
перевооружиться, [нсв] перевооружаться 군사를 현대화하다, 재무장하다 ¶ армия ~лась // 군대가 장비를 일신하다
переворот 혁명, 정변, 대변혁 ¶ ~ на горке // 급상승 반전 ¶ военный ~ // 군사혁명, 군사쿠데타 ¶ революционный ~ // 혁명 ¶ совершить (организовать) ~ // 혁명을 수행하다 (조직하다) ¶ социальный ~ // 사회혁명
переговор [복]~ры [복] 회담, 교섭 ¶ ~ зашли в тупик // 협상이 난관에 봉착했다 ¶ ~ об ограничении стратегических вооружений (ОСВ) // 전략무기제한협정 [SALT] ¶ ~ по ограничению вооружений // 군비제한 회담 ¶ ~ о сокращении обычных вооружений в Европе // 유럽재래식무기감축교섭 [CFE] ¶ вести ~ // 협상을 진행하다 ¶ вступать в ~ // 협상에 들어가다 ¶ дипломатические ~ // 외교교섭 ¶ межкорейские ~ на высшем уровне // 남북정상회담 ¶ мирные ~ // 평화교섭 ¶ сесть за стол ~ров // 협상테이블에 앉다, 협상을 착수하다 ¶ шестисторонние ~ в Пекине // 북경 6자회담
перегоночный 수송의 ¶ ~ авиационный полк [ПАП] // 공수비행연대 ¶ ~

полёт // 공수 ◆ 공중수단을 이용하여 병력, 장비 및 물자를 이동하는 것 ¶ ~ самолёт // 공수기 ¶ ~ная воздушная трасса // 수송항로

перегруппировка 재편성 ¶ ~ войск // 부대재편성 ¶ ~ сил // 세력재편성

передвижение 이동 ¶ ~ войск // 군대의 이동 ¶ средства ~ния // 교통수단

переделить, [нсв] **переделять** 재분할하다 ¶ ~ мир // 세계를 재분할하다

передислокация (부대·함선의) 재배치 ¶ ~ американских войск // 미군재배치

передний 선두의, 앞부분의, 전면의 ¶ ~ край // 전연 ¶ ~ край обороны // 방어전단, 방어 제1선 ¶ ~ прицел // 가늠쇠 ¶ на ~нем плане // 최전선에

передовой 선두의, 앞서가는; 전선의, 최전선의 ¶ ~ армейский склад // 전방군용창고 ¶ ~ командный пункт // 전방지휘소 ¶ ~ наблюдательный пункт // 전방감시소 ¶ ~ отряд // 전진부대, 전위부대, 전방부대 ¶ ~ пост // 전초 ¶ ~вая разведгруппа // 전위첨병 ¶ ~вая линия обороны // 방어최전선 ¶ ~вая позиция // 전위 (前衛), 제1선진지, 최전선진지 ¶ ~вая часть // 전방부대 ~вая // 전위(前衛), 제1선진지, 최전방진지

перезаряжание 재장탄 ¶ автоматическое ~винтовки // 소총의 자동재장전

перезаряжать, [св] **перезарядить** (탄환을)재장전하다

перекличка 인원점검 ¶ делать ~ку // 점검하다 ¶ отсутствовать на ~ке // 점검에 빠지다

перекрёстный 십자형의 ¶ взять кого под ~ огонь // …에게 십자포화를 퍼붓다

перслёт 징거리비행 ¶ ~ снаряда // 포탄의 비행 ¶ ~ через Тихий океан // 태평양횡단비행 ¶ дальний ~ // 원거리비행 ¶ межконтинентальный ~ // 대륙간 비행 ¶ сделать беспосадочный ~ // 무착륙횡단비행을 하다

перемирие ① 정전 (협정), 휴전 ◆ 군사행동의 일시적 중지로서 부분적 휴전 및 일반적 휴전으로 구분되며, 부분적 휴전이란 특정지역에서 전투행위가 일시적으로 중지, 일반적 휴전이란 쌍방의 협의 하에 전투를 전반적으로 중지하는 것 ¶ заключить ~ // 정전협정을 체결하다, 휴전 협정을 맺다 ¶ подписать ~ // 정전협정에 조인하다 ¶ соглашение о ~рии // 정전협정, 휴전협정 ◆ 교전국이 서로 협의하여 일시적으로 군사행동을 정지하는 협정 ¶ условия ~рия // 정전조건 ② 일시적인 화해 ¶ это не мир, а~ // 이것은 강화가 아니라, 일시적인 화해이다

переносный 이동의, 손으로 옮길 수 있는 ¶ ~ зенитно-ракетный комплекс [ПЗРК] // 휴대용 대공미사일

переправа 도하 ¶ ~ на судах // 선박도하 ¶ ~ танков под водой // 전차 수중도하 ¶ пункт ~вы // 도하지점

переработка 재처리, 가공 ¶ ~ ядерного топлива // 핵연료재처리

перерыв 차단; 휴식 ¶ ~ железной дороги противником // 적에 의한 철도의 차단

пересечение (진로의) 차단; 교차점 ¶ пункт ~ния границы // 국경검문소
перестрелка 총격전
перестроение (대열·대형의) 재편성 ¶ ~ на ходу // 행군도중의 대형재편성 ¶ ~ боевого порядка // 대형변경
переформирование 재편성 ¶ ~ дивизии // 사단의 재편성
перехват (적기의) 요격 ¶ ~ цели // 표적요격
перехватчик 요격기
переход 전환, 횡단부 ¶ ~ в контр атаку // 반격으로의 전환 ¶ ~ в наступление // 공격으로의 전환 ¶ ~ к обороне // 방어로의 전환 ¶ ~ морем // 항행 ¶ дневной ~ // 주간 행군거리 ¶ лыжный ~ // 스키 종단 ¶ суточный ~ // 일주야 행군거리 ¶ форсированный ~ войск // 강행군
перископ 잠망경 ¶ ~ подводной лодки // 잠수함잠망경 ¶ танковый ~ // 전차잠망경 ¶ траншейный ~ // 참호용 잠망경
перископный 잠망경의 ¶ ~ное положение // 잠망경 항행상태 ¶ ~ные приборы наблюдения // 포대경 ¶ ~ная глубина // 잠망경심도
персонал 인원, 구성원 ¶ ~среднего звена // 중견간부 ¶ сокращение ~ла // 인원감축
петиция 청원, 청원서 ¶ писать ~цию кому // ...에게 청원서를 쓰다
пехота 보병 ¶ береговая ~ // 해안보병 ¶ закалённая ~ // 단련된 보병 ¶ механизированная ~ // 기계화보병 ¶ морская ~ // 해병대 ¶ моторизованная ~ // 기계화보병
пехотинец 보병 ¶ морские ~цы // 해병대
пехотный 보병의 ¶ ~ бой // 보병전 ¶ ~ капитан // 보병대위 ¶ ~ полк // 보병연대 ¶ ~ная дивизия // 보병사단 ¶ ~ная рота // 보병중대
печать, [복]~ти (사용금지 대상에 대한) 봉인 ¶ запечатать дверь ~тью // 문을 봉인하다 ¶ с замороженных ядерных реакторов были сорваны ~ти // 동결된 핵원자로에서 봉인이 벗겨졌다
пеший 도보의 ¶ ~ отряд // 보병부대 ¶ бой в ~шем строю // 도보전
ПЗРК *(подвижный зенитно-ракетный комплекс)* 이동식 미사일종합체
пикет 경비대
пикирование 급강하 ¶ бомбометание с ~ем // 급강하 폭격 ¶ ввод в ~ // 급강하 진입 ¶ вывод из ~ния // 급강하 탈출 ¶ отвесное ~ // 수직 급강하
пилот 비행사, 조종사; 도선사 ¶ ~-смертник // 자살특공대 조종사 ¶ опытный ~ // 유능한 비행사, 경험 많은 도선사
пилотаж 조종술 ¶ ~ные приборы // 조종용 계기류
пилотка 여름군모
пилотский 비행사의, 조종사의 ¶ ~ костюм // 비행복

пират 해적 ¶ воздушный ~ // 공중납치범
пиратский 해적의 ¶ ~ набег // 해적의 습격 ¶ ~кие действия // 해적행위 ¶ ~кое судно // 해적선 ¶ по -~ки // 해적식으로
пиратство 해적행위 ¶ воздушное ~ // 항공기의 침탈
пиратствовать 해적행위를 하다
пистолет 권총 ¶ ~-пулемёт // 기관단총 ¶ автоматический ~ // 자동권총 ¶ оборотный ~ // 연발권총 ¶ ракетный ~ // 신호용 권총 ¶ стрелять из ~а // 권총을 쏘다
письменный 서면의 ¶ ~ документ // 서면자료 ¶ ~ная просьба // 청원서
питание 음식물 ¶ продукты ~ния // 식료품
ПК *(пожарный кран)* 소화전
ПКО *(противокатерная оборона)* 대함방어
ПЛ *(подводная лодка)* 잠수함
ПЛА *(подводная лодка атомная)* 원자력잠수함
плавание 수영; 항해, 항행 ¶ морское ~ // 항해 ¶ находиться в ~нии // 항해 중에 있다 ¶ отправиться в ~ // 출항하다 ¶ соревнование по ~нию // 수영경기 ¶ ходить в дальнее ~ // 원양항해를 다녀오다
плавающий ① 항해하는 ② 수륙양용의 ¶ ~ бронетранспортёр // 수륙양용 병력수송장갑차 ¶ ~щая боевая машина // 수륙양용 장갑수송차
плавучесть 부력 ¶ ~ корабля // 함정의 부력 ¶ лишить судно ~ти // 배의 부력을 잃게 하다
плавучий 물에 뜨는, 부력이 있는 ¶ ~ док // 이동도크, 부유도크 ¶ ~ маяк // 등대선 ¶ ~чая база // (군함의) 보급선, 부유기지
план ① 계획, 방안, 안 ¶ ~ боевого обеспечения // 전투지원계획 ¶ ~ боевой подготовки // 전투훈련계획 ¶ ~ боя // 전투계획 ¶ ~ действий авиации // 항공작전계획 ¶ ~ инженерного обеспечения // 공병지원계획 ¶ ~ минирования // 지뢰매설계획 ¶ ~ мирного разоружения // 평화적 군축계획 ¶ ~ обороны // 방어계획 ¶ ~ огня // 화력계획 ¶ ~ разведки // 정찰계획 ¶ ~ устройства тыла // 후방배치계획, 군수지원계획 ¶ включить что в ~ // …을 계획에 포함시키다 ¶ внести ~ на рассмотрение (обсуждение) // 계획을 검토 (토의)에 붙이다 ¶ выполнить (перевыполнить) // 계획을 수행 (초과수행)하다 ¶ изменить (осуществить) // 계획을 변경시키다 (수행하다) ¶ мобилизационный ~ // 동원계획 ¶ набросать ~ // 계획초안을 작성하다
¶ оперативный ~ // 작전계획 ¶ перспективный ~ // 향후계획, 전망계획 ¶ принять ~ // 계획을 채택하다 ¶ составить генеральный ~ // 총 계획을 세우다 ¶ стратегический ~ // 전략계획 ② 설계도, 도안 ¶ черчение корабельных ~нов // 군함설계 ③ 측면, 시점, 관점, 견지 ¶ изменение международной

обстановки в ~не безопасности // 안보의 관점에서 국제정세의 변화
планёр 활공기, 글라이더
планирование 계획화, 계획작성 ¶ ~огня // 화력계획 작성
планировать, [св] спланировать 활공하다 ¶ самолёт ~рует // 비행기가 활공하다
планирующий 공중 활공하는 ¶ ~ полёт // 활공비행
планово-оперативный 작전계획의
плановый 계획의, 계획적인 ¶ ~вая комиссия // 계획위원회 ¶ ~вая политика // 계획화정책 ¶ ~вая таблица боя // 전투계획표
планшет 지도가방 ¶ ~ с картой // 지도를 넣은 지도가방
планомерный 계획적인, 계획성 있는 ¶ ~ное передвижение войск // 군대의 계획적 이동
ПЛАРБ *(подводные атомные лодки с баллистическими ракетами)* 탄도 미사일 장착 핵잠수함
плац 연병장 ¶ учебный ~ // 훈련장
плацдарм 작전 지대 · 지점; 교두보 ¶ вывести роту из резерва на ~ // 중대를 예비대로부터 작전지대로 진출시키다
плащ-палатка 판초우의
плен 포로 ¶ взять в ~ // 포로로 잡다 ¶ держать кого в ~ну // 포로로 잡아 두다 ¶ попасть в ~ // 포로가 되다 ¶ убежать из ~на // 포로상태에서 탈출하다
пленный 잡힌, 포로가 된 ¶ ~ воин // 포로병 ¶ захватить много ~ных // 많은 포로를 잡다 ¶ освободить ~ных // 포로를 석방하다
ПЛО *(противолодочная оборона)* 반잠수함방어, 대잠방어 ◆ 적 잠수함의 공격으로부터 부대 또는 한 지역을 수호하는 것
плотность 밀도 ¶ ~ артиллерии // 포병밀도 ¶ ~ огня // 화력밀도
площадка 총좌 ◆ 사격할 때 기관총 따위를 올려놓는 대(帶) ¶ ~ для ручного пулемёта // 경기관총좌
площадь 면적 ¶ ~ рассеивания // 사탄산포면적 ¶ эффективная ~ рассеивания [ЭПР] // 레이더반사면적 [RCS]
плыть 항행하다, 항해하다 ¶ ~ в море (по морю) // 바다를 항행하다 ¶ ~ на пароходе // 기선으로 항해하다
ПМГ *(подвижная милицейская группа)* 경찰순찰반
ПМО *(противоминная оборона)* 대기뢰방어, 대기뢰전
ПМП *(полковой медицинский пункт)* 연대의무대
пневматический 기체역학의, 공기를 넣는 ¶ ~кая винтовка // 공기소총
ПО *(пограничная охрана)* 국경경비대
победа 승리 ¶ ~ в бою (войне) // 전투 (전쟁)에서의 승리 ¶ ~ в воздухе

// 제공 ¶ великая (окончательная, славная, решающая, блестящая) ~ // 위대한 (최종적, 영예로운, 결정적, 빛나는)승리 ¶ вернуться с ~дой // 이기고 돌아오다 ¶ добиться ~ды // 승리하다 ¶ завоевать ~ду над врагом // 적을 타승하다 ¶ крупная ~ // 대승리 ¶ одержать ~ду над кем-чем // 승리를 거두다 ¶ полная ~ // 완전승리 ¶ сражаться до ~ды // 승리할 때까지 싸우다 ¶ увенчаться ~дой // 승리로 끝나다 ¶ пиррова ~да // 큰 희생을 무릎쓰고 겨우 얻은 승리 (패배나 같은 승리) «상용구» Признаки~ды или поражения можно увидеть заранее в моральном состоянии. 승패의 징조는 먼저 그 정신 상태에서 볼 수 있다. ¶ Если велики шансы на ~ду, сражайся, а если нет шансов на победу-выжидай // 승산이 보이면 싸우고 승산이 없으면 기다려야 한다 ¶ И ~, и поражение для солдата - обычное дело // 일승일패병가상사(一勝一敗兵家常事) ◆ 전쟁에서 이기고 지는 것은 보통일이다

победить, [нсв] побеждать кого-что (싸움에서) 승리하다, 이기다 ¶ ~ в бою (войне) // 전투 (전쟁)에서 승리하다 ¶ ~врага // 적을 이기다 «상용구» Если сражаться одному против всех людей,~ не возможно. 혼자서는 온 나라 사람들과 싸우면 이겨낼 수 없다.

побудка 기상신호, 기상나팔 ¶ играть ~ку // 기상나팔을 불다 ¶ утренняя ~ // 아침기상신호

побывка 단기휴가로 귀가하는 것 ¶ приехать домой на ~ку // 단기휴가로 집에 오다

поверка 인원점검 ¶ вечерняя ~ в лагере // 야영에서의 저녁점검 ¶ явиться на ~ку // 점검에 나가다

повиноваться кому-чему 순종하다, 복종하다 ¶ ~ приказу // 명령에 복종하다

поворот ① 회전 ¶ ~ кругом // (구령) 뒤로 돌아! ¶ ~ налево // (구령) 좌향좌! ¶ ~ направо // (구령) 우향우! ¶ крутой ~ // 급회전 ② 선회 ¶ ~ на вертикали // 수직상승선회 ¶ ~ на горке // 급상승선회

повреждённый 손상된 ¶ ~ водой // 수해를 입은 ¶ ~ная техника // 손상된 장비

повторить, [нсв] повторять 반복하다 ¶ ~ команду // 구령을 복창하다 ¶ ~ приказание // 지시를 복창하다 ¶ ~ сигнал // 신호를 반복하다

повышать, [нсв] повысить 높이다, 올리다 ¶ ~ в звании // 진급시키다

повышение 승급, 승격 ¶ ~ в должности // (직책의) 승격 ¶ ~ в звании // (군인의) 승급

погода 날씨, 일기 ¶ бюро ~ды // 기상관측소 ¶ карты ~ды // 기상일람도 ¶ предсказание ~ды // 일기예보 ¶ сводка ~ды // 기상통보

погон, [복] ~ны 견장 ¶ быть в офицерских ~нах // 장교로 복무하다 ¶ офицерские ~ны // 장교견장

пограничник 국경경비대원
пограничный 국경지대의, 국경의 ¶ ~ город // 국경도시 ¶ ~ знак // 국경표식 ¶ ~ инцидент // 국경분쟁 ¶ ~ катер // 국경순시선 ¶ ~ комиссар // 국경지대 군책임자, 국경교섭관 ◆ 러시아연방의 국경법규 준수 및 국경사건 해결을 담당하는 교섭관 ¶ ~ конфликт // 국경분쟁 ¶ ~ наряд // 국경경비임무 ¶ ~ округ // 국경수비관구 ¶ ~ отряд // 국경 경비대·수비대 ¶ ~ пост // 국경초소 ¶ ~ район // 국경지대·지구 ¶ ~ режим // 국경구역 특별관리제도 ¶ ~ная застава // (특정지점에 배치된) 국경관문 경비부대 ¶ ~ная комендатура // (지역별)국경수비대 지휘부 ¶ ~ная крепость // 국경요새 ¶ ~ная линия // 국경선 ¶ ~ная охрана [ПО] // 국경경비군 ¶ ~ная полоса // 국경지대 ¶ ~ная форма (фуражка) // 국경경비대원의 제복 (제모) ¶ ~ное соглашение // (분쟁방지의) 국경협정 ¶ ~ные войска // 국경수비대 ¶ ~ные конфликты и инциденты // 국경분쟁 ¶ ~ные укреплённые линии // (성 등으로 된) 국경방어선
пограничье 국경지대
погранка 국경경비초소, 국경경비부대
погранконтроль 국경경비
погранохрана 국경수비대
погранпост 국경초소
погреб 지하실 ¶ ~для снарядов // 탄약고 ¶ пороховой ~ // 화약·폭발물 창고
погружение 잠수, 침하 ¶ ~ корабля // 함정침몰 ¶ ~ подводной лодки // 잠수함의 잠수
под чем ~ 작용 (공격)하에 ¶ ~ господством // 지배하에 있는 ¶ ~ наблюдением // 감시받고 있는 ¶ ~ угрозой // 위협을 받고 있는 ¶ пароход ~ российским флагом // 러시아 국기게양선 ¶ попасть ~ пулемёты (обстрел) // 기관총 (포) 사격권 안에 들다
подаватель 장탄기 ◆ 탄알이나 포탄을 재우는 기구나 장치
подавление 진압, 억압 ¶ ~ мятежа // 폭동진압
подвергнуть, [нсв] подвергать кого-что *чему* 받게 하다, 당하게 하다, 처하게 하다 ¶ ~ город обстрелу // 도시를 포격하다 ¶ ~ кого-что опасности // …를 위험에 빠지게 하다 ¶ ~ проверке // 검사를 받게 하다 ¶ ~ себя риску // 자신을 위험에 처하게 하다
подвергнуться, [нсв] подвергаться чему 받다, 당하다, 처하다 ¶ ~ бомбардировке (обстрелу, нападению) // 폭격 (포격, 공격)당하다 ¶ ~ опасности радиоактивного облучения // 방사선의 위험을 받다 ¶ ~ предельной угрозе // 최종위협에 처하다 ¶ ~ риску // 위험한 처지에 놓이다
подвиг 공훈, 공, 위훈, 위업, 수훈 ¶ ~во имя человечества // 인류를 위한

위업 ¶ ~ во славу Родины // 조국의 명예를 위한 위업 ¶ вдохновить кого на ~ // 위훈을 세우라고...를 고무하다 ¶ воинский ~ // 무공, 무훈 ¶ героический ~ // 영웅적 행위 ¶ патриотический ~ // 애국적 위업 ¶ совершить ~ (на войне) // (전쟁터에서)공을 세우다

подвижник 공로자

подвижнический 헌신하는, 희생적인

подвижный 기동의, 이동의 ¶ ~ госпиталь // 이동병원, 야전병원 ¶ ~ заградительный огонь // 이동조애사격 ¶ ~ное заграждение // 이동장애물 ¶ ~ отряд // 기동부대 ◆ 특정된 과업완수를 위하여 기동함대사령관 또는 상급부서 지시에 의하여 편성되는 함대의 한 구성부대 ¶ ~ пункт управления // 이동지휘소 ¶ ~ная цель // 이동표적 ¶ ~ная оборона // 기동방어 ¶ ~ная пусковая установка // 이동발사대 ¶ ~ные войска // 기동부대

подвижность 기동성

подвоз (보급품의) 수송

подводник 잠수함 승무원

подводный 수중의, 물속의 ¶ ~ флот // 잠수함 함대 ¶ ~ная диверсия // 수중폭파활동 ¶ ~ная защита корабля // 함정의 대잠수함방어 ¶ ~ная лодка // 잠수함 ¶ ~ная мина // 기뢰 ¶ ~ная подрывная работа // 수중폭파작업 ¶ ~ная съёмка // 수중촬영 ¶ ~ная цель // 수중표적 ¶ ~ное крыло // 수중익 ¶ ~ное плавание // 잠수, (수중작업용의) 잠수기계 ¶ ~ное положение // (잠수함)잠수상태 ¶ ~ные камни // 암초 ¶ ~ные работы // 수중작업 ¶ ~ные силы флота // 함대의 수중세력 (잠수함 보유량) ¶ атомная ~ная лодка // 원자력잠수함 ¶ ракетная ~ная лодка // 로켓탑재잠수함

подвоз 수송, 운수 ¶ ~ боеприпасов // 탄약수송 ¶ ~ снарядов на фронт // 전선으로의 포탄수송

подготовить, [нсв] **подготовлять** кого-что ① 준비하다, (미리) 마련하다 ¶ ~ батарею к стрельбе // 포병중대에 사격준비를 시키다 ¶ ~ наступление // 공격준비를 하다 ¶ ~ собрание // 회의준비를 하다 ② 양성하다, 훈련하다 ¶ ~ национальные кадры (специалистов) // 국가간부 (전문가)를 양성하다

подготовка ① 준비, 마련, 예습 ¶ ~ к бою // 전투준비 ¶ ~ к войне // 전쟁준비 ¶ ~ стрельбы // 사격준비 ¶ артиллерийская (또는 миномётная) ~ // 포병준비사격 ② 양성, 훈련 ¶ ~ кадров // 간부양성 ¶ ~ лётных кадров // 조종사훈련 ¶ ~ национальных кадров // 민족간부양성 ¶ боевая ~ // 전투훈련 ¶ военная ~населения // 주민의 군사훈련 ¶ допризывная ~ // 징집前 훈련 ¶ одиночная ~ // 기본훈련 ¶ парашютная ~ // 낙하훈련 ¶ повысить степень ~ки // 훈련강도를 높이다 ¶ строевая ~ // 제식훈련 ¶ тактическая ~ // 전술훈련 ¶ физическая ~ // 체력훈련

поддержание 유지 ¶ ~ международного мира и безопасности // 평화와 안전의 유지

поддержать, [нсв] поддерживать чем 보강 (원호)하다 ¶ ~ наступление артиллерийским огнём // 포병화력으로 공격을 지원하다

поддержка ① 지지, 지원, 원조, 조력 ¶ ~ огнём // 화력지원, 사격지원 ¶ взаимная ~ // 상호지원 ¶ непосредственная ~ // 직접화력지원 ¶ огневая ~ // 화력지원 ¶ оказать кому ~ку // ...를 지원하다 ¶ получать ~ку // 지지를 받다 ② 지원부대 ¶ послать ~ку // 지원부대를 파견하다

поджигатель 도발자 ¶ ~ войны // 전쟁도발자

поджигательский 도발행위의 ¶ ~кие действия // 도발행위

поджигательство 도발 ¶ ~ войны // 전쟁방화책동

подземный 지하의, 지하에서 진행되는 ¶ ~ взрыв // 지하폭발 ¶ ~ ход // 지하도 ¶ ~ная ракетная пусковая установка // 지하미사일발사대 ¶ ~ное укрытие // 지하대피소 ¶ ~ные ядерные испытания // 지하핵시험

подкрепление 증강, 강화; 증원군, 증원대, 지원대 ¶ для ~ния сил // 역량을 강화하기 위하여 ¶ отправить ~ния на фронт // 전선에 증원군을 파견하다 ¶ свежие ~ния // 새로운 증원부대

подносчик 공급 · 운반하는 사람 ¶ ~ снарядов // 탄약수

подполковник 중령

подполковница 중령부인

подполковничий 중령의

подполье 지하운동 ¶ уйти в ~ // 지하운동에 들어가다

подпольный 지하운동의, 비합법적인 ¶ ~ кружок // 지하서클 ¶ ~ центр // 지하운동본부 ¶ ~ная организация // 비밀단체

подпольщик 지하공작원

подпольщицкий 지하공작원의

подразделение 분대; 예하부대 (대대이하), 소부대 ◆ 해군의 분대 두 척 이상 함정의 행정 또는 전술조직으로서 전술목적에 따라 단대로 더 세분할 수 있음 ¶ ~ дозаправки в воздухе // 공중급유부대 ¶ ~ охраны // 경비부대 ¶ ~ связи // 통신부대 ¶ ~ специального назначения (спецназ) // (마약단속·테러진압 등을 위한)특수부대 ¶ ~ топографической разведки // 지형정찰부대 ¶ ~ экстренной помощи // 긴급지원부대 ¶ созвать командиров отдельных частей и ~ний // 독립 부대들과 분대들의 지휘관들을 소집하다 ¶ части и ~ния // 부대와 그 예하단위

подрывник 폭파요원, 제거요원

П

подрывной 폭파의, 폭파용의 ¶ ~ная деятельность // 교란활동 ¶ ~ная машина // 격발기 ¶ ~ная работа // 폭파작업 ¶ ~ные средства // 폭파장비

подрядчик 청부업자
подслушивание 도청 ¶ аппарат для ~ния // 도청기
подслушивающий 도청하는 ¶ ~щее устройство // 도청장치
подспорье 조력, 원조
подствольный гранатомёт (소총 등에 탈부착하여 사용하는) 유탄 발사기 ¶ ~M203 установленный на автомате Colt M4 // 콜트 M4소총에 장착된 M203 총류탄 발사기
подстрекатель 선동자, 추동자 ¶ ~ к войне // 전쟁선동자
подстрекательство 선동 ¶ ~ к поджогу // 방화선동
подступ 접근로, 접근지 ¶ на ~пах к городу // 도시로 접근하는 길에서
подступить 공격하여 오다 · 가다 ¶ ~ к стенам крепости // 성벽으로 공격하여오다
подход 접근 ¶ ~ к чему // ...에로 접근하는 것 ¶ ~ резервов // 예비대의 접근
подчасок 교대보초병
подчинение 복종 ¶ держать в ~нии // 종속시키다 ¶ порядок ~ния // 복종체계
подчинённый 하급자, 부하 ¶ ~ное положение // 예속상태
подчинить, [нсв] подчинять 정복하다, 예속시키다
подъём 기상신호, 기상나팔 ¶ ~ флага // (군함의) 깃발게양, 군기게양 ¶ Подъём! // (구령)기상!
поезд 기차 ¶ воинский ~ // 군용열차 ¶ садиться в ~ // 기차를 타다
пожар 화재 ¶ ~ войны // 전쟁의 불길
пожарный ① 화재의 ¶ ~ сигнал // 화재경보 ② 소방의 ¶ ~ кран // 소화전 ¶ ~ насос // 소화펌프 ¶ ~ная труба // 소방호스 ¶ ~ная часть // 소방부대
поздравление 축하, 축사
позиционный 진지의 ¶ ~ район // 진지지역 ¶ ~ная война // 진지전 ¶ ~ная оборона // 진지방어
позиция ① 진지 (陣地), 전투지역, 전투구역 ¶ ~ для атаки // 공격진지 ¶ ~ отпора // 반격진지 ¶ артиллерийская ~ // 포병진지 ¶ боевая ~ // 전투진지 ¶ бросать ~цию // 진지를 버리다 ¶ временная ~ // 임시진지 ¶ выбирать ~цию // 진지를 선정하다 ¶ выбор ~ции // 진지선정 ¶ головная ~ // 전위진지 ¶ закрытая ~ // 엄폐진지 ¶ занимать ~цию // 진지를 점령하다 ¶ исходная ~ // 출발진지 ¶ исходные ~ции // 공격준비선, 공격지점, 공격출발지점 ¶ ложная ~ // 위장진지 ¶ менять ~цию // 진지를 변환하다 ¶ оборонительная ~ // 방어지역, 방어선 ◆ 적의 공격으로부터 방호되고 또는 확보하기 위하여 일정한 부대에 부여된 지역으로 적지종심작전지역, 근접작전지역, 후방작전지역으로 구분 ¶ оборудование ~ции // 진지구축 ¶ огневая ~ // 화력진지 ¶ открытая ~ // 개활진지 ¶ отсечная ~ // 익측진지 ¶ передовая ~ // 전초진지, 전진진지

¶ полузакрытая ~ // 반차폐진지 ¶ промежуточная ~ // 중간진지 ¶ прорыв ~ции // 진지돌파 ¶ сдать ~ции // 진지를 내주다 ¶ смена ~ции // 진지교대 ¶ удерживать ~ции // 진지를 고수하다 ② 입장, 견해 ¶ ~ по отношению к России // 러시아에 대한 태도 (입장) ¶ придерживаться ~ции // 입장을 견지하다

поиск 수색, 정찰 ¶ ~ и спасение // 수색 및 구조 [SAR] ¶ ночной ~ // 야간기습, 야간정찰

поисковик 수색자, 수색대원

поисковой 수색의 ¶ ~вая операция // 수색작전

показание 증언, 진술 ¶ ~ капитана // (해상사고에 대한)함장신고서 ¶ ~ пленного // 포로의 진술 ¶ дать ~ния // 증언하다 ¶ ложное ~ // 허위증언·진술

показной 견본의, 본보기의 ¶ ~ное учение // 시범훈련

покорение 정복, 타도 ¶ ~ пустыни // 사막의 정복

покровительственный 보호하는, 비호하는 ¶ ~ная политика // 보호정책

покровительство 보호 ¶ взять кого под своё ~ // …를 자신의 비호하에 두다 ¶ оказать кому~ // 누구를 비호·보호하다 ¶ под ~вом чего // …의 보호·비호 하에

поле ① 장(場), 구역 ¶ ~ брани (боя, битвы, сражения) // 전장 (戰場) ¶ ~ наблюдения // 감시구역 ¶ ~ обстрела // 사격구역 ¶ лётное ~ // 이착륙장, 활주장 ¶ минное ~ // 지뢰구역 ¶ операционное ~ // 작전지대 ¶ удержать ~ за собой // 전장을 떠나지 않다 ¶ учебное военное ~ // 연병장, 훈련장 ¶ на ~ брани // 전투에서, 전장에서 ② 분야, 범위, 영역 ¶ ~ информации // 정보영역 ¶ на ядерном ~ // 핵분야에서

полевой 야전의, 행군의 ¶ ~ госпиталь // 야전병원 ¶ ~ караул // 야전보초 ¶ ~ суд // 야전군사재판(소), 야전 군법회의 ¶ ~ устав // 야전교범 ¶ ~вая артиллерия // 야전포병 ¶ ~вая выучка // 전장경험 ¶ ~вая кухня // 야전취사장 ¶ ~вая почта // 야전우편 ¶ ~вая пушка // 야포 ¶ ~вая служба // 야전근무 ¶ ~вая служба штабов // 야전참모근무 ¶ ~вая учебно-материальная база // 야외훈련장 ¶ ~вое орудие // 야전포 ¶ ~вое укрепление // 야전축성물 ◆ 지형지물의 자연방어력을 증강하기 위하여 야전지역에 구축되는 축성으로서 개인호, 장애물, 교통호 등을 포함 ¶ ~вые занятия // 야전실습 ¶ устав ~ службы // 야전근무규범

полёт 비행, 비상 ¶ ~ в боевом порядке // 전투비행 ¶ ~ в паре // 짝수비행 ¶ ~ в сложных метеорологических условиях // 악천후비행 ¶ ~ в строю // 편대비행 ¶ ~ для фотографической съёмки // 사진촬영비행 ¶ ~ на воздушную разведку // 항공정찰비행 ¶ ~ на барражирование // 초계비행 ¶ ~ на больших высотах // 고공비행 ¶ ~ на дальность // 장거리 비행 ¶ ~ на дозвуковых скоростях // 아음속비행 ¶ ~ на малой высоте // 저공비행 ¶ ~ на предельно малой высоте // 초저공비행 ¶ ~ по приборам // 계기비행 ◆ 비행경로와 고도를 전적으로 계기에 의존하며 조종하는 비행방법 ¶ ~ на сверхзвуковых скоростях // 초음속비행 ¶ ~ по наземным ориентирам // 지형지물 이용비행, 육안비행 ¶ ~ с возвращением на базу // 귀환비행 ¶ ~ снаряда // 포탄의 비행 ¶ беспосадочный ~ // 무착륙비행 ¶ бомбардировочный ~ // 폭격비행 ¶ бреющий ~ // 초저공 비행 ¶ время ~та // 비행시간 ¶ групповой ~ // 편대비행 ¶ контрольный ~ // 감독비행 ¶ планирующий ~ // 활주비행 ¶ разведочный ~ // 정찰비행 ¶ слепой ~ // 계기비행 ¶ строй ~та // 비행대형 ¶ тренировочный ~ // 연습비행

полётный 비행의 ¶ ~ная карта // 비행도 ¶ ~ная палуба // 이륙용 갑판, 비행갑판 ¶ ~ное время // 비행시간

полигон 포사격장, 사격장; 핵실험장 ¶ ~для проведения ядерных взрывов // 핵폭발 실험장 ¶ артиллерийский ~ // 포사격장 ¶ танковой ~ // 전차사격장 ¶ ядерный ~ // 핵실험장

полигонный 사격장의

политика 정치, 정책

политический 정치적인 ¶ ~ комиссар // 정치위원 ¶ ~ орган // 정치지도기관 ◆ 소련공산당이 군, 경찰 등의 정치적 지도를 위해 설치한 정치지도기관, 1991년 폐지

полк 연대 ◆ 러시아연방군에서 900~2천명, 2~3개 대대, подполковник, полковник이 지휘관임 ¶ авиационный ~ // 비행연대 ¶ артиллерийский ~ // 포병연대 ¶ гвардейский ~ // 근위연대 ¶ кавалерийский (또는 конный) ~ // 기병연대 ¶ командир ~ка // 연대장 ¶ пехотный (стрелковый) ~ // 보병연대 ¶ танковый ~ // 전차연대 ¶ штаб ~ка // 연대본부

полковник 대령; 연대장 ¶ ~ артиллерии // 포병대령

полководец 사령관, 장군, 전략가 «상용구» Под началом храброго ~дца слабых солдат не бывает // 용감한 장수 밑에는 약한 사병이 없다, 용장 밑에 약졸 없다 ¶ Мудрый ~ не сравнится со счастливым полководцем! // 지장불여복장 (智將不如福將) ◆ 지혜로운 장수는 행복한 장수에 비교되지 않는다

полковой // 연대의 ¶ ~ медицинский пункт [ПМП] // 연대의무대 ¶ ~вая артиллерийская группа // 연대 포병군(연포군)

полновластие 전권 (全權)

полномочие 전권, 대표권, 권한 ¶ депутатские ~чия // 국회의원의 권한 ¶ превысить ~чия // 권한을 넘어서다, 월권행위를 하다 ¶ предоставить кому ~ начто // ...에게 ...에 대한 전권을 위임하다

полномочный 전권을 가지고 있는, 권한을 가지고 있는 ¶ ~ министр // 전권공사

¶ ~ посол // 전권대사 ¶ ~ представитель (= полпред) // 전권대표 ◆ 1941년까지 사용된 구소련 대사·공사의 명칭 ¶ ~ное представительство // 전권대표부 ◆ 1941년까지 사용된 구소련대사관의 명칭 ¶ я не ~чен это делать // 나는 이 일을 할 권한이 없다

положение ① 위치, 장소 ¶ дивизия заняла наиболее выгодное ~ // 사단은 가장 유리한 위치 (고지)를 차지하였다 ¶ исходное ~ // 출발위치 ② 자세, 태도 ¶ принять ~ // 자세를 취하다 ¶ строевое ~ // 정상적인 대형위치, 차렷 자세 ③ 정세, 형세, 형편, 상태 ¶ ~ с безопасностью // 안보상황 ¶ ввести военное ~ // 계엄령을 선포하다 ¶ военное ~ // 전시상태 ; 계엄 상태 ¶ критическое ~ // 위험한 상태, 궁지 ¶ международное ~ // 국제정세 ¶ мирное ~ // 평화·평시상태 ¶ надводное ~ // (잠수함)부상상태 ¶ неблагоприятное ~ // 불리한 상태 ¶ осадное ~ // 포위상태 ¶ чрезвычайное ~ // 비상사태 ④ 규정, 규칙, 법규 ¶ ~ о прохождении военной службы // 군인복무규정 ¶ общее ~ // 총칙

полоса 지대, 지역, 지방, 구역 ¶ ~ обеспечения // 안전지대 ¶ ~ обороны // 방어지대 ¶ ~ огня // 사격지대 ¶ ~ препятствий // 장애물 지대 ¶ взлётная ~ // 이륙로, 활주로 ¶ пограничная ~ // 국경지대 ¶ поражаемая ~ // 유효사격지대 ¶ посадочная ~ // 착륙지대

полотнище ① 천, 종이 ¶ ~ флага // 깃발의 천 ② 포판 ¶ опознавательное ~ // 식별포판 ¶ сигнальное ~ // 신호포판

полуавтоматический 반자동의, 반자동식의 ¶ ~кая система наведения // 반자동유도방식 ¶ ~кое оружие // 반자동화기 ¶ ~кое пилотирование // 반자동조종

полуактивный 반능동적인 ¶ ~ная лазерная головка самонаведения // 반능동 레이저유도탄두 ¶ ~ное самонаведение // 반능동 호밍

полувоенный ① 반군사적인 ¶ ~ная организация // 반군사조직 ② 준전시의, 준계엄의 ¶ ~ное положение // 준전시상태

полярный 극 (極)의 ¶ ~ная экспедиция // 극지탐험 ¶ П~ная звезда // 북극성 ¶ П~ное море // 북빙양

помещение 건물, 방 ¶ ~ для ожидания // 대기실 ¶ ~ экипажа // 승조원실 ¶ караульное ~ // 경계초소막사

помилование 면죄, 특사 ¶ подать просьбу о ~нии // 사면을 요청하다

поминовение 추도 ¶ ~ усопших // 고인의 추도·추모 ¶ день ~ния усопшего // 고인의 추모일

помощник ① 보 (補) ¶ ~ дежурного // 당직부관 ¶ ~ капитана // 항해사 ¶ ~ госсекретаря США по делам стран Восточной Азии и Тихого океана // 미 국무부 동아태차관보 ② 보좌관, 비서관 ¶ ~ Президента РФ // 러시아연방대통령 보좌관 ¶ личный ~министра // 장관비서관

помощь 원조, 구조 ¶ ~ бедным // 빈민구제 ¶ ~ на море // 해난구조 ¶ ~ раненым // 부상자 구호 ¶ военная ~ // 군사원조 ¶ гуманитарная ~ // 인도주의적 원조 ¶ материальная ~ // 구호물자 ¶ оказать ~ // 원조하다 ¶ просить ~щи // 원조를 청하다

понтон 부교, 무장해제한 군용선

понтонёр 배다리를 놓는 공병, 부교병

понтонный 부교의 ¶ ~ мост // 부교 ◆ 강 건너로 장비 및 병력을 보내기 위하여 부유물에 의하여 가설되는 임시교량 ¶ ~ная переправа // 부교도하 ¶ ~ная часть // 가교부대 ¶ ~ное дело // 가교작업

понудительный 강제의, 강제적인 ¶ ~ные меры // 강제적 수단·조치

понуждение 강요, 강압 ¶ можно добиться этого без всякого ~ния // 아무런 강요도 없이 이것을 달성할 수 있다

поочерёдный 순번제의 ¶ ~ное дежурство // 순번근무

поощрение 표창 ¶ ~ за успехи в работе // 업무성과에 대한 표창 ¶ получить ~ // 표장을 받다

поощритель 표창자

попадание 명중 ¶ ~ в цель // 목표에 명중 ¶ вероятность ~ния // 명중률 ¶ прямое ~ // 명중탄, 직격

попасть, [нсв] попадать в кого-что (총알 따위가)명중하다 ¶ ~ в мишень // 목표에 명중하다 ¶ снаряд ~пал в блиндаж // 포탄이 엄폐부에 명중하였다

пополнсние 보충 (대) ¶ ~ личного состава // 인원보충 ¶ ~ снарядов // 탄약보충, 탄약추가공급 ¶ прибытие на фронт ~ний // 보충부대의 전선도착 ¶ свежее ~ // 새로운 보충

пополнить, [нсв] пополнять что чем 증원하다, 보충하다 ¶ ~ армию свежими силами // 군대를 새 세력으로 보충하다

поражаемый 손상을 당하는, 파괴를 당하는 ¶ ~мая полоса // 유효사격지대 ¶ ~мое пространство // 유효사격범위

поражающий 가해의 ¶ ~щее действие // 살상작용 ¶ ~щее действие боевых радиоактивных веществ // 전투용 방사성 물질의 살상작용 ¶ ~щий эффект // 살상효과 ¶ ~щий фактор // 살상요소 ¶ радиус ~его действия // 살상반경

поражение (적의) 격파, 패배 ¶ ~ цели // 목표의 격파, 표적제압 ¶ военное ~ // 군사적 패배 ¶ жестокое ~ // 참패 ¶ нанести ~ врагу // 적을 격파하다 ¶ нанести ~ неприятелю // 적을 격파하다 ¶ неприятель понёс полное ~ // 적은 완패했다. ¶ полное ~ // 완패 ¶ потерпеть ~ // 패배하다 ¶ район ~ния // 격파지역 ¶ смертельное ~ // 치명상 «상용구» Если ты генерал в третьем поколении, то непременно потерпишь~ 삼대 장군 노릇하면 반드시 패배하게 된다. ¶ Заранее подготовишься к встрече с врагом - не потерпишь

~ния // 적에 대한 대비가 있으면 패하지 않는다

поразить 격파하다 ¶ ~ неприятеля // 적을 격파하다

порох 장약, 화약 ¶ вспышка ~ха // 화약의 발화 ¶ держать ~ сухим // 방위태세를 갖추다 ¶ он не нюхал ~ха // 그는 전쟁 ·전투에 참가하지 못하였다 ¶ пахнет ~хом // 전쟁이 터질 위험성이 있다

пороховой 화약의, 화약을 보관하기 위한 ¶ ~ая бочка // 화약통 ¶ сидеть(стоять) на ~ой бочке // 매우 위험한 상황에 처해있다 ¶ ~ завод // 화약공장 ¶ ~ магазин // 화약고 ¶ ~ое оружие // 화약무기 ¶ ~ привод // 도화선 ¶ ~ ящик // 화약박스 ¶ ~вая бочка (~ погреб) // (전쟁발발의 근원이라는 의미에서)화약고 ¶ ~вая камера // (함정의)화약고 ¶ ~вое оружие // 화기

порт 항구, 항 ¶ ~ отправления // 출발항구 ¶ военный ~ // 군항 ¶ входить в ~ // 입항하다 ¶ выйти из ~та // 출항하다 ¶ морской ~ // 항구 ¶ незамерзающий ~ // 부동항 ¶ открытый ~ // 자유항 ¶ судно стоит в ~ту // 배는 항구에 정박해 있다 ¶ управление ~та // 항만청, 항만국 ¶ воздушный ~ // 공항

портативный 휴대용의 ¶ ~ тактический компьютер // 휴대용전술컴퓨터

портупея 허리와 어깨의 밴드 ◆ 총, 도검, 군장 등을 몸에 고정시키기 위한 밴드

поручение 지시; 임무

порядок ① 질서, 체계 ¶ ~ подчинения // 지휘계통 ¶ держать в ~ке // 질서를 유지하다 ¶ международный ~ // 국제질서 ¶ нарушить ~ // 질서를 위반하다 ¶ нет ~ка // 질서가 없다 ② 규정, 규칙 ¶ воинский ~ // 군사규정 ③ [조격 또는 전치사 в와 함께 전치격] …방법으로, 형식으로 ¶ в приказном ~дке // 명령식으로 ④ 순서, 서열 ¶ ~ следования на марше // 행군서열 ⑤ 절차 ¶ ~ дня // 의사일정, 의제 ¶ ~командования и управления ядерными силами и средствами // 핵무기명령·관리절차 [NCCP] ¶ ~контроля воздушного пространства // 공역통제절차, 공역통제명령 [ACO] ◆ 공역통제권자가 공역통제 정보와 절차를 전파하기 위하여 사용 ¶ поставить что в ~ дня // 의제로 삼다 ⑥ 대형 (隊形), 부서 (部署) ¶ ~ движения // 전진대형 ¶ боевой ~ // 전투대형; 전투부서 ¶ походный ~ // 행군대형 ¶ штурмовые ~дки // 공격대형 ◆ 공격을 취하기 위한 부대의 전개대형 ¶ в ~ке // 제대로 (되어있다), 사고가 없이 (없다), 정상적으로 ◆ 제대로 (되어있다), 사고가 없이 (없다), 정상적으로 ¶ в ~ке вещей // 당연지사다, 정상적이다 ¶ привести к ~дку кого // 절도있게 행동하다 ¶ призвать к ~дку кого // 질서를 지키도록 명령하다

посадка 착륙 ¶ ~ по приборам // 계기착륙 ¶ аварийная ~ // 비상착륙 ¶ вынужденная ~ самолёта // 불시착 ◆ 항공기가 기계적 결함이나 전투손상으로 공중에 체공이 불가능하여 지상이나 해상에 착륙하는 것 ¶ принужденная ~ самолёта // 강제착륙 ¶ место ~ки // 착륙장소 ¶ нормальная ~ // 정상착륙 ¶ пробег при ~ // 착륙활주주행 ¶ разрешение на ~ // 착륙허가 ¶ сделать (произвести)

~ку // 착륙하다 ¶ сигнал на ~ // 착륙신호

посадочный 착륙의 ¶ ~ парашют // 착륙 낙하산 ¶ ~ная дистанция // 착륙거리 ¶ ~ная площадка // 착륙장 ¶ ~ная скорость самолёта // 비행기의 착륙속도 ¶ ~ные знаки // 착륙표지 ¶ ~ные огни // 착륙유도등

послание 서한, 교서 ¶ ~ президента // 대통령의 교서 ¶ ежегодное ~ президента // 대통령의 연두교서 ¶ новогоднее ~ // 신년사

посланник ① 사절단장 ¶ специальный ~ // 특사 ② 공사 ¶ советник-~ // 대사관 근무공사 ¶ Чрезвычайный и Полномочный П~ // 특명전권공사

послевоенный 전쟁후의, 전후의 ¶ ~ период // 전후시기 ¶ ~ трёхлетний план // 전후3개년계획 ¶ ~ное восстановление // 전후복구 (건설) ¶ основная линия в ~ном экономическом строительстве // 전후경제건설의 기본방침

последовательный 연속적인 ¶ ~ное сосредоточение огня (ПСО) // (아군 공격부대의 진격을 엄호하기 위한)연속적인 집중포사격 (화력)

посменно 교대로, 번갈아 ¶ делать что ~с кем // ...와 교대로 하다

посменный 교대하는, 번갈아하는 ¶ ~ное дежурство // 교대당번제

посол 대사 ¶ ~ Республики Корея в РФ // 주러 한국대사 ¶ ~ РФ в Республике Корея // 주한 러시아대사 ¶ на уровне ~лов // 대사급에서 ¶ назначить кого ~лом // ...를 대사로 임명하다 ¶ Чрезвычайный и Полномочный П~ при посольстве Республики Корея в Москве // 모스크바 주재 한국대사관 특명전권대사

посольство 대사관 ¶ ~ Республики Корея // 한국대사관 ¶ военный атташе при ~ве // 대사관의 군부관 ¶ помощник атташе по вопросам обороны при ~ве Республики Корея в Москве // 모스크바 한국대사관 국방무관 보좌관 ¶ состав ~ва // 대사관 직원들

посредник 평가관 (군사기동훈련에서), 판정관

посреднический 중개자 · 중재자의, 중개 · 중재 · 조정의 ¶ ~ аппарат // 중재기구 ¶ ~кая контора // 중재소

посредничество 중재, 조정 ¶ заниматься ~вом // 중재업을 하다 ¶ предложить своё ~ между кем // ...에게 사이를 중재하겠다고 제기하다 ¶ прибегать к чьему ~ву // ...의 중재를 의뢰하다

пост ① 초소, 감시소, 경계구역, 전초 ¶ ~ ВНОС (воздушное наблюдение, оповещение и связь) // 대공감시초소 ¶ ~ воздушной связи [ПВС] // 항공연락초소 ¶ ~для подслушивания // 감청소 ¶ ~ управления // 관리소 ¶ ~ты управления артиллерийским огнём [ПУАО] // 포병화력관제소 ¶ задний ~ // 후방초소 ¶ командирский ~ // 지휘소 ¶ контрольный ~ // 통제소 ¶ наблюдательный ~ // 감시초소, 관측초소 ¶ передний ~ // 전방초소 ¶ центральный ~ // 중앙초소 ② 보초, 초병, 감시병, 호위병 ¶ выйти на ~ // 보초서러 나가다 ¶ выставить ~ // 보초를 세우다 ¶ одиночный ~ // 단초 ¶ парный ~ // 복초 ¶ передовой

П

~ // 전초 ¶ сигнальный ~ // 신호초소 ¶ старший ~ // 초소장 ¶ сторожевой ~ // 보초, 초병 ③ 직위, 직무, 직책, 지위, 직 ¶ занимать ~ кого // …직을 차지하다 ¶ кандидат на ~ президента // 대통령후보 ¶ назначить кого на ~ председателя // …를 위원장으로 임명하다 ¶ ответственный ~ // 책임적 지위, 중책 ¶ снять с ~та // 해임시키다 ¶ уйти с ~та // 사임하다 ¶ на ~ту // 임무·책임 수행 중에 (초소에서) ¶ стоять (또는 быть 등) на (своём) ~ту // 자기의 임무·책임을 이행·수행하다 ¶ умереть на ~ту // 순직하다, 임무수행 중에 죽다

постовой 초소의, 검문소의 ¶ ~вая ведомость // 위병일지

построение 대형, 편성 ¶ ~ боевого порядка // 전투서열편성 ¶ ~ в глубину // 종심대형 ¶ ~ для атаки (또는 штурма) // 돌격대형 ¶ ~ для похода // 행군대형 ¶ ~ походного порядка // 행군서열편성 ¶ боковое ~ // 측면대형

постройка 가교

постсоветский (= послесоветский) 소련붕괴 이후의 ¶ ~кое пространство // 소련붕괴 이후의 공간 ¶ ожесточенное соперничество развернулось на ~ком пространстве // 치열한 경쟁이 소련붕괴 이후의 영토에서 전개되었다

посылка 파견 ¶ ~ войск // 파병

посыльный 파견하는; 【名】 연락병 ¶ ~ное судно // 파견함

посягательство 침해·가해·훼손·횡령 기도 ¶ ~ на государственную собственность // 국가재산에 대한 침해 ¶ ~ с применением насилия // 습격

посягающий 침해자

потенциал 잠재력, 잠재능력 ¶ ~ мира // 평화를 지키는 힘 ¶ военно-экономический ~ // 군사-경제적 잠재력 ¶ военный ~ // 군사잠재력 ◆ 군사력 기반의 하나로서 무력을 건설·유지하는 데 가용한 국가자원 ¶ ядерный ~ // 핵잠재력

потенциальный ① 잠재적인, 전위의 ¶ ~ союзник // 잠재적 동맹국 ¶ ~ное поле боя // 잠재적인 전장 ② 가능한, 예상되는, 가상적인 ¶ ~ агрессор // 예상된 침략자 ¶ ~ противник // 가상적 ◆ 전술훈련에 있어서 실전감을 주기 위해 특수한 편성과 요령으로 적의 행동을 하는 부대

потеря 손실; 사상자 ¶ ~ри в технике // 장비의 손실 ¶ ~ри убитыми и ранеными // 사상자의 수 ¶ без ~и // 손실없이 ¶ большие ~ри убитыми // 많은 전사자 ¶ наносить ~ // 손실을 입히다 ¶ понести ~рю // 손해를 입다

потолок 상승한도 ¶ ~ планёра // 활공기의 상승한도 ¶ полезный ~ // 유효상승한도

поход ① 출동, 출정, 진군, 행군, 항해 ¶ войска на ~де // 행군 중에 있는 부대 ¶ выступить в ~ // 행군·항해를 시작하다 ¶ выступление в ~ // 출정 ¶ эскадра в ~де // 출동함대 ② 원정 ¶ Азовский ~ // 아조브해로의 원정

¶ крестовые ~ды // 십자군원정

походный ① 출동, 행군, 항해의 ¶ ~ порядок // 행군서열, 행군제대 편성 ¶ ~ строй // 행군대형 ¶ ~ная застава // 첨병 ¶ ~ная колонна // 행군종대 ¶ ~ное обмундирование // 행군군장 ¶ ~ное охранение // 행군경계 ¶ ~ное положение // (행군을 위한)장비의 도열상태 ¶ ~ное расписание // 행군계획표, 항해계획표 ② 야전용의, 이동식의 ¶ ~ лазарет // 야전병원 ¶ ~ная кровать // 야전용침대 ¶ ~ная палатка // 야전천막 ¶ ~ная радиостанция // 야전통신소

похоронная телеграмма 전사통보, 전사통지서

похороны 장례식 ¶ быть на ~нах // 장례식에 참가하다

почёт 존경, 존중, 명예 ¶ оказать ~ кому // 존경하다 ¶ орден ≪Знак~та≫ // 영예훈장

почётный 영예로운, 명예로운, 명예의 ¶ ~ знак // 명예휘장 ¶ ~ караул // 의장대 ¶ ~ мир // 영예로운 강화·휴전 ¶ ~ солдат // 명예군인, 참전용사 ¶ ~ная должность // 영예로운 직위, 명예직위 ¶ ~ная задача // 영예로운 임무 ¶ П~ная грамота // 표창장

почта 우편 ¶ военная ~ // 군사우편 ¶ воздушная ~ // 항공우편 ¶ полевая ~ // 야전우편 ¶ послать по ~те // 우편으로 보내다

поэтапный 단계를 밟는, 순차적인 ¶ ~ная ликвидация ядерного оружия // 핵무기의 단계적 폐지

пояс ① 허리띠 ¶ затянуть ~ // 허리띠를 졸라매다 ¶ надеть ~ // 허리띠를 띠다 ¶ предохранительный ~ // 안전띠 ¶ спасательный ~ // 구명대 ② 권, 권내 ¶ ~ орудия // 화력권내

ППГ *(полевой подвижный госпиталь)* 야전이동병원

ППМП *(противопехотное минное поле)* 대인지뢰장애물지대

правило 규칙, 법 ¶ ~ арбитража // 중재규칙 ¶ ~ стрельбы // 사격규칙 ¶ ~ла для предупреждения столкновения судов // 선박충돌예방규칙 ¶ международные ~ // 국제관례

право 권리, 법 ¶ больше прав - больше ответственности // 권리가 많으면, 책임도 많다 ¶ международное ~ // 국제법 ¶ морское ~ // 해양법 ¶ по ~ву // 법에 따라 ¶ уголовное ~ // 형법

правовой 법에 입각한 ¶ ~вые нормы // 법적규범 ¶ ~вое государство // 법치국

правомерность 정당성, 합법성 ¶ ~ вывода // 결론의 정당성

правопорядок 법질서 ¶ воинский ~ // 군법준수

праздник 명절, 경축일, 기념일 ¶ ~ защитников отечества // 조국수호자의 날 (2월 23일) ¶ ~ победы // 전승기념일 (5월 9일) ¶ ~ части // 부대경축일 ¶ ~ки и памятные дни России // 러시아 축일과 기념일 ¶ накануне ~ка

// 명절전야에 ¶ государственный ~ // 국경일

практический 실제적인 ¶ ~кая стрельба // 실제사격 ¶ ~кое руководство // 실제적 지도

прапорщик 【陸】 준위 ¶ старший ~ // 상급준위

пребывание ① 주둔 ¶ ~ советских войск в Афганистане // 소련군의 아프가니스탄 주둔 ② 체재, 체류, 어떤 상태에 있는 것 ¶ ~ у власти // 집권, 집정 ¶ за время ~ния в должности // 재임 중에

превентивный 예방의 ¶ ~ ядерный удар // 선제핵공격 ¶ ~ная война // 예방전쟁 ◆ 적 공격의 기선을 제압하는 전쟁이며, 2차 세계대전 직후 미국의 전략구상. ¶ ~ная прививка // 예방접종

превенция 예방, 방지

превосходный 우월한, 우세한 ¶ ~ специалист // 우수한 전문가 ¶ ~ные силы армии // 군대의 우세한 역량 ¶ противник был ~нее нас числом // 적은 우리보다 수적으로 우세하였다

превосходство 우월성, 우세 ¶ ~в воздухе // 공중우세권 ◆ 공중력에 있어서 적보다 우세한 전투능력 ¶ ~ в вооружении обычного типа // 재래식 무기의 우세 ¶ ~ в живой силе // 병력우세 ¶ ~ в качестве // 질적우세 ¶ ~ в маневрённости // 기동성우세 ¶ ~ в силах // 군사력우세 ¶ ~ на суше // 육상우세권 ¶ ~ в технике // 장비의 우세 ¶ количественное ~ // 숫적우세 ¶ ~ над противником // 적에 대한 우위 ¶ огневое ~ // 화력의 우세 ¶ численное ~ // 숫적우세

преграждение 장애물, 난관

предатель 배반자, 변절자, 반역자 ¶ ~ Родины // 조국의 반역자

предательский 배반의, 배신의 ¶ ~кое нападение // 배신적인 공격

предательство 배신, 배반

предать, [нсв] предавать 배반 · 배신하다, 반역 · 변절하다 ¶ ~ друга // 친구를 배반하다 ¶ ~ общее дело // 대의를 저버리다 ¶ ~ Родину // 조국을 배반하다

предварительный 사전의, 미리부터의 ¶ ~ная команда // 예령 (구령 가운데)

предвоенный 전쟁전의 ¶ ~ период // 전쟁전시기 ¶ ~ная международная обстановка // 전쟁전야의 국제정세

предел, [복] ~лы [복] (영토의) 경계, 국경 (경계선안의) 지역, 영역 ¶ в ~лах страны // 국내에서 ¶ выйти за ~лы города // 도시 밖으로 벗어나다 ¶ за ~лами страны // 국경 밖에서, 외국에서 ¶ за ~лами территориальных вод // 영해 경계선에서 ¶ раздвинуть ~лы земли // 국경을 넓히다 ¶ на ~ле (술어로) // 극도의 긴장상태에 있다 ¶ нервы на ~ле // 신경이 아주 긴장되어 있다

П предельный 극도의, 극단적인 ¶ ~ная скорость // 제한속도

предмет 목표물, 군사목표 ¶ ~ снабжения // 조달품목, 보급품 ¶ ~ты на местности

// 지물 ¶ местный ~ // 지형지물

предназначенный 목적의, 용도의

предотвратить, [нсв] предотвращать что 예방하다, 미연에 방지하다 ¶ ~ опасность // 위험성을 미연에 방지하다

предотвращение 방지 ¶ ~ инцидентов // 사고방지 ¶ ~ инцидентов на море между РК и РФ // 한러해상사고방지 ¶ ~ новой войны // 새로운 전쟁의 방지 ¶ ~ преступлений // 범죄의 방지

предохранитель 안전쇠, 안전장치, 안전기 ¶ ~ у ружья (=ружейный ~) // 총의 안전장치 ¶ винтовка на ~ле // 총은 안전장치가 되어 있다

предохранительный 예방의, 방지의 ¶ ~ аппарат // 안전장치 ¶ ~ клапан // 안전밸브 ¶ ~ные взрывчатые вещества // 안전폭약 ¶ ~ные меры // 예방책, 예방수단

предпринять, [нсв] предпринимать что ① 착수하다, 시작하다 ¶ ~ новое исследование // 새로운 연구에 착수하다 ② 실행하다, 수행하다, 취하다 ¶ ~ решительные меры // 결정적인 대책을 세우다 ¶ ~ шаги по чему (또는 для чего) // 대책을 취하다

предприятие 계획

представитель 대표 ¶ военный ~ // 군사대표

представить, [нсв] представлять к чему (표창, 승급 등에) 추천하다, 내신하다 ¶ ~ к награде // 표창을 내신하다 ¶ ~ к ордену // 훈장을 내신하다

представление 소개 ¶ ~ делегации РФ // 러측 대표단 소개

прекращение 중지, 정지, 중단 ¶ ~ боя // 전투 중지 ¶ ~ военных действий // 군사행동의 중지 ¶ ~ огня // 사격중지, 휴전 ¶ временное ~ военных действий // 임시적 전투행위의 중지 ¶ временное ~ связи // 일시적인 통신두절

преобладание 우세 ¶ ~ в море // 제해권

преобладать [нсв] над кем-чем 또는 среди кого-чего 우세하다, 압도적이다 ¶ в нашем кругу ~дает это мнение // 우리사이에는 이 의견이 우세하다

преодоление 극복, 승리, 이겨냄 ¶ ~ заграждений и предпятствия // 장애물지대 극복 ¶ ~ ПВО // 대공방어망 극복 ¶ ~ противодесантных заграждений // 대공수장애물 극복

преодолеть 승리하다 ¶ ~ врага // 적에게 승리하다.

препятствие 장애물 ¶ противотанковые ~вия // 대전차장애물

преследование 추격; 추격전 ¶ ~ в открытом море // 공해에서의 추격전 ¶ ~ врага // 적추격 ¶ фронтальное ~ // 정면추격 ¶ направление ~ния // 추격방향 ¶ параллельное ~ // 평행추격

пресс-атташе 공보관, 보도담당관

пресс-офицер (미국) 공보장교

преступление 범죄, 위법행위, 위반 ¶ ~ния против мира // 반평화 범죄 ¶ ~ против человечности // 반인륜적 범죄 ¶ ~ против человечества // 반인류범죄 ¶ военные ~ния // 전쟁범죄 ¶ воинские ~ния // 군사적 범죄 ¶ государственное ~ = ~ против государства // 반국가적 범죄 ¶ политическое ~ // 정치적 범죄 ¶ совершить ~ния // 죄를 범하다 ¶ тяжкое ~ // 중죄 ¶ хозяйственное ~ // 경제범죄

преступник 범죄자, 범인 ¶ арестовать ~ка // 범인을 체포하다 ¶ военный ~ // 전범자 ¶ государственный ~ // 국가범죄자 ¶ опасный ~ // 위험한 범인 ¶ суд над ~ком // 범죄자재판 ¶ уголовный ~ // 형사범

при кем-чем ① (전투가 진행된 부근의 지명과 함께) 부근에 ¶ битва при Бородине // 보로지노전투 ② 소속의, 부속의, 근무의 ¶ адъютант ~ главнокомандующем // 최고사령관의 부관 ¶ военный атташе ~ посольстве // 대사관에서 근무하는 무관 ¶ госпиталь ~ дивизии // 사단병원 ¶ состоять ~ штабе // 참모부에서 근무하다 ③ (동반되는 정황, 환경, 특징 등의)형편에서, 처하여 ¶ ~ таком положении // 그런 정세에 처하여 ¶ он ~ должности // 그는 직무를 맡고 있다 ④ …에 의하여, …의 방법으로, …로 인하여 ¶ ~ помощи // 도움으로 ¶ ~ содействии офицеров // 장교들과 협력한 덕분에 ¶ быть ~ смерти // 죽음에 처하여 있다

прибежище 대피소, 피난처 ¶ последнее ~ // 마지막 은신처

прибор ① 기구, 도구 ¶ ~ для вертикальной наводки // 수직조준기 ¶ ~ для горизонтальной наводки // 방향조준기 ¶ ~ для измерения скорости // 속도측정기구 ¶ ~ наблюдения и разведки // 감시·정찰장비 ¶ ~ опознавания "свой-чужой" // 피아식별장치 ¶ ~ подслушивания // 도청장비 ¶ ~ радиационной и химической разведки // 방사능·화학정찰장비 ¶ ~ слежения // 추적장비 ¶ ~ управления // 통제장비 ¶ ~ управления артиллерийским огнём // 포병화력통제장비 ¶ ~ управления стрельбой // 사격통제장치 ◆ 목표의 현재위치를 레이더 등으로 포착해서 컴퓨터에 의해 목표의 이동방향이나 속도 등을 계산하고 미래 위치를 예측하여 화포를 그 방향으로 지향, 조준하는 장치 ¶ ~ управления торпедной стрельбой // 어뢰발사통제장치 ¶ измерительный ~ // 측정기구, 측량기 ¶ оптические ~ры // 광학기구 ¶ получить информацию с ~ров // 계기에서 정보를 얻다 ¶ сделать посадку по ~рам // (비행기가) 맹목착륙하다 (계기에 의한 착륙) ② 군장의 한 세트

приборка 정리, 정돈 ¶ ~ корабля // 함선정비 ¶ большая ~ на корабле // 함선의 대정비

прибрежный 연안의 ¶ ~ные воды // 연해

привал (행군 중의)휴식, 휴식지점 ¶ делать ~ // 휴식하다 ¶ место ~ла // 휴식장소

П

привести, [нсв] приводить, вести к чему (일정한 결과에) 유도하다, 초래하다

¶ ~ дело к концу // 일을 끝내다 ¶ ~ к гибели // 파멸시키다 ¶ ~ к победе // 승리에로 이끌다 ¶ ~ к поражению // 패배시키다 ¶ ~ к путанице // 혼돈되게 하다 ¶ к чему это ~ ведёт? // 이것이 무슨 결과를 초래하겠니? ¶ это ~вело к хорошим результатам // 이것이 좋은 결과를 초래하였다

пригрозить, [нсв] **грозить** кому-чему 위협하다, 위협적인 손짓 · 동작을 하다 ¶ ~ провести испытание ядерного оружия // 핵무기를 시험한다고 위협하다

приданный 배속된 ¶ ~ные силы и средства // 배속병력 및 장비 ¶ ~ная часть // 배속부대

придать, [нсв] **придавать** кого-что 부가하다, 첨부하다, 배속시키다, 증강하다 ¶ дивизия с приданными ей подразделениями // 소부대들이 배속된 사단

приём 접수 ¶ ~ в ремонт // 수리접수 ¶ ~ военнопленных // 포로수용

приёмка 접견, 영접

приёмная 접견실

приёмник 수신기 ¶ ~ воздушного давления // 공기압력수감부 ¶ ~ прибора // 계기수감부 ¶ ~ фототелеграфной связи // 사진전송수신기

приёмник-пеленгатор 방위탐지수신기

приёмник-передатчик 송수신기

приёмно-перерабатывающий центр 정보분석센터

приёмно-сдаточный 인계인수의

приёмно-усилительный 수신증폭관

приёмный 응접의, 접견의 ¶ ~ные часы // 면회 · 진찰 시간

приземление 착륙 ¶ ~ самолёта // 비행기의 착륙

призвать, [нсв] **призывать** ① кого-что (군대에서) 소집하다, 징집하다 ¶ ~ на военную службу // 초모하다, 징집하다 ② к чему 호소하다 ¶ ~ к возобновлению переговоров // 회담재개를 호소했다 ¶ ~ к защите Родины // 조국을 보위할것을 호소하다 ¶ ~ к оружию // 무기를 잡을것을 호소하다

признать, [нсв] **признавать** кого-что, что за кем-чем (합법적으로) 인정 · 시인 · 승인하다 ¶ ~ за кем право // ...의 권리를 인정하다 ¶ ~ правительство // 정부를 승인하다 ¶ ~ себя побеждённым // 패배를 인정하다

призовой 나포의, 포획의 ¶ ~ суд // 나포 재판소 ¶ ~вое право // 상선 나포권 ¶ ~вое судно // 나포선

призыв 징병, 초모(招募) ¶ ~ на военную службу // 징집, 징병

призывник 징집대상자, 입영대상자 ¶ медицинский осмотр ~ка // 징병검사

призывной 징집의, 초모(招募)의 ¶ ~ возраст // 징집연령, 초모연령 ¶ ~ пункт // 징병소 ¶ ~ участок // 징집지역 ¶ ~ная комиссия // 징집위원회 ¶ ~ные ресурсы // 징집자원

приказ 명령, 지시 ; 명령서 ; 군사명령 ¶ ~ к наступлению (вылету) // 공격

(이륙)명령 ¶ ~ командира // 지휘관의 명령 ¶ ~ на марш // 행군명령 ¶ ~ на наступление // 공격명령 ¶ ~ о мобилизации // 동원령 ¶ ~ о явке на службу // 소집령, 출두명령 ¶ ~ об аресте // 체포명령 ¶ ~ по армии (флоту) // 군령 ¶ ~ по полку // 연대명령 ¶ ~ по роте // 중대명령 ¶ ~ по флоту // 해군령 ¶ боевой ~ // 전투명령 ¶ исполнить ~ // 명령을 수행하다 ¶ мобилизационный ~ // 동원령 ¶ неподчинение ~зу // 명령불복종 ¶ общий ~ // 총명령 ¶ он свернул ~, сунул в карман // 그는 명령서를 접어서 주머니에 넣었다 ¶ отдать ~ // 명령을 주다 ¶ по ~зу сердца // 의무감으로부터 ¶ получить ~ // 명령을 받다 ¶ секретный ~ // 비밀명령 ¶ срочный ~ // 긴급명령

приказание (개개인에게 주어지는) 지시, 지령, 명령 ¶ по ~нию его // 그의 지시·명령에 따라

приклад 개머리판 ¶ затылок ~да // 개머리판 ¶ ударить ~дом // 개머리판으로 때리다

прикомандирование 임시파견, 임시임명, 임시배속 ¶ ~ военнослужащих к воинской части // 군무자들을 군부대에 임시 배치

прикомандированный 배속된 ¶ ~ офицер // 배속장교

прикомандировать, [нсв] **прикомандировывать** кого-что к кому-чему 임시로 파견하다 ¶ ~ к штабу // 참모부에 임시로 배속시키다

прикрытие 엄호, 호위; 엄호대, 호위대, 방어대 ¶ авиационное ~ // 항공엄호대 ¶ артиллерийское ~ // 포병엄호대 ¶ под ~тием артиллерии // 포병의 엄호하에

прилежащий 인접의 ¶ ~щая зона // 접속수역 ◆ 영해에 접하여 연안국이 밀입국밀수 등에 대한 단속권을 갖는 수역

прилив 밀물, 만조 ¶ ~ и отлив // 밀물과 썰물 ¶ бурный ~ // 해일

применение 적용, 응용, 사용 ¶ ~ оружия // 무기의 사용 ¶ ~ силы // 무력의 행사 ¶ ~ ядерного оружия // 핵무기의 사용

примирение 화해, 중재, 조정; 타협 с кем ¶ полное ~ // 완전한 타협

принудительный 강제적인, 강압적인 ¶ ~ное проведение // 강제실행 ¶ ~ные меры // 강제적 수단·조치

принцип 원칙 ¶ ~ международного права // 국제법 원칙 ¶ ~ наибольшего благоприятствования // 최혜국 대우의 원칙 ¶ ~ невмешательства // 불간섭의 원칙 ¶ ~ ненападения // 불가침의 원칙 ¶ на основе ~пов полного равноправия и взаимной выгоды // 완전한 평등 및 호혜의 원칙에서

принятие 채택, 가결 ¶ ~ решения // 결정의 채택

приоритет 우선순위, 우월권, 우위 ¶ уступить ~ кому-чему // 우선권을 양보하다 ¶ политика ~та армии // 선군정치

припасы 예비품, 예비물자, 예비식량 ¶ боевые ~ // 탄약

приписник 특정한 징병 소집지역에 등록되어 있는 사람

присвоение 진급; (명칭, 칭호 등) 수여 ¶ ~ звания // 진급 ¶ ~ полку звания гвардейского // 연대에 근위칭호 수여

присвоить, [нсв] присваивать ① кого-что 점유하다, 가로채다 ¶ ~ себе честь // 영예를 가로채다 ② что кому-чему (명칭, 칭호 등을) 수여하다 ¶ ~ ему звание майора // 그에게 소령계급을 수여하다

прислуга 사격조원, 사수, 포수 ¶ орудийная ~ // 포수 ¶ пулемётная ~ // 기관총사수

пристрел (= пристрелка) 시험사격, 영점사격 ¶ ~ орудия // 포의 시험사격 ¶ батарея производила ~ку // 포중대는 시험사격을 진행하였다

приступ 돌격, 진격

присяга 선서, 맹세 ¶ воинская ~ // 군인선서 ¶ принимать ~гу // 선서하다, 맹세하다

прицел 조준; 조준기, 가늠자 ¶ ~ ночного видения // 야간조준기 ¶ ~лы бронетанкового вооружения и техники // 기갑무기·장비조준기 ¶ ~лы для ракетно-артиллерийских систем, миномётов и гранатомётов // 미사일포격시스템·박격포·유탄발사기조준기 ¶ бомбардировочный ~ // 폭격용 조준 ¶ брать (взять) на ~ // 조준하다 ¶ задний ~ // 가늠자 ¶ лазерный ~ // 레이저조준기 ¶ линия ~ла // 조준선 ¶ постоянный ~ // 고정가늠자

прицеливание 조준 ¶ линия ~ия // 조준선 ¶ точка ~ия // 조준점 ¶ угол ~ия // 조준각

прицельно-навигационный 항법장치로 조준하는 ¶ ~ комплекс // 항법조준장치 ¶ ~ная система // 항법조준시스템

прицельный 조준기의, 조준하는 ¶ ~ огонь // 조준사격 ¶ ~ станок // 조준틀 ¶ ~ная линия // 조준선 ¶ ~ная рамка // 조준판

ПРО *(противоракетная оборона)* 대미사일 방어 ¶ ~ США // (미국)미사일방어 [MD] ¶ стратегическая ~ // 전략적 미사일방어 ¶ тактическая ~ // 전술적 미사일방어

пробег 주행거리, 항행거리 ¶ ~ при посадке // 착륙주행거리 ¶ ~ самолёта // 정지거리

пробка 코르크, 마개 ¶ пушечная ~ // 총포구의 마개

проблема 문제, 과제 ¶ актуальная ~ // 당면한 중요문제 ¶ глобальная ~ // 글로벌 문제 ¶ корейская ~ // 한국문제, 한반도문제 ¶ ядерная ~ // 핵문제

пробомбить, [нсв] бомбить кого-что 폭격하다, 폭격으로 파괴하다

проведение 실현, 실천, 수행 ¶ ~ в жизнь // 실현 ¶ ~ законопроекта // 법안의 통과 ¶ ~ постановления // 결정의 실현 ¶ ~ реформы // 개혁의 실시

проверка (= контроль, осмотр) 점검, 검사, 검열 ¶ ~ документов // 검문

¶ ~ документов и обыск // 검문수색 ¶ место ~ки // 검문소, 검사소

проверять 점검하다

провести, [нсв] проводить что 실시하다, 실현하다, 진행하다, 실행 · 수행하다 ◆ 실시하다, 실현하다, 진행하다, 실행·수행하다 ¶ ~ постановление // 결정을 실현하다 ¶ ~ собрание // 회의를 진행하다

провинция 지역, 지방 (군사지대)

проводка 감시, 추적 ¶ ~ воздушной цели // 대공표적감시 및 추적

проводной 전선에 의한, 전선의 ¶ ~ная связь // 유선통신, 유선연락

провозгласить, [нсв] провозглашать 선언 · 선포하다 ¶ ~ войну (мир) // 전쟁 (평화)을 선포하다 ¶ ~ лозунг // 구호를 선언하다

провокационный 도발의 ¶ ~ные действия // 도발행위

провокация 도발 행위, 방해 활동, 선동 ¶ вооружённая ~ // 무력도발 ◆ 적이 특정임무 수행을 위해 병력이나 장비를 출동시켜 국민과 재산 또는 영역에 가하는 일체의 위해행위 ¶ открытая ~ войны // 공개적인 전쟁 선동

проволока 철조망

проволочный 철조망의 ¶ ~ная сеть // 철망 ¶ ~ная спираль // 나선형 철조망 ¶ ~ное заграждение // 철조망

программа 강령, 장기기본정책 ¶ П~ развития ООН // 유엔개발계획 [UNDP] ¶ П~ ядерного разоружения // 핵무기페지강령 ◆ 1986년 1월에 고르바쵸프가 제안한 강령

продвижение 전진, 이동, 진출 ¶ ~ войск // 군대의 이동·전진 ¶ задерживать ~ противника // 적의 전진을 저지하다 ¶ направление ~ния // 전진방향

продвинуться, [нсв] продвигаться 진격하다, 전진하다 ¶ ~ вперёд // 앞으로 전진하다 ¶ полк ~нулся на десятки километров // 연대는 몇 십 Km 전진하였다

продовольственный 식량의 ¶ ~ вопрос // 식량문제 ¶ ~ обоз // 식량수송

продовольствие 식량

продукция 생산품, 제품 ¶ ~ военного назначения // 군수품

прожектор 탐조등 ¶ ~-искатель // 수색탐조등 ¶ зенитный ~ // 방공탐조등 ¶ посадочный ~ // 착륙유도등

проигрыш 패배, 실패 ¶ ~ сражения // 전투의 패배

происшествие 사건, 사고 ¶ чрезвычайное ~ [ЧП] // 특별한 중대사건

прокуратура 검찰기관, 검찰청 ¶ военная ~ //군검찰청

прокурор 검찰관, 검사 ¶ военный ~ // 군검찰관

пролив 해협 ¶ международный ~ // 국제해협

промах 헛방, 실수 ¶ бить без ~ха // 백발백중 · 실수없이 쏘아 맞히다

промеж [+생격 혹은 조격] 사이에 ¶ ~ двух огней // 앞뒤에 적을 두고, 진퇴양난의

промежуточный 중간의 ¶ ~ная позиция // 중간진지 ¶ ~ное положение

// 중간위치 ¶ ~ная стадия // 중간단계

промотание 관급품의 위법적 처분

промышленность 공업, 산업 ¶ военная ~ // 군수산업

проникнуть, [нсв] проникать 침투하다, 돌입하다

пропеллер 프로펠러; 추진기

пропеллерный 프로펠러의; 추진기의 ¶ ~ное устройство // 프로펠러장치

пропуск ① 출입허가서, 통행증 ¶ выдать ~ // 통행증을 내주다 ¶ предъявить ~ // 출입증을 제시하다 ② 암호

прорвать, [нсв] прорывать кого-что 돌파하다 ¶ ~ неприятельский фронт // 적의 전선을 돌파하다

прорыв 타격, 돌파 ¶ ~ блокады // 포위돌파 ¶ ~ в линии обороны противника // 적 방어선상의 돌파구 ¶ ~ ПВО // 방공망 돌파 ¶ ~ фронта // 전선의 돌파 ¶ глубокие ~вы // 종심타격

пространство 공간, 지역 ¶ ~ боя // 전투지역 ¶ водное ~ // 수역 ¶ международное воздушное ~ // 국제공역 ¶ морское ~ // 해역 ¶ поражаемое ~ // 명중계, 사계, 피탄계 ¶ постсоветское ~ // 구소련 영토 ¶ территориальное воздушное ~ // 영공

прострел 쏘아 맞히는 것 ¶ зона ~ла // 사격구역 ¶ ранен на ~ // 관통상을 입다

простреливать, [св] прострелить 쏘아서 뚫다, 총포탄을 퍼붓다

ПРО ТВД *(противоракетная оборона театра военных действий)* 미사일방어구역

противник 적 (неприятель), 적군 ¶ вероятный ~ // 가상적 ¶ обстановка у ~ка // 적정(敵情) ¶ разбить ~ка // 적군을 격멸하다 ¶ самолёт ~ка // 적기 ¶ сведения о ~ке // 적정(敵情) ¶ сильный ~ // 강적 ¶ условный ~ // 대항군, 가적 ◆ 적군의 군사행동을 취하는 가상적인 군부대 «상용구» Показывать ~ку спину - трусость 적에게 등을 보이는 것은 비겁하다 ¶ Прежде чем сражаться, нужно узнать сильные и слабые стороны ~ка // 싸우기 전에 먼저 적의 강약을 알아야 한다 ¶ Надо наступать после того, как узнаешь мощь ~ка // 적의 역량을 안 뒤에 진격해야 한다 ¶ Когда ~ слабый, нужно наступать, а когда сильный - отступать // 적이 약하면 진격해야 하고 적이 강하면 후퇴해야 한다

противо... ① 방어, 예방 ¶ ~минный // 대지뢰용의 ¶ ~танковый // 대전차의, 반땅크의 ② '반대, 적대'의 뜻 ¶ ~общественный // 반사회적인 ¶ ~правительственный // 반정부적인

противоатомный 핵방호의 ¶ ~ная защита // 핵방호

противовоздушный 방공 (防空)의, 대공 (對空)의 ¶ ~ бой // 방공전투 ¶ ~ная артиллерия // 대공포병 ¶ ~ная оборона [ПВО] // 방공, 대공방어

П

противогаз 방독면

противодействие 반항, 역반응, 저항

противодесантный 대 (對)공수의 ¶ ~ная оборона // 대공수방어, 대상륙방어 ¶ ~ные заграждения // 대공수장애물

противозенитный манёвр 방공망 회피기동

противоистребительный манёвр 전투기 회피기동

противокатерный 대함 (對艦)의 ¶ ~ вертолёт // 대함헬기 ¶ ~ дозор // 대함정찰 ¶ ~ная артиллерия // 대함포 ¶ ~ная мина // 대함기뢰 ¶ ~ная оборона [ПКО] // 대함방어 ¶ ~ное заграждение // 대함장애물 ¶ ~ное обеспечение // 대함지원

противолодочный 반잠수함의, 대잠의 ¶ ~ корабль // 대잠함 ¶ ~ рубеж // 대잠방어선 ¶ ~ная авиация // 대잠비행대 ¶ ~ная бомба // 대잠폭탄 ¶ ~ная морская авиация // 해군대잠항공대 ¶ ~ная оборона // 대잠방어 ¶ ~ная ракета // 대잠미사일 ¶ ~ные силы // 대잠능력

противоминный 대기뢰의, 대지뢰의 ¶ ~ катер // 소해정 ¶ ~ная защита // 대기뢰 보호 ¶ ~ная наделка // 어뢰방지용 벌지 ¶ ~ная оборона [ПМО] // 대기뢰방어, 대기뢰전 ◆ 기뢰의 전략적 및 전술적 활용과 그에 대한 대항책 ¶ ~ное наблюдение // 기뢰감시 ◆ 적에 의해 부설된 기뢰 또는 부설중인 기뢰 식별 및 위치 측정을 통해 효율적인 소해작전을 실시하는 방법

противооткатное устройство 완충장치

противопехотный 대 (對)보병용의, 대 (對)인의 ¶ ~ автоматический гранатомётный комплекс // 대인유탄발사장치 ¶ ~ гранатомёт // 대인유탄발사기 ¶ ~ная граната // 대인수류탄 ¶ ~ная мина // 대인지뢰 ¶ ~ное заграждение // 대인장애물 ◆ 도보부대 전진을 방해할 목적으로 설치되는 장애물로서 대인지뢰, 철조망, 부비츄랩, 크레모아, 화염폭발장치, 건물폭파장치 등으로 적의 접근을 방해하거나 살상하기 위하여 운용하는 장애물

противорадиолокационный 전파탐지를 방해하는 ¶ ~ манёвр // 레이더 회피기동 ¶ ~ная ракета // 대방사 유도탄 [ARM] ◆ 적의 레이더에서 발사되는 전파신호를 따라 레이더에 접근하여 이를 파괴 무력화시키는 유도탄

противоракета 대탄도유도탄, 요격미사일 [ABM]

противоракетный 대미사일의, 요격미사일의 ¶ ~ манёвр // 미사일회피기동 ¶ ~ная оборона [ПРО] // 대미사일방어 ¶ ~ная ракета // 요격미사일 [ABM]

противоспутниковое оружие 대위성무기, 위성요격미사일 [ASAT]

противостояние 대립, 분쟁, 충돌 ¶ атомное ~ // 원자 (핵)충돌 ¶ военное ~ // 군사대립

противотанковый 대전차의, 반땅크의 ¶ ~ вертолётный батальон // 대전차헬기대대 ¶ ~ опорный пункт // 반탱크 지탱점 ¶ ~ резерв // 대전차

예비대 ¶ ~ ров // 대전차호 ¶ ~ узел // 대전차방어거점, 반땅크구역(북한) ¶ ~вая артиллерия // 대전차포병 ¶ ~вая бомба // 대전차탄 ¶ ~вая граната // 대전차수류탄 ¶ ~вая мина // 대전차 지뢰 ¶ ~вая оборона // 대전차 방어 ¶ ~вый огонь // 대전차 화력 ¶ ~вая позиция // 대전차화기진지 ¶ ~вое вооружение // 대전차무기 ¶ ~вое вооружение вертолётов // 헬기용 대전차로켓 ¶ ~вое ружье // 대전차 소총 ¶ ~вые препятствия // 대전차 장애물들

противоторпедный 대어뢰의 ¶ ~ная защита // 대어뢰방어

противотральный 소해방지의, 대 (對)소해의 ¶ ~ная защита минных заграждений // 대소해방어 ¶ ~ное приспособление мин // 소해방지장치

противохимический 반화학의 ¶ ~кая оборона // 화학방어

протокол 의정서

протокольный 의전의 ¶ ~ отдел // 의전과 (실) ¶ ~ное бюро // 의전국 ¶ заведующий ~ным отделом // 의전과장 ¶ начальник ~ного бюро // 의전국장

профиль 측면도, 단면, 단면도 ¶ ~ моста // 다리 측면도

проход 통과, 통행 ¶ ~ в заграждениях // 장애물 지대의 통로 ¶ здесь ~ запрещён // 통행금지 ¶ мирный ~ // 무해통항 ◆ 외국선박에 의한 영해의 무해통항 ¶ право свободного ~да // 통행권 ¶ проделывание ~да // 통로개설 ¶ разминированный ~ // 지뢰제거 안전통로

прочный 안정적인, 견고한 ¶ ~ мир // 공고한 평화, 항구평화 ¶ ~ союз // 흔들리지 않는 동맹

пружина 용수철 ¶ боевая ~ // 격발용수철 ¶ спиральная ~ // 나선형 용수철

прыжок 도약, 점프 ¶ высотный ~ // 고공강하 ◆ 낙하산에 의한 공중침투의 한 방법

прямой 직선의; 직접의 ¶ ~ выстрел // 직사 ¶ ~мая наводка // 직접조준 ¶ ~мая ядерная реакция // 직접 핵반응 ¶ ~мое попадание // (폭탄·포탄의) 명중

ПСС *(противоспутниковая система)* 대위성시스템

ПТО *(противотанковая оборона)* 대전차방어 ◆ 대전차 장벽 및 대전차 특공대 운용 등으로 방어의 전 종심에 걸쳐 편성된 적 전차운용에 대한 방어작전

ПТР *(противотанковое ружьё)* 대전차소총

ПТУ *(противотанковый узел)* 대전차방어거점, 반땅크구역(북한)

ПУ *(пусковая установка)* 발사기

ПУАЗО *(прибор управления артиллерийским зенитным огнём)* 고사포화력통제기기

ПУАО *(пост управления артиллерийским огнём)* 포병화력통제소

пулевой 총탄의, 탄환의 ¶ ~вое повреждение // 총상

пулемёт 기관총 ¶ зенитный ~ // 고사기관총 ¶ ручной ~ // 경기관총 ¶ спаренный ~ // 쌍신 기관총 ¶ станковый (또는 тяжёлый) ~ // 중기관총

пулемётный 기관총의; 기관총용의 ¶ ~ огонь // 기관총사격 (화력) ¶ ~ная команда // 기관총반 ¶ ~ная лента // 탄약띠 ¶ ~ная рота // 기관총중대

пулемётчик 기관총수

пуленепробиваемый 총탄이 뚫지 못하는, 방탄의 ¶ ~мое стекло // 방탄유리 ¶ ~мая каска // 방탄모

пуля 총알, 탄환 ¶ бронебойная ~ // 철갑탄 ¶ вылететь ~лей (또는стрелой) // 총알처럼 날아가다, 빨리 뛰다 ¶ зажигательная ~ // 소이탄두 ¶ зарядить ружьё ~лей // 총에 탄알을 장탄하다 ¶ погибнуть от ~ли =попасть под~лю // 총탄에 맞아 죽다 ¶ пустить (послать) ~ю за молоком // 사격에서 실수하다 ¶ трассирующая ~ // 예광탄 ¶ шальная ~ // 유탄

пункт ① 지점, 장소, 소, 실 ¶ ~ атаки // 돌격지점 ¶ ~ боевого питания // 탄약공급소, 병참소 ¶ ~ наведения и целеуказания // 화력통제소 ¶ ~ обмена почты // 우편교환소 ¶ ~ переправы // 도하지점 ¶ ~ пересечения // 교차점 ¶ ~ помощи // 의료처치소 ¶ ~ распределения боеприпасов // 탄약분배소 ¶ ~ сбора донесений // 정보수집소 ¶ ~ снабжения инженерным имуществом // 공병장비보급소 ¶ ~ управления // 조종실, 지휘처, 지휘소 ¶ ~ управления авиацией // 항공기통제소 ¶ ~ управления и наблюдения // 지휘감시소 ¶ ~ управления полётами // 비행통제소 ¶ ~ управления пуском // 발사통제소 ¶ агитационный ~ // 선동거점, 선전실 ¶ диспетчерский ~ // 사령처 ¶ заправочный ~ // 급유소 ¶ командный ~ // 지휘소 ¶ медицинский ~ // 의무소 ¶ наблюдательный ~ // 감시소, 관측소 ¶ опорный ~ // 거점 ¶ отправной ~ пути // 도로의 출발점, 시작점 ¶ патронный ~ // 탄환점 ¶ перевязочный ~ // 붕대소 ¶ питательный ~ // 급양소 ¶ продовольственный ~ // 양식공급소 ¶ ремонтный ~ // 수리소 ¶ сборный ~ // 집합지점 ¶ трансляционный ~ // 수리소 ¶ узловой ~ // 연락지점, 분기점 ¶ эвакуационный ~ для больных и раненых // 부상자후송지점 ¶ этапный ~ // 병참지, 숙영지점 ◆ 작전에 필요한 인원이나 물자를 수송, 보급, 지원하는 시설과 관련 기관이 있는 후방지대 ② 조, 조목, 조항, 대목 ¶ договор состоит из трёх ~тов // 조약은 3개 조항으로 구성된다 ¶ ключевой ~ // 주요 조항 ¶ по ~там (= за ~том) // 상세히, 차근차근, 조항을 따져가면서 ¶ рассказать по ~там // 상세히 이야기하다, 차근차근 따져가며 이야기하다

ПУО *(прибор управления огнём)* 화력통제장비 ◆ 방공 포병이나 여단 부대에서 쓰는 방공 화력을 통제하는 전자 장비

пуск 시동순간, 시동시작 ¶ команда ~! // 구령 시동! ¶ ~ ракеты 미사일발사

пусковой 시동의 ¶ ~вая установка // (미사일)발사장치

П

путь ① 길; 교통로; 행군로 ¶ ~ подвоза // 수송로 ¶ ~ подвоза и эвакуации // 보급 및 후송로 ¶ водный ~ // 수로 ¶ воздушный ~ // 항로 ¶ морской

~ // 해로 ¶ обходный ~ // 우회로 ② 방향, 진로; 노선 ¶ ~ к успеху // 성공의 길 ¶ ~ прогресса // 진보의 길 ③ 수단, 방법 ¶ ~ мирного урегулирования // 평화적 해결방안 ¶ мирным ~тём // 평화적으로 ¶ незаконным ~тём // 위법적 수단으로 ¶ преступным ~тём // 범죄적 수단으로 ¶ ~ следования // 행진로, 경로, 행로, 항로 ¶ ~ти сообщения // 교통로 ¶ держать ~ // 방향·항로를 잡다, 일정한 방향으로 가다 ¶ куда ~ держите? // 어디를 향해 가고 있습니까?

пушка 포, 대포; 평사포 ¶ ~ки на корабле // 함포, 함선포 ¶ автоматическая ~ // 자동포 ¶ атомная ~ // 원자포 ¶ гладкоствольная ~ // 무강선포 ¶ дальнобойная ~ // 원거리포 ¶ зенитная ~ // 고사포 ¶ корабельная ~ // 함포, 함선포 ¶ полевая ~ // 야포 ¶ противотанковая ~ // 대전차포 ¶ скорострельная ~ // 속사포 ¶ танковая ~ // 전차포 ¶ спрячь свою ~ку! // 권총을 걷어 넣어! «상용구» из~ки по воробьям 참새 보고 대포 쏘다

пушкарь 포병

П/Х 기선 (= пароход; пароходство)

Пханмунчжом 판문점

ПХЗ *(противохимическая защита)* 대 (對)화학방호, 독가스방어, 화생방방호

пшенарь 젊은 병사

пыл 불길, 열기 ¶ в ~лу сражения // 전투가 한창일 때에

Р

Р *(ракета)* 미사일 ¶ Р-300 // (중사정미사일) NATO명 스커드
работный 일의, 노동의 ¶ ~ное время // 지체시간 (총탄과 총탄이 발사되는 간격)
равняться, [св] поравняться (대열에서) 횡대를 맞추어서다, 나란히 서다 ¶ ~ по правофланговому // 우열 횡대로 나란히 서다 ¶ ~няйся! (~няйтесь!) // (구령으로)나란히 ! ¶ направо ~няйся! (~няйтесь!) // 우로 나란히
радар ① 레이더, 전파탐지기 (=радиолокатор) ¶ метеорологический ~ // 기상용 전파탐지기 ② 전파탐지 ③ 전파탐지기지, 전파탐지장치
радиатор 냉각기, 방열기
радио 무선전화
радиоактивность 방사능, 방사성 ◆ 어떤 원소 (방사능 동위원소)가 자연적으로 방사능을 방출하고 안정된 원자핵을 갖는 원소로 되어가는 성질 ¶ ~ урана // 우라늄방사성
радиоактивный 방사성의, 방사능의 ¶ ~ аэрозоль // 방사성 에어로졸 ¶ ~ дождь // 방사성비 ¶ ~ осадок // 방사성낙진 ¶ ~ препарат // 방사성제제 ¶ ~ распад // 방사능붕괴 ◆ 방사능 원소의 원자핵이 알파선, 베타선, 감마선, 엑스선 등의 방사능을 방출하여 다른 새로운 원소의 원자핵으로 변하는 것을 말함 ¶ ~ ряд // 방사성계열 ¶ ~ элемент // 방사성원소 ¶ ~ная вода // 방사성물 ¶ ~ная пыль // 방사성먼지 (= ~ осадки) ¶ ~ная руда // 방사성광물 ¶ ~ная утечка // 방사능 유출 ¶ ~ное заражение // 방사성오염 ¶ ~ное облучение // 방사능 방출 ¶ ~ные вещества // 방사성물질 ¶ ~ные отходы // 방사성폐기물 ◆ 방사선을 내는 방사성 물질을 함유한 폐기물 ¶ ~ные топливные элементы // 핵연료
радиоантенна 라디오안테나
радиоаппарат 무전기, 무선송수신기
радиоаппаратура 무전 · 무선 장치
радиобуй 무선항해부표
радиовзрыватель 근접신관
радиовойна 전자전
радиогидроакустический 무선수중음향학의
радиоглушение 무선전파방해

радиогониометр 무선나침판, 무선방위측정기

радиограмма 무선전보

радиодиспетчерский 무선지령의 ¶ ~ пункт // 무선지령소

радиоизлучение 방사선복사 ¶ космическое ~ // 우주방사선복사

радиоконтакт 무선연락, 무선교신

радиоконтроль 무선조종, 무선통제

радиологический 방사선의 ¶ ~кая защита // 반(反)원자방어 ¶ ~кое оружие // 방사능무기

радиолокатор 전파탐지기, 레이더

радиолокаторный 전파탐지기의 ¶ ~ная часть // 전탐부대

радиолокационный 전파탐지의 ¶ ~ аппарат // 전파탐지기 ¶ ~ отражатель // 레이더반사기 ¶ ~ пост // 전탐반 ¶ ~ная головка самонаведения // 미사일자동유도·추적 ¶ ~ная защита // 레이더방위 ¶ ~ная и радиотехническая разведка // 전자정찰 ¶ ~ная маскировка // 레이더위장 ¶ ~ная разведка // 레이더정찰 ¶ ~ная система бомбометания // 레이더폭격시스템 ¶ ~ная станция // 전파탐지소 ¶ ~ная установка // 전파탐지장치 ¶ ~ное наблюдение // 레이더감시 ¶ ~ное поле наблюдения // 레이더감시지역 ¶ ~ное самонаведение // 레이더자동추적 ¶ ~ное целеуказание // 레이더표적지시기

радиолокация 전탐

радиомаркёр 무선위치표지

радиомаскировка 무선기만(無線欺瞞)

радиомаяк 무선신호대, 무선등대, 무선 (항로)표식

радиомолчание 무선침묵 ◆ 전파를 발사할 수 있는 장비의 전부 또는 일부가 통신보안상 이유로 동작을 중지하고 있는 상태

радионавигационный 무선항법의 ¶ ~ пункт // 무선항공통제소 ¶ ~ная система // 무선항법장치

радионавигация 무선항법 ◆ 항법에서 위치나 방향의 결정 또는 장애물로부터 회피하기 위하여 무선회로 위치를 확인하는 것 ¶ система ~ии тактической авиации // 항법원조시스템, 테컨 [TACAN]

радиооборудование 무선장치

радиопароль 무선호출부호

радиопеленг 무선방위 (측정)

радиопеленгатор 무선나침판, 무선방위측정기

радиопередатчик 무선송신기

радиопиратство 전파장애

радиопоиск 무선탐색

радиополяриметр 전파편광계

Р

радиопомехи 전파방해
радиопропаганда 선전방송
радиопротиводействие 전파방해
радиопункт 무선중계소
радиоразведка 무선첩보, 무전탐지
радиорубка (선박의) 무선실
радиосвязь 무선통신, 무선연락 ¶ двусторонняя ~ // 쌍방향 무선통신
радиослужба 무선근무, 무선통신근무
радиостанция 무선국; 무선기 ¶ аварийная ~ // 비상무전기 ¶ военная ~ // 군용무전기 ¶ переносная ~ // 휴대용무전기
радиосхема 무선회로
радиотелеуправление 무선원격조종
радиотехнический 무선공학의 ¶ ~ие войска // 【空】 전파기술부대 ¶ ~кая система посадки // 무선착륙유도시스템
радиоэлектронный 무선전자공학의 ¶ ~ная борьба [РЭБ] // 전자전 ¶ ~ная защита // 전자보호 [EP; electronic protection] ◆ 적의 전자공격으로부터 아군의 전자시설을 보호하는 것 ¶ ~ное обеспечение // 전자지원 [ES; electronic support] ¶ ~ное оборудование // 전자전장비 ¶ ~ное поражение // 전자전공격 [EF; electronic attack] ¶ ~ные помехи // 전자교란 ¶ ~ная разведка // 신호정호 ¶ ~ные средства // 전자전 수행수단
радист 무선 전신수
радиус ① 반경 ¶ ~ действительного поражения // 유효살상반경 ¶ ~ обстрела // 사격반경 ¶ ~ поворота // 회전반경 ¶ ~ поражающего действия атомного взрыва // 원폭살상반경 ¶ ~ поражения // 살상반경 ¶ ~ разлёта осколков // 파편의 비산반경 ¶ ~ разрушения // 폭발반경 ¶ дальный ~ действия // 원거리 행동반경 ② 구역, 범위 ¶ ~ действия // 작용범위, 행동권 ¶ ~ действия авиации // 항속거리
разбег 활주 ¶ ~ самолёта // 항공활주 ¶ ~ самолёта при взлёте // 이륙활주거리 ¶ ~ самолёта при посадке // 착륙활주거리
разбить, [нсв] разбивать кого-что 격파하다, 타승하다, 분쇄하다 ¶ ~ наголову // 격파·분쇄하다 ¶ ~ неприятеля // 적을 격파하다
разблокирование 봉쇄해제
разбой (행위로서)강도 ¶ ~ на большой дороге // 박탈 ¶ морской ~ // 해적행위
разбойник 약탈자, 침략자, 억압자
разбор *(занятий, учений)* 강평, 상세한 검토·심사 ¶ ~ действий // 사후검토 ¶ ~ операции // 작전보고 ¶ ~ учений // 훈련보고
развал 붕괴, 와해, 혼란 ¶ ~ коммунизма // 공산주의 붕괴

разведбат *(разведочный батальон)* 정찰대대
разведынформация 정보기관의 정보
разведка ① 정찰, 수색 ¶ ~ боем (= боевая ~) // 전투정찰 ¶ ~ в промежутках // 중간지정찰 ¶ ~ в тылу противника // 적후방정찰 ¶ ~ водной преграды // 수중장애물정찰 ¶ ~ местности // 지형정찰 ¶ ~ мин // 지뢰정찰 ¶ ~ перед фронтом // 전방정찰 ¶ ~ поиском // 수색정찰 ¶ ~ средствами связи // 통신기기정찰 ¶ ~ в ходе боя // 전투중정찰 ¶ авиационная ~ // 항공정찰 ¶ артиллерийская ~ // 포병정찰 ¶ ближняя ~ // 근거리정찰 ¶ боевая ~ // 전투정찰 ¶ визуальная ~ // 견시정찰 ¶ воздушная ~ // 공중정찰 ¶ дальная ~ // 원거리정찰 ¶ задача на ~ку // 정찰임무 ¶ инженерная ~ // 공병정찰 ¶ инструментальная ~ // 기구정찰 ¶ инфракрасная ~ // 적외선정찰 ¶ лазерная ~ // 레이저정찰 ¶ морская ~ // 해상정찰 ¶ наземная ~ // 지상정찰 ¶ оперативная ~ // 작전정찰 ¶ оптическая ~ // 광학정찰 ¶ стратегическая ~ // 전략정찰 ¶ тактическая ~ // 전술정찰 ¶ фотографическая ~ // 사진정찰 ¶ химическая ~ // 화학정찰 ¶ звукометрическая ~ // 음향정찰 ¶ ~ ядерно-минных заграждений // 핵지뢰 지대정찰 ② 정찰대, 수색대 ¶ конная ~ // 기마정찰대
разведчик 정찰대원, 정찰기, 정찰선
разведывание 정찰, 수색
разведывательный ① 정찰의, 수색의 ¶ ~ батальон // 정찰대대 ¶ ~ вертолёт с бортовым вооружением // 무장정찰헬기 ¶ ~ взвод // 정찰소대 ¶ ~ная группа // 정찰조, 정찰대 ¶ ~ная деятельность // 정찰활동 ¶ ~ дозор // 정찰척후대 ¶ ~ное отделение // 정찰분대 ¶ ~ отряд // 정찰대 ¶ ~ самолёт // 정찰기 ¶ ~ная авиация // 정찰항공대 ¶ ~ная деятельность // 정찰활동 ¶ ~ная карта // 정찰도 ¶ ~ная морская авиация // 해군정찰항공대 ¶ ~ная рота // 정찰중대 ¶ ~ные сведения // 정찰첩보 ¶ Главное ~ное управление Генерального штаба Вооружённых Сил РФ [ГРУ ГШ ВС РФ] // 러시아연방군 정찰총국 ② 정보수집의, 첩보기관의, 첩보의 ¶ ~ корабль // 정보수집함 ¶ ~ная работа // 정보수집활동 ¶ ~ная служба // 첩보근무, 첩보부 (기관) ¶ ~ные органы // 첩보기관
развернуть, [нсв] **развёртывать** что ① 산개하다 ¶ ~ строй // 대열을 산개하다, 산개대형을 짓다 ② (큰 단위로) 개편하다 ¶ ~ батальон в полк // 대대를 연대로 개편하다 ③ 준비하다, 전개하다, 설치하다 ¶ ~ полевой госпиталь // 야전병원을 설치하다·전개하다 ④ 방향을 바꾸다, 돌리다, 회전시키다 ¶ ~ танк // 탱크를 돌리다
развёрнутый 전개하고 있는, 대규모의 ¶ ~ строй // 전개대형 ◆ 모여 있던 부대·병력들이 일정한 간격으로 가로로 벌려서 이룬 대형
развёртывание 전개, 배치 ¶ ~ в боевой порядок // 전투준비태세 전개 ¶

Р

~ в предбоевой порядок // 준전투준비태세 전개 ¶ ~ главных сил // 주력의 전개 ¶ Силы быстрого ~ния // (미국)신속배치군

развитие 발전, 발달, 전진, 전개 ¶ ~ боя // 전투발전 ◆ 적과 싸워서 승리하기 위하여 장차전에 대비하는 총체적인 연구발전 노력 ¶ ~ успеха // 전과확대 ◆ 전투에서 달성한 성공의 이점을 최대로 하기 위하여 실시하는 공격작전의 한 형태

развод 배치; 교대 ¶ ~ караулов // 위병교대 ¶ ~ часовых // 위병배치 (보초를 초소에 세우는 것)

развязывание 도발 ¶ ~ войны // 전쟁도발

разглашение 누설 ¶ ~ государственной и военной тайны // 국가기밀 및 군사기밀의 누설 ¶ ~ служебной тайны // 직무상 비밀의 누설

разграждение (지뢰 및 기타 차단물) 해제 · 해체작업 ¶ группа ~ния // 장애물 해체조 ¶ отряд ~ния // 장애물 제거대

разграничение 경계의 구분, 경계의 확정 ¶ ~ континентального шельфа // 대륙붕 경계구분 ¶ ~ морских пространств // 해양경계의 구분 ¶ ~ территориальных вод // 영해의 경계 구분

разгром 파멸, 격멸, 분쇄 ◆ 적의 인원 및 장비를 사살, 파괴 또는 포획하여 적의 전투력을 무력화시키는 공격행동 ¶ полный ~ // 전멸

разделение 분할 ¶ по ~ниям // 각개동작으로

размещение 배치, 할당 ¶ ~ военных баз // 군사기지 배치 ¶ ~ войск // 군대의 배치 ¶ ~ средств // 자금할당 ¶ страна ~ния // (핵 미사일 따위의) 배치국

разминирование 지뢰 · 기뢰의 제거, 소해작업

разойдись 해산, 해체

разомкнутый 펼쳐진 ¶ ~ строй // 전개대형

разоружение 무장해제; 군비축소 ¶ ~ вражеских отрядов // 적부대의 무장해제 ¶ всеобщее и полное ~ // 완전 무장해제 ¶ принцип ~ния // 무장해제 원칙 ¶ частичное ~ // 부분 무장해제 ¶ ядерное ~ // 핵무장해제

разработка 개발(신제품, 전략, 계획) ¶ ядерные ~ки // 핵개발

разрешение ① 허가, 출입인가 ¶ ~ на работу // 근무허가 ¶ ~ на свидание // 면회허가 ② 해결 ¶ ~ международного спора // 국제분쟁의 해결 ¶ силовое ~ // 무력해결

разрушение 격파, 폭파, 파괴; 손실, 손상 ¶ ~ния, принесённые войной // 전쟁이 가져다준 손실 (= уничтожение, разгром)

разрушительный 파괴적인, 파멸적인 ¶ ~ная война // 파괴적인 전쟁 ¶ ~ная сила // 파괴력

разрыв ① 단절, 결렬 ¶ ~ военно-дипломатических отношений // 군사외교관계의

결렬 ② 거리, 간격 ¶ ~ между батальоном врага и нашими войсками // 적의 대대와 우리 부대사이의 (간격)거리

разрывной 폭발하는, 폭발의 ¶ ~ заряд // 폭발장약 ¶ ~ная пуля // 파열탄 ¶ ~ная сила снаряда // 포탄의 폭발력

разряд 퇴탄 ¶ ~ ружья // 총의 퇴탄

разрядка 완화 ¶ ~ международной напряжённости // 국제 긴장상태 완화

разыграться, [нсв] **разыгрываться** 일어나다, 진행되다; (전투가)발생하다, 발발하다 ¶ ~ался скандал // 소동이 일어났다

разъезд (분대로부터 소대규모로 정찰, 순찰, 통신보장을 위한)기병척후 ¶ головной ~ // 선두 기병척후대

район 지역, 구역, 전구 ¶ ~ атомного удара // 원폭피폭지역 ¶ ~ базирования // 기지 ¶ ~ боевых действий // 전투지역 ¶ ~ вероятного химического нападения // 화학공격예상지역 ¶ ~ военных действий // 작전전구 ¶ ~ выброски парашютного десанта // 공수낙하지역 ¶ ~ выпадения радиоактивных осадков // 방사능낙진낙하지역 ¶ ~ высадки морского десанта // 상륙지역 ¶ ~ дивизионных резервов // 사단예비지역 ¶ ~ обороны // 방어구역 ¶ ~ плавания // 항행구역 ¶ ~ расквартирования // 숙영지역 ¶ ~ расположения войск // 부대배치지역 ¶ ~ сбора десанта // 공수대 집결지 ¶ запретный ~ // 통제구역 ¶ оккупированный ~ // 점령구역 ¶ укрепленный ~ // 요새화된 지역 ¶ фронтовой ~ // 전선지역

ракета ① 로켓 ◆ 고체 또는 액체 연료의 폭발로 다량의 가스를 발생시켜 그 반동으로 추진시키는 장치 ¶ ~ на жидком топливе // 액체연료로켓 ¶ ~ на твёрдом топливе // 고체연료로켓 ¶ ~-матка // 로켓모선 ¶ ~-носитель // 운반로켓 ¶ ~-спутник // 위성로켓 ¶ ~-торпеда // 로켓어뢰 ¶ боевые ~ты // 군용로켓 ¶ запуск ~ты // 로켓발사 ¶ космическая ~ // 우주로켓 ¶ многоступенчатая ~ // 다단계로켓 ¶ осветительная ~ // 조명로켓 ¶ сигнальная ~ // 신호용로켓 ¶ трёхступенчатая ~ // 3단로켓 ② 미사일 ◆ 로켓이나 제트 엔진으로 추진되어, 유도 장치에 의하여 목표에 이르는 공격 무기. 유도탄(誘導彈). ¶ ~ ближнего действия // 단거리미사일 ¶ ~ дальнего действия // 장거리미사일 ¶ ~ для борьбы с баллистическими ракетами // 대탄도유도탄 [ABM] ¶ ~ класса «воздух-воздух» // 공대공미사일 [AAM] ◆ 비행중인 항공기에서 비행표적에 대하여 사격하는 미사일 ¶ ~ класса «воздух-земля» // 공대지미사일 [ASM] ◆ 비행중인 항공기에서 지상표적에 대하여 사격하는 미사일 ¶ ~ класса «воздух-корабль» // 공대함미사일 ¶ ~ класса «земля-воздух» // 지대공미사일 [SAM] ¶ ~ класса «земля-земля» // 지대지미사일 [SSM] ¶ ~ класса «земля-корабль» // 지대함미사일 ¶ ~ класса «земля-мировое пространство» // 지대위성미사일 ¶ ~ класса «корабль-корабль» // 함대함미사일 ¶ ~ меньшей дальности [РМД] // 단거리미사일

(사정거리 500~1000km) ¶ ~ морского базирования [РМБ] // 해양발사미사일 ¶ ~ с многоцелевыми головками // 다탄두 미사일 ¶ ~ с системой самонаведения // 호밍미사일 ¶ ~ с тепловой головкой самонаведения // 열추적유도미사일 ¶ ~ средней дальности // 중거리미사일 (사정거리 1000~5500km) ¶ ~ стратегического назначения // 전략미사일 ¶ ~ тактического назначения // 전술미사일 ¶ ~, управляемая по проводам // 토우미사일 [TOW] ¶ ~-гарпун // 하푼미사일 ¶ авиационная ~ // 공중발사미사일 ¶ базировать ~ты на островах // 미사일들을 섬에 배치하다 ¶ баллистическая ~ [БР] // 탄도미사일 ¶ баллистическая ~ ближнего действия // 단사정 탄도미사일 [SRBM] ¶ баллистическая ~ большей дальности // 장거리 탄도미사일 [LRBM] ¶ баллистическая ~ воздушного базирования [БРВБ] // 공중발사탄도미사일 [ALBM] ¶ баллистическая ~ морского базирования [БРМБ] // 해상발사 탄도미사일 [SLBM] ¶ баллистическая ~ наземного базирования [БРНБ] // 지상발사 탄도미사일 [GLBM] ¶ баллистическая ~ подводной лодки [БРПЛ] // 잠수함발사 탄도미사일 ¶ баллистическая ~ промежуточной дальности // 중거리 탄도미사일 [IRBM] ¶ баллистическая ~ средней дальности [БРСД] // 중사정 탄도미사일 [MRBM] ¶ крылатая ~ [РК] // 순항미사일 [CM] ¶ крылатая ~ воздушного базирования [КРВБ] // 공중발사순항미사일 [ALCM] ¶ крылатая ~ морского базирования // 해상발사순항미사일 [SLCM] ¶ крылатая ~ наземного базирования [КРНБ] // 지상발사순항미사일 [GLCM] ¶ крылатая ~ большей дальности // 장거리순항미사일 [LRCM] ¶ междуконтинентальная баллистическая ~ // 대륙간탄도미사일 [ICBM] ¶ межконтинентальная баллистическая ~ [МБР] // 대륙간탄도탄 [ICBM] ¶ неразвёрнутая ~ // 미배치 미사일 ¶ оперативно-тактическая ~ [ОТР] // 작전전략미사일 ¶ противоракетная ~ // 탄도탄요격미사일 ¶ развёрнутая ~ // 배치완료미사일 ¶ самоуправляемая ~ // 순항미사일 [CM] ¶ стратегическая ~ // 전략미사일 ¶ тактическая ~ // 전술미사일 ¶ учебная ~ // 훈련용미사일 ¶ ядерная ~ средней дальности // 중거리 핵미사일

ракетный 로켓의, 미사일의 ¶ ~ная программа // 로켓 프로그램

ракетница 신호탄발사장치

ракетно-бомбовый 로켓 및 폭탄공격을 하는 ¶ ~ удар // 로켓 및 폭탄타격

ракетно-космический 우주로켓의 ¶ 3-я отдельная армия ~ой обороны // 제3독립미사일우주방위군

ракетно-технический 로케기술의, 미사일기술의

ракетно-лодочный (잠수함의) 핵로켓장비화의

ракетно-ядерный 핵로켓의 ¶ ~ удар // 핵미사일공격 ¶ ~ное оружие // 로켓핵무기

ракетный 로켓의, 로켓으로 무장한, 미사일의 ¶ ~ вспомогательный объект // 미사일지원시설 ¶ ~ двигатель // 로켓추진기 ¶ ~ космический корабль // 로켓우주비행선 ¶ ~ полигон // 로켓발사장 ¶ ~ противолодочный комплекс // 대잠로켓 ¶ ~ самолёт // 로켓분사식 비행기 ¶ ~ная армия // 미사일군 ¶ ~ная дивизия // 미사일사단 ¶ ~ная техника // 로켓기술 ¶ ~ное зондирование // 로켓탐사 ¶ ~ное оружие // 로켓무기 ¶ ~ное топливо // 로켓연료 ¶ ~ные войска // 로켓부대 ¶ ~ные войска и артиллерия // 로켓포병 ¶ ~ные войска стратегического назначения // 전략미사일부대 ¶ Р~ые войска стратегического назначения России // 러시아 전략미사일군

ракетодром 로켓발사장

ракетоносец 미사일탑재함, 미사일탑재기

ракетоплан 로켓분사식비행기

ракетостроительный 로켓제조의 ¶ ~ завод // 로켓제조공장

ракетчик 로켓병, 미사일대원, 로켓조종사

рана 상처, 부상 ¶ глубокая ~ 관통상 ¶ колотая ~ 창상 ¶ лёгкая ~ // 경상 ¶ огнестрельная ~총상 ¶ осколочная ~파편상 ¶ ожоговая ~ // 화상 ¶ смертельная ~ // 치명상 ¶ тяжёлое ~ // 중상

ранение 상처, 부상 ¶ лёгкое ~ // 경상 ¶ огнестрельное ~ // 총상 ¶ смертельное ~ // 치명상 ¶ тяжёлое ~ // 중상

раненый 부상된, 부상당한 ¶ ~ солдат // 부상병

ранец 배낭 ¶ ~ парашюта // 낙하산 배낭 ¶ походный ~ // 배낭

ранг ① 등급, 전문칭호 ¶ дипломатические ~ги // 외교관등급 ¶ капитан первого (второго) ~га // 해군대령 (중령) ¶ в ~ге кого // …의 자격으로, …으로서 ¶ в ~ге посла // 대사의 자격으로 ② 함정의 등급 ¶ ~ корабля // 함정등급 ¶ крейсер второго ~га // 2급 순양함

ранжир 신장순서의 정렬

рапорт 보고, 보고서 ◆ 상급자에게 규정된 형식의 서면 또는 구두 보고 혹은 보고서 ¶ ~ об отставке // 전역보고 ¶ подать ~ // 보고하다 ¶ подойти к командиру с ~том // 보고하러 지휘관에게 다가가다 ¶ послать ~ командиру // 지휘관에게 보고서를 보내다

расквартирование (각 부대에 대한) 막사의 할당 ¶ ~ войск // 부대별 할당

раскладка 계획적인 배치

раскладной 개폐식의 ¶ ~ная кровать // 접이식 침대

раскол 갈라진 곳, 분열된 상태 ¶ ~ государства // 국가분열 ¶ ~ Корейского полуострова // 한반도분단 ¶ ~ организации // 조직의 분리 ¶ ~ Родины // 조국의 분열 ¶ политика ~ла // 분열정책

расписание 시간표; (시간 또는 그 수행절차를 기록한) 표 ¶ ~ занятий // 훈련계획표

Р

¶ ~ караулов // 위병근무표 ¶ боевое ~ // 전투배치표 ¶ корабельные ~ния // 함정인원편제표 ¶ судоходное ~ // 항행시간표 ¶ штатное ~ // 직무규정, 정원 (편제)표

расположение 배치, 체류 · 주둔하는것 (пребывание), 진지, 위치 ¶ ~ войск // 부대배치 ¶ ~ на отдых // 휴가배치 ¶ ~ огневых средств // 화력배치 ¶ ~ сил // 병력배치 ¶ ~ сил для наступления // 공격병력의 배치 ¶ вражеское ~ // 적진지 ¶ места ~ния войск // 군대의 주둔지

расположить, [нсв] **располагать** кого, что (군대 또는 그룹을 어떤 장소에 혹은 어떤 방법으로) 배치하다, 자리잡게 하다 ¶ ~ отряд в деревне // 부대를 마을에 배치하다 ¶ ~ ракетами средней дальности // 중거리 로켓으로 배치하다

распоряжение ① 관리, 관할, 지배 ② 명령, 지령, 지휘, 지시 ¶ официальное ~ // 공식명령 ¶ сделать ~ // 지시를 하다 ¶ в~ кого-чего // ...의 관할 밑으로 ¶ командировать кого в ~ коменданта города // ...를 수도방위사령관의 관할 하에 보내다 ¶ в ~ России // 러시아의 관할 밑으로 ¶ в своём ~нии // 자기 관할 하에 있다. ¶ имея в своем ~нии ядерное оружие // 핵무기를 자신의 관할 하에 가지면서

распределение 할당, 배분, 분배 ¶ ~ боевых сил // 전투력할당

распространение 확산, 확장, 확대 ¶ ~ оружия массового уничтожения // 대량 살상무기 확산 ¶ ~ территории // 영토의 확장 ¶ ~ ядерного оружия // 핵확산

распустить, [нсв] **распускать** кого-что 해산시키다

рассредоточение 소개 (疏開) ¶ зона ~ния // 소개(疏開)지역 ¶ план ~ния // 소개(疏開)계획

рассредоточивать, [св] **рассредоточить** 소개 (疏開)시키다, 분산시키다

расстановка 배치, 배열, 정열 ¶ ~ сил // 세력배치

расстояние 거리 ¶ измерение ~ния // 거리측량, 거리측정 ¶ измерять ~ // 거리를 재다 ¶ метод сравнения ~ний // 거리비교법 ¶ определять ~ // 거리를 판정하다 ¶ указатель ~ния // 거리표

расстрел 총살 ¶ приговорить предателя к ~лу // 반역자에게 총살형을 선고하다

расстроить, [нсв] **расстраивать** кого-что 혼란시키다, 문란하게 하다 ¶ ~ ряды противника // 적의 대열을 혼란시키다

рассылка 파견, 발송

растягивать, [св] **растянуть** 전개·산개하다

расформировывать, [св] **расформировать** (부대를)해산하다

расход ① 지출 ¶ ~ на вооружённые силы // 군비지출 ¶ ~ на оборону // 방위비지출 ¶ ~ды государственного бюджета // 국가예산지출 ② 비용 ¶ военные ~ды // 군사비 ③ 소비 (량), 사용량 ¶ ~ снарядов // 포탄소비량

¶ ~ топлива // 연료소비량

расчёт (포병으로 복무하는)반, 분대, 성원 ¶ артиллерийский ~ // 포병분대 ¶ миномётный ~ // 박격포반 ¶ номер орудийного ~та // 포수 ¶ орудийный ~ // 포요원 ¶ пулемётный ~ // 기관총반, 기관총수

расширение 확대, 확산, 확장, 팽창 ¶ ~ войны // 확전 ¶ ~ международных контактов // 국제관계확대

расшифровать, [нсв] **расшифровывать** (암호를) 해독하다 ¶ ~ шифоротекст // 암호문을 해독하다

расшифровка (암호의)번역, 해독

ратификационный 비준의 ¶ ~ная грамота // 비준서

ратификация 비준 ¶ ~ законопроекта // 법안비준 ¶ ~ мирного договора // 평화조약의 비준

ратифицировать [св] [нсв] что 비준하다. ¶ ~ мирный договор // 평화조약을 비준하다

рацион 일일식량 ¶ суточный ~ // 하루분의 양식

рация 무전기

РБ *(разведывательный батальон)* 정찰대대

РВ *(радиоактивное вещество)* 방사성물질

РВСН *(ракетные войска стратегического назначения)* 전략미사일부대 ◆ 러시아연방군의 독립병과로서 러시아군의 전략핵전력의 주력. 적에 대한 핵 억지뿐만 아니라, 적의 군사경제시설에 대한 핵미사일 타격에 의한 격파 등을 임무로 함.

РГ *(ручная граната)* (보병용)수류탄

РГС *(радиолокационная головка самонаведения)* 미사일자동유도·추적호밍

РГЧ ИН *(разделяющаяся головная часть с блоками индивидуального наведения)* 다탄두 각개목표설정 재돌입 비행체 [MIRV]

РД *(ракетный двигатель)* 로켓엔진

РДД *(ракета дальнего действия)* 원거리미사일

РДТТ *(ракетный двигатель на твёрдом топливе)* 고체연료로켓

реактор 원자로, 반응기 ¶ атомный ~ // 원자로 ¶ бассейный ~ // 침수형 원자로 ¶ газографитный ~ // 가스흑연 원자로 ¶ графитовый ~ // 흑연감속원자로 ¶ изотопный ~ // 동위원소원자로 ¶ легководный ~ // 경수로 ¶ тяжеловодный ~ // 중수로 ¶ ядерный ~ // 원자로

реакция 반응, 반작용 ¶ термоядерная ~ // 열핵반응 ¶ цепная ~ // 연쇄반응 ¶ ядерная ~ // 원자핵반응

реваншизм (보복전쟁을 준비하는) 보복정책

револьвер 권총, 리볼버 ¶ стрелять из ~ра // 권총을 쏘다 ¶ шестизарядный ~ // 6연발권총

Р

револьверный 권총의, 리볼버의 ¶ ~ная головка // 캡스턴 헤드 ◆ 배에서 닻 등 무거운 것을 들어올리고, 계류색 등을 감는 실린더

регион 지역 ◆ 러시아연방군에서는 병력 수 30만 명 이상, 2개전선 이상, маршал 또는 главнокомандующий가 지휘관임 ¶ азиатско-тихоокеанский ~ // 아시아태평양지역 ¶ Р~ Северо-Восточной Азии // 동북아지역

региональный 지역의 ¶ ~ контроль за вооружениями // 지역적 군비통제 ¶ ~ конфликт // 지역분쟁 ¶ ~ная безопасность // 지역안보 ¶ ~ное ограничение вооружения // 지역적 군비제한 ¶ ~ное разоружение // 지역적 무장해제·군비폐지 ¶ ~ное сотрудничество // 역내협력

регулярный ① 규칙적인, 정기적인 ¶ ~ образ жизни // 규칙적인 생활 ② 정규의 ¶ ~ная армия // 정규군 ¶ ~ные войска // 정규군, 상비군

регулятор 조절기, 조정기 ¶ ~ глубины // 심도기 ¶ ~ давления // 압력조절기

редуктор 감속기, 감압기 ¶ ~ давления // 감압장치 ¶ ~ скорости // 감속장치

режим 정권, 제도, 체제 ¶ ~ военного положения // 계엄체제

резерв 예비군, 예비대; 예비역 ¶ ввести в бой последние ~вы // 마지막 예비대를 전투에 진입시키다 ¶ отвести дивизию в ~ // 사단을 예비역으로 돌리다 ¶ полковой ~ // 연대의 예비대 ¶ стратегический ~ // 전략적 예비대

резервист 예비역군인

резервный 예비의 ¶ ~ аэродром // 예비비행장 ¶ ~ная армия труда // 노동예비군 ¶ ~ные войска // 예비군 ¶ ~ные части // 예비부대

резолюция ① 결의, 결정 ¶ ~ Генеральной Ассамблеи ООН // 유엔총회 결의 ¶ вынести ~цию // 결의를 통과시키다 ¶ поддержать ~цию // 결의에 찬성하다 ¶ предложить ~цию // 결의안을 제출하다 ¶ принять ~цию // 결정을 채택하다 ② 결재, 비준 ¶ передать заявление на ~цию командиру // 결재를 받기 위하여 청원서를 지휘관에게 제출하다

рейд ① 군항; 정박지 ¶ стоять на ~де // 정박하다 ② 습격, 급습 ¶ военный ~ // 군사적 기습, 강습

рейдер 기습용 무장군함

рейдовый 습격의, 급습의 ¶ ~вое судно // 상륙정 ¶ ~вые операции // 기습작전

рекогносцировка (전투개시 전의) 적진정찰, 현지 전술토의 ¶ ~ местности // 현지정찰

рекрутский набор 징병(제정러시아의 징병제도), 지역별 인원 할당제도

реляция 전투보고서, 공적보고서

ремень 혁대 ¶ поясной~ // 허리띠

ремонт 수리 ¶ ~ боевых машин // 전투차량수리 ¶ срочный ~ боевых повреждений самолёта // 전시파손항공기 긴급수리 ¶ срочный ~ // 긴급수리

репарация 배상금 ¶ военные ~ции // 전쟁배상금

республика 공화국 ¶ автономная ~ // 자치공화국 ¶ Р~ Корея // 대한민국 ¶ Китайская Народная Р~ // 중화인민공화국, 중국 ¶ Китайская Р~ // 중화민국, 타이완 ¶ Корейская Народно-Демократическая Р~ // 조선민주주의인민공화국, 북한

ресурсы 자원 ¶ военные ~ // 군사역량

ретирад 퇴각, 철수

ретирадный 퇴각의, 철수의 ¶ ~ порт // 【海】 함미현문 ¶ ~ная пушка // 【海】 함미포

ретироваться [св] [нсв] 퇴각하다

реторсия 보복제한, 보복조치

реформа 개혁 ¶ военная ~ // 군사개혁

речь 연설 ¶ приветственная ~ // 환영사 ¶ ответная ~ // 답사

решение ① 해결, 해결방법 ¶ ~ ядерного вопроса // 핵문제해결 ② 결정, 결의 ¶ ~Совета Безопасности ООН // 유엔안전보장이사회 결의

решительный 단호한, 결정적인 ¶ ~ бой // 결전 ¶ ~ная победа // 결정적 승리

реэвакуация 대피소 등에서의 복귀

РЗК *(разведывательные корабли)* 정찰정

рикошет 부딪혀서 튕겨나는 것, 도탄 (跳彈) ¶ стрельба ~ом // 도탄사격

риск 모험, 있을 수 있는 위험 ¶ в этом нет никакого ~ка // 여기에는 그 어떤 위험도 없다 ¶ за свой страх и ~ (= на свой страх и ~) // 위험을 무릅쓰고 ¶ операция, требующая~ка // 위험을 요구하는 작전 ¶ пойти на ~ // 모험하다 ¶ с ~ком для жизни // 목숨을 걸고

РК *(Республика Корея)* 대한민국, 한국

РК *(ракета крылатая)* 순항미사일 [CM] ◆ 제트엔진에 의해 비행하는 미사일을 말하며, 핵탄두를 탑재해 장거리를 비행하는 전략용과 사거리가 짧은 재래 탄두의 전술용 대함미사일이 있음.

РЛС *(радиолокационная станция)* 레이더기지국, 레이더 ¶ ~ дальнего обнаружения // 조기경보레이더 ¶ ~ защиты хвоста // 항공기 후미 감시레이더 ¶ ~ наведения // 유도레이더 ¶ ~ наведения истребителей // 전투기유도레이더 ¶ ~ наводных целей // 해상감시레이더 ¶ ~ обзора земной поверхности // 지표면감시레이더 ¶ ~ облучения // 조명레이더 ¶ ~ обнаружения // 탐색레이더 ¶ ~ обнаружения воздушных целей // 대공감시레이더 ¶ ~ обнаружения ракет // 미사일탐지레이더 ◆ 추적레이더에 비하여 긴 감시범위를 가지나 정밀도가 낮은 미사일을 탐지하는 레이더 ¶ ~ разведки и целеуказания // 감시레이더 ◆ 전파를 이용하여 물체와 위치(거리, 방위각)을 탐지하는 장비 ¶ ~ самонаведения // 호밍유도레이더 ¶ ~ управления и слежения // 통제·추적레이더 ¶ ~ управления огнём //

화력통제레이더 ¶ активная ~ // 능동형레이더 ¶ бортовая ~ // 함재레이더 ¶ военная ~ // 군용레이더

РМД *[эр-эм-дэ] (ракета меньшей дальности)* 단거리미사일

ров 참호 ¶ горный ~ // 산에 파놓은 참호 ¶ крепостной ~ // 성, 요새 주위의 참호 ¶ преграждение рва // 참호차단 ¶ противотанковый ~ // 반탱크호

род 종류, 부류 ¶ ~ войск // 병종, 병과

розыскник (적 공작원의 수색을 맡은)군 특무기관원

рота 중대 ◆ 러시아연방군에서 70~250명, 2~8개 소대, старший лейтенант, капитан이 지휘관임. ¶ ~ гусеничных плавающих транспортёров // 수륙양육장갑차중대 ¶ ~ заготовки конструкции // 건설중대 ¶ ~ инженерных машин // 공병차량중대 ¶ ~ поддержки // 전투지원중대 ¶ ~ полевого водоснабжения // 야전급수중대 ¶ ~ почётного караула // 의장중대 ¶ ~ связи // 통신중대 ¶ ~ технического обслуживания // 기술정비중대 ¶ командир ~ты // 중대장 ¶ медико-санитарная ~ // 의무중대 ¶ миномётная ~ // 박격포중대 ¶ пехотная ~ // 보병중대 ¶ пулемётная ~ // 기관총 중대 ¶ разведывательная ~ // 수색중대 ¶ сапёрная ~ // 공병중대 ¶ стрелковая (санитарная, пулеметная) // 저격 (위생, 기관총) 중대 ¶ танковая ~ // 전차중대 ¶ учебная ~ // 교도중대 ¶ штабная ~ // 본부중대

ротация 윤번제, 교대제 ¶ ~ кадров // 간부 교대제

ротный 중대의 ¶ ~ медицинский пост // 중대 의무소 ¶ ~ опорный пункт // 중대거점

РПКСН *(ракетный подводный крейсер стратегического назначения)* 전략로켓잠수함

РСД *(ракета средней дальности)* 장사정 중거리미사일 ¶ ~-10 // (NATO명) SS-20

РСМД *(ракета средней и меньшей дальности)* 중사정·단사정 미사일

рубеж ① 경계선(граница);경계(грань); 국경선 (государственная граница) ¶ ~ безопасного удаления // (포화로부터) 안전이격선 ¶ ~ бомбометания // 폭탄투하선 ¶ ~ заградительного огня // (포병의) 저지사격선, 조애사격개시선 ¶ ~ открытия огня // 사격개시선 ¶ ~ перехвата // 요격선 ◆ 지상 및 공중의 조기경보체제 또는 항공기 자체 레이더와 조종사 육안에 의해서 적기를 탐지, 식별하여 항공기를 투입하여 공대공 미사일이나 기총을 사용하여 격파하는 선 ¶ ~ перехода в атаку // 돌격전환선 ¶ ~ последовательного сосредоточения огня // 화력집중선 ¶ ~ прекращения огня // 사격중지선 ¶ ~ пуска ракет // 미사일발사선 ¶ ~ регулирования // 통제선 ¶ ~ спешивания // 하차선 ¶ ~ уничтожения воздушных целей // 공중목표파괴선 ¶ водный ~ // 경계수역 ¶ естественный ~ // 자연조건에 의한 경계선 ¶ исходный ~ для атаки // 돌격선 ¶ исходный ~ для наступления // 공격개시선 ¶ на ~же девятнадцатого и двадцатого веков // 19세기와 20세기의 경계에서 ¶ оборонительный ~ // 방어선 ¶ огневой

~ // 사선(射線) ¶ оперативный ~ // 작전선 ¶ охранять ~жи Родины // 국경을 지키다 ¶ перейти ~ // 계선을 넘다 ② 진지 ¶ ~ обороны // 방어진지 ¶ оборонительный ~ // 방어진지 ¶ за ~ // 국경 밖으로; 해외로 (за границу) ¶ за ~жом // ① 국경 밖에서; 외국에서 // ② [чего] …의 밖에 ¶ находиться за ~жом // 외국에 체류하다 ¶ остаться за ~жом эпохи // 시대에 뒤떨어지다 ¶ из-за ~жа // 국경 밖으로부터; 외국으로부터 ¶ гости из-за ~жа // 외국손님, 외국에서 온 손님들

рубка (선박)갑판실, (선박, 항공기)사령실 ¶ боевая ~ // 전투사령실 ¶ капитанская ~ // 함장실 ¶ рулевая ~ // 조타실 ¶ штурманская ~ // 해도실 (海圖室)

ружейник 소총수

ружейный 소총의, 소총을 가진 ¶ ~ выстрел 또는 ~ огонь 또는 ~ная пальба // 소총사격 ¶ ~ патрон // 보총탄알 ¶ ~ приклад // 소총 개머리판 ¶ ~ ремень // 소총 멜빵 ¶ ~ станок // 총받침 ¶ ~ ствол // 총신 ¶ ~ная граната // 투척탄, 유탄발사기 ¶ ~ная ложа // 총가목, 소총총대나무 ¶ ~ная палатка // 총기실 ¶ ~ная пирамида // 걸어총 ¶ ~ная пуля // 총알 ¶ на расстоянии ~ого выстрела // 소총의 사정거리에서

ружьё, [복]~жья 총, 소총 ¶ автоматическое ~ // 자동소총 ¶ двуствольное ~ // 이연총(二連總) ◆ 총열이 2개인 총으로 "쌍대"라고도 한다 ¶ дробовое ~ // 산탄총 ¶ духовое ~ // 공기총 ¶ заряжать ~ // 장탄하다 ¶ магазинное ~ // 탄창 달린총, 연발총 ¶ наметить ~на цель // 총을 목표에 겨누다 ¶ нарезное ~ // 강선총, 라이플 ¶ обучение без ~жья // 맨손교련 ¶ охотничье ~ // 엽총 ¶ противотанковое ~ // 대전차 기관총 ¶ стрелять из ~жья // 총을 쏘다 ¶ ~ к ноге! // 세워총! ¶ ~ на плечо! // 어깨총! ¶ ~ на руку! // 받들어 ¶ быть (находиться) под ~жьём // 전투태세를 갖추다; 군대에 복무하다 ¶ в ~ стать // 총을 들고 정렬하다 ¶ в ~! // 집어총! ¶ поднять в ~ // 전투태세를 갖추게 하다 ¶ положить ~ // 항복하다 ¶ призвать под ~ // 군대에 소집하다 ¶ стоять под ~жьём // (제정러시아 군대에서 징벌로)장구를 완전히 갖추고 서 있다

рука 팔 ¶ ~ки вверх! // 손들어!

руководитель 장, 지도자 ¶ ~ маневров // 훈련통제관

руководство ① 지도, 관리 ¶ ~ на месте // 현지지도 ¶ коллективное ~ // 집단관리 ¶ под ~вом кого // 지도 밑에 ¶ стратегическое ~ // 전략적 지도 ¶ ~ по истории // 역사교과서 ② 지침서, 안내서, 참고서 ③ [집] 지도자들, 지도부 ④ 지침 ¶ ~ к действию // 행동의 지침 ¶ государственное ~ // 국가지침

рулевой 키의, 타의; 조타수 ¶ ~ механизм // 조타장치 ¶ ~ привод // 조타장치 ◆ 조타기로부터 키까지 동력을 전달하는 기계장치 ¶ ~вое колесо // 타륜 ◆ 조타장치 또는 타기의 원형손잡이 ¶ ~вое устройство // 조종장치

руль 타, 키 ¶ ~ высоты // (위로 올라가게 하는)키 ¶ ~ глубины // (잠수함의)승강키 ¶ ~ направления // 방향타 ¶ ~ поворота // 회전타 ¶ ~ погружения // (잠수함의)잠수타 ¶ горизонтальный ~ // 승강타 ¶ лево (право) ~ля! // (배에서)키좌로 (우로)! ¶ править ~лём // 키를 잡다 ¶ без ~ля и без ветрил // 키도 없고 돛대도 없이, 명확한 목표 없이

румб 나침반의 눈금

РУС *(Разведывательно-ударная система)* 정찰-타격을 위한 합동지휘통제 시스템 ◆ 적 지상 후방지역에 위치한 고정 및 이동표적을 탐지 추적하여 근실시간 (Near Real Time)에 지상 전투부대와 전술기에 정보자료를 전파하는 시스템(예 : 미국의 JSTARS)

рукопашная борьба 백병전 ◆ 적에 육박하여 총검, 신체 등을 사용하여 양편이 뒤섞여 싸우는 육박전

ручной 수동의, 손으로 움직이는 ¶ ~ пулемёт // 수동기관총 ¶ ~ная граната // 수류탄

РФ *(Российская Федерация)* 러시아연방

РХР *(радиационная химическая разведка)* 방사능화학정찰

рысь 속보 ¶ строевая ~ // 행군속보

РЭБ *(радиоэлектронная борьба)* 전자전 (electronic warfare) ◆ 수행기능에는 전자전지원 (ES), 전자공격 (EA), 전자보호 (EP)가 있음. ¶ действия по нарушению работы средств ~ (ной борьбы) противника // 전자방해방어 [ECCM; electronic counter-counter measures] ¶ офицер ~ (ной борьбы) // 전자전 장교 [EWO]

ряд ① 한 줄로 선 대열, 횡대 ¶ стоять двумя ~дами друг против друга // 서로 마주하고 두 줄로 서다 ② (그 어떤 조직, 계층에 속한 사람들의 총체)대열, 일원 ¶ служить в ~дах Министерства обороны // 국방부의 일원으로 복무하다

рядовой 일병, 졸병, 병 ¶ ~ состав // 사병병력

С

САБ *(светящаяся авиационная бомба)* 항공기조명탄

сабля ① 군도, 긴칼 ¶ ~ли наголо! // (구령에서)빼어 칼! ② 기병 (기병의 수를 셀 때에 사용함) ¶ отряд в сто ~бель // 백명의 기병대

саботаж 은밀한 방해, 태업 ¶ ~ мер по ограничению вооружений // 군비제한조치에 대한 은밀한 방해

салют 예포, 경례 ◆ 축포·예포·깃발을 상하로 오르내리는 것에 의한 경의를 표하는 것, 축하의 불꽃놀이 ¶ праздничный ~ // 축포 ¶ траурный ~ // 조포 ¶ ответный ~ // 답례포 ¶ отдать ~ // 경례하다 ¶ дать ~ // 예포를 쏘다

салютовать (예포, 깃발에 의해)경의를 표하다 ¶ ~ рукой // 거수경례를 하다

саммит ① 최고위급회담 · 정상회담 ② (러시아연방내의) 공화국 및 주 지도자들의 회담 · 회의 ¶ ~ восьмёрки // G8정상회담

самовольный 자의적인, 승낙이 없이 하는 ¶ ~ная отлучка // 무단외출, 탈영

самовольщик 무단외출자, 탈영병

самозарядный 자동장탄의 ¶ ~ная винтовка // 자동장전소총 ¶ ~ное оружие // 자동장전화기

самозащита 자기방어

самолёт 비행기, 항공기 ¶ ~ ближнего действия // 근거리항공기 ¶ ~ вертикального взлёта и посадки // 수직이착륙기 ¶ ~ дальнего действия // 원거리항공기 ¶ ~ наведения // 유도항공기 ¶ ~ неизвестной национальности // 국적불명기 ¶ ~ опустился // 비행기가 강하였다. ¶ ~ ПЛО // 대잠항공기 ¶ ~ поддержки // 지원기 ¶ ~ пошёл на посадку // 비행기가 착륙태세에 들어갔다 ¶ ~ приземлился // 비행기가 착륙하였다 ¶ ~ радиолокационного дозора // 레이더탑재 초계기 ¶ ~ радиолокационного дозора и наведения // 레이더 감시 및 유도기 ¶ ~ радиолокационной разведки // 레이더정찰 항공기 ¶ ~ радиотехнической разведки // 전파정찰 항공기 ¶ ~ с вертикальным взлётом // 수직이륙기 ¶ ~ с вертикальным или укороченным взлётом и посадкой // 수직이착륙기 ¶ ~ с двумя двигателями // 쌍발엔진 항공기 ¶ ~ с малой длиной разбега и пробега // 단거리 이착륙항공기 ¶ ~ с неизменяемой геометрией крыла // 고정익 항공기 ¶ ~ с одним двигателем // 단발기 ¶ ~ связи // 통신연락기 ¶ ~, находящийся в строю // 편대를 형성한 항공기 ¶ ~, потерпевший аварию // 고장난 항공기 ¶ ~-бомбардировщик (=

С

бомбардировочный ~) // 폭격기 ¶ ~вылет // 소티(sortie) ◆ 항공기가 무장을 하고 한번 출격하는 것을 단위로 하는 근접항공지원 할당 단위 ¶ ~-гигант // 대형비행기 ¶ ~-заправщик // 급유기 ¶ ~-истребитель // 추격기, 전투기 ¶ ~-мишень // 사격훈련용 무인항공기 ¶ ~-носитель // 탑재기 ¶ ~-поставщик активных помех // ECM 항공기 ¶ ~-разведчик (=разведывательный ~) // 정찰기 ¶ ~-ракетоносец // 로켓운반기, 미사일무장 항공기 ¶ ~-снаряд // 유도탄 ¶ ~-фоторазведчик // 항공사진정찰 항공기 ¶ ~-шпион // 정찰비행기 ¶ беспилотный ~ // 무인비행기 ¶ бомбардировочный ~ // 폭격기 ¶ ведущий ~ // 선두기 ¶ военный ~ // 군용비행기 (군용기) ¶ гибель ~та // 비행기추락사고 ¶ истребительный ~ // 전투기 ¶ лететь ~том (на ~те) // 비행기를 타고 가다 ¶ многоцелевой ~ // 다목적 비행기 ¶ наш ~ вылетает (прилетает) в семь часов // 우리 비행기는 7시에 출발 (도착)합니다 ¶ одномоторный ~ // 단발비행기 ¶ палубный ~ // 함재기 ¶ пассажирский ~ // 여객기 ¶ посадить ~ // 비행기를 착륙시키다 ¶ разведывательный ~ // 정찰기 ¶ реактивный ~ // 제트기, 방사식·분사식 비행기 ¶ салон (кабина) ~та // 비행기의 객석 (승무원실) ¶ санитарный ~ // 환자 수송 비행기 ¶ сбить ~ // 비행기를 격추하다 ¶ сесть в ~ (= войти в ~) // 비행기에 타다 ¶ сойти с ~та (= выйти из ~та) // 비행기에서 내리다 ¶ транспортный ~ // 수송기 ¶ турбореактивный ~ // 제트기 ¶ учебно-тренировочный ~ // 연습기 ¶ штурмовой ~ // 습격기

самолётный 비행기의 ¶ ~ная РЛС // 항공기탑재레이더 ¶ ~ная РЛС перехвата и прицеливания // 항공기탑재요격·유도레이더

самолётовождение 항공기조종술

самолётостроение 항공기제조

самоликвидатор 자폭기능

самонаведение 자동유도 · 조준 ¶ ~ снаряда на цель // 목표에 대한 포탄의 자동유도 ¶ ~ снарядов // 포탄의 자동유도

самооборона 자위 (自衛) ¶ индивидуальная ~ // 개별적 자위 ¶ коллективная ~ // 집단적 자위 ¶ право на ~ну // 자위권

самопомощь (부상자 · 환자자신이 하는)응급처치

самостоятельный 독립적인, 자립적인 ¶ ~ные действия // 독립작전 ¶ ~ поиск // 독립수색

самоходный 자동포의 ¶ ~ная артиллерия // 자주포

санитар 위생병, 간호병, 간호인

санитарный 위생관계의, 의무의 ¶ ~ батальон // 의무대대 ¶ ~ инструктор // 의무요원 ¶ ~ поезд // 위생열차 ¶ ~ транспорт // 환자교통수단, 병원선 ¶ ~ная машина (санитарка) // 구급차 ¶ ~ная обработка // 위생관리 ¶ ~ная рота // 의무중대 ¶ ~ная сумка // 구급낭 ¶ ~ная часть // 의무대

санкция ① 비준, 결재 ¶ получить ~цию директора // 지배인의 결재를 받다 ② 제재 ¶ военные ~ции // 군사적 제재 ¶ выдержать три года ~ций // 3년 동안의 제재를 이겨내다. ¶ международные ~ции // 국제적 제재 ¶ отменить торговые ~ ции // 물리적 제재를 취소하다 ¶ применить ~ции // 제재를 가하다 ¶ экономические ~ции // 경제적 제재

санчасть (санитарная часть) 의무부대 (= санитарная часть)

САП *(самоходно-артиллерийский полк)* 자주포연대

сапа 대호 (對壕) ◆ 적의 사격을 피하고 또한 공격하기 위한 구덩이

сапёр 공병 ¶ рота ~ров // 공병중대

сапёрный 공병의 ¶ ~ батальон // 공병대대 ¶ ~ная лопата // 공병삽 ¶ ~ная рота // 공병중대 ¶ ~ные работы // 공병작업

сапоги 군화

САУ *(самоходная артиллерийская установка)* 자주포 ¶ авиадесантная ~ // 공수가능 자주포

СБА *(стратегическая бомбардировочная авиация)* 전략폭격기

сбивать *(самолёт)* 격추하다

сблокировать, [св] [нсв] **блокировать** кого-что 봉쇄하다

СБ ООН *(Совет Безопасности ООН)* 유엔안보위원회

сбор ① 수집 ¶ ~ данных // 정보수집 ② 단기훈련 ¶ лагерный ~ // 야영(훈련)강습 ③ 집합, 소집 ; 집합신호 ¶ ~ назначен в 5 часов // 집합은 5시로 정해졌다 ¶ ~ по тревоге // 비상소집 (신호) ¶ время ~ра // 집합시간 ¶ все в ~ре // 전원 집합완료 ¶ все в ~ре? // 전원 집합 완료했는가? ¶ место ~ра // 집합장소 ¶ трубить ~ // 집합나팔을 불다 ¶ учебный ~ // 훈련을 위한 집합

сборный 집합의, 모이는 ¶ ~ пункт // 집합장소

сбрасывать, [св] **сбросить** 투하하다 ¶ ~ бомбы // 폭탄을 투하하다

СБСЕ *(Совещание по безопасности и сотрудничеству в Европе)* 유럽안보협력회의 [CSCE]

сведение ① 정보, 첩보 ¶ ~ния о противнике // 적에 대한 정보, 적정 (敵情) ¶ ~ния о своих войсках // 아군상황 ¶ достоверные ~ния // 믿을만한 정보 ¶ по полученным ~ниям // 입수된 정보에 의하면 ② 집결, 하나로 묶는 것 ¶ ~ отрядов в полк // 부대들을 합쳐 연대를 편성하는 것

свержение 전복, 타도 ¶ ~ самодержавия // 전제제도의 전복

свернуть, [нсв] **свёртывать** ① 접다 ¶ ~ парашют // 낙하산을 접다 ② (양이나 치수 등을) 축소하다 ¶ ~ оружейные программы // 무장 프로그램을 축소하다 ¶ ~ фронт // 전선을 줄이다 ¶ ~ штаты // 정원을 축소하다 ③ 밀집대형을 만들다, 종대로 배치하다, 종심대형으로 변경하다 ¶ ~ войска в колонну // 부대를

종대로 세우다 ¶ ~ строй // 종심대형·밀집대형을 만들다

сверхдержава 초강대국

С

сверхзвуковой 초음속의 ¶ ~ бомбардировщик // 초음속폭격기 ¶ ~ истребитель // 초음속전투기

сверхсрочный 근무연한을 초과한 ¶ ~ сержант // 연장복무 부사관 ¶ ~ная военная служба // 연장복무

световой 빛의, 광선의 ¶ ~вое излучение // 핵광선 ¶ ~вое обеспечение // 조명지원 ¶ ~ сигнал (ориентир) // 조명신호 ¶ ~вая маскировка // 등화관제

светомаскировка 등화관제 ¶ соблюдать ~ку // 등화관제를 하다

светосигнализация 발광신호

свобода 자유 ¶ ~ открытого моря // 공해상의 자유 ¶ ~ полётов в воздушном пространстве над открытым морем // 공해상공에서의 비행의 자유 ¶ ~ прокладывать подводные кабели и трубопроводы в открытом море // 공해에 해저 전선과 파이프라인 설치의 자유 ¶ ~ судоходства в открытом море // 공해항행의 자유

СВОП *(Совет по внешней и оборонной политике)* 외교국방정책회의

СВР *(служба внешней разведки)* 대외정보국

СВУ *(суворовское военное училище)* 수보로프 군관학교

СВЧ *(сверхвысокая частота)* 초고주파

связка 결속

связной 전령, 연락병, 통신병 ¶ ~ самолёт // 통신기 ¶ ~ная радиостанция // 무전기, 무선통신

связь 통신, 연락; 통신수단; 통신기관 ¶ ~ по радио // 무전통신 ¶ войска ~зи // 통신병과, 통신부대 ¶ офицер ~зи // 연락장교 ¶ пункт ~зи // 통신소 ¶ сигнальная ~ // 신호연락 ¶ спутник ~зи // 통신위성 ¶ спутниковая система ~зи (= система ~зи через искусственные спутники) // 위성통신 (방송)체계 ¶ средства ~зи // 통신수단

священник 목사, 신부 ¶ военный ~ // 군목, 군종신부

сдаться, [нсв] **сдаваться** кому 항복하다, 굴하다, 패배를 인정하다 ¶ ~ в плен // 투항하여 포로가 되다 ¶ враг сдался // 적은 투항하였다 ¶ не ~ врагу // 적에게 굴하지 않다

сдерживание 견제, 억제 ¶ позиция для ~ния // 견제진지 ¶ стратегические силы ~ия // 전략 억제 능력

сдерживающий 견제하는, 견제의 ¶ ~ бой // 견제전투 ¶ ~щие действия // 견제행동, 지연작전

Северный 북극의, 북극해의 ¶ ~ Ледовитый океан // 북빙양 ¶ ~ флот // 북양함대

Североатлантический 북대서양의 ¶ ~ блок // 북대서양블록 (NATO국가) ¶ ~ пакт // 북대서양조약 (NATO)

секрет 잠복초, 잠복 척후 · 정찰

секретариат ① 서기국 (조직의 일상적 지도를 담당하는 중앙기관) ¶ ~ начальника Тыла ВС России // 러시아연방군 후방부 사령관서기국 ② 사무국 ¶ С~ ООН // 유엔사무국 ③ 비서실 ¶ ~ министра и его заместителей // 장관차관 비서실 ¶ ~ президента // 대통령비서실

секретный 기밀의, 비밀의 ¶ ~ приказ // 기밀 명령 ¶ ~ная служба // 비밀정보기관 ¶ ~ ное подразделение // 비밀부대

секстант 육분의 (해군, 항공에서 사용하는)

сектор 구역, 지대 ¶ ~ наблюдения // 감시구역 ¶ ~ обороны // 방어구역 ¶ ~ обстрела // 사격구역

семафор ① 손신호, 수기신호 ② 신호기

семафорный 수기신호의 ¶ ~ная азбука (~ные знаки) // 수기신호 ¶ ~ное сообщение // 수기신호연락

сенсор 전송기, 센서 ¶ ~ для обнаружения мин // 지뢰탐지센서

середина 가운데 ¶ равнение на ~ну! // 가운데로 나란히!

сержант 중사 ¶ младший ~ // 하사 ¶ старший ~ // 상사

сержантский 부사관의, 중사의 ¶ ~ состав // 부사관계급

сетевой 망의, 그물로 된 ¶ ~ заградитель // 수중철조망부설함 ¶ ~вое заграждение // 수중차단망

сеть ① 그물 ¶ жаберная ~ // 자망 ¶ плавная (дрифтерная) ~ // 부유그물 ¶ ставная ~ // 정치망, 건망 ¶ ~ти противолодочные // 대잠수중철조망 ¶ ~ти противоторпедные // 어뢰차단철조망 ② 망 ¶ ~ путей сообщения // 교통망 ¶ железнодорожная ~ // 철도망 ¶ электрическая ~ // 전력망

сибирский 시베리아의 ¶ ~кая язва // 탄저균 ◆ 건조, 열 및 태양열에 높은 저항성을 가진 바씨루스 아트라시스라는 박테리아

сигнал 신호, 경보 ◆ 행동 또는 방어를 위한 준비태세 신호 ¶ ~ атаки // 공격신호 ¶ ~ бедствия // 구호신호, 조난신호, SOS신호 ¶ ~ воздушной тревоги // 공습경보 ¶ ~ для спуска аэроплана // 비행기착륙신호 ¶ ~ рожком // 호각신호 ¶ ~ рукой // 수신호 ¶ ~ флажками // 수기신호, 깃발신호 ¶ ~ целеуказания // 표적발견신호 ¶ дать ~ // 신호하다 ¶ железнодорожные ~лы // 철도신호 ¶ звуковой ~ // 음향신호 ¶ морские ~лы // 해상선박신호 ¶ пожарный ~ // 화재경보 ¶ позывной ~ // 호출신호 ¶ принимать ~ // 신호를 해석하고 반복하다 ¶ проходной ~ // 통과신호 ¶ путевой ~ // 선로신호 ¶ световой ~ // 발광신호 ¶ световой ~ светофора // 신호기의 발광신호 ¶ условный ~ // 약정신호

сигнализация ① 경보시스템 ¶ оптическая ~ // 광학신호장치 ② 경보의 발령 ¶ ~ к атаке // 공격신호발신시스템 ¶ ~ от боя // 경보해제신호발신

сигнальный 신호의, 경보의 ¶ ~ные огни // 발광신호 ¶ ~ огонь // 봉화 ¶ ~ пост // 신호초소 ¶ ~ рожок // 신호용 피리 ¶ ~ флаг // 신호기 ¶ ~ флажок // 신호수기 ¶ ~ная башня // 신호탑 ¶ ~ные лампочки // 신호등

сигнальщик 신호수

сила, [복]~лы ① (육체적인) 힘 ¶ грубая ~ // 폭력 ② 폭력, 강요 (насилие) ¶ ~лой оружия // 무기의 힘으로 ¶ взять ~лой // 힘내기로 빼앗다 ¶ действовать убеждением, а не ~лой // 폭력으로서가 아니라 설복하다 ¶ политика ~ы // 힘의 외교, 완력외교 ¶ прибегнуть к ~ле // 폭력을 행사하다 ¶ применить ~лу // 힘을 행사하다, 강제수단을 사용하다 ¶ уступить ~ле // 폭력에 굴복하다 ③ [흔히 복수로 사용될 때 의미] (행동을 같이하는 사회적인)힘, 세력, 권력; (무장에 의한) 세력 ¶ ~лы мира (=миролюбивые ~лы) // 평화의 세력 ¶ быть в ~ле // 세력·권력·영향력을 가지다 ¶ ведущие ~лы общества // 사회의 지도세력 ¶ воздушные ~лы // 공군력 ¶ вооружённые ~лы // 무장력 ¶ демократические ~лы мира // 세계 민주주의 세력 ¶ морские ~лы // 해군력 ¶ реакционные ~лы // 반동세력 ④ [복] 병력, 군대 (войска), 병과 ¶ ~лы быстрого развёртывания // 신속전개군 ¶ ~лы быстрого реагирования // 신속대응군 ¶ ~лы высадки // 상륙군 ◆ 상륙돌격을 위하여 배당된 항공부대 및 지상부대의 기동편성으로 상륙작전에 있어 상륙부대의 최상급 제대 ¶ ~лы гражданской войны // 민방위군 ¶ ~лы и средства // 병력 및 장비 ¶ ~лы общего назначения // 군대 ◆ 전술적 사용의 제한전을 수행하기 위해, 또한 대륙과 해양의 군사전장에서 군사행동을 수행하기 위해 계획된 국가들의 군대(часть ВС). ¶ ~лы самообороны // 자위대 ¶ боевые ~лы // 군사력 ¶ большие (крупные) ~лы // 대군, 대병력 ¶ военные ~лы // 전투부대 ¶ воздушные ~лы // 공군병력 ¶ вооружённые ~лы // 무장병력 ¶ главные ~лы // 주력, 주병력 ¶ главные ~лы армии // 군의 주력, 군의 주병력 ¶ иностранные вооружённые ~лы // 외국 주둔 병력 ¶ многонациональные ~лы // 다국적군 ¶ морские ~лы // 해군병력 ¶ надводные ~лы // 수상함병과 ¶ наземные ~лы // 【陸】 지상부대 ¶ отборные ~лы // 정예부대 ¶ подводные ~лы // 잠수함병과 ¶ свежие ~лы // 신예부대 ¶ сокращение вооружённых сил // 병력감축 ¶ сосредоточить ~лы // 병력을 집중하다 ¶ стянуть ~лы // 부대를 집결시키다 ¶ Военно-Воздушные Силы [ВВС] // 공군 ◆ 러시아 공군은 대화력, 핵파워, 원거리공격, 한 전선에서 다른 전선으로 신속한 이동 능력을 가지는 특징이 있음. 전투임무성격에 따라, 폭격기, 전투기, 공격기, 정찰기로 구분, 직할부대와 6개 군관구별 항공군으로 구분된다. ¶ Военно-Морской Флот [ВМФ] // 해군 ◆ 적의 중요한 경제공업지역과 군사시설마다 해상에서 공격을 수행하고, 적의 해군력 격멸, 해군 상륙함의 상륙, 대양과 해양의 교통로 파괴와 보호, 대륙과 해양 전선에서

군사행동의 육군 지원을 위한 사명을 가지는 러시아 군. 러시아 해군 (ВМФ)은 북양함대, 태평양함대, 흑해함대, 발틱함대, 카스피해 전단으로 구성.¶ Вооружённые Силы [ВС] // 군 ◆ 국가의 법을 근본으로 조직되고, 주권, 영토수호, 국가이익의 무력방어를 위해 준비된 주권국가의 무장형태. 군(ВС)은 일반적인 병력의무를 기초로 국민들로 충원되고, 자발적 혹은 계약의 원칙으로, 혹은 복합의 원칙으로 충원된다.

силовой 군대의, 무력의 ¶ ~вое ведомство // (군대, 경찰, 특수기관 등) 무력기관 ¶ ~вая операция // 군사작전

симптом 징후, 징조

символика 심볼마크 ¶ ~ сухопутных войск вооружённых сил России // 러시아군 육군 심볼

СИПРИ *(Стокгольмский международный институт исследований проблем мира)* 스톡홀롬 국제평화문제연구소 [SIPRI] ◆ SIPRI (= Stockholm International Peace Research Institute)는 스웨덴의 150년 동안의 평화를 기념하기 위해 1966년에 설립된, 평화와 충돌문제, 특히 무기통제와 군축의 문제를 연구하는 독자적인 국제연구소를 말한다. ◆ 러시아 과학아카데미 산하 국제경제와 국제관계 연구소 (ИМЭМО РАН РФ)는 SIPRI와 연구협력을 하고 있다.

система 체계, 계통, 시스템 ¶ ~ автоматического пилотирования // 자동조종시스템 ¶ ~автоматического регулирования // 자동통제시스템 ¶ ~армейского правосудия // 군사법체계 ¶ ~ вооружения // 무기체계 ◆ 무기와 이에 관련되는 물적 요소와 인적 요소의 종합적인 체계 ¶ ~ коллективной безопасности // 집단안전보장체제 ¶ ~ комплектования вооружённых сил // 병력보충체계 ¶ ~ координат // 좌표체계 ¶ ~ лазерного обнаружения морских мин // 해상기뢰 레이저탐지시스템 ¶ ~ международных отношений // 국제관계 체계 ¶ ~ наведения // 유도방식, 유도시스템 ¶ ~ наземного обнаружения // 지상감시시스템 ¶ ~ народной противовоздушной обороны // 국가대공방어시스템 ¶ ~ оборонной мобилизации // 국방동원체계 ¶ ~ обороны от тактических баллистических ракет // 대전술유도탄방어체계 ¶ ~ огня // 화력체계 ¶ ~ огня зенитных средств // 방공화력체계 ¶ ~ оповещения о воздушном нападении // 공습경보발령시스템 ¶ ~ опознавания самолётов // 항공기식별체계 ¶ ~ посадки по приборам // 계기착륙시스템 ◆ 활주로 주변에 설치되어 항공기 탑재 무선장비와 상호 교신하여, 최적 착륙지점에 도달하는 방향, 활공각 및 거리를 제공하여 항공기가 계기 착륙할 수 있도록 고안된 통신전자 무선항법시스템 ¶ ~ раннего предупреждения воздушного базирования // 공중조기경보시스템 ◆ 항공기에 탑재된 탐지장비로 공중, 지상 및 해상에 위협요소를 탐지하여 아군에게 경보를 보내는 시스템 ¶ ~ сметы оборонных расходов // 방위비산출체계 ¶ ~ снабжения войск // 군 보급체계 ¶ ~ совместного руководства // 협동지휘체계 ¶ ~ спутниковой связи ВВС // 공군위성통신체계

¶ ~ теплового видения и артиллерийского наведения // 열열상 감시 및 포병유도시스템 ¶ ~ управления ракет // 미사일 통제시스템 ¶ аварийная ~ // 긴급상황 시스템 ¶ глобальная навигационная ~ // GPS체계

С

ситуация 정세, 상황 ¶ аварийная ~ // 긴급상황 ¶ напряжённая ~ // 긴장상황

СКА [эс-ка 또는 ска] *(спортивный клуб армии)* 군인체육부대

скафандр // 잠수복, 우주복 ¶ водолазный ~ // 잠수복 ¶ космический ~ // 우주복

склад 창고, 보관소 ¶ ~ боеприпасов // 탄약고 ¶ ~ горючего // 연료고 ¶ военный ~ // 군수품창고 ¶ запасной ~ // 비축창고 ¶ полевой ~ // 야전창고 ¶ хранить на ~де // 창고에 보관하다

склонить, [нсв] **склонять** кого-что 기울이다, 숙이다 ¶ ~ знамя перед могилами павших бойцов // 숙직한 병사들의 묘 앞에서 깃발을 숙이다. ¶ ~ голову // 항복하다; (경의를 표하여) 머리를 숙이다 ¶ ~ знамя (оружие) // 항복하다

сковывание 고착, 견제 ◆ 적의 이동이나 재배치를 방지하기 위하여 충분한 압력을 가하는 전술적 행동

скороподъёмность 상승률

скорострельность 속사성, 발사속도 ¶ ~ оружия // 화기의 발사속도 ¶ боевая ~ // 전투발사속도

скорострельный 속사의 ¶ ~ная артиллерия // 속사포병 ¶ ~ное орудие // 속사포 ◆ 발사 속도가 큰 중소 구경포. 최초의 속사포는 1887년 영국 군함 핸디에 적재되었던 4.7인치 포

скорость 속력, 속도 ¶ ~ движения // 기동속력 ◆ 작전속력보다 낮은 속력으로서 연료의 경제성을 고려하여 함정이 기동 중에 사용하는 지정된 속력 ¶ ~ звука // 음속 ¶ ~ корабля // 군함의 속력 ¶ ~ погружения // 잠수속도 ¶ ~ подводного хода // 잠항속도 ¶ ~ полёта // 비행속도 ¶ ~ снаряда // 탄속 ¶ большая (высокая) ~ // 고속 ¶ дозволенная ~ // 제한·허용속도 ¶ максимальная ~ // 최고속도 ¶ маленькая (малая) ~ // 저속 ¶ машина ехала на полной ~ти // 차는 전속력으로 달리고 있었다 ¶ набирать (прибавить) ~ // 속도를 취하다 ¶ превысить ~ // 속도를 위반하다 ¶ предельная ~ // 한계속도 ¶ развивать ~ // 속도를 내다 ¶ со ~тью, превышающей сто метров в секунду // 초속 100m 이상으로 ¶ со сверхзвуковой ~тью // 초음속으로 ¶ стрельба с ходу со снижением ~ти // 감속 기동 간 사격 ¶ уменьшение ~ти // 감속

скорректировать, [нсв] **корректировать** (사격을)수정하다, 정정하다 ¶ ~ курс корабля // 항로를 수정하다 ¶ ~ ошибку // 오자를 고치다 ¶ ~ стрельбу // 사격을 수정하다

скрытие 은폐

скрытый 은폐의, 비밀의 ¶ ~тая полоса // 은폐지역 ¶ ~тое наблюдение

// 잠복감시 ¶ ~тое ношение // 비밀휴대 ¶ ~тое управление войсками // 은밀한 부대지휘

СКШТ *(стратегическая командно-штабная тренировка)* 전략지휘참모훈련

слежение (탐지기 등으로)추적, 미행 ¶ вести ~ за подводной лодкой // 잠수함을 추적하다 ¶ радиолокационная станция ~ния // 추적탐지기

слежка 추적, 감시 ¶ негласная тотальная ~ 비밀감시 // 전면감시 ¶ тотальная ~ // 전면감시 ¶ установить слежку за кем ~ // 감시를 붙이다

слип 상가대, 상가장치, 배올림대

служащий 근무자 ¶ военный ~ // 군인, 군무원 ¶ государственный ~ // 공무원

служба ① 군무, 군사복무 ¶ ~ в запасе // 예비역 ¶ ~ в кадрах // 정규군으로 복무 ¶ ~ войск // 병영생활 ¶ аванпостная ~ // 전초근무 ¶ агитационно-воспитательная ~ // 정훈근무 ¶ военная ~ // 군무, 병역 ¶ военная ~ по призыву //징병제 군복무 ¶ военная ~ по контракту // 계약제 군복무 ¶ годный к военной ~бе // 군무 (생활)에 적합한 ¶ действительная ~ // 현역복무 ¶ комендантская ~ // 헌병 ¶ начальник ~бы // 근무장 ¶ нести боевую ~бу // 전투근무하다 ¶ обязательная военная ~ // 의무병역제 ¶ полевая ~ // 야전근무 ¶ разведывательная ~ // 정찰근무 ¶ сверхсрочная ~ // 복무연장근무 ¶ срок ~бы // 복무기간 ¶ штатская ~ // 참모직 ② 부 (部), 과, 국, 청 ¶ ~ военного сообщения // 군 수송국 ¶ ~ горючего // 연료공급부 ¶ ~ гражданской обороны // 민방위국 ¶ ~ продовольственного вооружения // 식량공급소 ¶ ~ ракетно-артиллерийского вооружения // 로켓 및 포병국 ¶ ~ управления воздушным движением // 항공교통통제소 [ATS] ¶ ~ штабов // 참모국 ¶ Ветеринарно-санитарная ~ ВС России // 러시아연방군 위생보건국 ¶ С~ внешней разведки РФ // 대외방첩청 ¶ С~ пожарно-спасательная и местной обороны ВС России // 러시아연방군 소방·지역방위청 ¶ Федеральная ~ безопасности РФ // 연방보안국 ¶ Федеральная ~охраны РФ // 연방경호국 ¶ Федеральная ~ по военно-техническому сотрудничеству // 연방군사기술협력국 (국방부산하) ¶ Федеральная ~ по оборонному заказу // 연방방위발주청 (국방부산하) ¶ Федеральная ~ по техническому и экспортному контролю // 연방기술수출감독청 (국방부산하)

служебно-розыскная собака 수색견

служебный 복무의 ¶ ~ная карточка // 상벌기록부 ¶ ~ная карьера // 복무경력 ¶ ~ характеристика // 근무평정서

служить 군무에 종사하다 ¶ ~ в армии // 군대에서 복무하다 ¶ ~ верой и правдой // 충실히 복무하다 ¶ ~ во флоте // 해군에서 복무하다

СМ *(Совет Министров)* 각료회의

C

смазочное 윤활유

смежный 인접한 ¶ ~ участок // 인접수역

смелость 용기, 용감성, 대담성 ¶ ~ поступка (решения, суждений) // 행동(결심, 판단)의 대담성 ¶ ~ замысла // 계획의 대담성 ¶ ~ города берёт // 용기는 도시도 함락시킨다 ¶ взять (брать) на себя ~ // (…하려고)용기를 내다 ¶ беру на себя ~ утверждать (сказать), что вы не правы // 감히 말씀드리지만 당신의 말은 옳지 안습니다

смелый 용감한, 대담한, 배짱있는 ¶ ~ поступок // 용감한 행동 ¶ ~ человек // 대담한 사람 ¶ ~лая инициатива // 용감한 주장, 배짱있는 주장 ¶ ~лая мысль // 대담한 생각·구상 ¶ ~лое решение // 대담한 결단 ¶ ~лые выводы // 대담한 결론

смена ① 교대시간, 교대 ¶ ~ войск // 부대교체 ¶ ~ караула // 위병교대, 근무교대, 보초교대 ¶ до ~ны осталось десять минут // 교대시간까지 10분 남았다 ¶ кончить свою ~ну // 자기교대시간을 끝내다 ¶ на ~ну кому-чему (прийти, появиться) // 교대하려고 ② 교대조, 근무조 ¶ вечерняя ~ // 야간근무조 ¶ вторая ~ // 제2교대조 ¶ дневная ~ // 오후근무조 ¶ ночная ~ // 심야근무조 ¶ утренняя ~ // 오전근무조

сменно-суточный 24시간교대의

смертельный 치명적인, 결사적인 ¶ ~ враг // 철천지원수 ¶ ~ случай // 사망사건 ¶ ~ная борьба с врагом // 적과의 결사전 ¶ ~ная доза радиации // 방사능피폭치사량 ¶ ~ная рана // 치명상 ¶ ~ные действия // 살상작용 ¶ нанести ~ удар // 치명적인 타격을 가하다

смирно 차렷! 차렷 자세로 ¶ вытянуться в стойке «~» // 차렷 자세를 취하다 ¶ раздалась команда : «~!» // 차렷! 하는 구령이 울렸다

смотр 열병, 사열; 점검, 검열 ¶ ~ войскам // 열병식 ¶ ~ корабля // 군함점검

смотровой 사열 · 열병의; 점검, 검열용, 관찰 · 감시용의 ¶ ~вая вышка // 망루 ¶ ~вая колонна // 열병종대 ¶ ~вая комиссия // 사열위원회 ¶ ~вая щель танка // 탱크 감시창

смягчение 완화, 진정 (시키는 것) ¶ ~ международной напряжённости // 국제긴장의 완화 ¶ ~ наказания // 감형, 형벌의 경감

снабжение 보급, 공급 ¶ ~ армии // 군대의 보급 ¶ ~ боеприпасами // 탄약공급·보충 ¶ ~ кораблей в море // 해상공급, 공급함 ◆ 해상보급에서 보급품을 공급하는 함정을 말하며, 장구를 보내는 함정 ¶ отдел ~ния // 보급과 ¶ продовольственное ~ // 식량공급 ¶ станция ~ния // 보급소

снайпер 저격수

снайперский 저격수의 ¶ ~кая стрельба // 저격수사격 ¶ ~кая винтовка // 저격소총

С

снаряд 포탄 ¶ ~ со слезоточивым газом // 최루탄 ¶ ~-бомбардировщик // 폭격기유도탄 ¶ ~-нарушитель // 쓸수 없는 탄 ¶ ~-перехватчик // 포착탄 ¶ ~-приманка // 유인탄 ¶ ~-цель // 목표탄 ¶ артиллерийский ~ // 포탄 ¶ бронезажигающий ~ // 철갑소이탄 ¶ зажигательный ~ // 소이탄 ¶ межконтинентальный баллистический ~ // 대륙간탄도탄 ¶ невзорвавшийся ~ // 불발탄 ¶ неразорвавшийся ~ // 불발탄 ¶ осветительный ~ // 조명탄 ¶ реактивный ~ // 로켓탄 ¶ реактивный ~ класса воздух-воздух // 공대공미사일 ¶ стрелять ~дами // 포탄을 쏘다 ¶ фугасный ~ // 지뢰탄 ¶ химический ~ // 화학탄

снарядить ① 장비를 하다, 차비를 하여주다 [~кого-что] ¶ ~ кого в поход // ...에게 행군준비를 시키다 ② 무장시키다 [~ чем] ¶ двадцать пять человек дворовых ~жены саблями // 25명의 노복을 장검으로 무장시켰다 ③ (포탄 · 폭탄을) 장약하다 ¶ ~ мины // 지뢰를 장약하다

снаряжение 장비일식 (무기, 탄약, 기구, 기재 등), 충원 ¶ водолазное ~ // 잠수장구 ¶ военное ~ // 군보급품 ¶ рота в полном походном ~нии // 완전한 행군준비를 갖춘 중대

СНВ *(стратегические наступательные вооружения)* 전략공격무기

СНГ *(Содружество Независимых Государств)* 독립국가연합 [CIS: Commonwealth of Independent States]

снижение *(спуск)* 강하 ◆ 항공기가 고도를 낮추는 것 ¶ ~ морального духа // 사기저하

СНП *(стратегические наступательные потенциалы)* 전략공격잠재력

снос 편류 ◆ 비행기가 비행 중에 바람에 의해 수평으로 밀려 항로에서 한쪽으로 벗어나는 것 ¶ ~ корабля // 함선의 편류 ¶ угол ~са // 편류각

снятие ① 철회, 해제 ¶ ~ блокады // 봉쇄해제 ¶ ~ предложения // 제안철회 ¶ ~ санкций // 제재해제 ② 철수, 철거 ¶ ~ войск // 군부대 철수

совет 위원회, 이사회 ¶ С~ Безопасности ООН // UN 안전보장이사회 ¶ С~ Безопасности страны // (소련)국가안전보장회의 (1991년) ¶ С~ государственной безопасности // (한국)국가안전보장회의 [NSC] ¶ С~ национальной безопасности // (미국)국가안전보장회의 [NSC] ¶ С~ обороны РФ // 러시아연방국가안보회의 ◆ 1993년 러시아연방 헌법으로 설치된 대통령실 직속 회의기구 ¶ С~ обороны СССР // 소련 국방위원회 ¶ С~ Россия-НАТО // 러시아-나토 위원회

советник ① 고문, 고문관 ¶ военный ~ // 군사고문 ¶ высший ~ президента // 대통령 최고고문 ② 참사관 ¶ ~ посольства // 대사관 참사관 ③ 보좌관 ¶ ~ президента // 대통령보좌관 ¶ старший ~ президента // 대통령수석보좌관

советник-посланник 대사관 근무공사

советский ① 소비에트의 ¶ ~ строй // 소비에트 사회조직 ¶ ~кая власть

С

// 소비에트 정권 ¶ С~ Союз // 소비에트 연방 ② 소련의, 소련국가의 ¶ ~ образ жизни // 소련식의 생활양식 ¶ ~кие люди // 소련인들 ¶ ~кие служащие // 소련방 정치기관의 직원 ¶ ~кое кино // 소련영화 ¶ С~кая Армия // 소련군, 소련방 육군 ◆ 이전에는 Красная Армия 붉은 군대로 명명함 ¶ по-советски // 소비에트식으로

совещание 협의회, 심의회 ¶ С~ по безопасности и сотрудничеству в Европе [ОБСЕ] // 전유럽 안보협력회의 [CSCE] ◆ 1975년 제 1차 헬싱키회의, 1990년 제 2차 파리회의

совместный 공동의, 합동의, 협동의 ◆ 협동: 어떤 특정의 공통목적을 달성하기 위해 지휘관계가 없는 2개 이상의 부대가 상호 협력하는 것, 합동: 동일국가의 2개 군 이상의 단위부대가 동일목적으로 참가하는 각종 활동, 작전편성을 지칭. ◆ 러시아어로 합동과 협동의 의미가 구분되어 있지 않음. 따라서, 상황에 맞게 해석해야 함. ¶ ~ная операция // 합동작전 ¶ ~ное заседание обеих палат // 양원의 합동회의 ¶ ~ное учение // 합동훈련 ¶ ~ные действия // 합동성 ◆ 육해공군해병대 가운데 2개 이상의 서로 다른 군이 참여해 수행하는 활동이나, 조직을 의미. 우리나라의 '국방개혁에 관한 법률'에는 '총체적인 전투력의 상승효과를 극대화하기 위해 육해공군의 전력을 효과적으로 통합 발전시키는 것'. 현대전은 육해공군의 합동작전으로 수행되는 추세여서 합동성 강화는 무기체계나 훈련의 질과 양 못지않게 전쟁의 승패를 결정짓는 관건으로 받아들여지고 있음.

современный 현대의, 현시대의, 현재의; 현대적인, 현대식의, 최신식의, 시대의 요구에 부합되는 ¶ ~ бой // 현대전 ¶ ~ная техника // 현대적·최신 기술 ¶ ~ное вооружение // 현대적 군사장비·무장 ¶ ~ное оборудование // 현대적 설비

соглашение 조약, 협약, 협정; 합의 ¶ ~ 1992 года о превращении Корейского полуострова в безъядерную зону // 한반도비핵화선언 ¶ ~ вступает в силу с первого января будущего года // 협정은 내년 1월 1일부터 효력을 가진다. ¶ ~ о всеобъемлющем или полномасштабном контроле // 포괄적이거나 실제적인 통제에 관한 협약 ¶ ~о мире // 평화협정 ◆ 전쟁상태의 종결과 평화의 회복, 평화복구 당사자간 법적 관계를 규정한 정치적 성격의 협정 ¶ ~ о нераспространении ядерного оружия // 핵무기전파방지조약 ¶ ~ о перемирии // 정전협정 ¶ ~ния о предотвращении инцидентов на море между РК и РФ // 한러 해상사고 방지협정 ¶ заключить ~ // 협정을 체결하다 ¶ пакетное ~ // 일괄협약 ¶ подписать тайное ~ // 비밀협정에 조인하다 ¶ политическое ~ // 정치협정 ¶ расторгнуть ~ // 협정을 파기하다 ¶ состоялось ~ // 협정이 이루어졌다 ¶ срок действия ~ния // 협정의 유효기간 ¶ текст ~ния // 협정문 ¶ торговое ~ // 무역·상업협정

соединение (해군의) 편대, 분대; 협동; 합동; 합동부대; 대부대 (사단급이상)

◆ 몇 개의 부대 또는 작은 조직의 соединение로 구성하는 군대조직(형성), 일반적으로 다양한 병과의 부대, 특수부대, 또는 지원부대와 소부대로 구성한다. Объединение와는 달리, соединение는 통상 지속적인 구성과 본부조직을 가진다. 임무구성과 결정에 의하여 작전적, 작전술적 그리고 전술적 соединение로 구별한다. 예로서 작전 соединение는 미해군력에서 авианосные ударные соединения(공격항모기동분대)와 관련된다; 작전-전술 соединение는 제2차 세계대전기간에 있었던 보병, 탱크, 기계화, 기병 그리고 다른 군단, 때때로 전단이 이와 관련된다. 현대의 대다수 외국군단에서 군은 고차원적인 전술 соединение로 결정된다. 러시아에서는 작전-전술 объединение (단독부대에서 соединение를 구성하기에는 힘들다. объединение의 요소가 결합되어 타군과 연결되어진다)로 정해진다. 전술적 соединение는 사단, 여단 그리고 기타 등등의 다양한 형태와 관련이 있다. * войсковые соединения 합동군 ¶ танковое ~ // 탱크협동부대

созыв 소집 (집회 · 회의 등의) ¶ ~ конференции // 대표자회의소집 ¶ ~ шестисторонней конференции // 6자 회담 소집

СОИ (미국)≪전략방위구상≫ [SDI] (= стратегическая оборонная инициатива)

сокращение 축소, 삭감 ¶ ~ военных расходов // 군사비 삭감 ¶ ~ вооружений // 군비축소, 군축 ¶ ~ обычных вооружений и вооружённых сил // 재래식무기 및 병력감축 ¶ ~ штатов // 정원축소

солдат 군인, 사병, 병사 ¶ ~ и матрос // 육군병과 수병 ¶ он старый ~ // 그는 오래된(경험많은) 군인이다 ¶ в ~ты (взять, идти) // 군대에 (입대시키다) ¶ в ~тах (быть, служить) // 군대에서 (복무하다)

солдатский 사병의; 병사다운 ¶ ~кая кружка // 수통컵 ¶ ~кая служба // 병역 ¶ ~кая форма // 군복, 사병복 ¶ ~кая шинель // 사병외투 ¶ бойкими ~кими шагами // 군인다운 씩씩한 걸음으로

сомкнутый 밀집한 ¶ ~ строй // 밀집대형

сонар 수중음향탐지기, 소나 [SONAR] ◆ 전자파와 레이더파가 전달되지 않는 바다 속에서 초음파를 발사해 바다 속 물체를 탐지하거나 물체 위치를 정하는 음향장치 (SONAR: Sound Navigation And Ranging)

сообщение ① 전달; 보도, 통지; 정보 ¶ официальное ~ // 공보 ◆ 정부와 지방자치단체 등 공공기관이 주최가 되어 공공의 목적으로 일반 국민에게 언론매체, 관보 등 여러 가지 수단을 이용하여 널리 알리는 활동 ¶ по ~нию из достоверного источника // 믿음직한 소식통에 의하면 ¶ по ~ниям газет // 신문보도에 의하면 ¶ по его ~нию // 그의 통보에 의하면 ¶ по последним ~ниям // 최근보도에 의하면 ¶ телеграфное ~ // 전보 ¶ частное ~ // 정보, 사보 ② 교통, 연락, 운수 ¶ воздушное ~ // 항공연락 ¶ железнодорожное ~ // 철도운수 ¶ международное ~ // 국제교통연락 ¶ министр путей ~ния // 교통상 ¶ поддержать ~ // 연락을 유지하다 ¶ прямое ~ // 직통연락 ¶ пути ~ния // 교통로, 교통망

С

¶ сеть путей ~ния // 교통망 ¶ у нас очень удобное ~ с центром города // 우리는 도시중심과 통하는 편리한 교통망을 가지고 있다 ◆ 우리는 도시중심과 통하는 편리한 교통망을 가지고 있다 ¶ удобное ~ между городами // 도시간의 편리한 교통 ¶ ходы ~ния // 교통호

сооружение ① 건축, 건립, 축성, 축조; 설비, 시설, 건설 ¶ ~ атомных электростанций // 원자력발전소의 건설 ② 시설물, 건설물, 구조물 ¶ ~ния для хранения ядерных отходов // 핵폐기물 보관시설 ¶ вспомогательные ~ния // 부대시설 ¶ оборонительные ~ния // 방어·국방구조물, 방위시설

соотношение ① 상호관계 ¶ ~ сил // 힘의 역학관계 ② 비례, 비율 ¶ ~ борющихся сил // 교전국의 전력대비 ¶ ~ сил и средств // 전투력지수

соперник 경쟁상대, 라이벌

соперничество 경쟁 ¶ военное ~ // 군비경쟁 ¶ международное ~ // 국제경쟁

сопло 노즐, 분출구

соприкосновение 무력충돌, 접근전 ¶ ~ с противником // 적과의 접근전

сопроводить, [нсв] **сопровождать** кого-что 호위하다

сопровождение ① 감시 및 추적 ¶ ~ цели // 표적감시 및 추적 ② 호위대, 호송대 ¶ авиационное ~ // 항공호송 ¶ артиллерия ~ния // 호송포병

сопряжённый 배합의; 통합의 ¶ ~ное наблюдение // 양면 협동, 양면 탄착관측, 통합감시

сосредоточение ① 집결 ¶ ~ войск // 군대의 집결 ② 집중 ¶ ~ огня // 집중 사격, 화력집중

сосредоточенность 집결 ¶ ~ войск на границе // 국경지대에 군대집결

сосредоточенный 집중의 ¶ ~ удар // 집중타격 ¶ ~ огонь // 집중포화

сосредоточить, [нсв] **сосредоточивать** ① 집결시키다 ¶ ~ войска // 군대를 집결시키다 ② 집중시키다 ¶ ~ главные силы // 주력을 집중시키다

сосредоточиться, [нсв] **сосредоточиваться** 집결하다 ¶ войска ~лись в пограничном районе // 군대가 국경지대에 집결하였다

состав 구성, 성원, 멤버, 정원, 편성 ¶ в ~ве комиссии произошли изменения // 위원회 구성에 변동이 생겼다 ¶ военный ~ // 전시정원 ¶ входить в ~ // 구성원으로 되다 ¶ кадровый ~ // 간부요원 ¶ классовый ~ общества // 사회의 계급적 구성 ¶ командный ~ // 간부(장교, 부사관) ¶ лётный ~ // 비행인원 ¶ мирный ~ // 평시정원 ¶ младший командный ~ // 초급지휘관 ¶ начальствующий ~ // 지휘관 ¶ постоянный ~ // 상근인원, 고정인원 ¶ руководящий ~ // 지도부구성원 ¶ рядовой ~ // (간부가 아닌)전사 (戰士), 병졸 ¶ старший командный ~ // 상급지휘관 ¶ численный ~армии // 군대의 병력 ¶ штатный ~ //, 정원 내 구성원

состояние (…의)상태 ¶ ~ в запасе // 예비역 ¶ ~ в кадровых войсках

// 현역 ¶ быть в ~нии войны с кем-чем // ...와 전쟁상태에 처하다 ¶ напряжённое ~ // 긴장상태

сосуществование 공존 ¶ мирное ~ // 평화적 공존

сотрудничество 협력, 공조 ¶ ~ между развивающимися и развитыми странами "север-юг" // 남북협력 ¶ взаимовыгодное ~ // 상호호혜협력 ¶ внешнее ~ // 대외협력 ¶ военно-техническое ~ // 군사기술협력 ¶ гармоничное ~ // 화해협력 ¶ комплексное ~ // 전면적 협력 ¶ международное ~ // 국제협력 ¶ многостороннее ~ // 다자간협력 ¶ развитие ~ва // 협력발전

сохранение 유지, 보존 ¶ ~ мира // 평화의 유지

союз ① 동맹 ¶ войти (вступить) в ~ // 동맹에 가입하다 ¶ выйти (исключить) из ~за // 동맹에서 탈퇴하다 (탈퇴시키다) ¶ дружественный ~ // 우호동맹 ¶ заключить ~ // 동맹을 체결하다 ¶ находиться в ~зе с кем-чем // ...와 동맹관계를 맺다 ¶ оборонительный ~ // 방위동맹 ¶ предложить военный (оборонительный) ~ // 군사 (방위)동맹을 제안하다 ② 국가통합체, 국가연합, 연방 ¶ Европейский С~ [ЕС] // 유럽연합 [EU] ¶ С~ Советских Социалистических Республик [СССР] // 소비에트사회주의연방공화국 ¶ Советский С~ // 소비에트연방

союзник 동맹국 ¶ военный ~ // 군사동맹국

союзнический 동맹의, 동맹국의; 연합의, 연합국의 ¶ ~долг // 동맹국의 의무 ¶ ~кие войска // 동맹군 ¶ ~кие обязательства // 동맹국의 책임 ¶ ~кие силы // 연합군

союзный 동맹의 ¶ ~ное государство (= союзник) // 동맹국

спасательный 구조의, 구호의 ¶ ~ отряд // 구호대 ¶ ~ пояс // 구명대 ¶ ~ снаряд // 구명조끼 ¶ ~ная лодка // 구명정 ¶ ~ная станция // 구호소 ◆ 응급치료 분류 및 후송계통에 의하여 상급부대에 후송하는 최전방 의무치료시설 ¶ ~ное подразделение // 구조대 ¶ ~ное полотно // 구명포 ◆ 화재가 났을 때 그것을 타고 미끄러져 내려갈 수 있는 구명포 혹은 구명대 ¶ ~ное судно // 구조선 ◆ 탐색 및 구조장비를 갖춘 수상함 (함정분류 ATS, ARS) ¶ ~ные принадлежности // 구명도구 ¶ ~ные средства // 구조장비 ¶ аварийно-спасательная служба // 해상구조근무

спасти, [нсв] спасать кого-что 살려주다, 구출하다, 구조 · 구제하다 ¶ ~кому жизнь // 생명을 구원해주다 ¶ ~ отечество от врагов // 조국을 적으로부터 구원하다 ¶ ~ честь // 명예를 지키다 ¶ жертвуя своей жизнью, ~ утопающего // 자기 생명을 바쳐 물에 빠진 사람을 구원하다

специальный 특별한, 특수한 ¶ ~ная авиация // 특수작전용 항공대 ¶ ~ная морская зона // 특별수역 ¶ ~ная обработка // 화생방 제독 ¶ ~ная подготовка // 주특기교육 ¶ ~ные войска // ⓐ 특과부대 (통신대, 공병대 등) ⓑ 특작부대,

특수공작부대 ¶ ~ные машины // 특수목적차량 ¶ ~ные машины технического обеспечения // 정비지원차량 ¶ ~ные машины управления оружием // 화력통제차량 ¶ ~ные суды // 특별재판소

С

спецоперация 특수작전

спецслужба (비밀첩보에 관한) 특수기관

списанный корабль 퇴역군함

спор 분쟁 ¶ международный ~ // 국제분쟁

спорт 체육, 스포츠

справочник 편람, 안내서 ¶ ~ «Джейн» // 제인연감

СПС *(спасательное судно)* 구조선

спуск ① 내리는 것, 강하 ¶ ~ на землю // 착륙 ¶ вынужденный ~ // 불시하강 ② 방아쇠

спусковой 방아쇠의 ¶ ~ крючок // 방아쇠 ¶ ~ механизм // 격발·격동 장치 ¶ ~ рычаг // 격동기 ¶ ~вая пружина // 방아쇠용수철

спутник 인공위성 ¶ ~ связи (связной ~) // 통신위성 ¶ ~-шпион // 첩보위성 ◆ 상대국의 활동을 정찰하기 위하여 쏘아올린 인공위성으로서 스파이 위성 또는 군사정찰위성이라고 칭함 ¶ военный разведывательный ~ // 군사정찰위성 ¶ вывести ~ на околоземную орбиту // 위성을 지구주위궤도에 들여놓다 ¶ геостационарный ~ // (지구)정지위성 ¶ данные американских разведывательных ~ков // 미국 정찰 위성의 정보자료 ¶ искусственный ~ // 인공위성 ¶ метеорологический ~ // 기상위성 ¶ морской ~ наблюдения // 해양관측위성 ¶ навигационный ~ // (장시간)항행위성

спутниковый 위성의 ¶ ~ телефон // 위성전화 ¶ ~вая навигационная система // 위성항법시스템 ¶ ~вая радиосвязь // 위성무선통신

сражение 격전, 큰 전투, 교전 ◆ 적과의 접촉상태에서 공격행동을 취하는 전투행위. ¶ большое ~ // 큰 전투 ¶ выиграть ~ // 싸움에서 이기다, 전승하다 ¶ дать ~ // 교전하다 ¶ жестокое ~ // 격전 ¶ морское ~ // 해전 ¶ поле ~ния // 전장터 ¶ решающее ~ // 결전 ◆ 무력으로 승패를 결정하여 적의 저항력을 굴복시켜 전쟁목적을 달성시키려는 전쟁

СРБ *(Союз России и Белоруссии)* // 러시아·벨라루시 연방 (1996년 4월 2일 결성)

средство [복] ~ва // [흔히 복]수단, 방법, 방책 ¶ ~ ближнего боя // 근접전투수단 ¶ ~ взрывания // 격발장비 ¶ ~ воздушного нападения // 공중공격수단 ¶ ~ воспламенения // 발화장치 ¶ ~ защиты // 방어수단 ¶ ~ индивидуальной защиты (СИЗ) // 개인보호장구 ◆ 화생방 공격으로부터 생존하고 화생방 오염하에서 전투력 손실을 최대한 줄이면서 작전을 수행하기 위하여 개인의 보호장비인 방독면, 보호의, 개인제독킷, 치료제 등을 갖춘 것 ¶ ~ минирования // 지뢰매설장비 ¶ ~ освещения // 조명수단 ¶ ~ поддержки // 지원수단 ¶ ~ поражения

// 파괴수단 ¶ ~ разминирования // 지뢰제거 장비 ¶ ~ связи // 통신수단 ¶ ~ управления // 통제수단 ¶ ~ усиления // 증강수단 ¶ ~ химической защиты // 화생방 방호수단

срочный ① 긴급의 ¶ ~ное дело // 긴급사안 ¶ ~ное сообщение // 속보 ② 기한부의; 기한이 되는, 만기가 되는 ¶ ~ное донесение // 정기보고 ¶ ~ная военная служба // 의무복무

СССР *(Союз Советских Социалистических Республик)* 소비에트 사회주의 연방 공화국 (소련) ◆ 1922-1991년 사이에 존재한 연방국가

ставка ① 본부, 본영; 봉급호봉 ¶ ~ Пугачёва // 뿌가쵸프의 본영 ② 최고사령부, 총사령부 ¶ ~ верховного главнокомандования // (2차대전시기 소련의)최고사령부 ¶ ~ верховного главнокомандующего // (1차대전시기 러시아군의)최고사령부

стажировка 현장실습; 실무적응교육, OJT

станина 포판, 포가

Становись! (구령)정렬!

станок 총·포의 받침, 포가 (砲架) ¶ прицельный ~ // 조준대 ¶ пулемётный ~ // 기관총가

станция ① 역 ¶ ~ снабжения // ⓐ 보급소 ⓑ (군수품의)철도수송종점 ¶ головная ~ // 병참역 ② 스테이션, 국 (局), 소 (所) ¶ ~ наведения ракет // 미사일유도기지국 ¶ ~ наземной артиллерийской разведки // 지상표적탐지포병레이더 (기지국) ¶ ~ обнаружения, наведения и целеуказания // 대공감시레이더 (기지국) ¶ ~ орудийной наводки // 방공포병유도레이더 (기지국) ¶ ~ помех радиоэлектронными средствами // ECM기지국

старт (비행기 등의)이륙 (시간) ¶ самолёты ожидали ~ // 비행기들이 이륙을 기다렸다

стартовый ① 출발의 ¶ ~ пистолет // 출발신호총 ¶ ~ сигнал // 출발신호 ② 이륙의, 발사의 ¶ ~ вес // 발사중량 ¶ ~ командный пункт // 이륙통제소 ¶ ~вая батарея // 대공로켓중대 ¶ ~вая дорожка // 활주로 ¶ ~вая площадка // 발사장 ¶ ~вая позиция // 대공로켓 집결진지 ¶ ~вая ракета // 발사로켓, 대공로켓

старшина ① 【陸】 【空】 특무상사; 【海】 부사관 ¶ ~ 1-й статьи // 【海】 1등원사 ¶ ~ 2-й статьи // 【海】 2등 원사 ¶ главный ~ // 【海】 주임원사 ¶ главный корабельный ~ // 【海】 함정주임원사 ② 책임자; 상사 ¶ ~ роты // 중대 사관장 ¶ палубный ~ // 【海】 갑판장

статус 상태

статус-кво 정치적인 현상, 현상유지; (일정한 시기의) 정치적, 법적 및 기타 지위 ¶ ~ анте // 이전상태, 원상 ¶ ~ анте беллум // 전쟁 전의 상태 ¶ восстановить ~ // 지위를 회복하다 ¶ поддерживать ~ // 현상유지하다, 지위를 유지하다

стать, [нсв] **становиться** ① (앉은 자리에서) 서다, 일어서다 ¶ ~ смирно! // (구령)일어섯! ② (서서하는 어떤 일에) 착수하다, 들어서다, 자리 잡고 서다 ¶ ~ в караул // 위병근무를 서다 ¶ ~ в ряд // 대열에 들어서다 ¶ ~ к миномёту // 박격포수가 위치를 차지하다 ③ (이동을 중지하고) 정지하다 (остановиться) ¶ полк стал, составили ружья // 연대는 행군을 중지하고, 총을 세워 놓았다 ④ 자리 잡다, 진지를 차지하다 ¶ ~ лагерем // 숙영하다 ¶ ~ на границах // 국경에 진지를 차지하다 ¶ ~ в ружьё // 총을 들고 정렬하다

статья 【海,空】 부사관의 등급 ¶ матрос второй ~тьи // (혁명전) 2등 수병 ¶ старшина первой ~тьи // 1등 사관

стационарный 주둔하는 ¶ ~ госпиталь // 주둔지병원 ¶ ~ная артиллерия // 주둔포병

ствол ① 총신, 포신 ¶ ~ пулемёта // 기관총총신 ¶ ~ пушки // 포신 ¶ выстрелить из ~ла // 발포하다, 발사하다 ¶ длина ~ла // 총포신길이 ¶ канал ~ла // 총포강 ¶ орудийный ~ // 포신 ¶ ружейный ~ // 총신, 총열 ② (포를 세는 단위로서의)문 ¶ двадцать четыре ~ла // 포 24문

створ 항행가능수역의 표식 · 이정표; 물표 (항해참고용)

створный 이정표의; 물표의 ¶ ~ная линия // 기준선 ¶ ~ные знаки // 해상표식

стелс-технология 스텔스 기술

степень 계층 ¶ командиры всех ~ней // 각 계층 지휘관들

стереотруба 포대경

стержень 축, 봉 ¶ отрабоанный графитовый ~ 폐흑연연료봉 // 연료봉 ¶ ¶ топливный ~ // 연료봉 ¶ ударный ~ // 총구, 화문

столкновение 충돌 ¶ ~ судов // 선박의 충돌 ¶ вооружённое ~ // 무력충돌

сторожевой 경비 · 전초의, 감시하는; 국경경비의 ¶ ~ катер // 경비정 ¶ ~ корабль // 초계함 ¶ ~ пост // 경비초소 ¶ ~ разъезд // 기마순찰대 ¶ ~вая башня // 감시탑 ¶ ~вая будка // 초소막 ¶ ~вая вышка // 망루 ¶ ~вая застава // 경계첨병, 경비초소 ¶ ~вое охранение // 감시경계 ¶ ~вое судно // 경비선

сторона 당사자의 일방, 측, 편 ¶ враждующие ~ны // 적대되는 양측 ¶ выслушать обе ~ны // 양측의 말을 듣다 ¶ договаривающиеся ~ны // 조약 당사자들 ¶ корейская (российская) ~ // 한국 (러시아)측 ¶ наступающая ~ // 공격측 ¶ обе ~ны // 양측 ¶ он (победа) на нашей ~не // 그 (승리)는 우리 쪽에 있다 ¶ перейти на ~ну противника // 적측으로 넘어가다 ¶ противоборствующая ~ // 대립하고 있는 측 ¶ склониться на чью ~ну // ...의 편으로 기울어지다

стоянка 정박, 정지 ¶ ~ кораблей // 정박지 ¶ ~ парохода в порту // 기선의 항구정박

стоять [нсв], **постоять** [св] ① 서있다 ¶ ~ прямо (навытяжку) // 차렷

(직립부동)자세로 서 있다 ¶ в гавани ~ло много линкоров // 항구에 많은 전함이 정박하고 있었다 ¶ линкор ~ит на якоре (на приколе) // 전함이 정박하고 있다 (계선장에 매여 있다) ② 위치하고 있다; [перед чем]직면하고 있다 ¶ ~ перед выбором (необходимостью) // 선택 (필요)에 직면하다 ¶ ~ перед лицом кризиса // 위기에 직면하다 ③ 지위 · 임무에 있다 ¶ ~ в карауле // 위병근무를 서다 ¶ ~ во главе государства // 국가수반의 지위에 있다 ¶ ~ у власти // 권좌에 앉아 있다 ¶ ~ у руля (за рулём) // 키 (항해용)를 잡고 있다 ¶ часовой ~ит на посту // 보초가 근무 중에 있다 ④ 주둔하다; 부대가 진을 치다, 전개하다 ¶ ~ в обороне // 방어진을 치다 ¶ ~ лагерем // 막사를 치고 숙영하다 ¶ ~ на смерть (крепко) // 사수하다, 강하게 버티다 ¶ в этом городке ~ ит кавалерийский полк // 이 도시에 기병연대가 머무르고 있다 ¶ войска здесь ~ли на зимних квартирах // 군대가 여기서 동계 주둔하였다 ¶ полк ~ял на участке // 연대가 구역에 전개하였다 ⑤ [за кого-что] 옹호하다, 찬성하다, 편을 들다; [против кого-чего]적에 대항하다 ¶ ~ против врага // 적에 대항하다 ¶ мы ~ им за мир // 우리는 평화를 옹호한다 ⑥ [на чем]자기의견을 고수하다 ¶ ~ на позиции мира // 평화의 입장을 견지하다 ¶ ~ во главе кого-чего // 선두에 서다, 지휘하다 ¶ ~ грудью // 용감하게 저항하다, 한걸음도 양보하지 않다 ¶ ~ за спиной чьей (у кого) // 뒤에서 조종하다 ¶ ~ на реальной (твёрдой) почве // 확고한·튼튼한 기반 위에 서다 ¶ ~ на своём // 자기 주장을 고집하다 ¶ ~ на стороне чьей (кого) // ...의 편에 서 있다, ...을 지지하고 있다 ¶ ~ на страже чего // 지키다, 수호하다 ¶ ~ на часах // 보초를 서고 있다 ¶ ~ на чём // 확고히 견지하다 ¶ ~ у власти // 집권하다 ¶ стой (те)! // 섯! 동작그만!

страна 나라, 국가 ¶ ~ озёр и гор // 산과 호수의 나라 ¶ ~ны Ближнего Востока // 중동 ¶ ~ны Европы=европейские~ны // 유럽국가 ¶ ~-изгой // 불량국가, 깡패국가¶ ~-экспортёр нефти // 원유·석유 수출국 ¶ большая (маленькая) ~ // 대 (소)국 ¶ глава ~ны // 국가수반 ¶ индустриальная (промышленная) ~ // 공업국 ¶ капиталистические ~ны // 자본주의나라들 ¶ независимая ~ // 독립국 ¶ нейтральная (неприсоединившаяся) ~ // 중립국 ¶ передовые (развитые) ~ны // 선진국 ¶ по всей ~не // 전국에, 전국적으로 ¶ пороговые страны // 문턱국가

◆ 핵무기 개발완료 또는 단시간에 핵무기를 보유하게 될 것으로 예측되는 국가들 ¶ развивающаяся (отсталая) ~ // 개발도상국 (후진국) ¶ родная ~ // 향토, 고국, 조국 ¶ суверенитет (независимость) страны // 주권 (독립) ¶ территория ~ны // 국토 ¶ управление ~ной // 나라의 통치 ¶ чужая ~ // 이국 ¶ четыре ~ны света // 동서남북 ¶ Лишь когда в ~не благополучно, и подданные ее живут спокойно // 나라가 편해야 국민이 편하다 ¶ Когда в ~не наступает смута, ей угрожает опасность // 나라가 혼란하게 되면 위태롭게 된다 ¶ В управлении ~ной важно быть честным и справедливым // 나라를 다스리는데 중요한 것은 공명정대하고 청렴결백해야 한다

стратег 전략가

стратегический 전략적인, 전략상의 ¶ ~союз = ~кое сотрудничество // 전략적 동맹 (공동의 이해관계에 부합되는 몇 개 나라의 정치, 경제, 군사적 상호관계 체계) ¶ ~ маневр // 전략기동 ¶ ~ ресурс // 전략예비 ¶ ~ фронт (тыл) // 전략적 전선 (후방군) ¶ ~кая авиация // 전략공군 ¶ ~кая оборона // 전략적 방어 ¶ ~кая оборонная инициатива [СОИ] // 전략방위구상 [SDI] ¶ ~кая разведка // 전략정찰 ¶ ~кая ракета // 전략유도탄 ◆ 전략목표 공격용의 유도탄으로서 종래의 전략공군과 유사한 용도에 사용되며 장거리사정과 큰 파괴력을 필요로 하며, 사정거리는 대개 1,500마일 이상으로 탄두에는 메가톤급의 수폭을 장착하는 것이 보통임 ¶ ~кая стабильность // 전략적 안정성 ◆ 상호보복에 의한 파괴가 확실한 경우(MAD : 상호확증파괴) 억제는 안정된다는 이론 ¶ ~кие наступательные вооружения [СНВ] // 전략적 공격무기 ¶ ~кие наступательные действия // 전략적 공세 ¶ ~кие планы // 전략계획 ¶ ~кие резервы // 전략예비대 ¶ ~кие соображения // 전략상 고려 ¶ ~кие ядерные силы // 핵전력 ◆ 대도시나 공업중심지를 파괴하기 위한 것으로 일반적인 핵무기를 지칭함. 대륙간 탄도미사일, 잠수함 발사탄도미사일, 전략폭격기 적재핵폭탄 등을 말하며, 파괴력은 수백 킬로톤 이상임 ¶ ~кое авиационное командование // 전략항공 지원본부 [SAC] ¶ ~кое вооружение // 전략무기 ¶ ~кое средство устрашения (= сдерживание) // 전략적 억제수단 ¶ ~кое сырьё // 전략물자 ¶ ~кое устрашение (= сдерживание) // 전략적 억제, 억제전략 ◆ 보복의 위협을 통해서 적국의 핵무기 사용을 단념케 하여 핵전쟁을 억제하고 동시에 재래식 공격도 억제하는 전략 ¶ ~кое ядерное устрашение (= сдерживание) // 전략적 핵억제, 핵억제전략

стратегия 전략 ¶ ~ и тактика // 전략과 전술 ¶ ~ компенсирующего противодействия // 보상대응전략 ¶ ~ молниеносного удара // 전격기습전략 ¶ ~ осады // 포위전략 ¶ ~ первого удара // 선제공격전략 ¶ ~ реалистического устрашения // 실제적 공포 전략 ¶ ~ сдерживания // 억제전략 ◆ 한 국가가 침략을 하려고 할 경우, 그 침략에 의해서 얻을 수 있는 이익 이상의 견디기 힘든 손해를 받게 될 것이라는 것을 그 나라에 인식시켜서 침략을 미연에 방지하기 위해, 또는 전쟁이 발발할 경우, 그 전쟁의 규모 및 치열도가 확대할 위험성을 억제하기 위해 사용되는 국가전략을 말함 ¶ военная ~ // 군사전략 ¶ глобальная ~ // 세계전략 ¶ курс ~гии // 전략방침 ¶ решить вопросы тактики и ~гии // 전략전술문제를 해결하다

стрелковый 사수 · 저격수 · 보병의 ¶ ~ батальон // 보병대대 ¶ ~ взвод // 보병소대 ¶ ~ полк // 보병연대 ¶ ~вая дивизия // 보병사단 ¶ ~вая рота

// 보병중대 ¶ ~вое гнездо // 사격진지 ¶ ~вое дело // 사격학 ¶ ~вое оружие // 소화기 (소총, 경기관총 등) ¶ ~вые соревнования // 사격 대회

строевок 사수 (射手) ¶ искусный ~, мёткий ~ // 명사수 ¶ ворошиловский ~ // 특등사수 ¶ старший ~ // 선임사수

стрелполк *(стрелковый полк)* 보병연대

стрельба 사격; 사격소리 ¶ ~ залпами // 일제사격, 대량사격 ¶ ~ из винтовки (пистолета) // 소총 (권총)사격 ¶ ~ из лука // 활을 쏘는 것 ¶ ~ короткими очередями // 점사 ¶ ~ лёжа (стоя, с колена) // 누워 (서서, 앉아)사격 ¶ ~ на поражение // 효력사 ¶ ~ на разрушение // 파괴사격 ¶ ~ на ходу // 이동 간에 사격 ¶ ~ непрямой наводкой // 간접사격 ◆ 표적을 직접 조준하지 않고 실시하는 사격 ¶ ~ очередями // 연발사격 ¶ ~ по воздушным целям // 대공표적사격 ¶ ~ по подвижной цели // 이동목표사격 ¶ ~ по самолётам // 비행기에 대한 사격 ¶ ~ прямой наводкой // 조준사격 ¶ ~ с закрытой позиции // 간접사격 ¶ ~ с места // 진지 내 사격 ¶ ~ с хода // 기동사격 ¶ ~ холостыми патронами // 공포탄사격 ¶ ~ шкалой // 영점사격 ◆ 영점(零點) 조준을 하기 위한 사격 ¶ артиллерийская ~ // 포사격 ¶ боевая ~ // 실탄사격 ¶ данные для ~бы // 사격제원, 사격정보 ¶ доносилась ~ // 총성이 들려왔다 ¶ зенитная ~ // 대공사격 ¶ корректировка ~бы // 탄착점 수정, 사격수정 ¶ открыть ~бу // 발사하다, 사격을 시작하다 ¶ положение для ~бы // 사격자세 ¶ правила ~бы // 사격규칙 ¶ прицельная ~ // 조준사격 ¶ ружейная ~ // 소총사격 ¶ точная ~ // 정밀사격 ¶ точность ~бы // 사격 정밀도 ¶ учебная ~ // 훈련사격

стрельбище 사격장

стрельбищный 사격장의

стрелять [нсв] в кого-что, по кому-чему, из чего 사격하다 ¶ ~ залпами // 일제사격하다 ¶ ~ из винтовки (пистолета) // 소총을 쏘다 ¶ С~буду! // 쏜다!

стреляный ① 산전수전을 다 겪은 ¶ ~ солдат // 전투경험이 많은 병사 ② 사격에 사용한 ¶ ~ное ружьё // 발사된 적이 있는 소총

стремиться ① (얻기 위하여) 노력하다, к чему...을 달성하려고 노력하다 ¶ ~ к победе // 승리를 향하여 매진하다 ¶ ~к прочному миру // 항구적 평화를 목적하다 ② 내달리다, 돌진하다 ¶ ~ во вражескую крепость // 적의 요새를 향하여 돌진하다 ¶ ~ вперёд // 앞으로 내달리다 ¶ ~ на врага // 적군을 향하여 돌진하다

строевой 대열의, 부대에 소속된, 전투의 ¶ ~ офицер // 대열장교, 지휘장교 ¶ ~ расчёт // 대열편성 ¶ ~ смотр // 지휘검열 ¶ ~ устав // 제식훈련교범 ¶ ~ шаг // 제식훈련걸음 ¶ ~вые занятия // 제식훈련 ¶ ~ое учение // 대열교련

¶ ~ые занятия // 연병 ¶ ~ые части // 전투부대 ¶ С~ым шагом-марш! // (구령)큰 걸음으로 가! 분열 앞으로 가!

строительство 건설, 시설 ¶ ~ вооружённых сил // 군건설

строительный 건설의, 시설의 ¶ ~ батальон // 시설대대 ¶ ~ная часть // 시설부대 ¶ ~ные материалы // 시설재료, 건재 ¶ инженерно- ~ батальон // 시설공병대대

строй ① 대열, 대오 ¶ встать (стать) в ~ // 정열하다 ¶ поставить в ~ // 정렬시키다 ¶ прочесть приказ перед ~роем // 대열 앞에서 명령서를 읽다 ¶ школьники шли ~роем // 학생들이 열을 지어갔다 ¶ в ~ою // 대열 안에서 ¶ вне ~оя // 대열 밖에서 ② 대형, 편대, 대열 ¶ ~ кораблей // 군함대열 ¶ ~ самолётов // 편대대형 ¶ боевой ~ // 전투대형 ¶ выйти из ~роя // 대열에서 떨어져나가다, 대열에서 이탈하다. ¶ конным ~роем // 기병대형으로 ¶ развёрнутый ~ // 전개대형 ¶ рассыпной ~ // 산개대형 ¶ сомкнутым ~роем // 밀집대형으로 ③ 전투부대 ¶ он годен в ~ // 그는 전투부대에 합당하다 ④ 가동설비, 가동인원, (전선의)전투인원, 전투력 ◆ 대열: 향도함을 기준으로 한 어느 방향의 직선을 따라 함정이 배치되는 진형의 형태 ¶ вывод из ~я // 불용화 ¶ вступают в ~ новые производственные мощности // 새로운 생산설비가 가동하기 시작하였다 ¶ вступить (встать, войти, стать) в ~ // 대열에 들어가다, 작업·운영을 개시하다 ¶ вывести из ~роя // 대열에서 끌어내오다, 못쓰게 만들다, 파손시키다 ¶ выйти из ~роя // 대열에서 떨어져나가다, 이탈하다, 쓸모없이 되다, 파손되다 ¶ орудие было выведено из ~роя // 포가 고장났다 ¶ эта машина вышла из ~роя // 이 기계는 고장났다

стройный (대열 등에 대하여)정연한 ¶ ~ные колонны войск // 부대의 정연한 종대

ступень 단 ¶ ~ ракеты // (다단계미사일에서)미사일의 단 ¶ последняя ~ ракетоносителя // 추진미사일의 마지막단

стык 접촉점 (두개의 부대 사이에 있는) ¶ ~ пограничных застав // 국경경비선

субмарина *(подводная лодка)* // 잠수함 ¶ ~ полупогрузочного типа // 반잠수정 ◆ 적의 레이더망에 포착되지 않고 해안에 침투할 수 있는 소형의 공작선

суворовец // 수보로프군사학교 재학생

суд 재판 ¶ военно-полевой ~ // 야전군법회의 ¶ международный ~ // 국제재판

судно 선박, 배 ¶ ~ водоизмещением в 200 тонн // 200t급 배 ¶ ~ обеспечения // 보조함 ¶ адмиральское ~ // 기함 ¶ брандвахтенное ~ // 경비선 ¶ броненосное ~ // 장갑선 ¶ буксирное ~ // 견인선 ¶ военное ~ // 군용선 ¶ гребное ~ // 조정 ¶ грузовое ~ // 화물선 ¶ запрещение ~дам выходить из гавани // 출항금지 ¶ каботажное ~ // 연안항행선 ¶ китобойное ~ // 고래잡이배, 포경선 ¶ коммерческое ~ // 상선 ¶ моторное ~ // 기관선, 발동선 ¶ нефтеналивное

~ // 유조선 ¶ паровое ~ // 기선 ¶ парусное ~ // 범선 ¶ пассажирское ~ // 여객선 ¶ плоскодонное ~ // 평저선 ¶ промысловое ~ с датским неводом // 저예망선 ¶ рефрижераторное ~ // 냉동 (운반)선 ¶ рыболовное ~ // 고깃배, 어선 ¶ судоподъёмное вспомогательное ~ // 인양선 [ATS] ¶ торговое ~ // 상선 ¶ торговое ~ без определённого рейса // 비정기상선 ¶ транспортное ~ // 수송선 ¶ учебное ~ // 훈련함, 실습선 ¶ флагманское ~ // 기함 ¶ по всему ~ну // 배에 가득

судоводитель 항해사, 항법사

судовой 선박의 ¶ ~ журнал // 항해일지

судоподъёмный 선체인양의 ¶ ~ные работы // 선체인양작업 ¶ ~ное судно [СПС] // 인양선 [ATS]

суровый 엄한, 위엄있는, 엄격한 ¶ ~ воин // 엄격한 군인 ¶ он ~ров с подчинённым // 그는 부하에 대하여 엄하다

суточный 일주야에 걸치는 ¶ ~ запас продовольствия // 하루분의 식량예비 ¶ ~ная готовность // 출항명령 후 하루 후에 출발하기 위한 준비 ¶ ~ный переход // 24시간 동안의 이동거리

сухарики 건빵

сухопутный 육지의 ¶ ~ транспорт // 육로수송 ¶ ~ная армия // 육군, 지상군 ¶ ~ные войска // 육군, 지상군 ¶ Военное училище ~ных войск // 육군사관학교 ¶ Главнокомандующий ~ными войсками РФ // 러시아연방 육군총사령관 ¶ Начальник штаба ~ных войск РК // 대한민국 육군참모총장 ¶ С~ые войска РФ // 러시아연방 육군 ¶ Сухопутные Войска [СВ] // (공식적인 표현, 대문자로 표기)육군

сфера 범위, 영역, 권 ¶ ~ ружейного огня // 화력권, 사격권 ¶ ~ деятельности // 활동범위, 활동무대

схема 도표, 도형, 도식, 약도, 계통도, 도해, 설계도 ¶ ~ карта // 약도 ¶ ~ марша // 행군도표 ¶ ~ минирования // 지뢰매설도 ¶ ~ огня // 화력계획도 ¶ ~ ориентиров // 방위표 ¶ ~ полей видимости // 레이더 탐지범위도 ¶ ~ связи // 통신망도

счисление 위치경로 추산, 항로계산

СЯО [сяо] *(стратегическое ядерное оружие)* 전략핵무기

СЯС [сяс] *(стратегические ядерные силы)* 전략핵무기

Т

табель 표, 일람표 ¶ ~ вооружения части // 부대장비표 ¶ ~ донесения // 보고목록 ¶ ~ имущества // 부대장비목록 ¶ ~ срочных донощений // 정기보고목록

табельный 표의, 일람표의 ¶ ~ная доска // 표식판 ¶ ~ное вооружение // 편제무기 ¶ ~ное имущество // 고정재산 ¶ ~ное оружие // 편제화기 ¶ ~ные средства // 편제장비

таблица 표, 일람표 ¶ ~ бомбометания // 폭격목록표 ¶ ~ волн и вызывных (позывных) // 주파수 및 호출부호 목록표 ¶ ~ непотопляемости корабля // 함정복구제원표 ¶ ~ огня // 사격표적목록 ¶ ~ позывных // 호출부호 책자 ¶ ~ сигналов // 약호자재, 신호통신 규정표 ¶ ~цы стрельбы // 사격제원표 ¶ хронологическая ~ // 연대표

тайна 비밀 ¶ военная ~ // 군사비밀 ¶ государственная ~ // 국가비밀 ¶ держать в ~не // 비밀로 하여두다 ¶ поверить кому~ну // 비밀을 털어놓다 ¶ разглашать ~ну // 비밀을 믿고 말하다 ¶ хранить ~ну // 비밀을 지키다

тайник 비밀장소; 은익처

такелаж 밧줄설비, 삭구 ¶ бегучий ~ // 동삭구, 움직임 밧줄설비 ¶ стоячий ~ // 정삭구, 고정바줄 설비

тактика 전술; 전법, 병법 ◆ 작전목표 달성 및 전투에서 승리하기 위하여 부대를 배치하고 이동시켜 전투력을 운용하는 특정기술 ◆ 클라우제비츠는 전략은 전쟁의 목표를 달성하기 위한 전투의 사용이며, 전술은 전투에서 전투력의 사용이라고 구분, 즉 전략은 전쟁을 다루고, 전술은 전투를 다룬다 ¶ ~ маневрирования // 기동전술 ¶ ~ морского боя // 해전법 ¶ ~ наступления // 공격전술 ¶ ~ обороны // 방어전술 ¶ ~ охвата противника // 적을 우회하여 포위하는 전술 ¶ ~ко-специальная подготовка // 전술 및 특기훈련 ¶ ~ко-технические характеристики // 전술적 기술제원 ¶ ~ пехоты // 보병전술

тактический 전술의, 전술적인, 전술상의 ¶ ~ манёвр // 전술기동 ¶ ~ приём // 전술, 전법 ◆ 전투 시 부대의 운용 ¶ ~ радиус плавания // 전술선회경 ◆ 원침로로부터 회두가 180도 이루어졌을 때까지의 중심의 횡이동거리 ¶ ~ самолёт // 전술항공기 ¶ ~ успех // 전술성과 ¶ ~ формуляр корабля // 함정이력부 ¶ ~кая авиация // 전술항공단 ¶ ~кая группа кораблей // 함정 전술단위부대(전술단) ¶ ~кая задача // 전술적 임무 ¶ ~кая подготовка // 전술훈련, 전술교육 ¶ ~кая ракета // 전술로켓 ¶ ~кая ракетная система // 전술 유도탄체계 ¶

~кая ракетная система ВСС // 육군전술 유도탄체계 [ATACMS] ¶ ~кая скорость корабля // 함선의 전술속도 ¶ ~кое оружие // 전술무기 ¶ ~кие основы партии // 당의 전술적 기초 ¶ ~кие свойства местности // 지형의 전술적 특성 ¶ ~кое авиационное командование // 전술항공지휘본부 [TAC] ¶ ~кое занятие // 전술훈련 ¶ ~кое учение // 전술연습 ¶ ~кое учение с боевой стрельбой // 실사격 전술훈련 ¶ ~кое ядерное оружие (ТЯО) // 전술핵무기 ◆ 전술목적을 달성하기 위한 소형 핵무기. 위력의 크기는 상황과 사용목적에 따라 다르나 통상 20KT이하의 핵무기를 지칭 ¶ район ~ого назначения // 전술지역

танк 탱크, 전차 ¶ ~ в засаде // 매복전차 ¶ ~ многоцелевого назначения // 다목적 탱크 ¶ ~ на боевой позиции // 전투배치된 전차 ¶ ~ непосредственной поддержки пехоты // 보병 직접지원 전차 ¶ ~ преследования // 추격전차 ¶ ~ прорыва // 돌파전차 ¶ ~ с прибором дымопуска // 발연기 탑재전차 ◆ 지역 차폐를 목적으로 연막조정을 위해 연기형태로 발사시키는 기계를 탑재한 전차 ¶ ~ сопровождения // 호송전차 ¶ ~, переправляемый по воздуху // 공수된 전차 ¶ ~-амфибия // 수륙양용탱크 ¶ ~-бульдозер // 탱크불도저 ¶ ~-тральщик // 지뢰제거 탱크 ¶ истребитель ~ов // 대전차전투기 ¶ лёгкий ~ // 경탱크 ¶ садиться на ~ // 탱크에 승차하다 ¶ сапёрный ~ // 공병전차 ¶ сходить с ~ка // 탱크에서 하차하다 ¶ тяжёлый ~ // 중탱크 ¶ учебный ~ // 교육용 전차 ¶ химический ~ // 화학전차 ¶ экипаж ~ка // 전차대원

танкетка 소형탱크

танкер 유조선

танкист 전차병, 전차대원

танковый 탱크의, 전차의 ¶ ~ батальон // 전차대대 ¶ ~ бой // 전차전 ¶ ~ двигатель // 탱크엔진 ¶ ~ десант // 탱크육전대 ¶ ~ корпус // 전차군단 ¶ ~ мостоукладчик // 교량건설 장갑차량 ¶ ~ полк // 전차연대 ¶ ~ резерв // 전차예비 ¶ ~вые части // 전차부대 ¶ ~ шлем // 전차병헬멧 ¶ ~шлемофон // (송수화기가 부착된)전차병철모 ¶ ~вая артиллерия // 전차포병 ¶ ~вая атака // 탱크공격 ¶ ~вая поддержка // 전차지원 ¶ ~вая разведка // 탱크정찰 ¶ ~вая рота // 전차중대 ¶ ~вые войска // 탱크부대

танкодоступный 탱크가 통과할 수 있는, 전차기동 가능한 ¶ ~ная местность // 전차기동 가능지형, 탱크통과지대

танкодром 전차훈련장

танконедоступный 전차기동 불가능한 ¶ ~ная местность // 전차기동 불가지형

танкоопасный 탱크가 공격해올 수 있는 ¶ ~ное направление // 적전차 접근로

танкострелковый 전차가 사격하는 ¶ ~вая тренировка // 전차사격훈련

танкостроение 탱크제작공업

танкостроитель 탱크제작자

танкостроительный 탱크제작의 ¶ ~ная промышленность // 탱크제작공업
таран 충돌, 당파 (撞破) ◆ 적의 비행기, 탱크, 함정 등을 격파하기 위해 동체로 충돌하는 것
ТБ *(тыловая база)* 후방기지
ТБ *(тяжёлый бомбардировщик)* 중폭격기

ТВД *(театр военных действий)* 전역(戰域) ¶ Восточный ~ // 동부전역 ¶ Дальневосточный ~ // 극동전역 ¶ Северный ~ // 북부전역 ¶ Среднеазиатский ~ // 중앙아시아전역 ¶ Южный ~ // 남부전역
ТВД *(турбовинтовой двигатель)* 터빈추진식발동기, 터보프롭엔진
ТВС *(Тыл Вооружённых Сил)* 러시아연방군 후방부 ◆ 후방부대·시설은 전군 공통으로 러시아연방군 후방부가 일괄 관리함. 원래 육군조직으로 발전하였기 때문에 해군소속의 후방부대와 시설의 근무자들도 육군식의 제복과 계급호칭을 사용.
твёрдотопливный 고체연료의 ¶ ~ ракетный двигатель // 고체연료 로켓 엔진
театр // (사건의)장소, 현장, 무대 ¶ ~ войны *(военных действий) (ТВД)* // 작전전구, 전역(戰域)
телеавтоматика 무선원격조종, 원거리자동장치
телебинокль 망원경
телевидение 영상 ¶ системы ~ния // 영상시스템
телевизионный 영상의 ¶ ~ приёмник // 영상수신기 ¶ ~ная разведка // 영상정보
телеграфно-строительный 전신가설의 ¶ ~ батальон // 전신가설중대
телемеханизировать 원격조종화하다
телесигнализация 원거리 신호화, 원거리 신호법
темп 속도 ¶ ~ атаки // 공격속도 ¶ ~ похода // 행군속도 ¶ ~ стрельбы // 발사속도, 초탄발사속도 ¶ замедлить ~ // 속도를 늦추다 ¶ с быстрым ~пом // 급속도로
тепловой 열의, 열에 기초한 ¶ ~ двигатель // 열기관 ¶ ~ эффект // 열효과 ¶ ~вая изоляция // 열절연 ¶ ~вая контрастность // 열영상 ¶ ~вая ракета // 열추적 미사일 ¶ ~вое излучение // 열복사, 열광선 ¶ ~вое расширение // 열팽창 ¶ ~вое самонаведение // 열추적 유도 ¶ ~вые потери // 열손실
тепловизионный 열영상의 ¶ ~ индикатор // 열영상 표시기 ¶ ~ прицел-прибор наблюдения // 열영상 조준 및 탐지장치 ¶ ~ная головка самонаведения // 열영상 유도장치 ¶ ~ная подсистема // 열영상 장치
тепловизор 적외선영상장치
термоядерник 열핵전문가
термоядерный 열핵의 ¶ ~ заряд // 열핵탄 ¶ ~ная война // 열핵전쟁 ¶ ~ная реактор // 열핵원자로 ¶ ~ная реакция // 열핵반응 ¶ ~ное оружие

// 열핵무기

теракт 테러행위

территориальный ① 영토의, 국토의 ¶ ~ конфликт // 영토분쟁 ¶ ~ная неприкосновенность // 영토불가침 ¶ ~ное воздушное пространство // 영공 ¶ ~ные воды // 영해 ¶ ~ные границы // 국경 ¶ ~ное море // 영해 ② 지역의, 지방의, 향토의 ¶ ~ные войска // 지방군, 향토군

территория, [복]~ии // 영토 ¶ интернационализированные ~ии // 국제지역 ¶ нейтрализация ~ии // 영토의 중립화

терроризм 테러리즘, 테러행위 ◆ 어떤 정치적 목적을 달성하기 위하여 직접적인 공포 수단을 이용하는 주의나 정책 ¶ биологический ~ // 생물학적 테러 ¶ борьба с ~мом // 테러와의 전쟁 ¶ кибер-~ // 사이버 테러리즘 ¶ международный ~ // 국제테러주의 ¶ оперативная группа по борьбе с ~мом // 영토의 중립화 ¶ трансграничный ~ // 초국경 테러

террористический 테러의 ¶ ~ акт // 테러행위 ¶ ~кая организация // 테러조직 ¶ ~кая сеть // 테러망

террорист-камикадзе 자살 테러분자

тесак 단검

техника 기술장비, 기계, 기재, 설비 ¶ боевая ~ // 전투기술기재, 무기 ¶ военная ~ // 군사장비 ¶ живая сила и ~ // 병력과 장비 ¶ потери в ~ке // 전투기술기재의 손실 ¶ численность войск и их ~ // 부대의 인원수 및 그 장비

технический 기술의, 기술적인 ¶ ~кая батарея // 정비대대 ¶ ~кая подготовка // 정비교육 ¶ ~кие средства обучения // 교보재 ¶ ~кое обеспечение // 기술지원 ¶ ~кое обеспечение связи // 통신기술지원 ¶ ~кое образование // 기술교육 ¶ ~кое обслуживание // 정비지원 ¶ ~кое оснащение // 장비편제

тир 사격장

ТК *(танковый корпус)* 탱크군단

ТКА *(торпедный катер)* 어뢰정

ТО *(тыловой отряд)* 후방부대

товарищеский 우호적인, 우의적인 ¶ ~ суд чести // 명예위원회 ¶ ~кие отношения // 우호적 관계 ¶ ~кое состязание // 친선경기

токсинный 독성의 ¶ ~ное оружие // 독성무기

токсический 독물의, 독성이 있는 ¶ ~кая доза // 독극물 치사량 ¶ ~кие вещества // 독성물질

тоннаж (선박의) 톤수 ¶ ~ водоизмещения (~ по водоизмещению) // 배수량 ¶ брутто ~ (полный ~) // 총톤수 ¶ нетто ~ (чистый ~) // 순톤수 ¶ средний ~ // 평균톤수

топить *(корабль)* 격침하다

топливный 연료의 ¶ ~ бак // 연료탱크 ¶ ~ газ // 연료가스 ¶ ~ кризис // 연료위기 ¶ ~ные ресурсы 연료자원

топливо // 연료 ¶ жидкое ~ // 액체연료 ¶ снабжение ~вом // 연료공급 ¶ твёрдое ~ // 고체연료

Т

топографический 지형의, 지형학의 ¶ ~ знак // 지형도용부호 ¶ ~кая карта // 지형도 ¶ ~кая подготовка // 독도법 훈련 ¶ ~кая разведка // 도상정찰 ¶ ~кая съёмка // 지형측량

топография 지형학 ¶ военная ~ // 군사지도

тормозной 제동의, 제동장치가 된 ¶ ~ парашют // 제동낙하산

торпеда 어뢰

торпедник 어뢰정대원

торпедный 어뢰의 ¶ ~ аппарат // 어뢰발사판 ¶ ~ катер (~ное судно) // 어뢰정 ¶ ~ удар // 어뢰공격 ¶ ~ная атака // 어뢰공격 ¶ ~ное вооружение // 어뢰무기

торпедометание 어뢰투하

торпедоносный 어뢰로 무장한 ¶ ~ная авиация // 어뢰항공대

тотальный 총력의, 전면의 ¶ ~ная война // 총력전, 전면전 ¶ ~ная мобилизация // 총동원

ТОФ *(Тихоокеанский флот)* 태평양 함대

точечный 점의 ¶ ~ная цель // 점표적 ¶ ~ное поражение целей // 정밀타격

точка 거점, 토치카 ¶ ~ наводки (~ прицеливания) // 조준점 ¶ ~ падения // 낙탄지점 ¶ ~ попадания // 명중지점 ¶ ~ приземления // 착륙지점 ¶ ~ пуска // 발사지점 ¶ ~ сбрасывания бомб // 폭탄투하지점 ¶ горячая ~ // 분쟁지역 ¶ исходная ~ // 출발점

травление мин *(производить)* 기뢰제거

траектория 탄도; 궤도 ¶ ~ ракеты // 로켓궤도 ¶ ~ снаряда // 탄도

трал 기뢰해제기, 소해

траление 소해작업

тралить 소해하다 ¶ ~ пролив // 해협을 소해하다

тральщик 소해정

трансграничный 초국경의 ¶ ~ терроризм // 초국경테러, 국제테러리즘 ¶ ~ная преступность // 초국경범죄, 국제범죄

транспорт ① 교통 (기관); 수송, 운송 // 철도에 의한 석탄수송 ¶ автомобильный ~ // 자동차운수 ¶ водный ~ // 수상운수 ¶ воздушный ~ // 항공운수 ¶ грузовой ~ // 화물수송 ¶ железнодорожный ~ // 철도운수 ¶ каким видом ~та вы пользуетесь, чтобы ездить на работу? // 직장에 다닐 때 당신은 어떤 교통수단을 이용합니까? ◆ 직장에 다닐 때 당신은 어떤 교통수단을 이용합니까?

¶ морской ~ // 해상운수, 해운 ¶ работать на ~те // 교통 (운수) 기관·부문에서 일하다 ② 수송대; 수송선 ¶ ~ раненых // 부상병후송대 ¶ артиллерийский ~ // 포차대 ¶ десантный ~ // 전대수송선 ¶ минный ~ // 기뢰수송선 ¶ санитарный ~ // 위생대

транспортёр 운반장치, 전송장치

транспортирование 수송, 운반 ¶ ~ раненых // 부상자 수송

транспортник 수송기, 수송비행기

транспортный 수송의 ¶ ~ самолёт // 수송기 ¶ ~ное судно ВМС для перевозки личного состава // 병력 수송함 ¶ ~но-заряжающая машина // 로켓 운반 및 보관차량

траншейный 참호의 ¶ ~ная машина // 참호 굴토차량

траншея 참호, 교통호 ◆ 각종 호, 엄체를 상호 연결시키기 위해서 지면에 길고 좁게 파놓은 호.

трап (군함의) 사다리, 줄사다리

трассёр 조명탄, 예광탄

трассировочный 도로, 운하 등의 방향을 예정하는 ¶ ~ шнур // 경시선

трассирующий // 예광의 ¶ ~щая пуля (~ снаряд) // 예광탄

тревога 경보,경고 ¶ атомная ~ // 핵경보 ¶ бить ~гу // 경종을 울리다 ¶ боевая ~ // 전투경보 ¶ воздушная ~ // 공습경보 ¶ ложная ~ // 허위경보 ¶ объявление ~ги // 경보발령 ¶ отбой ~ги // 경보해제 ¶ пожарная ~ // 화재경보 ¶ сигнал ~ги // 경보신호 ¶ химическая ~ // 화학경보

тревожный 경보의, 비상의 ¶ ~ое время // 비상시

тренажёр 훈련장치, 시뮬레이터; 훈련장 ¶ пилотажный ~ // 조종술 훈련장치 ¶ радиолокационный ~ // 레이더 시뮬레이터

тренировка 반복숙달교육

тренировочный 연습의, 훈련의 ¶ ~ костюм // 훈련복 ¶ ~ матч // 연습시합 ¶ ~ полёт // 연습비행 ¶ ~ самолёт // 훈련용비행기

трибунал (군인이나 중대한 민사범죄자들을 취급하는 특수한)재판소 ¶ военный ~ // 군사재판소 ¶ Международный ~ по морскому праву // 국제해양법재판소 ¶ Международный военный ~ // 국제군사재판소 ◆ 뉴른베르그재판 ¶ Международный военный ~ для Дальнего Востока // 극동국제군사재판소 ◆ 동경재판 ¶ Нюрнбергский международный военный ~ // 뉴른베르그 국제군사재판소 ¶ отдать под ~ // 군사재판·군법회의에 넘기다 · 회부하다

тринитротолуол 티엔티폭약 (= тротил)

триплекс 방탄유리

триумф 승전

триумфальный 개선의; 승리적인 ¶ ~ная арка // 개선문 ¶ ~ная речь // 개선연설

¶ ~ное шествие // 개선행렬

трос 로우프

тросомёт 로우프총, 줄쏘기총

тротил 트로틸, 뜨로찔 ◆ 강력한 폭약의 한가지로 TNT

тротиловый 트로틸의, 뜨로찔의 ¶ ~ эквивалент // 트로틸과 같은

Т

труба 나팔 ¶ военная ~ // 군대나팔 ¶ дуть в ~бу // 나팔을 불다 ¶ звук ~бы // 나팔소리 ¶ играть на ~бе // 나팔을 불다·연주하다 ¶ сборная ~ // 집합나팔

трубопровод 도관 ¶ ~ для нефти // 송유관

трубопроводный 도관의 ¶ ~ транспорт // 관수송 ¶ ~ные части // 송유관 관리부대 ¶ ~ные работы // 도관 설치작업

трюм (함정의)창고

турбина 터빈 ¶ паровая ~ // 증기터빈

турбинный 터빈의 ¶ ~ная установка // 터빈장치

турель 총좌

тыл 후방 (전선의); 후방부대; 후방지역 ¶ ~ ВВС ВС России // 러시아연방군 공군후방부 ¶ ~ ВДВ ВС России // 러시아연방군 공정군후방부 ¶ ~ ВМФ ВС России // 러시아연방군 해군후방부 ¶ ~ военных округов (флотов) ВС России // 러시아연방군 연방관구 (함대) 후방부 ¶ ~ вооружённых сил // 후방지원부대, 후방부대, 후방부 ¶ ~ всегда крепок // 후방은 항상 공고하다 ¶ ~ КВ ВС России // 러시아연방군 우주군후방부 ¶ ~ РВСН ВС России // 러시아연방군 전략미사일군 후방부 ¶ ~ СВ ВС России // 러시아연방군 육군후방부 ¶ близкий ~ // 전선에 가까운 후방 ¶ в ~лу врага // 적후에서 ¶ войска охраны ~ла // 후방경비부대 ¶ войсковой ~ // 부대후방 ¶ выйти в ~ противника // 적후로 (적 후방으로) 나가다 ¶ глубокий ~ // 전선에서 먼 후방, 종심후방 ¶ начальник ~ла // 군수주임 ¶ отвести роту в ~ // 중대를 후방으로 철수시키다 ¶ офицер по вопросам ~ла // 군수장교 ¶ служить в ~лу // 후방 (후방부대)에서 근무하다.

тыловик 후방 근무자

тыловой 후방의 ¶ ~ госпиталь // 야전병원 ¶ ~ объект // 후방주요시설 ¶ ~ пункт управления // 후방지휘소 ¶ ~ район // 후방지역 ¶ ~ специалист // 후방작전전문가 ¶ ~ учебный пункт // 후방훈련소 ¶ ~вое обеспечение // 후방공급지원 ¶ ~вое ополчение // 후비군 ¶ ~вое охранение // 후방경비 ¶ ~вые воинские части // 후방근무부대 ¶ ~вые учреждения // 후방기관

тыльный 후방의, 후면의 ¶ ~ дозор // 후방척후병 ¶ ~ отряд // 후방대 ¶ ~ная походная застава // 후방측위 ¶ ~ное охранение // 후방경계

ТЭЧ *(технически-эксплуатационная часть)* 기술정비·운용부대

тюрьма 감옥 ¶ военная ~ // 영창 ¶ заключить (또는 засадить, посадить) в ~му // 투옥하다

тяга 견인 ¶ сила ~ги // 견인력 ¶ средства ~ги // 견인기재 (= буксирование)

тягач 견인차

тяжёлый 대형의 강력한 장비 · 설비 · 무장을 갖추고 있는 ◆ 대형의 강력한 장비·설비·무장을 갖추고 있는 ¶ ~ авианосец // 중항공모함 ¶ ~ бомбардировщик // 중폭격기 ¶ ~лая снайперская винтовка // 중저격소총 ¶ ~лое машиностроение // 중기계제작 (공업) ¶ ~лые танки // 중탱크

У

УАБ (Управляемая Авиационная Бомба) 유도폭탄

убеждение 신념, 신조, 견해 ¶ отстаивать свои ~ния // 자기 신념을 고수하다 ¶ политические ~ния // 정치적 신념 ¶ придерживаться своих ~ний // 자기 신념을 견지하다

убежище 대피소, 대피 · 방공호, 엄폐부 ¶ ~ пещерного типа // 갱도형 방공호 ¶ подземное ~ // 지하대피호 ¶ при бомбёжках население уходило в ~ща // 폭격할 때 주민들은 대피호에 들어갔다 ¶ противоатомное ~ // 핵대피호 ¶ укрытие ~ // 은폐호

убитый 전사자 ¶ ~ в бою // 전사자 ¶ ~тые и раненые // 사상자 ¶ вскрыть трупы ~тых // 살해된 사람의 시체를 부검하다

убить [нсв] убивать 죽이다, 살해하다 ¶ ~ выстрелом // 총으로 쏘아죽이다 ¶ ~ из винтовки // 보총으로 사살하다 ¶ ~из-за угла // 암살하다 ¶ грозиться ~ // 죽이겠다고 위협하다

убойность 살상력, 살상유효서

убойный 살상력이 큰 ¶ ~ная мощность артиллерийского огня // 포병화력의 살상력 ¶ ~ная сила // 살상력 ¶ ~ное действие // 살상작용

убор 옷차림, 복장 ¶ головной ~ // 모자

уведомление 통지, 통보, 통지서 ¶ ~ о военных учениях // 군사훈련통보

увеличение 증가, 증대, 확장, 확대, 강화 ¶ ~ вооружения // 군비확장 ¶ ~ высоты // 고도상승 ¶ ~ скорости // 속력증가

увольнение ① 퇴직,면직;퇴역 ¶ ~ в отставку // 퇴역 ¶ ~ из расположения части // 부대정원에서 제외 ¶ ~ по состоянию здоровья // 의병제대 ¶ ~ с действительной военной службы // 제대, 전역(轉役) ② 휴가, 외박 ¶ ~ на трое суток // 3주야 특박 ¶ внеочередное ~ на берег // 【海】 특별휴가 ¶ получить ~ // 외출증을 받다

увольнительный ① 퇴직 · 해임 · 면직을 증명하는 ¶ ~ная записка // 사직허가증 ② 휴가의, 특박의 ¶ ~ное свидетельство // 휴가증명서, 휴가증 ¶ получить ~ную // 외출증을 받다

уволить, [нсв] увольнять кого-что ① 제대시키다 ¶ ~ в запас // 예편시키다 ¶ ~ в отставку // 퇴역시키다 ¶ ~ досрочно // 만기 전에 제대시키다 ¶ ~ с действительной военной службы // 현역복무를 면제하다 ② 【海】 휴가를 보내다,

외출시키다 ¶ ~ в отпуск // 휴가를 주다 ¶ ~ на берег // 【海】 상륙시키다

УВЧ (ультравысокая частота) 초고주파 [UHF]

угломер 각도계

угол 각 ¶ ~ атаки наземной цели самолётом // 공격각도 ¶ ~ ветра // 풍향각 ¶ ~ взлёта // 이륙각도 ¶ ~ визирования // 조준각 ¶ ~ возвышения // 고각 ¶ ~ крена // 선체의 기울기각도 ¶ ~ места цели // 조준선 정렬 각도 ¶ ~ падения // 낙하각도 ¶ ~ пикирования // 급상승 각도 ¶ ~ прицеливания // 조준각 ¶ ~ рикошета // 유탄각도 ¶ в этом ~ле сорок градусов // 이 각은 40도이다 ¶ измерить ~ // 각을 측정하다

У

угрожать ① [кому чем] 위협하다, 협박하다 ¶ ~ войной (револьвером) // 전쟁 (권총) 으로 위협하다 ¶ ~ кому смертью (пытками) // ...를 죽이겠다고 (고문하겠다고) 위협하다 ¶ ~ кому судом // ...를 재판에 회부하겠다고 위협하다 ② [чему] 위험에 처하다, 위태롭게 되다 ; 위태롭게 하다

угроза ① 위협, 협박 ¶ ~ войны // 전쟁의 위협 ¶ ~ миру // 평화에의 위협 ¶ военная ~ // 군사적 위협 ¶ не поддаваться ~зам // 협박에 응하지 않다 ¶ открытая (또는 явная, нескрываемая) ~ // 공개협박 ¶ серьёзная ~ // 중대한 위협 ¶ устранение ядерной ~зы // 핵위협 해소 ② 위험, 위험성 ¶ ~ войны // 전쟁의 위험 ¶ ~ войны возрастает // 전쟁의 위험이 증대되고 있다 ¶ ~ для жизни // 생명의 위험 ¶ оказаться перед ~зой банкротства // 파멸의 위험에 직면하다 ¶ оказаться под ~зой чего // ...의 위험·위기에 처하다 ¶ поставить жизнь под ~зу // 생명을 위험에 내맡기다 ¶ создать (предотвратить) ~зу войны // 전쟁의 위기를 조성하다 (미연에 방지하다) ¶ устранить (또는 ликвидировать) ~зу войны // 전쟁위험을 일소하다

удалённый 먼, 원거리의 ¶ ~ от моря // 바다에서 멀리 떨어진 ¶ ~ная система управления // 원격조정시스템 ¶ ~нная система раннего предупреждения // 원거리 조기경보체계

удар ① 치는 것, 때리는 것, 타격 ¶ двойной ~ // 2중 타격 ¶ нанести ~ // 타격을 주다 ¶ получить ~ // 타격을 받다 ¶ принять на себя ~ // 타격을 자기에게로 돌리다 ¶ смертельный ~ // 치명적 타격 ¶ уклониться от ~ра // 타격을 피하다 ② 습격, 공격 ¶ ~ авиации // 공습 ¶ ~ в тыл // 후방공격 ¶ ~ с тыла // 후방으로부터의 공격 ¶ враг отступил под ~рами наших войск // 적은 우리 부대들의 공격을 받고 퇴각하고 말았다 ¶ вспомогательный ~ // 조공 (助攻) ¶ главный ~ // 주공 (主攻) ◆ 결정적인 목표에 대부분의 공격역량을 집중 지향하는 공격 ¶ массированный ~ с воздуха // 공중으로부터의 집중공격 ¶ молниеносный ~ // 전격공격, 기습공격 ¶ ограниченный ~ // 제한적 공격 ¶ ответный ~ // 반격, 보복공격 ¶ первый ~ // 선제공격 ◆ 적의 공격이 임박한 확실한 증거를 기초로 시작하는 공격 ¶ сокрушительный ~ // 치명적 타격 ¶

фланговый ~ // 측면공격 ¶ штыковой ~ // 총검공격, 백병공격 ¶ (быть) под ~ом // 공격을 받기 쉬운 상태에 있다; 위험한 처지·위기일발의 순간에 (처하다)

ударник ① 돌격대원 ② 격침, 공이

ударный ① 타격의, 때리는 ¶ ~ колпачок // 뇌관 ¶ ~ механизм // 격발장치 ¶ ~ стержень // 총구, 화구 ¶ ~ная волна // 핵폭발 ¶ ~ная волна взрыва // 폭발충격파 ¶ ~ное бурение // 타격·충격시추 ② 돌격하는, 공격하는 ¶ ~ авианосец с классической двигательной установкой // 재래형 공격항모 [CV] ¶ ~атомный авианосец // 공격핵항모 [CVN] ¶ ~ вертолёт // 공격헬기 ◆ 공중으로부터의 화력사용을 주임무로 수행하는 헬기 ¶ ~ эшелон // 돌격제대 ◆ 목표지역의 최초돌격을 위하여 편성된 예하 단위대 ¶ ~ная авиация // 공격항공대 ¶ ~ная армия // 돌격부대 ¶ ~ная бригада // 돌격작업조 ¶ ~ная войсковая группа // 돌격조 ¶ ~ная морская авиация // 해군공격항공대 ¶ ~ная мощь // 공격력 ¶ ~ная сила // 공격력 ¶ ~ные космические вооружения // 공격용 우주무기 ¶ ~ные части // 돌격부대

удостоверение 증명서 ¶ ~ личности // 신분증명서 ¶ ~ о праве на вход // 출입증 ¶ ~ о смерти // 사망확인서 ¶ представить (또는 предъявить) ~ // 신분증을 내보이다 ¶ служебное ~ // 근무증명서

узел ① 노트 (Knot) ◆ 해상, 수중 및 공중에서 사용하는 속도단위로서 매시간 1해리 (1,852미터)에 해당하는 속도단위 ¶ идти со скоростью десять ~лов в час // 10노트의 속도로 가다 ② 거점, 중심지 ¶ ~ коммуникации // 교통거점 ¶ ~ обороны // 방어거점 ¶ ~ связи // 통신센터 ¶ укреплённые ~лы обороны // 방어의 요충지

указ 정령, 칙령; 명령, 지시 ¶ ~ президента РФ // 러시아 대통령의 정령 ¶ не ~ кому [술어로] // ...에게 지시·명령할 권리가 없다

указатель 지시기 ¶ ~ азимута // 방위각 자침 ¶ ~ газа в шахтах // 갱도내 가스점검기 ¶ ~ курса // 항로표시기 ¶ ~ маршрута // 행군로 표지 ¶ ~ мины // 지뢰표지판 ◆ 우군의 안전을 위해 지뢰지대에 설치한 위험표지 ¶ ~ поворота (또는 поворотов) // 방향지시기 ¶ ~ скорости // 속도계 ¶ ~ слепой посадки // 계기착륙 표시기 ◆ 활주로 주변에 설치되어 항공기 탑재 무선장비와 상호 교신하여, 최적 착륙지점에 도달하는 방향, 활공각 및 거리를 제공하여 항공기가 계기 착륙할 수 있도록 고안된 통신전자 무선항법표시기

указать, [нсв] указывать 명령하다 ¶ никто ему не может ~ // 그 누구도 그에게 명령할 수 없다 ¶ он ~зал кому продолжать осаду // 그는 ...에게 포위를 계속하라고 명령했다

уклонение (의무이행의)기피, 거부 ¶ ~ от воинской службы // 병역기피 ¶ ~ от закона // 위법행위 ¶ ~ от очередного призыва на действительную военную службу // 현역소집기피 ¶ ~ от призыва по мобилизации // 동원소집기피

уклонист 기피자 ¶ ~ от военной службы // 병역기피자
укомплектование 보충, 편성 ¶ ~ частей войск // 군부대의 보충 ¶ прибытие новых ~ний // 보충부대들의 도착
укрепить, [нсв] укреплять ① (권력 · 입장 · 관계 등을) 강화하다, 공고히 하다, 확고부동하게 하다 ¶ ~ власть // 정권을 강화하다 ¶ ~ влияние // 영향력을 강화하다 ¶ ~ мир // 평화를 공고히 하다 ¶ ~ своё положение (свою позицию) // 자신의 입지를 강화하다 ¶ наша страна укрепляет дружественные связи с другими государствами // 우리나라는 다른 나라들과의 우호관계를 강화하고 있다. ② 방어시설을 구축하다, 방위를 강화하다 ¶ ~ город // 도시의 방위를 강화하다 ¶ ~ подступы к позициям // 진지에로의 접근도로방위를 강화하다
укрепление ① 공고화, 강화 ¶ ~ власти // 권력강화 ¶ ~ дружбы // 친선의 강화 ¶ ~ здоровья // 건강증진 ¶ ~ мира и безопасности // 평화와 안보의 구축 ¶ ~ обороноспособности страны // 국방역량의 강화 ② 보, 보루, 축성물, 유새, 유새화, 방어시설 ¶ ~ местности // 요새화 ¶ ~ берегов // 해안 보루, 해안 방어시설 ¶ береговые ~ния // 해안보루, 해안방어시설 ¶ долговременное ~ // 영구요새 ¶ естественное ~ // 천연의 요새 ¶ ложное ~ // 위장요새 ¶ передовое ~ // 전면보루 ¶ полевое ~ // 야전보루 ¶ предмостное ~ // 교두보 ◆ 도하 작전시 주력부대를 충분히 수용할 수 있고, 도하지점을 적절히 방어할 수 있으며 계속되는 공격의 발판을 제공할 수 있는 적측에 있는 지역
укреплённый 방어를 위한, 방어시설이 된 ¶ ~ район // 방어구역, 강화거점지역
укрыть, [нсв] укрывать от кого-чего 엄폐하다 ¶ ~ кого от чьего преследования // ...의 추격으로 부터 ...을 숨겨 주다
укрытый 은폐된 ¶ ~тая зона // 은폐지대 ¶ ~тая цель // 은폐된 표적 ¶ ~тое место // 은폐지
укрытие 엄폐호, 대피소 ¶ ~ для одиночного бойца // 독립호 ¶ ~ для орудия // 화기진지 ¶ ~ для танка // 전차호 ¶ ~ для техники // 장비호 ¶ ~ личного состава // 개인호 ¶ ~ от воздушного наблюдения // 대공은폐호 ¶ ~ от пулемётного огня // 기관총사격을 피하는 엄폐호 ¶ ~ от радиоактивных осадков // 화생방호 ¶ ~ пещерного типа // 갱도형 엄폐호 ¶ стрелять из ~тий // 엄폐호에서 사격하다 ¶ уйти за ~ // 차폐상태에 들어가다 ¶ это находится в полном ~тии от осколков // 이것은 포탄파편으로부터 완전히 엄폐되어있다
уличный 거리에서 진행되는 ¶ ~ бой // 시가전
ультимативный 최후통첩적인 ¶ ~ное требование // 최후통첩적인 요구
ультиматум 최후통첩 ¶ предъявить ~ // 최후통첩을 보내다,
ультразвук 초음파
ультразвуковой 초음파의 ¶ ~вые колебания // 초음파진동
универсальный 다목적의 ¶ ~ная артиллерия // 다목적 포병

У

уничтожение 근절, 말살

уничтожить, [нсв] уничтожать кого-что ① 격파하다, 격멸하다, 파괴하다 ¶ ~ врагов // 적들을 격멸·소멸시키다 ¶ ~ вражеский флот // 적함대를 격파하다 ¶ ~жили наши города // 우리의 도시들을 파괴하였다 ② 없애 버리다 ¶ ~ мятеж // 반란을 평정하다 ¶ ~ противоположность // 대립을 해소하다 ¶ ~ ядерное оружие // 핵무기를 폐기하다

унтер-офицер 부사관 (제정러시아시대) ¶ телеграфный ~ // 통신부사관

У

УОС *(управление оборонительного строительства)* 국방건설관리국

управление ① 지휘, 관리, 지도, 통치, 지배, 통솔; 조종, 운전, 제어 ¶ ~ войсками // 군대의 지휘 ¶ ~ боевыми средствами // 전투장비통제 ¶ ~ воздушным движением // 항공교통통제 ¶ ~ государством // 국정, 국가통치 ¶ ~ машиной // 자동차운전 ¶ ~ огнём // 화력통제 ¶ ~ по радио // 무선조종 ¶ ~ ракетой // 로켓통제 ¶ ~ самолётом // 비행기조종 ¶ военное ~ // 군정 ② 제어장치, 조종장치 관리부서, 관리국, 관청, 관리서 ¶ ~ вышло из строя // 조종장치·제어장치가 고장났다 ¶ опробовать ~ // 조종장치를 시동시켜 보다 ¶ рулевое ~ // 조타장치, 조종장치 ¶ ~ гавани // 항만청 ¶ ~ делами // 사무주재, 사무국, 총무부 ¶ ~ железной дорогой // 철도관리국 ¶ ~ картографии // 지형정보국 ¶ ~ по активному отдыху Минобороны России // 러시아국방부 휴가국 ¶ ~ разведки ВВС // 공군정보본부 [AIA] ¶ ~ сельского хозяйства Минобороны России // 러시아국방부 농업경제국 ¶ Автомобильно-дорожное ~ Минобороны России // 러시아국방부 자동차도로관리국 ¶ главное ~ // 본부 ¶ Главное ~ торговли Минобороны России // 러시아국방부 무역총국 ¶ железнодорожное ~ // 철도관리국 ¶ налоговое ~ // 국세청 ¶ начальник ~ния // 국장 ¶ орган ~ния // 통치기관 ¶ плановое ~ // 계획국 ¶ пойти в ~ // 관리국으로 가다 ¶ строительное ~ // 건설국 ¶ Центральное ~ военных сообщений Минобороны России // 러시아국방부 중앙군사교통국 ¶ Центральное ~ ракетного топлива и горючего Минобороны России // 러시아국방부 중앙미사일연료관리국 ¶ Центральное вещевое ~ Минобороны России // 러시아국방부 중앙물자관리국 ¶ Центральное продовольственное ~Минобороны России // 러시아국방부 중앙식량관리국 ¶ Центральное разведывательное ~ США // 미 중앙정보국 [CIA] ¶ центральное статистическое ~ // 중앙통계국 ¶ терять ~ // (비행기, 포탄 등이) 조종되지 않다·조종력을 잃다

управляемый 조종 · 유도하는 ¶ ~ снаряд // 유도탄 ¶ ~мая авиационная бомба // 유도폭탄 ¶ ~мая баллистическая ракета // 대륙간유도탄 ¶ ~мая ракета // 유도미사일

упреждение 이동목표 사격 시 목표 앞을 조준하는 것

упрочение 견고화, 공고화 ¶ ~ положения // 지위의 공고화 ¶ борьба за ~мира

// 평화를 공고화하기 위한 전투

уравновешивающий 무게균형을 잡는 ¶ ~ механизм // 포배열 수평유지

урановый 우라늄의 ¶ ~ концентрат // 농축우라늄 ¶ ~вая бомба // 우라늄 원자탄

урегулирование 조정, 조절, 질서, 해결 ¶ ~ взаимоотношения // 상호관계의 조절, 정상화, 해결 ¶ ~ спорных вопросов // 논쟁문제들의 해결 ¶ ~ международных отношений // 국제관계의 정상화 ¶ возможности ~ния корейского кризиса // 한국위기의 해결전망

УРО *(управляемое ракетное оружие)* 통제미사일

уровень 수준 ¶ ~ радиации // 방사능 오염수준

усиление 강화, 격화, 증강, 증대 ¶ ~ береговой охраны // 해안경비강화 ¶ ~ спуска // 방아쇠 압력

усилитель 증폭기 ¶ ~ высокой частоты // 고주파 증폭기

усилить, [нсв] усиливать что ① (수량을 높여) 증강하다, 강화하다 ¶ ~ войско пехотными отрядами // 군대를 보병부대들로 증강하다 ¶ полк, ~ленный танками // 탱크로 증강된 연대 ② (행위를) 강화하다 · 심화시키다, 집중하다, 높이다 ¶ ~ бдительность // 경각심을 고취시키다 ¶ ~ влияние // 영향력을 강화하다 ¶ ~ внимание // 주의를 집중하다 ¶ ~ контроль над чем // …에 대한 통제(관리) 를 강화하다 ¶ ~ наблюдение // 감시를 강화하다 ¶ ~ напряжённость в международных отношениях // 국제관계의 긴장성을 높이다 ¶ ~ оборону // 방어를 강화하다

ускорение 가속도

условный 약정한 ¶ ~ враг // 가적 (假敵) ¶ ~ знак // 약정신호, 범례

усовершенствованный 개량된, 개선된 ¶ ~ лёгкий вертолёт // 개량형 경헬리콥터 [ALH] ¶ ~ плавающий бронетранспортёр // 개량형 상륙돌격주정 [AAAV] ¶ ~ ударный вертолёт // 개량형 공격헬기 [AAH] ¶ ~ная боевая машина многоцелевого назначения // 개량형 다목적 장갑차 [ACAVP] ¶ ~ная бортовая авиационная РЛС с искусственной апертурой // 고감도합성구경 레이더체계 [ASARS] ¶ ~ная система тактической воздушной разведки // 전방전술 항공정찰 체계 [ATARS]

успокоитель 안정기, 동요완화장치 ¶ ~ качки // 함안정기 (ship stabilizer)

устав 규범, 규율, 규정, 법규, 법령, 헌장 ¶ ~ ООН // UN 헌장 ¶ ~ полевой службы // 야전규범 ¶ боевой ~ пехоты // 보병전술규범 ¶ дисциплинарный ~ // 복무규율

установка ① 설치, 장치 ¶ ~ машины // 기계설치 ¶ ~ мин // 지뢰매설 ¶ ~ минного поля // 지뢰지대설치 ② 기계설비, 기계장치 ¶ ~ мин с воздуха // 지뢰살포장치 ¶ силовая ~ // 동력설비 ③ 포 ¶ пехота получила много зенитных ~вок и пулемётов // 보병들은 많은 고사포와 기관총을 받았다 ④ на что 방침, 행동, 방향, 지향, 기준목표; 지시, 지령 ¶ ~ центральных органов // 중앙기관의 지시 ¶ ~ки для составления плана // 계획 작성의 기본방침 ¶ дать ~ку // 지시하다

устный 구두의 ¶ ~ допрос // 구두심문 ¶ ~ опрос // 설문 ¶ ~ приказ // 구두명령

устойчивость 안정성, 견고성 ¶ ~ корабля // 배의 복원력 ¶ ~ к воздействию низких температур // 내한성(耐寒性) ¶ ~ самолёта // 비행기의 안정성

У

устрашение 억제 ◆ 적에게 획득할 것으로 예상되는 이익보다 비용과 위험이 더 크다는 것을 확신시킴으로써 적의 군사적 행위를 단념케 하는 것을 말함. 또한 적에게 결과에 대한 두려움을 가함으로써 적의 군사적 행위를 예방

устремление 돌진 ¶ ~ войск в сердце // …의 심장부로 군대의 돌격

устроить, [нсв] устраивать 군대를 일정한 대형으로 세우다 ¶ вновь ~ полки // 연대의 대형을 고쳐 세우다

устройство ① 제도, 체제, 기구 ¶ государственное ~ // 국가기구 ¶ общественное ~ // 사회제도 ② 장치, 설비 ¶ ~ для работы дизелей под водой // (탱크)현수장치 ¶ взрывное ~ // 폭발장치 ¶ регулирующее ~ // 조정장치 ¶ ядерное ~ // 핵장치

утечка 유출 ¶ ~ вредных веществ // 유해물질 유출 ¶ ~ информации // 정보유출 ¶ ~ радиации // 방사능유출 ¶ ~ радиоактивных материалов // 방사능물질 유출 ¶ ~ ядерного оружия // 핵무기유출

УРО *(управляемое реактивное оружие)* 로켓추진형 유도무기

УРТ *(управляемая реактивная торпеда)* 로켓추진형 유도어뢰

участник 참가자, 관계자 ¶ ~ войны // 전쟁참가자 ¶ страна (государство) - ~ пакта // 조약가맹국

участок 작전구역, 전투지역 ¶ ~ заражения // 오염구역 ¶ ~ обороны // 방어구역 ¶ ~ форсирования // 도하구역 ¶ на ~ке полка // 연대 작전구역에서

учебный 연습의, 훈련의, 실습의 ¶ ~ корабль // 훈련함 ¶ ~ отряд // 훈련부대 ¶ ~ плац // 연병장 ¶ ~ полёт // 실습비행 ¶ ~ пункт // 예비군 훈련소 ¶ ~ самолёт // 실습기 ¶ ~ сбор // 훈련소 ¶ ~ центр // 훈련센터 ¶ ~ная стрельба // 연습사격 ¶ ~ная часть // 하사관 학교 ¶ ~ное поле // 훈련장 ¶ ~ное судно // 실습선 ¶ ~ные патроны // 훈련탄, 모의탄

учение 교련, 훈련, 연병 ¶ ~ гражданской обороны // 민방위훈련 ¶ ~ по ПВО // 방공연습 ¶ полевые ~ния // 야전기동훈련 ¶ проводить зимние ~ния // 동계훈련을 진행하다 ¶ ротное ~ на плацу // 훈련장에서의 중대훈련 ¶ совместные ~ния // 합동훈련 ¶ строевое ~ // 제식훈련 ¶ тактические ~ния // 전술훈련

учёт 등록 ¶ ~тно-послужная карточка // 복무기록표 ¶ ~ боевых действий

// 전투상보 ¶ войнский ~ // 복무기록

училище 전문학교 ¶ авиационное (танковое) ~ // 항공학교 ¶ военное ~ // 육군사관학교 ¶ военно-морское ~ // 해군사관학교 ¶ пехотное ~ // 보병학교

учреждение 부대, 시설 ¶ исправительно-трудовое ~ // 노동교화소

Ф

фаза 단계, 양상 ¶ ~ развития // 발전단계 ¶ вступить в новую (решающую, последнюю)~зу // 새 (결정적, 최종)단계에 들어서다

фал 마닐라로프 ◆ 돛, 신호기 등을 올리고 내리기 위한 밧줄

фарватер 안전항로 ◆ 우군부대에 의한 공격을 예방하기 위하여 이동하는 잠수함이나 해상함정이 사용하도록 지정한 특정항로 ¶ держаться ~ра // 항로를 잡다 ¶ морской ~ // 항로 ¶ плыть по ~ру // 수로를 항해하다 ¶ речной ~ // 수로 ¶ сбиться с ~ра // 항로를 벗어나다

фельдсвязь (фельдъегерская связь) 전령통신(傳令通信) 군사비밀문서의 연락 ◆ 군사비밀에 해당하는 문서를 전담하여 전송하는 통신의 한 형태

фельдъегерь 전령(傳令) ◆ 군사비밀에 해당하는 문서를 전담하여 배송하는 인원

фельдъегерский 전령통신(傳令通信) 의 ¶ ~кая служба //전령통신국

физический 신체의 ¶ ~кая подготовка // 체력단련 ¶ ~кая сила // 체력 ¶ ~кое воспитание // 체력훈련

флаг ① 깃발 ¶ ~ развевается на ветру (по ветру) // 기가 바람에 휘날린다 ¶ ~ги расцвечивания // 수기신호집 ¶ военно-морской ~ // 해군기 ¶ вывесить белый ~ // 흰 기를 들다, 항복하다 ¶ выкинуть ~ // 깃발을 게양하다 ¶ государственный ~ // 국기 ¶ древко (полотнище) ~га // 깃발대 (천) ¶ красный ~ // 붉은기 ¶ на флагшток поднимался государственный ~ // 깃대에 국기가 올라갔다 ¶ носовой (кормовой) ~ // 함수기 (함미기) ¶ парламентёрский ~ // 휴전기, 흰깃발 ◆ 정전회담 대표가 휴대하는 기 ¶ плавать под нашим ~гом // 깃발을 걸고 항해하다 ¶ поднять (спустить) ~ // 깃발을 올리다 (내리다) ¶ подъём (спуск) ~га // 깃발 올리기 (내리기) ¶ размахивать ~гом // 깃발을 흔들다 ¶ сигнализировать ~гом // 수기로 신호하다 ¶ сигнальный ~ // 신호기 ¶ спуск ~га // 국기하강 ② 기치, 표어, 이름 ¶ демонстрация ~а // 기치를 과시 ③ 국적선 ¶ ~ третьих стран // 제3국 국적선박 ¶ удобный ~ // 편의치적선박 ◆ 선박 소유주의 국적에 선박을 등록하지 않고 선박에 붙는 세금과 기타 편의를 제공해주는 국가에 선적을 등록하여 치적국의 국기를 게양하고 운항하는 선박 ¶ выбрасывать (выбросить), выкидывать (выкинуть) белый ~ (белые ~ги) // 패배를 인정하다, 항복하다, 관대를 바라다 ¶ адмирал держал свой ~ на линкоре // 함대사령관은 전함에 있었다 ¶ остаться за ~гом // 남들에게 뒤떨어지다, 뜻을 이루지 못하다, 들어가지 못하다 ◆ 남들에게 뒤떨어지다, 뜻을 이루지 못하다,

들어가지 못하다 ¶ под ~гом чего // 구호 하에, 기치 밑에, …에 의거하여 ¶ под ~гом защиты государства // 국가 수호라는 구호아래

флаг... 합친 말의 첫부분, ≪함대·기함의≫ 뜻 ¶ ~-офицер // 함대참모부의 부관

флагман 함대사령관

флагманский 함대사령관의 ¶ ~ корабль // 기함 ¶ ~ самолёт // 주도기, 지휘기 ¶ ~ командный пункт // 함대지휘소 ¶ ~ специалист // 함대지휘소 편성인원

флагшток (함미의)깃대

фланг (대열, 전선, 진지 등의)날개, 측면 ¶ броситься на врага с~га // 측면에서 적을 공격하다 ¶ левый (правый) ~ // 좌(우)익 ¶ обеспечение ~га // 측면방어 ¶ обход с ~га // 측면우회 ¶ охватывание ~гов // 양익포위 ¶ прикрывать ~ // 측면을 엄호하다 ¶ удар с ~га // 측면공격 ¶ ударить (또는 атаковать) с ~га // 측면으로부터 공격하다

фланговый 측면의, 익측의 ¶ ~ манёвр // 우회기동, 측면기동 ¶ ~ огонь // 측면사격 ¶ ~ удар // 익측타격, 측익공격 ¶ ~вая атака // 측면공격 ¶ ~вое движение (= ~ марш) // 측면이동, 측면행진 ¶ ~вое нападение // 측면습격 ¶ фланговый // 대열의 측면에 있는 사람

фланкирование 측면사격, 측면엄호

фланкировать [св] [нсв] 측면에서 사격하다; 측면엄호하다 ¶ вести ~рующий огонь // 측면으로부터 사격을 진행하다

фланкирующий 측방의 ¶ ~ огонь // 측방사격 ¶ ~ пулемёт // 측방기관총

флот ① (형태, 소속, 항행구역 등에 의해 구성되는)선박의 총체, 선단, 선대 ¶ военно-воздушный ~ // 공군 ¶ военный ~ // 군함 ¶ воздушный ~ // 항공대 ¶ гражданский ~ // 민간 선박대 ¶ корейский ~ // 한국 선박대 ¶ морской ~ // 해양선단 ¶ парусный ~ // 범선대 ¶ речной ~ // 하천선박대 ¶ рыбопромысловый (рыболовный, рыболовецкий) ~ // 어로선박대, 어선단 ¶ торговый ~ // 상선대 ¶ транспортный ~ // 수송선단 ② 해군함대 ¶ военный (또는 военно-морской) ~ // 해군함대 ¶ командующий ~та // 함대사령관 ¶ Тихоокеанский ~ [ТОФ] // 태평양함대 ◆ 함대사령부는 블라디보스톡(Владивосток)에 위치 ¶ Черноморский ~ [ЧФ] // 흑해함대 ◆ 함대사령부는 우크라이나의 세바스토폴 (Севастополь, Украина)에 위치 ¶ Северный ~ [СФ] // 북양함대 ◆ 함대사령부는 세베로모르스크 (Североморск)에 위치 ¶ Балтийский ~ [БФ] // 발트함대 ◆ 함대사령부는 칼리닌그라드 (Калининград)에 위치 ③ 해군 ¶ адмирал ~та // 해군대장 ¶ армия и ~ // 육해군 ¶ Военно-Морской Флот (ВМФ) // 해군 ¶ служить во ~те // 해군에 복무하다

флотилия ① (일정한 수역에 있는) 군함의 총체, 소함대 ¶ Азовская ~ // 아조브 소함대 ¶ Амурская ~ // 아무르 소함대 ¶ Волжская ~ // 볼가 소함대 ¶ Каспийская

Ф

~ // 카스피해 소함대 ◆ 소함대사령부는 아스트라한 (Астрахань)에 위치 ② 소항공대 ③ 선단, 선대 ¶ минная ~ // 기뢰정대 ¶ рыбачья ~ // 어로선단

флотоводец 함대사령관; 해군제독

флотоводческий 함대사령관의; 해군제독의

флотский 함대의 ¶ ~ режим // 함대규율 ¶ ~ тыл // 함대 후방지원부대 ¶ ~ флаг // 함대기 ¶ ~ экипаж // 함대승조원 ¶ ~кое учение // 함대급 훈련

фонд 재단, 자금

форма ① 형태 ¶ ~ военных действий // 전투의 형태 ¶ ~ манёвра // 기동형태 ◆ 공격작전 시 적에 비하여 유리한 위치로 부대 및 화력을 이동시키기 위한 이동형태 ② 제복 ¶ ~ одежды // 제복, 유니폼 ¶ военная ~ // 군복 ¶ летняя ~ // 하복 ¶ надеть ~му // 제복을 입다 ¶ офицерская ~ (= ~ офицера, ~ для офицеров) // 장교복 ¶ парадная ~ // 정복, 예복, 분열복 ¶ повседневная ~ // 평상복 ¶ рабочая ~ одежды // 근무복, 전투복 ¶ солдаты носят ~му // 사병은 제복을 입고 있다

форменный ① 제복의 ¶ ~ная одежда // 정복, 제복 ¶ ~ная фуражка // 제모 ② 정식의, 공식의 ¶ ~ные бумаги // 공식문서

формирование ① 편성 ¶ ~ воинских частей // 부대의 편성 ¶ ~ состава // 인원편성 ② 편성된 부대, 연합부대 ¶ ~ гражданской обороны // 민간방위부대 ¶ войсковые ~ния // 연합군부대

форсирование ① 촉진, 강화 ② 강행돌파 ¶ ~ водной преграды // 하천장애물 돌파 ¶ ~ минных заграждений // 지뢰지대 돌파 ¶ ~ противолодочного рубежа // 대잠방어선 돌파 ¶ ~ реки // 강행도하

форсированный 강행된 ¶ ~ марш // 강행군 ◆ 시간과 피로가 증가된 행군 ¶ ~ проход // 강행돌파

форсировать [св] [нсв] 강화하다, 촉진시키다; 강행하여 도하 · 통과하다 ◆ 강화하다, 촉진시키다; 강행하여 도하·통과하다 ① ¶ ~ развитие // 발전을 촉진시키다 ② ¶ ~ реку // 강행도하하다

форт 거점, 보루; 강화진지 ¶ полевой ~ // 야전거점, 야전보루

фортификация 축성물 ¶ долговременная ~ // 장기간이 걸린 축성물 ¶ полевая ~ // 야전축성

форум 포럼 ¶ региональный ~ АСЕАН по безопасности // 아세안 지역안보포럼 [ARF]

фрегат ① 지휘구축함 (돛을 세 개 단 고대의 쾌속군함, 현대에는 순양함과 구축함 사이에 해당함) ② 프리기트 경비함 (제2차 세계대전 때 건조, 수송선 호위 및 반잠수함용), 프리게이트 구축함 ¶ ~ УРО (управляемое ракетное оружие) // 미사일 통제 소형 구축함

фронт ① 전선, (전선에서의) 전투행동 ¶ ~ наступления // 공격전선 ¶ восточный (западный) ~ // 동부 (서부)전선 ¶ выступ ~та // 전선의 돌출부 ¶ на западном ~те без перемен // 서부전선 이상없다 ¶ наступление по всему ~ту // 모든 전선에 대한 공격 ¶ находиться на ~те // 전선에 있다, 출전 중에 있다 ¶ оборонительный ~ // 방어전선 ¶ по всему ~у // 모든 전선에 걸쳐 ¶ положение на ~тах // 전황 ¶ сплошной ~ // 전면적 전선 ¶ средний ~ // 중부전선 ¶ уехать (отправиться) на ~ // 전선으로 떠나가다, 출전하다 ¶ участок ~та // 전선의 작전지구 (구역) ¶ ширина ~та // 전선의 폭 ② (적과 마주하고 있는)정면, 제일선 ¶ боевой ~ // 최전선, 전투정면 ¶ растянутый ~ // 연장된 정면, 제일선 ③ 대열, 횡대 ◆ 러시아연방에서 전선(фронт)의 부대단위는 군관구 (военныйокруг)이며, 20만 명 이상, 2개 집단군 이상, 대장 (генерал армии), 원수 (маршал)가 지휘관임 ¶ выстроиться во ~ // 횡대로 정렬하다 ¶ идти вдоль ~та // 대열 앞을 걸어가다 (복장검사 할 때) ¶ построить войска во ~ // 군대를 횡대로 정렬시키다 ¶ строй ~та // (함대·비행기의)횡대

фронтальный 전방의, 정면의 ¶ ~ огонь // 전방사격 ¶ ~ прорыв // 정면돌파 ¶ ~ удар // 전방공격 ¶ ~ная атака // 정면·일제공격 ¶ ~ная дорога // 전방추진도로 ¶ ~ное наступление // 정면·일제공격 ¶ ~ное преследование // 정면추격

фронтовик 출정군인, 전선의 장교 ¶ помощь семьям ~ков // 출정군인 가족의 원조

фронтовой ① 전선의, 전선에서 활동하고 있는 ¶ ~ заказ // 군수 ¶ ~ истребитель // 전술항공기 ¶ ~ товарищ // 전우 ¶ ~вая авиация // 전방배치 항공대 ¶ ~вая линия // 전선 ¶ ~вая служба // 전선근무 ¶ ~вая часть // 전투부대 ¶ ~вое письмо // 전선에서 오는 편지 ② 정면의 ¶ ~ удар // 정면공격

ФСБ *(Федеральная служба безопасности)* 연방보안국

ФСО *(Федеральная служба охраны)* 러시아연방경호청 ◆ 러시아연방 대통령을 비롯하여 정부의 주요인물의 경호, 정부청사의 경비 등을 주관하는 기관, 2004년 8월부터 정부통신의 보장기능도 수행하고 있음.

фугас 폭뢰, 지뢰 ¶ заложить в землю ~ // 지뢰를 설치하다 ¶ сбросить ~ // 지뢰폭탄을 투하하다

фугасный 폭뢰의, 지뢰의 ¶ ~ное действие // 폭풍효과

фуражка 군모, 전투모 ¶ военная ~ // 군모, 전투모 ¶ ходить без ~ки // 군모를 쓰지 않고 다니다

футшток 조석표 ◆ 조석, 조류에 관하여 그때 그 장소에서 뿐만 아니라 앞으로 도착할 지역의 조석이나 조류의 추산에 필요한 간행물로 매 5년마다 발간

Ф

Х

ХАБ *(химическая авиационная бомба)* 항공화학탄

хаки 카키복

характеристика (근무 태도, 품성 등에 대한) 평정서, 증명서, 추천서 ¶ выдать (получить) ~ку // 근무평정서를 내다 (받다) ¶ написать (составить) ~ку // 평정서를 쓰다 (작성하다) ¶ представить ~ку // 평정서를 제출하다 ¶ служебная ~ // 근무평정서

химический (군사용) 화학약품의 ¶ ~ наблюдательный пост // 화생방 감시소 ¶ ~ снаряд // 독가스탄 ¶ ~кая атака // 화학공격 ¶ ~кая бомба // 화학탄 ¶ ~кая война // 화학전 ¶ ~кие войска // 화학부대 ¶ ~кая граната // 화학수류탄 ¶ ~кая обстановка // 화생방 상황 ¶ ~кая разведка // 화생방정찰 ¶ ~кая рота // 화학중대 ¶ ~кие части // 화학부대 ¶ ~кое заражение // 화학오염 ¶ ~кое нападение // 가스공격 ¶ ~кое обеспечение // 화학지원 ¶ ~кое оружие // 화학무기

ход ① 걸음, 보행; 이동, 진행 ¶ ~ вперёд // 전진 ¶ ~ лодки // 배의 운행 ¶ ~ назад // 후퇴, 후진 ¶ два часа ~ду // 걸어서 두 시간 ¶ задний ~ // 역행 ¶ осталось пять километров ~ду // 이제 5km 남았다 ¶ сколько туда ~ду (пешком)? // 그곳까지는 (걸어서)얼마나 걸리는가? ¶ туда ~ду два часа // 그곳까지는 걸어서 2시간 걸린다 ② (자동차, 기차, 배 등의) 속도, 속력; (사람의) 걸음속도 ¶ автомашина на всём ~ду // 전속력으로 달리고 있는 자동차 ¶ быстрый (медленный) ~ // 빠른 (느린) 속도 ¶ дать полный ~ // 전속력을 내다 ¶ идти замедленным ~дом // 속도를 줄여서 가다 ¶ корабль был уже на полном ~ду // 군함은 이미 전속력을 냈다 ¶ корабль потерял ~ // (고장으로)군함이 움직이지 않게 되었다 ¶ малый ~ // 낮은 속도 ¶ на перекрёстке он замедлил ~ // 교차점에서 그는 속도를 낮추었다 ¶ набирать ~ // 속도를 내다 ¶ полный ~ // 전속력 ¶ прибавить (замедлить) ~ // 속도를 높이다 (내리다) ¶ сбавлять ~ // 속도를 늦추다 ¶ тихий ~ // 천천히 가는 속도 ¶ ускорить ~ // 속력을 가하다 ¶ черепашьим ~дом // 거북이 걸음으로 ③ 과정, 경과, 진전, 추이 ¶ ~ войны // 전쟁의 경과 ¶ ~ событий // 정세의 추이 ¶ ~ сражения // 전투의 경과 ¶ при таком ~де событий // 이러한 사태의 추이에서는 ④ 조치, 수단, 책동, 술책 ¶ дипломатические ~ды его не удались // 그의 외교적 책동은 성공하지 못했다 ¶ рискованный ~ // 위험한

수단 ⑤ 통로, 행로 ¶ ~ ды сообщения в окопах // 전호의 교통호 ¶ тут ~ду нет // 통행금지 ¶ в ~де чего // …의 과정에 ¶ в ~де переговоров состоялся обмен мнениями о международной обстановке // 회담과정에 국제정세에 대한 의견교환이 있었다 ¶ на ~ду // 진행 중에, 걸으면서, 보행 중에 ¶ есть (заснуть) на ~ду // 보행 (행군)중에 먹다 (잠들다) ¶ полный ~! // 전속력으로! ¶ пустить в ~ // 시동시키다, 조업을 개시하다 ¶ пустить в ~ все средства (последнее средство) // 온갖 (최후의) 수단을 강구하다 ¶ пустить в ~кулаки // 폭력을 사용하다 ¶ пустить в ~оружие // 무기를 사용하다

ходовой 항행, 비행, 주행과 관련된 ¶ ~вая рубка // 조타실 ¶ ~вое судно // 범선 ¶ ~вые испытания судна // 선박의 시험항행 ¶ ~вые качества самолёта // 비행기의 비행성능 ¶ ~вые огни // 항해등 ¶ за два ~вых часа // 두 시간의 주행, 운행

холодный 찬, 차가운 ¶ ~ная война // 냉전 ¶ ~ное оружие // 도검 (刀劍)

холостой 공탄의, 빈, 공포 (空砲)의 ¶ ~ выстрел // 공탄발사 ¶ ~ заряд // 공포장약 ¶ ~ патрон // 공탄, 공포탄 ¶ ~тая стрельба // 공탄사격 ¶ ~тые боеприпасы // 공포탄

хранение 저장, 보관 ¶ ~ военной техники // 군장비 보관

хранилище 보관소 ¶ ~ вооружения // 무기고 ¶ ~ радиоактивных топливных элементов // 핵연료저장시설

Ц

целеуказание 목표지시, 표적지시

целик 조준장치

целиться 겨누다 ¶ ~ в мишень // 표적을 겨누다 ¶ ~ из винтовки // 총을 겨누다

цель ① 목표, 표적 ¶ ~ на обратных склонах высот // 반사면표적 ¶ ~ особой важности // 고가치표적(HVT) ¶ военная ~ // 군사목표 ¶ воздушная ~ // 공중표적 ¶ движущаяся ~ // 이동표적 ¶ закрытая ~ // 은폐된 목표, 비밀목표 ¶ защищённая ~ // 하드타겟 ¶ конкретная ~ // 구체적 목표 ¶ мнимая ~ // 가상목표 ¶ наземная ~ // 지상표적 ¶ невидимая ~ // 보이지 않는 표적 ¶ неподвижная ~ // 고정표적 ◆ 움직이지 않는 표적 ¶ определённая ~ // 정해진 목표, 특정목표 ¶ особо важная ~ // 고가치표적(HVT) ¶ подвижная ~ // 이동목표 ¶ попасть в ~ // 명중하다 ¶ приоритетная ~ // 최우선표적 ¶ стратегические ~ли // 전략목표 ② 목적 ¶ ~ оправдывает средства // 목적을 달성하기 위하여 수단을 가리지 않는다 ¶ в ~ях (또는 с ~лью) чего // …의 목적을 가지고, …하기 위하여 ¶ главная ~ заключается в чём // 중요한 목적은 …에 있다 ¶ достичь ~ли // 목적을 달성하다 ¶ задаться ~лью // 목적을 세우다 ¶ иметь ~лью // 목적으로 하다 ¶ использование атомной энергии в мирных ~лях // 평화적 목적으로 원자력 이용 ¶ конечная ~ // 궁극적 목적, 최종목적 ¶ отвечать ~ли // 목적에 부합되다 ¶ преследовать ~ // 목적을 추구하다 ¶ с ~лью // …하기 위하여 ¶ с единственною ~лью // 유일한 목적을 가지고 ¶ с какой ~лью? // 어떠한 목적으로? ¶ ставить что своей~лью // 자기목적으로 삼다 ③ 목적지 ¶ мы недалеко от ~ли // 우리는 목적지 가까이에 있다 ¶ наконец мы были у ~ли // 마침내 우리는 목적지에 닿았다

цензура 검열 ¶ подвергаться~ре // 검열을 받다 ¶ проходить (пропускать) через ~ру // 검열에 통과하다 (통과시키다)

центр ① 중심, 초점 ¶ ~ вращения // 회전중심 ② 중앙기관, 센터, 본부 ¶ ~ разведки // 정보본부 ¶ ~ связи // 통신센터 ¶ военно-учебный ~ // 군사훈련센터 ¶ директива (из) ~ра // 본부에서의 지령 ¶ Ц~ информационных операций ВВС // 미공군정보전센터 [AFIWC] ¶ Ц~ контроля воздушного пространства // 항공통제본부 [ACC] ¶ Ц~ координации использования воздушного пространства ОТАК // 공역협조반 [ACE] ◆ 우군기의 안전과 우군에게 지상 및 함포지원을 계속적으로 지원하기 위해 설치된 부대 ¶ Ц~ ООН по разоружению // 유엔군축센터 ¶ Ц~ по ликвидации последствий стихийных бедствий // 재해대책본부 ¶ Ц~ по уменьшению ядерной опасности // 핵위험경감센터 ◆ 미소협정으로 워싱턴과 모스크바에 설치된 센터 ¶ Ц~ поддержки авиационных операций // 항공지원 작전본부 [ASOC] ◆ 한국전구 항공통제체계의 예하부서로서 지상군을 지원하는 항공작전의 지휘·협조를 위해 근접항공지원작전 및 기타 육군 지원임무를 계획, 조정하는 기구

центральный 중앙의, 중심부에 있는, 주요한 ¶ ~ командный пост // 중앙지휘소 ¶ Ц~ военный совет [ЦВС] // 중앙군사위원회 ¶ Ц~ое командование // (미국 신속대응군)중앙사령부 ¶ Ц~ое разведывательное управление // (미국)중앙정보부 [CIA]

центрифугат 원심분리물

центрифугирование 원심분리

центрифугировать 원심분리기로 분리하다

цепной 연쇄적인 ¶ ~ная ядерная реакция // 핵연쇄반응 ¶ ~ные рефлексы // 연쇄반사

церемониал 의식, 의례 ¶ пройти ~лом // 분열식을 하다

церемониальный 의식에 의해 거행되는 ¶ ~ марш // 분열식, 행진

цистерна (액체저장용)탱크 ¶ ~ подводной лодки // 밸러스트 탱크 (잠수함) ¶ ~ пресной воды // 담수탱크 ¶ водяная ~ (~ с водой) // 물탱크 ¶ топливная ~ // 연료탱크

цифровой 디지털의, 수의 ¶ ~вые данные // 디지털자료

ЦК *(Центральный комитет)* 중앙위원회

ЦКРАН *[цэ-ка-ран] (Центр конфликтологии Российской Академии Наук)* 러시아과학아카데미 분쟁학 센터

ЦОСИ *[цоси] (Центр оперативно-стратегических исследований)* (러시아총참모부의) 작전-전략연구센터

ЦПТ *(Центр политических технологий)* 정치책략센터

ЦРУ *[цэ-эр-у] (Центральное разведывательное управление)* (미국)중앙정보부 [CIA]

ЦСИ *(Центр стратегических исследований)* 전략연구센터

ЦСКА *[цэ-эс-ка] (Центральный спортивный клуб армии)* (러시아)중앙군사체육부대

ЦТАК *[цтак] (Центральное телеграфное агентство Кореи)* 조선중앙통신

ЦУМОР *[цумор] (Центральное управление морского транспорта)* 해운총국

ЦУП *[цуп] (центр управления полётом)* 비행조종센터

Ц

Ч

Ч *(час атаки, начала операции)* 작전시간

час, [복]~сы ① (무엇을 위한) 시간 ¶ комендантский ~ // 야간외출금지 ¶ определить ~ встречи // 면회시간을 정하다 ¶ приёмные ~сы прошли // 면회시간이 끝났다 ② [복] 보초, (당직) 근무시간 ¶ поставить кого на~сы // …를 보초 세우다 ¶ стоять на ~сах // 보초를 서다

часовой 보초, 경계근무자, 경계병 ¶ ~- наблюдатель // 감시초병 ¶ менять ~вого // 보초를 교대하다 ¶ смена ~вых // 보초교대

частичный 부분적인, 일부의 ¶ ~ная мобилизация // 일부동원 ¶ ~ное запрещение испытаний ядерного оружия // 핵무기시험의 부분적 금지

часть 부대 (연대급 및 독립대대, 독립중대), 대 (隊) ¶ ~ охранения // 경비부대 ¶ ~ постоянной готовности // 대기부대 ¶ авиационная ~ // 비행부대 ¶ автомобильная ~ // 자동차부대 ¶ бронетанковая ~ // 기갑부대 ¶ гвардейская ~ // 우수부대, 친위대, 근위대 ¶ головная ~ // 선두부대 ¶ дежурная ~ // 당직부대, 5분 대기부대 ¶ железнодорожная ~ // 철도부대 ¶ запасная ~ // 예비부대 ¶ зенитная ~ // 고사포부대 ¶ кадровая ~ // 상비부대, 정규부대 ¶ командир ~ти // 부대장 ¶ материальная ~ // 병참부대 ¶ медико-санитарная ~ // 위생부대 ¶ механизированная ~ // 기계화부대 ¶ моторизованная ~ // 차량화부대 ¶ общевойсковая ~ // 다병종·병과합동부대 ¶ передовая ~ // 선견부대, 선봉부대 ◆ 상륙기동부대의 주력부대 상륙이전 상륙목표지역 내에 투입, 상륙기동부대의 상륙돌력을 위하여 목표지역을 준비하는 상륙기동부대 예하의 기동편성부대 ¶ пехотные ~ти // 보병부대 ¶ подвижная ~ // 이동부대 ¶ понтонная ~ // 부교부대 ¶ резервная ~ // 예비부대 ¶ специальная ~ // 특수부대 ¶ танковая ~ // 전차부대 ¶ ударные ~ти // 돌격대, 특공대 ¶ штурмовая ~ // 공중강습부대

черта 경계, 한계; (경계선으로 둘러싸인) 구역, 범위 ¶ в ~те расположения войск // 군대 주둔구역 안에서 ¶ переступить за ~ту // 한계선을 넘다 ¶ пограничная ~ // 국경선

честь 명예; 경의; 영예 ¶ воинская ~ // 군인의 명예 ¶ за ~и свободу Родины // 조국의 영예와 자유를 위해 ¶ задеть ~ // 명예를 훼손시키다 ¶ отдание ~ти (прикладыванием руки к головному убору) // 경례, 거수경례 ¶ ~ и слава кому // …에게 영예가 있으라 ¶ в ~ кого-чего // …를 위하여 ¶ клясться ~тью // 명예를 걸고 맹세하다 ¶ клянусь ~тью, я это сделаю // 명예를 걸고서라도

이것은 꼭 해내겠다 ¶ отдать ~ кому // 거수경례하다, 경의를 표하다 ¶ поле ~ти // 싸움터, 전투장 ¶ с ~тью (выполнить, оправдать) // 영예롭게, 훌륭히 (수행하다, 완수하다) «상용구» Если умираешь, то сочти за ~ умереть достойно 죽을 지라도 명예롭게 죽는 것을 영광으로 여겨야 한다. ¶ ~-высшая мера нравственности // 명예는 정신의 가장 높은 척도이다 ¶ ~- выше хлеба // 명예는 빵보다 더 중요하다 ¶ ~- поэзия долга // 명예는 본분의 대명사다 ¶ ~умирает, когда предается // 배신을 할 때, 명예는 참지 못한다 **[속담]** Береги ~ смолоду // 명예는 젊어서부터 소중히 간직하라 **[속담]** В ком ~- в том и правда // 누군가에게 명예가 있다면, 그 곳에는 진리가 있다 **[속담]** Пришла ~сумей снесть // 한번 명예가 찾아왔으면 지킬 줄 알아야 한다

чин (문관의) 관직, 군대의 직위, 계급 ¶ ~ офицера // 장교의 직위 ¶ ~ на почитай // 상관에게 경례하는 것을 게을리 하지 말라, 상관을 존경해라 ¶ ~ном он майор // 그의 직위는 소령이다

численность 수, 인원수 ¶ ~ войск // 부대정원

численный 수의, 수자상의, 수적인 ¶ ~ состав армии // 군대 인원수 ¶ ~ное превосходство // 수적우세

член 일원, 회원, 성원 ¶ ~ антарктической экспедиции // 남극탐험대원 ¶ ~ военного совета // 군사위원회 위원

ЧП *(чрезвычайное происшествие)* 비상사태

чрезвычайность 비상한 것, 대단한 것 ; 긴급사태 ¶ до ~ти // 비상히

чрезвычайный ① 임시의 ¶ ~ расход // 임시지출 ¶ ~ съезд // 임시대회 ¶ ~ная сессия парламента // 임시국회 ② 특별한 ¶ ~ закон // 특별법 ¶ Ч~и Полномочный Посланник // 특명전권공사 ¶ Ч~и Полномочный Посол // 특명전권대사 ③ 비상의, 긴급한 ¶ ~ съезд // 비상대회 ¶ ~ная ситуация // 비상상황 ¶ ~ное положение // 비상사태 ¶ ~ное происшествие // 비상사건 ¶ ~ные меры // 긴급조치, 비상대책, 비상조치 ¶ Ч~ные вооружённые силы ООН // 유엔긴급군 (UN Emergency Force)

чрезвычайщина 비상체제

чтение 읽기 ¶ ~ карты // 독도(讀圖)

ЧФ *(Черноморский флот)* 흑해함대

Ш

шаг ① 걸음새, 보행 ¶ беглый ~ // 구보 ¶ быстрый ~ // 속보 ¶ замедлить (прибавить) ~ги // 걸음을 늦추다 (재우치다) ¶ идти скорым ~гом // 속보로 가다 ¶ отбивать (또는 печатать, чеканить) ~ // 발을 힘차게 구르며 걷다, 행진식으로 걷다 ¶ сбиться с ~га // 남들과 보조가·발이 맞지 않게 되다 ¶ торопливые ~ги // 서두르는 걸음걸이 ② 행동, 동작 ¶ вынужденный ~ // 궁여지책 ¶ дальнейшие ~ги // 앞으로의 조치·대책 ¶ дипломатический ~ // 외교상 방책·조치 ¶ правильный ~ // 올바른 조치 (행동) ¶ решительный ~ // 결정적 행동 ③ 발전단계 ¶ большой ~ вперёд // 큰 성과 ¶ новый ~ вперёд // 새로운 전진 ¶ одновременные ~ги // 같은 발전단계 ¶ это первый ~ (на пути) к разоружению // 그것은 군축에로의 제일보 (제일단계)이다 ¶ это является ~гом назад (вперёд) // 이것은 일보후퇴 (전진)이다 ¶ ~ вперёд // 일보전진이다, 초보적인 성과이다 ¶ ~гом марш! // 앞으로 갓! ¶ ~гу (лишнего) не делать 또는 ни ~гу не сделать для // 아무것도 해주지 않다, 전혀 방책을 취하지 않다 ¶ ~гу сделать (ступить) не дают 또는 ~гу нельзя (невозможно) сделать // 꼼짝 못하게 하다 ¶ идти (шагать) ~ в ~ с кем // 보조를 맞추어서·발을 맞추어 걷다 ¶ идти ~гом! // 걸어 갓! ¶ короче ~! // 걸음 줄여! ¶ ни ~гу назад (дальше, вперед 등) // 한걸음도 물러서지 말라 (더 나가지 말라, 전진하지 말라) ◆ 한걸음도 물러서지 말라 (더 나가지 말라, 전진하지 말라) ¶ ни на ~ 또는 ни ~гу (не отходить, не отступать) от // 한걸음도 (물러서지 않다) ¶ ни на ~ не продвинуться // 한걸음도 전진 못하다 ¶ первые ~ги (первый ~) // (존재·활동의)첫걸음, 제일보 ¶ ускорить ~! // 걸음 빨리! ¶ шире ~! // 늦춰!

шантаж 공갈, 협박 ¶ заниматься ~жом // 협박하여 돈을 빼내다 ¶ ядерный ~ // 핵공갈

шанцевый 전호 · 참호 굴착용의; 축성용의 ¶ ~ инструмент // 참호굴착용 공구, 축성공구

шапка 모자 ¶ ~- ушанка // 월동모 ¶ без ~ки // 모자를 쓰지 않고 ¶ в ~ке // 모자를 쓰고 ¶ надевать (снять) ~ку // 모자를 쓰다 (벗다)

шар (러시아 북방의)해협

шахтный 갱도식의 ¶ ~ная пусковая установка // (대륙간탄도탄 등의) 갱도식 발사장치

шашка ① 화약통 ¶ подрывная ~ // 폭파용 화약통 ② 군도, 장검, 긴 칼

швартовка 계류 ◆ 함선을 부두, 방파제 또는 부표에 매어 정지시키는 것 ¶ ~ судов // 선박계류

швартовый 계류용의, 계선용의 ¶ ~ трос // (계선의) 배를 여러 척한데 매는 홋줄 ¶ ~вое устройство // 계류장비

шеврон (정복소매의) 금줄 ◆ 의무연한 이후의 근무연한을 표시하는 금줄

шеренга 횡렬, 횡대 ¶ идти ~гами // 횡렬로 가다 ¶ выстроиться в две ~ги // 2열 횡대로 서다

шинель 군용외투 ¶ офицерская (солдатская) ~ // 장교 (병사)외투

широта 위도 ¶ на сороковом градусе южной (северной) ~ты // 남 (북)위 40도에서

шифр 암호 ¶ буквенный (цифровой) ~ // 문자 (수자) 암호 ¶ ключ ~ра // 암호 풀이법

шифратор 암호기 ◆ (통신, 원격조종기, 전파탐지기 등의) 신호발신 장치 및 설비

шифровальный 암호 · 기호화하는 ¶ ~ отдел // 암호과 ¶ ~ная телеграмма // 암호전보

шифровальщик 암호수

шифрование 암호화

шифровать, [св] **зашифровать** 암호화하다 ¶ ~ телеграмму // 전보를 암호화하다

шкипер 상선선장

школа 학교 ¶ ~ младших специалистов // 기술병과학교 ¶ ~ морских десантных операций корпуса морской пехоты // 상륙전학교 [AWS] ¶ ~ прапорщиков и мичманов // 하사관 및 준사관학교 ¶ лётная ~ // 비행학교 ¶ офицерская ~ // 사관학교

шлагбаум (초소의) 차단물

шлем 철모 ¶ ~ космонавта // 우주비행사모 ¶ авиационный ~ // 항공·비행모 ¶ водолазный ~ // 잠수모 ¶ защитный ~ // 안전모 ¶ пехота в металлических ~мах // 철모를 쓴 보병

шлемофон (마이크가 달린) 탱크병모, 비행모

шлюз 갑문, 수문 ¶ Западноморский гидрокомплекс (~, плотина со ~ами) // 서해갑문

шлюп ① 세 돛 군함 ◆ 18~19세기 돛대가 세 개 있는 세 돛 군함 ② 호송선 ◆ 외국에서 수송선대를 엄호하는 저속경비정

шлюпка 단정 ¶ дозорная (сторожевая) ~ // 경비정 ¶ палубная ~ // 갑판단정 ¶ спустить ~ку на воду // 물위에 단정을 내리다

шнокель 흡기통, 잠망경

III

шпангоут 늑골재
шпиль 양묘기 ¶ якорный ~ // 수직양묘기
шпион 간첩 ◆ 적대국가의 이익을 위하여 비밀 혹은 허위의 구실 하에 정보를 탐지, 수집하는 자
шпионаж 간첩행위 ¶ военный ~ // 군사간첩행위 ¶ заниматься ~жем // 간첩행위를 하다 ¶ промышленный ~ж // 산업스파이
шпионить 정탐하다 ¶ ~ в пользу кого // …를 위해 간첩행위를 하다
шпионский 간첩행위의 ¶ ~кая организация // 스파이조직, 간첩조직 ¶ ~ центр // 중앙첩보기관
шрапнель 산탄, 유산탄 ◆ 프랑스의 포병장교 헨리 슈라프넬이 개발한 탄으로 발사 후 포탄에서 대량의 쇠구슬이 방출되어 살상력을 높인다.
шрапнельный 지연신관폭탄의 ¶ ~ огонь // 지연신관폭탄사격
штаб ① 사령부, 본부; 참모부 ¶ ~ армии // 군사령부 ¶ ~ батальона // 대대본부 ¶ ~ дивизии // 사단본부 ¶ ~ корпуса // 군단사령부 ¶ ~ объединённых вооружённых сил // 연합군사령부 (바르샤바조약국) ¶ ~ округа // 군관구사령부 ¶ ~ полка // 연대본부 ¶ ~ сухопутных войск // 육군본부 ¶ ~ тыла // 군수참모본부, 후방본부 ¶ ~ фронта // 전선참모부; 전선사령부 ¶ вышестоящий ~ // 상급사령부 ¶ главный (또는 генеральный) ~ // 총참모부; 참모본부 ¶ общевойсковой ~ // 전군합동참모부 ② 참모, 참모부성원 ¶ начальник ~ба // 참모장 ¶ офицер ~ба // 참모 ¶ офицер ~ба информации // 정보참모 ¶ офицер ~ба кадров // 인사참모 ¶ офицер ~ба операции // 작전참모 ¶ офицер ~ба тыла (логистики) // 군수참모 ¶ полковой ~ // 연대본부
штабной 참모부의 ¶ ~ корабль // 지휘함 [AGF] ¶ ~ офицер // 참모장교 ¶ ~ная рота // 본부경비중대
штат 정원, 편제 ¶ ~ты военного времени // 전시편제 ¶ ~ты мирного времени // 평시편제 ¶ ввести новые ~ты // 새로운 정원규정을 시행하다 ¶ должностные ~ты // 정원규정 ¶ зачислять кого в ~ // …을 정원에 넣다 ¶ пополнить ~ // 정원을 보충하다 ¶ сокращать ~ // 정원을 줄이다
штатный 편제상의, 정원안의 ¶ ~ боеприпас // 편제탄약 ¶ ~ патрон // 편제탄 ¶ ~ состав // 편제인원 ◆ 정원에서 부수병력을 감한 인원으로 편제표상에 편성된 인원 ¶ ~ная должность // 편제직위 ¶ ~ная численность // 정원수 ¶ ~ное расписание // 편제편성표 ¶ ~ные огневые средства // 편제화력기재
штатский 비군사적인, 민간인의 ¶ ~ая одежда // 사복, 평복
штопор 회전급강하 ¶ ~ром // 나선형으로 ¶ самолёт пошёл в ~ // 비행기가 나선형으로 급강하하였다
шторм 폭풍 ¶ ~-трап // 결박용 그물 ¶ поднялся ~ // 폭풍이 일어났다 ¶ попасть в ~ // 폭풍우를 만나다

Ш

штормовой 폭풍우의 ¶ ~ ветер // 폭풍 ¶ ~ сигнал // 폭풍신호 ¶ ~ устройство // 폭풍 대비 장비 ¶ ~вое предупреждение // 폭풍주의보

штрафбат 징벌대대 (= штрафной батальон)

штрафник 규율 위반으로 처벌받은 군인

штурм 돌격, 강습, 습격 ◆ 특정한 국부적인 목표에 대해 짧고 맹렬하면서 질서 있는 공격을 감행하는 것 ¶ взять ~мом город // 돌격으로 도시를 점령하다 ¶ идти (бросаться) на (в) ~ // 돌격하다

штурман 항해사; 항법사, 조종사 ¶ ~ наведения // 유도사 ¶ второй (младший) ~ // 2등 항해사 ¶ первый (старший) ~ // 1등 항해사

штурманский 타수 · 조종사 · 항법사의 ¶ ~кая рубка // 조타실, 해도실 ¶ ~кая служба // 항해사의 직책

штурманство 타수 · 조종사 · 항공사의 자격 ¶ получить ~ // 타수·조종사 ·항법사 자격을 받다

штурмовик ① (저공에서 해·육상을 공격하는) 공중강습기, 저고도폭격기, 지상공격기 ② 돌격대원

штурмовой (낮은 고도에서의) 돌격의, 공중강습의, 지상공격의 ◆ (낮은 고도에서의)돌격의, 공중강습의, 지상공격의 ¶ ~ вертолёт // 공중강습헬기 ¶ ~ отряд // 공중강습부대 ¶ ~ эшелон // 공중강습제대 ¶ ~вая авиация // 공중강습항공대 ¶ ~вая волна // 돌격조 ¶ ~вая группа // 공중강습조 ¶ ~вая позиция // 돌격진지

штык, [복]~ки ① 총검, 대검 ¶ бой в ~ках // 백병전, 내검으로 하는 전투 ¶ бросаться в ~ки // 대검으로 전투를 하다 ¶ клинковый ~ // 총검 ¶ колоть ~ком // 총검으로 찌르다 ¶ отомкнуть ~ // 대검을 뽑다 ¶ отомкнуть ~ от винтовки // 총에서 총검을 뽑다 ¶ повернуть ~ки против кого // 총검을 ...에게 돌리다, ¶ примкнуть ~ // 대검을 꽂다 ¶ примкнуть ~ к ружью // 총에 착검하다 ② (수효를 말할 때의)보병, 병사 ¶ отряд в тысячу ~ков // 천명의 보병으로 구성된 부대 ¶ у них было до тысячи ~ков // 그들에게는 천명의 병사가 있었다 ③ [복] 군대, 병력, 무력 ¶ держаться на ~ках // 군대에 의거하다 ¶ брать (взять) что в ~ки // 맹렬히 반대하다 ¶ встречать (또는 принять) кого-что в ~ки // 적대시하다

штыковой 총검의 ¶ ~ бой // 육박전 ¶ ~вая атака // 백병전 ¶ ~вая рана // 총상

шумопеленгатор 수중음향탐지기

III

Щ

щель ① 틈, 균열 смотровая ~ наводчика // 가늠쇠 구멍 ② 개인호; 엄폐호

щит ① 방패 ¶ ~ от пуль // 탄알받이 ¶ ~ пулемёта // 기관총방패 ¶ живой ~ // 인간방패 ¶ орудийный ~ // 포 보호판 ② 차폐 ◆【海】 바다에서의 포사격용 큰 과녁·표적 ¶ биологический ~ // 생물학적 차폐 ¶ радиоактивный ~ // 방사능 차폐 ¶ ядерный ~ // 핵차폐 ¶ «~ и меч» // 방패와 창 ◆ 1989년 11월부터 발행된 러시아연방 내무부 주간지, 인터넷사이트 www.simech.ru ¶ вернуться на ~те // 패배하고 돌아오다. 패배하다 ¶ со ~том вернуться // 개선하다, 승리하고 돌아오다 ¶ со ~том или на ~те? // 성공하느냐 실패하느냐? ¶ стоять за ~тами // 언제든지 싸울 태세에 있다 ③ 큰 과녁 · 표적

щитковый 방패의

щитоносный 방패를 가진

щуп 물건의 내부를 검사하기 위한 기구, (지뢰)탐침

Ы 러시아어 자모의 스물아홉번 째 글자

Э

эвакуация 철수, 철거, 후송 ¶ ~ больных и раненых // 부상자의 후송 ¶ ~ в тыл // 후방에로의 소개 ¶ ~ войск // 부대철수 ¶ ~ раненых по воздуху // 항공환자후송

эвакуационный 철수, 후송의 ¶ ~нные средства // 후송수단

эволюция, [복]~ии [복] 기동 연습; 함대기동; 여러 가지 대형자세

экватор 적도 ¶ ~ делит земной шар на Северное и Южное полушария // 적도는 지구를 북반구와 남반구로 나눈다

экипаж ① (한 팀의 비행기, 군함, 탱크 등의)승조원, 승무원 ¶ ~ подводной лодки // 잠수함승조원 ¶ ~ самолёта (космического корабля) // 비행기(우주선)승무원 ¶ сколько человек в ~же? // 승무원은 몇 명인가? ¶ три члена ~жа самолёта были ранены // 비행기에 탔던 승무원 3명이 부상당했다 ② 교통수단에 동승하여 함께 업무를 수행하는 대원 ¶ ~ машины скорой помощи // 구급차량대원 ¶ ~ патрульной машины // 순찰차량대원

эксгумация 유해발굴

экспансия 팽창 ¶ военная ~ // 군사적 팽창

экспедиция 원정 ¶ военная ~ // 군사원정

экспедиционный 원정의 ¶ ~ отряд // 원정대 ¶ ~ные войска // 원정군

экспертиза *(военно-врачебная)* 신체검사 (복무적격판정을 위한)

экстратерриториальный 특별지역

экстремизм 극단주의

экстремист 극단주의자

экстремистский 극단주의의

электровзрыватель 전기폭발장치

электромагнитный 전자기의 ¶ ~ная пушка // 전자기포

электронный 전자의 ¶ ~ная бомба // 전자폭탄 ¶ ~ная разведка // 전자정찰 ◆ 전자공격이나 전자보호에 앞서 수행하는 것이며, 적의 전자기방사에 대한 탐지, 식별, 평가 및 위치확인 등을 수행하는 것으로 전자전 지원책의 일부 ¶ ~ная топографическая карта (ЭТК) // 전자지형 정보지도

элитный 엘리트의, 정예의 ¶ ~ные войска // 정예부대

эмбарго ① 수출 (입)금지 ¶ наложить ~ на вывоз оружия // 무기수출을 금지하다 ¶ снять ~ на ввоз оружия // 무기수입금지를 해제하다 ② (정치적

분쟁 · 국제분쟁에 의한 외국재산, 특히 선박 · 화물의) 억류, 동결
эмблема 표식, 표장, 상징, 앰블럼; 병과마크 ¶ ~мы видов и родов Вооружённых Сил РФ // 러시아연방군 군종 및 병과별 엠블럼 ¶ большая ~ сухопутных войск РФ // 러시아육군의 큰 엠블럼 (금장)
эскадра ① (대규모적인) 함정의 무리 ② 전단, 파견함대, 분함대, 소함대 ¶ ~ крейсеров // 순양함전단 ¶ ~ эсминцев // 구축함전단 ¶ учебная ~ // 훈련함대, 실습함대
эскадренный ① 전단의 구성 내에서 행동하는 ② 일부 대형군함명칭의 구성부분 ¶ ~ броненосец // 전함 ¶ ~ миноносец // 원양구축함, 대잠구축함
эскадрилья 비행대대; 비행편대; 편대 ¶ ~ истребителей // 추격기대대 ¶ бомбардировочная ~ // 폭격기대대 ¶ командир ~льи // 비행대대장
эскадрон 기갑중대 ◆ 러시아연방군에서 70~250명, 2~8개 소대, старший лейтенант, капитан이 지휘관임.
эскадронный 기갑중대의 ¶ ~ командир // 기갑중대장
эскалация 전쟁의 확대 · 강화
эскарп 대전차 방호벽
эскорт 호송, 에스코트
эсминец *(эскадренный миноносец)* 원양구축함, 대잠구축함
эстакада 부교, 장애물
эстакадный 부교의
этап ① (발전 · 활동의)단계 ¶ ~ становления новой системы МО // 새로운 국제관계 시스템의 형성단계 ¶ комендант ~па // 병참사령관 ¶ новый ~ войны // 전쟁의 새 단계 ② (행군도중의)숙영지점, 병참지
эхолокатор 음파탐지기
эхолокация 초음파반향방위판정
эхолот 음향측심기
ЭШ *(эшелон)* 제대 (梯隊)
эшелон ① 제대 ¶ ~ обороны // 방어제대 ◆ 방어 시 책임지역 구분을 위한 당위로서 적 방향으로부터 경계제대, 주방어제대 및 후방제대로 구분 ¶ ~ танков // 전차제대 ¶ ~ усиления // 증원제대 ¶ воинский ~ // 단위이동제대 ¶ отдельный ~ // 독립제대 ¶ танковый ~ // 전차제대 ② (집단 · 대량 수송을 위한)수송제대, 열차, 비행기제대 ¶ воинские ~ны // 군용열차
эшелонирование 제형·제대편성
эшелонировать 제형·제대편성하다

Ю

юбилей 기념일, 기념제 ¶ 30-летний ~ служащего // 근속 30주년 기념일 ¶ пятидесятилетний ~ // 50주년 기념

юбилейный 기념의 ¶ ~ почётный знак // 포상의 일종 ¶ ~ная медаль // 기념메달

юг 남쪽 ¶ Юго-Восточная Азия // 동남아시아

южанин 남한인, 한국인 ◆ 한반도의 남한 (대한민국)사람을 말함

южнокорейский 한국의

южный 남쪽의 ¶ ~ная Корея // 남한

юнга 해양소년단, 해양소년단 학생

юнкер ① (혁명전)사관학교생도 ② 귀족 출신의 하사관(병) ◆ 1860년대 중엽까지 러시아의 육해군에서 일정한 기간 근무한 다음에 시험에 합격하면 사관이 되는 귀족 출신의 하사관(병)

юнкерский 사관학교 생도의 ¶ ~кое училище // 사관학교 ◆ 러시아 혁명 전의 사관학교

юнкерьё 비속어로서 육군사관학교 생도를 의미

юрист 법률가 ¶ военный ~ // 법무관

ЮСИА (미국)해외정보국 ◆ USIA (United States Information Agency. 1953~1999)

юстиция ① 재판 ② 사법기관 ¶ военная ~ // 군사재판; 군사법기관

ют 후갑판, 함미 (艦尾)

Я

ядерный 핵의; 핵무기의, 핵무기를 보유한 ¶ ~ авианосец // 원자력 항공모함 ◆ 세계 최초로 나온 것은 1960년에 진수한 미해군의 Enterprise호 ¶ ~ век // 핵시대 ◆ 현대를 가리키는 용어 ¶ ~ взрыв // 핵폭발 ◆ 원자의 분열이나 융합으로 일어나는 폭발 ¶ ~ двигатель // 핵기관 ¶ ~ заряд // 핵충전물 ¶ ~ зонт (зонтик) // 핵우산 ◆ 핵을 보유한 강대국의 핵파워에 자국의 방위를 의지하는 것 ¶ ~ клуб // 핵클럽 ◆ 핵무기 보유국을 말함 ¶ ~ меч // 핵공격수단 ¶ ~ паритет // 핵균형 ◆ 핵무장을 한 적대국들의 전투효율성이 서로 거의 동등한 수준이 된 상태 ¶ ~ полигон // 핵발사장 ¶ ~ реактор (котел) // 핵원자로 ◆ 핵분열성 물질을 연료로 하고, 중성자를 촉매로 하는 노 (爐) ¶ ~ терроризм // 핵테러 ¶ ~ удар // 핵공격 ◆ 적의 군사목표를 핵무기로 공격하는 것 ¶ ~ шантаж // 핵공갈 ¶ ~ щит // 핵방패 ¶ ~ная амбиция // 핵야욕 ¶ ~ная безопасность // 핵안보 ¶ ~ная боеголовка // 핵탄두 ◆ 로켓 등에 사용할 경우 발화장치, 폭발장치 및 핵장치를 결합한 탄두부를 말함 ¶ ~ная бомба // 핵폭탄 ◆ 원자핵의 분열을 이용한 군사용 폭탄 ¶ ~ная бомбардировка // 핵폭격 ¶ ~ная борьба (война с применением ядерного оружия) // 핵전 (核戰) ◆ 핵무기를 사용하여 공격하는 전투 ¶ ~ная взрывчатка // 핵폭발물 ¶ ~ная война // 핵전쟁 ◆ 핵무기 사용을 포함한 전쟁 ¶ ~ная гонка // 핵경쟁 ◆ 더욱 위력이 강하고 소형화할 수 있으며, 낙진이 없는 핵무기를 개발하여 상대적 우위를 점하려는 경쟁 ¶ ~ная держава // 핵 강국 ¶ ~ная единица // 원자핵단위 ¶ ~ная катастрофа // 핵참사, 핵사고 ◆ 핵무기, 이용설비 또는 어느 구성부분의 뜻하지 않은 사고로 다음과 같은 결과를 발생하는 것. 첫째, 핵병기 또는 그 구성 부분을 상실하거나 중대한 손해를 끼쳐 그것을 위험하게 하거나 작동하지 않게 하여 대수리 및 완전 교환하게 되는 것. 둘째, 핵병기 또는 설비의 핵 또는 비핵폭발을 일으킴. 셋째, 방사능 오염을 초래. 넷째, 주민에게 위험을 끼침 ¶ ~ная материя // 핵물질 ◆ 원자핵이 포함된 물질 ¶ ~ная мина // 핵지뢰 ¶ ~ная монополия // 핵독점 ¶ ~ная мощь // 핵무기 보유국; 핵국가 ¶ ~ные нувориши // 핵부유국 ◆ 핵무기 다수 보유국가 ¶ ~ная программа Северной Кореи // 북한 핵계획 ¶ ~ная ракета // 원자로켓 ¶ ~ная реакция // 핵반응 ◆ 원자핵과 소립자 또는 원자핵과의 충돌로 일어나는 반응 ¶ ~ная силовая установка // 핵동력장치 ¶ ~ная стратегия // 핵전략 ◆ 핵무기를 주축으로 한 선변선 또는 국지진의 수단과 방책 ¶ ~ная торпеда // 핵어뢰 ¶ ~ная триада // 핵 3각 체제 ¶ ~ная угроза // 핵위협 ¶ ~ная энергия // 핵에너지 ◆ 핵분열, 핵융합과 같은 핵반응에서 방출되는 모든 에너지 ¶ ~ное горючее // 핵연료 ◆ 원자로 속에서 핵에너지를 발생시키기 위하여 사용되는 핵분열 물질. 이러한 에너지를 이용하여 고열가스를 분사하는 로켓을 핵로켓이라고 함 ¶ ~ное государство // 핵보유국 ◆ 군사용이거나 산업용 핵을 보유한 국가 ¶ ~ное деление // 핵분열 ◆ 무거운 원자핵 (우라늄-235 및 플루토늄-239)이 같은 크기인 두 원자핵으로 분열하여 에너지를 방출하는 현상 ¶ ~ное излучение // 핵방사능 ◆ 여러 가지 핵과정에서 원자핵으로부터 방사되는 입자 또는 전자방사선 ¶ ~ное испытание // 핵실험 ◆ 지하, 대기권, 해상 또는 수중에서 핵무기의 위력과 운반수단을 향상시키려는 시험 ¶ ~ное оружие // 핵무기 [NUCWPN] ◆ 핵에너지를 살상 파괴력으로 이용하는 무기의 총칭이며, 이를 운반하는 기기는 핵무기 자체로부터 분리나 분할이 가능하며 핵무기에는 포함되지 않음 ¶ ~ное распространение // 핵확산 ◆ 핵무기의 보유국이 늘어나는 것 ¶ ~ное сдерживание // 핵견제, 핵억제력, 핵억지력 ◆ 핵무기를 보유함으로써 그 자체가 전쟁을 억지하는 것 ¶ ~ное стратегическое вооружение // 핵전략무기 ¶ ~ное топливо // 핵연료물질 ◆ 우라늄, 플루토늄 등 ¶ ~ные боеприпасы // 핵폭탄 ¶ ~ные вооружения // 핵무장; 핵군비 (核軍備) ◆ 핵무기로 무장하는 것 ¶ ~ные материалы // 핵물질 ¶ ~ные мощности // 핵위력 ◆ 핵무기를 폭발시켰을 때 방출되는 에너지로서 TNT화약이 동일한 에너지를 생산하는데 필요한 킬로톤 또는 메가톤으로 환산하여 측정하며 출력은 다음과 같이 분류됨. ⓐ초저:1kton미만 ⓑ저:1kton~10kton ⓒ중:10kton~50kton ⓓ고:50kton~500kton ⓔ초고:500kton이상 ¶ ~ные нувориши // 핵 대량 보유국가 ¶ ~ные объекты // 핵시설 ¶ ~ные отходы // 핵폐기물 ¶ ~ный клуб // 핵클럽, 핵보유국가 ¶ вооружиться ~ным оружием // 핵무장하다 ¶ гарантии безопасности государств, не обладающих ядерным оружием // 핵무기 비보유국의 안전보장 ¶ договор о нераспространении ~ного оружия // 핵무기비확산조약 [NPT] ¶ носитель ~ного оружия // 핵무기 운반체 ¶ отказ от применения ~ного оружия // 핵군축 ◆ 핵무기를 현재 이상 확산하지 말고 현 보유무기량을 일정한 선에서 동결하고 점차적으로 철폐하는 군비축소 ¶ подземные ~ные испытания // 지하 핵시험 ◆ 방사능 오염으로부터 대기를 보호하기 위해 지하에서 핵무기를 폭발하는 핵시험 ¶ производство ~ного топлива // 핵연료 생산 ¶ слияние ядер (= синтез) // 핵융합 ◆ 두 원자핵이 한데 뭉쳐서 더욱 큰 새로운 원자핵이 되는 반응 ¶ стержень с ~ным топливом // 핵연료봉 ¶ ядерно-минные заграждения // 핵지뢰 장애물 ¶ под американским ~ным зонтиком // 미국의 핵우산 밑에

ядро 포탄, 원자핵 ¶ атомное ~ // 원자핵

язык 첩보획득을 위해 의도적으로 포획하는 적병(포로)

якорный 닻의 ¶ ~ная стоянка // 투묘지 ¶ ~ное устройство // 투묘 및 양묘장비

якорь 닻 ¶ бросить (또는 стать) на ~ // 닻을 던지다 ¶ карантинный ~

// 검역정박지 ¶ поднять (또는 снять) с ~ря (또는 выбрать ~) // 닻을 (감아)올리다 ¶ стоять на ~ре // 닻을 내리다, 정박하다 ¶ мёртвый ~ // 부동닻, 고정닻 ◆ [海] 바다 밑에 움직이지 않게 고착시켜놓고 정박 때 그 닻에 배를 맨다

ял 소형돛단배

яма 구멍, 굴 ¶ воздушная ~ // 에어포켓(air pocket) ◆비행 중 항공기의 양력이 감소되는 하강기류 형성구역 ¶ волчья ~ // 도로대화구(道路大火口) ◆ 적전차를 비롯한 적 기동장비의 예상접근로에 폭약 등으로 폭파구를 형성, 적의 기동을 제한하는 목적으로 쓰인다 ¶ рыть ~ у кому // …에게 함정을 파놓다. «상용구» Не рой~ у другому, сам в неё попадёшь 남 잡으려다가 제가 잡힌다(남 잡이가 제 잡이)

ЯО *(ядерное оружие)* 핵무기

ЯР *(ядерный реактор)* 핵반응기 ◆ 폭발하거나 인체에 해로운 작용이 없이 핵반응이 진행될 수 있도록 하는 장치

ЯРД *(ядерный ракетный двигатель)* 핵로켓기관

ЯТ *(ядерное топливо)* 핵연료

ЯТ *(ядерный терроризм)* 핵테러

ячейка 개인호 ◆ 군인마다 제각기 쓸 수 있도록 만든 참호

ящик 함, 통, 상자, 박스 ¶ зарядный ~ // 탄약통, 탄약상자 ¶ чёрный ~ // 블랙박스 ◆ 항공기의 비행정보기록과 음성기록 등 항공기 운항에 관련된 기록이 수록되는 장치로서 항공기 사고조사 시에 활용됨

ЯЭРД [яэрд] *(ядерно-электрический реактивный двигатель)* 핵분사식전동기

- 국방실무용어 -

1일 급양분 daily ration breakdown
суточная норма довольствия

1일분 부식 daily ration
суточная дача продуктов

1회용 포장 식량 meal-type ration
продовольственный паёк для одноразового приема пищи

A-레이션 A-ration
паёк А

B-레이션 B-ration
паёк Б

C-레이션 C-ration
паёк С

C3체계
командование и управление и связь

C4I Command, Control, Communication and Computers Information
ИК4 информация по командованию, контролю, каналам связи и компьютерам

C4I Command, Control, Communications, Computers, and Intelligence
многофункциональная информационно-управляющая система

D-레이션 D-ration
паёк Д

K-레이션 K-ration
паёк К

M-93 화생방 정찰차량 M93 Fox NBC Reconnaissance vehicle
машина РХБ (радиационной, химической и биологической) разведки M93

NATO Air Defense Ground Environment Management Organization

организация по руководству созданием АСУ силами и средствами ПВО НАТО

Nbc Protection

защита от ОМП

NBC 집단방호체계

система коллективной ЗОМП

ROTC Reserve Officers' Training Corps

корпус вневойсковой подготовки офицеров резерва ◆ 학생군사교육단

ROTHR 레이더 Relocatable Over-the-Horizon Radar

транспортабельная загоризонтная РЛС ◆ 이동 가능 레이더

THAAD Terminal High Altitude Area Defense

противоракетный комплекс подвижного наземного базирования для высотного заатмосферного перехвата ракет средней дальности ◆ 사드

TST 타겟 Time Sensitive Target

особо важная первоочерёдная цель ◆ 시한성 긴급표적

UTM 지리좌표 Universal Transverse Mercator

универсальная поперечная проекция Меркатора

가교(架橋) Bridging

наводка моста

가교전차 bridge laying tank

танковый мостоукладчик, мостоопорный танк

가동탄약보급소(可動彈藥補給所) Mobile Ammunition Supply Point (MASP) мобильный пункт снабжения боеприпасами и вооружением

가료(加療) Medical Treatment

медицинская помощь

가매장(假埋葬) Emergency Burial

срочное захоронение (на поле боя) ◆ 임시매장

가변시한신관(可變時限信管) Variable Time Fuze

неконтактный взрыватель с переменным временем срабатывания

가변시한신관 대응책 variable time fuze countermeasures

меры противодействия срабатыванию радиовзрывателя

가변시한신관 박격포탄 variable time fuzed mortar projectile

миномётная мина с радиовзрывателем

가변시한신관 전파방해기 variable time fuze jammer
передатчик помех радиовзрывателям

가변시한신관 전파방해중대 variable time fuze countermeasures company
рота создания помех радиовзрывателям

가상돌파구(假想突破口) Assumed Penetration
вероятный участок прорыва

가상적(假想敵) Hypothetical Enemy
вероянтный враг

가설반 wire-laying section
секция прокладки проводных линий связи

가스경계 gas alert
химическая тревога

가시거리밖 공격 beyond visual range attack
атака цели за пределами визуальной видимости

가시선(可視線) Terrain Clearance
допустимая высота местности, высота над местностью препятствий

가시선 밖의 over-the-horizon
за пределами прямой видимости

가용보급율 available supply rate
наличная норма снабжения

가용부대(可用部隊) Troops Available
боеготовые войска

가용성(可用性) Availability
боеготовность (вооружения, боевой техники)

가용자원(可用資源) Available Resources
свободные ресурсы, доступные ресурсы

가용탄약보급율 ammunition available supply rate
наличная норма снабжения боеприпасами

가장(假裝) Disguise
маскировка

가정(假定) Assumption

предположение, гипотеза

가좌표(假座標) Arbitrary Grid
условная координатная сетка

가청주파수(可聽周波數) Audible Frequency
звуковая частота

각개격파(各個擊破) defeat in detail
разбить по частям, разгромить по частям, разбивание по частям

각서(覺書) Memorandum
меморандум

간격(間隔) Gap, Interval
промежуток, измеряемый временем между группами

간선(幹線) Trunk Line
магистральный трубопровод

간섭(干涉) Interference
помехи

간접사격(間接射擊) Indirect Fire
огонь (стрельба) с закрытых огневых позиций

간접전략(間接戰略) Indirect Strategy
стратегия непрямого воздействия, косвенная стратегия

감독(監督) Supervision
надзор, административно-хозяйственное руководство

감마선 Gamma Ray
гамма-излучение

감소인수(減少因數) Attenuation Factor
коэффициент ослабления

감시구역(監視區域) Surveillance Sector
сектор обзора

감시드론 surveillance drone
беспилотный самолёт-разведчик, разведывательный БЛА

감시주파수(監視周波數) Guarded Frequencies
частота радионаблюдения

감응소해(感應掃海) Influence Sweep

некontактный трал

감적수 target detail
мишенная команда

감제(瞰制) Domination
командное положение

감퇴-방사선(減退 放射線) Decay Radioactive
распад радиоактивных материалов

갑판상 대기태세(甲板上待機態勢) Deck Alert
боевое дежурство самолётов на полётной палубе (авианосца)

강습(强襲) Assault
десант, удар

강습교량 assault boat bridge
мост на штурмовых лодках, понтон из штурмовых лодок ◆ 공격단정을 연결하여 만든 부교, 주교라고도 함

강습교량설치 assault bridging
наводка штурмовых мостов, наводка мостов при форсировании водных преград

강습교량장비 assault bridging equipment
понтонно-шмостовой парк, имущество для наводки штурмовых мостов

강습도하(强襲渡河) River Crossing Assault
форсирование реки (водных преград)

강습부대(强襲部隊) Assault Force, Strike Force
десантные войска, штурмовые силы, десантное соединение

강습용 공격단정 strike assault boat
штурмовой десантный катер

강평(講評) exercise critique
разбор учения

강평서 critique sheet
докладная записка с разбором вариантов действий сторон

강하(降下) jump, dive
прыжок

강하지대(降下地帶) Drop Zone (DZ)

зона выброски (десанта. грузов), район выброски (десанта, груза)

강행군(强行軍) forced march

форсированный марш, марш бросок ◆ 급속행군

강화 및 재편성단계 consolidation and reorganization phase

этап закрепления на занятых позициях и перегруппировки войск

강화경보발령명령 order for reinforced alert

приказ об объявлении повышенной тревоги

개념(槪念) Concept

концепция, замысел

개념에 의한 개량시스템 concept-based modernization system

система модернизации на основе разработанной концепции

개념에 의한 전투발전체계 Concept Based Requirement System (CBRS)

система определения потребностей на основе концепций

개략계획(槪略計劃) Outline, Plan

краткое изложение, общее изложение

개량야전포병 전술데이터체계 Advanced Field Artillery Tactical Data System (AFATOS)

усовершенствованная боевая информационно-управляющая система ПА

개량형 상륙돌격장갑차 Advanced Amphibious Assault Vehicle

перспективная десантно-штурмовая машина, перспективная плавающая десантная БМ

개량형 수동탐지 소나 passive advanced sonobuoy

пассивный усовершенствованный радиогидроакустический буй

개량형 수상함 소나 개발 advanced surface ship sonar development

разработка перспективной ГАС для надводных кораблей

개량형 재래식탄약(改良型在來式彈藥) Improved Conventional Munitions (ICM)

совершенствованные обычные боеприпасы

개별동원 대상자 Individual Mobilization Augmentee

военнослужащий индивидуального резерва, призываемый по мобилизации

개별동원 대상자원

военнослужащий (резервист) индивидуального резерва, призываемый по мобилизации

개별동원 예비역 individual mobilization augmentee
резервист, призванный по мобилизации

개별동원(個別動員) Individual Mobilization
резервист, призванный по мобилизации

개인공간(個人空間) Man Space
площадь для размещения одного солдата

개인보호(個人保護) Individual Protection
средства индивидуальной защиты

개인보호외투 individual protection cover
защитная накидка

개인보호장구 individual means of protection
индивидуальные средства защиты

개인식량 separate ration
индивидуальный паёк

개인참모(個人參謀) Personal Staff
административная часть штаба, личный штаб, группа командира дивизии в штабе

개인화생방보호장구 individual means of chemical protection
индивидуальные средства химической защиты

개인화생방보호장비 individual NBC protection
индивидуальная ЗОМП

개척(開拓) Breach
проделывание проходов (в заграждениях), преодоление заграждений проделыванием проходов

개편(改編) Reorganization
реорганизация, перегруппировка

갭필러 레이더 Gap Filler Radar
РЛС для перекрытия мёртвых зон

거리수정
поправка на дальность

거리측정 광학조준기 range-finder telescopic sight
дальномерный телескопический прицел

거리측정 조준기 range-finder sight
дальномерный прицел

거부(拒否) denial
воспрещение

거부작전(拒否作戰) denial operation
действия на воспрещение, действия по воспрещению

거부표적(拒否標的) denial target
особо важный объект ◆ 적 사용 거부를 위해 파괴시켜야 할 설비, 지역 또는 시설

거점(據點) Strong Point
опорный пункт, огневое сооружение

거점방어(據點防禦) Strong Point Defense
оборона опорного пункта

거점지역(據點地域) Lodgement Area
оперативный плацдарм (при высадке десанта)

건설동원(建設動員) Construction Mobilization
план мобилизационного строительства

건제부대(建制部隊) Organic Unit
штатный компонент

건조혼합물 Dry Mix
сухая растворная смесь

게릴라 Guerrilla
партизанские формирования, десантно-диверсионные силы (применяющие партизанскую тактику)

게릴라전(~戰) Guerrilla Warfare
партизанская война, десантно-диверсионные действия (операции)

게릴라침투
проникновение (просачивание) партизанских групп

격오지 근무 isolated tour
служба в отдалённых районах

견인 디코이 towed decoy
буксируемая ЛЦ

견인차 towing vehicle

автомобильный тягач

견인포 artillery towed decoy
артиллерийский тягач

견인포병 towed artillery
буксируемая артиллерия

경계공역 airborne alert area
зона дежурства в воздухе

경계공역(警戒空域) Alert Area
район ожидания в боевой готовности, район расположения боеготовых сил, район сбора по тревоге

경계진(警戒陣) screen
охранение, прикрытие

경고 및 출격명령 alert and launch order
приказ с оповещением о тревоге и вылете (авиации)

경고(警告) warning
предупреждение

경고노출(警告露出) warned exposed
ЛС вне укрытий, предупреждённый о ЯУ

경고방호(警告防護) warned protected
ЛС в укрытиях, предупреждённый о ЯУ

경공지전투기 light ground-attack fighter
лёгкий истребитель-штурмовик

경보(警報) alert
оповещение

경보망(警報網) Warning Net
сеть оповещения

경사면
обратный скат

경순양함(輕巡洋艦) Light Cruiser (CL)
лёгкий крейсер

경전투기(輕戰鬪機) Light Fighter
лёгкий истребитель

경정찰전투기 light fighter reconnaissance
лёгкий истребитель-разведчик

경제동원(經濟動員) Economic Mobilization
мобилизация экономики

경제수명(經濟壽命) Economic Life
экономически целесообразный срок службы

경제수역(經濟水域) Economic Zone
экономическая зона (океана)

계기비행 blind flying
полёт по приборам, слепой полёт

계기착륙
посадка по приборам, автоматическая посадка

계획사격(計劃射擊) Scheduled Fire
плановый огонь

계획수립(計劃樹立) Planning
планирование, организационно-плановая работа

계획요약(計劃要約) Plan Summary
оперативная сводка

계획지시(計劃指示) Planning directive
директива по планированию

계획지침(計劃指針) Planning Guidance
директива по планированию

계획표적(計劃標的) Planned Target
плановая цель

고가치 표적 High Value Target
особо важная цель

고고도 고속표적 high-altitude high-speed target
высотная скоростная мишень

고고도 사각항공사진 high oblique air photograph
высокий перспективный аэрофотоснимок

고공폭격(高空爆擊) High Altitude Bombing
бомбометание с больших высот

고공폭발(高空爆發) High Air Burst
взрыв на большой высоте

고등비행훈련 advanced flying training
повышенная лётная подготовка

고등훈련기 advanced trainer
учебно-тренировочный самолёт для повышенной лётной подготовки

고립부대 isolated troops
войска, находящиеся на удалении от главных сил, изолированные войска, отрезанные войска

고립상태의 부대 isolated unit
подразделение (часть) находящаяся в окружении

고밀도공역통제구역(高密度空域統制區域) High Density Airspace Control Zone
диспетчерская зона воздушного пространства с высокой интенсивностью полётов

고속 공기부양 상륙정 high-speed air-cushion landing craft
быстроходный десантный КВП

고속 대레이더 미사일 high-speed antiradiation missile
высокоскоростная ПРЛР (противорадиолокационная ракета)

고속 와이어 유도방식 미사일 high-speed wire guidance
управление высокоскоростной ракетой по проводам

고속전대(高速戰隊) high-speed task force
быстроходное оперативное соединение

고속투하(高速投下) High Velocity Drop
скоростная выброска грузов (с самолёта), скоростное сбрасывание грузов с устройством для замедления падения

고속표적 high-speed target
быстроходная цель

고속항공기 high-speed aircraft
скоростной самолёт

고수방어(固守防禦) Defense in Place
стабильная оборона

고열량 전투식량
комбинированный паёк повышенной калорийности ◆ 일명 《복합전투식량》

고엽작전(枯葉作戰) defoliation operation

операция с применением дефолиантов

고엽제 투하 military defoliation

боевое применение дефолиантов

고정식 탄약 발사 무반동총 fixed-ammunition firing recoilless rifle

безоткатное орудие гильзового заряжания

고정식 탄약(固定式彈藥) Fixed Ammunition

боеприпасы унитарного назначения, боеприпасы унитарного заряжания

고정포(固定砲) Fixed Artillery

артиллерия на стационарных установках

고정포탑 자주포

САУ с невращающейся башней

고정표적(固定標的) Fixed Target

неподвижная мишень (цель), стационарный объект

고착(固着) Fix Lock On

сковывание, сдерживание

고착견제(固着牽制) Fixed Holding

сковывание и сдерживание

고착부대(固着部隊) Fixing Force

сковывающая группа(группировка)

공·지합동작전(空地合同作戰) Air Ground Joint Operations

единая система обеспечения взаимодействия авиации и наземных войск

공·지·해 합동작전(空地海合同作戰) Air-Ground-Sea Joint Operations

единая система обеспечения взаимодействия авиации, наземных войск и морских сил

공간파 레이더 sky-wave radar

РЛС, работающая по принципу отражения волны

공간파 무선세트 sky wave radio set

радиостанция иносферной (пространственной) волны

공간파 무선통신소 radio station sky wave radio station

радиостанция иносферной волны

공간파(空間波) Sky Wave

пространственная волна

공격 기뢰부설(攻擊機雷敷設) Offensive Mining
минирование для обеспечения наступления, диверсионное в тылу противника минирование

공격개시선(攻擊開始線) Line of Departure
рубеж перехода в атаку, рубеж ввода, исходная линия

공격개시시간(攻擊開始時間) H-Hour, Time of Attack
время начала наступления

공격기뢰
наступательная мина

공격기뢰원(攻擊機雷源) Offensive Minefield
активное минное заграждение, диверсионное минное поле ◆ 적의 예상 증원로, 절수로 차단을 목적으로 공세적 운용되는 기뢰로 운용교리에 따른 분류

공격기세(攻擊氣勢) Momentum of Attack
темп атаки(наступления)

공격기세의 유지 maintain the momentum of the attack
выдерживать темп наступления

공격기세의 회복 restoration of attack momentum
восстановление прежних темпов наступления

공격단정(攻擊短艇) Assault Boat
десантная (штурмовая) лодка, десантный катер

공격대기지점(攻擊待機地點) Attack Position
исходное положение для наступления, исходный район

공격대형(攻擊隊形) Attack Formation
боевой порядок в наступлении, боевой порядок для атаки

공격레이더 attack radar set
прицельная РЛС

공격방향 direction of an attack
направление наступления,направление атаки

공격방향(攻擊方向) 화살표 Direction of Attack
стрелка, указывающая направление наступления (атаки, удара)

공격작전(攻擊作戰) Offensive Operations

наступательная операция

공격적 항공작전 offensive counterair operation

нанесение ударов по АБ противника

공격전 대형

предбоевой порядок

공격전대 Attack Group

ударная (штурмовая) группа

공격준비사격(攻擊準備射擊) Preparation Fire

огневая подготовка, артиллерийская подготовка

공격준비파괴사격(攻擊準備破壞射擊) Counter Preparation Fire

артиллерийская контрподготовка

공격평가레이더 attack assessment radar

РЛС оценки средств воздушного нападения (противника)

공격항모강습부대(攻擊航母强襲部隊) Attack Carrier Striking Forces

ударное авианосное соединение

공격헬기(攻擊~機) Attack Helicopter

вооружённый вертолёт, ударный (штурмовой) вертолёт

공군공정통제팀 Air Force combat control team

команда ВВС по обозначению и подготовке зоны десантирования

공군구성군사령관 Air Force Component Commander

командующий ВВС (в объединённых командованиях)

공군구성군지휘소 Air Force Component Command post

командный пункт ВВС (в объединённых командования)

공군전투서열 Air Order of Battle

боевой состав и дислокация соединений ВВС

공군지휘참모대학 Air Command and Staff College

командно-штабной колледж ВВС

공기부양상륙정 amphibious assault air cushion vehicle

десантно-высадочное средство на воздушной подушке

공기팽창식 고무단정 inflatable assault boat (IBS)

надувная десантная лодка, десантная надувная резиновая лодка

공기팽창식 단정 pneumatic assault boat

надувная десантная лодка

공력제동 aerodynamic braking
воздушный (аэродинамический) тормоз

공력중심 aerodynamic center
аэродинамический фокус (крыла), фокус по углу атаки

공력특성 aerodynamic characteristics
аэродинамические данные, аэродинамические параметры

공력계수 aerodynamic coefficient
аэродинамический коэффициент

공기항력 aerodynamic drag
аэродинамическое лобовое сопротивление

공병판단 engineer estimate
оценка инженерного обеспечения, оценка обстановки в инженерном отношении

공산오차(公算誤差) Probable Error
вероятностная ошибка

공세이전(攻勢移轉) Counter Offensive
переход на наступлсние

공세작전(攻勢作戰) Offensive Operations
наступательная операция

공세적 도하작전 offensive river-crossing operation
наступательная операция с форсированием водной преграды

공세적 무인항공기 offensive operations drone
ударный БЛА

공세적 반항공작전 offensive counterair operation
нанесение ударов по АБ противника, наступательные действия по уничтожению авиации (противника)

공세적 방어(攻勢的防禦) Offensive Defense
активная оборона

공세적 방위전략(攻勢的防衛戰略) Offensive Defense Strategy
стратегия активной обороны

공세적 방첩작전(활동) offensive counterintelligence operations

активные контрразведывательные операции

공세적 생물학작전 offensive biological operations
наступательные действия по применению БО

공세적 지뢰 offensive mine
наступательная мина

공세적 지뢰지대 offensive mine field
диверсионное минное поле

공세적 지원작전 offensive support operations
действие по обеспечению наступления

공세적 항공작전 offensive air operation
наступательная воздщшная операция, наступательные действия авиации

공세적 항공지원작전 offensive air support operations
наступательные действия авиации

공세적 화생방 offensive biological operations
наступательные действия по применению БО

공세적지원작전 offensive support operations
действия по обеспечению наступления

공세제공 Offensive Counter Air Operations (OCAO)
наступательные действия против авиации противника ◆ 합동제공작전의 일환

공세제공작전(攻勢制空作戰) Offensive Counter Air Operation (OCAO)
операция по нанесению ударов по АБ (авиационным базам) противника, наступательные действия по уничтожению авиации противника

공세항공지원(攻勢航空支援) Offensive Air Support
авиационное обеспечение наступательной операции, авиационная поддержка наступательной операции (наступательных действий), наступательные действия авиации

공수(空輸) Airlift
перевозки по воздуху

공수단계 airlift phase
этап воздушных перевозок (десанта)

공수배정위원회(空輸配定委員會) Air Transport Allocations Board
управление распределения воздушного транспорта

공수작전 Airlift Operation
воздушно-транспортная операция

공수작전명령 airlift operations directive
распоряжение на проведение воздушно-транспортной операции, директива по воздушно-транспортным операциям

공수지원작전(空輸支援作戰) Airlift Support Operations
переброска грузов по воздуху

공수착륙(空輸着陸) Air Land
высаживать десант, десантировать посадочным способом

공수취급소(空輸取扱所) Air Terminal
аэродром МТО, аэродром выгрузки (погрузки), конечный пункт воздушных перевозок

공수통세단 airlift control element
группа управления воздушными перевозками

공수통제본부(空輸統制本部) Airlift Control Center (ALCC)
центр управления воздушными перевозками,центр управления переброской воздушного десанта

공수후속제대 airborne follow-up echelon
последующий (тыловой) эшелон воздушного десанта

공역관리 교리
основные принципы управления использованием воздушного пространства

공역관리(空域管理) Airspace Management
управление использованием воздушного пространства

공역통제수단(空域統制手段) Airspace Control Measures
средства управления использованием воздушного пространства

공역협조지역(空域協調地域) Airspace Coordination Area (ACA)
зона (район) координации действий авиации, зона (район) координации полётов авиации

공정부대(空挺部隊) Airborne Force
воздушно-десантная часть, воздушный десант

공정작전(空挺作戰) Airborne Operation
действия ВДВ (воздушно-десантных войск), парашютно-десантные

действияствия

공정통제반(空挺統制班) Combat Control Team (CCT)

команда подготовки района десантирования

공중감시 air surveillance

наблюдение за воздухом

공중강타 air strike

атака (нападение) с воздуха, воздушная атака, воздушный налёт, удар авиации, авиационный удар

공중경보통제체계 (AWACS)

самолётная система ДРЛО и управления, система Авакс, самолётная система дальнего радиолокационного обнаружения

공중기동강습 Airmobile Assault

высадка десанта аэромобильных частей и подразделений, воздушно-посадочный десант

공중기동습격 Airmobile Raid

аэромобильный рейд, воздушно-штурмовой рейд

공중기동야전포병 aerial field artillery

авиатранспортабельная ПА

공중기만(방어)미사일 air decoy missile

авиационная ракета-ловушка

공중급유 air refueling

дозаправка самолётов в полёте,дозаправка топливом в воздухе

공중대기 air alert

боевое дежурство в воздухе, сигнал вылета по тревоге

공중목표지역 Air Objective Area (AOA)

район объектов для действий авиации, район целей для действий авиации

공중우산 Air Umbrella

авиационное прикрытие, прикрытие авиацией

공중우세 Air Superiority

превосходство в воздухе г

공중이동표 Air Movement Table

график (план) воздушных перевозок

공중임무지휘관 Air Mission Commander
командир авиационного подразделения

공중조기경보 Airborne Early Warning (AEW)
воздушное дальнее радиолокационное обнаружение

공중전방항공통제관 Airborn Forward Air Controller (AFAC)
офицер передового воздушного поста наведения авиации, офицер передового воздушного ВКП управления авиацией

공중회랑 Airr Corridor
воздушный коридор

공중전투초계 Combat Air Patrol
боевое воздушное патрулирование, дежурство в воздухе

공중전투초계방벽 Combat Air Patrol Barrier
заградительный боевой воздушный патруль

공지통신(空地通信) Air To Ground Communication
связь воздух-земля

공탄성 aeroelastic
аэроупругий

공탄성발산 aeroelastic divergence
аэроупругая дивергенция

공탄성학 aeroelasticity
аэроупругость

공통관심분야 area of common interest,
сфера общих интересов

공통보급지원(共通補給支援) Common Supply Support
общее снабжение, снабжение общевойсковым имуществом

공통보급품(共通補給品) Common Supplies
общевойсковые предметы снабжения

공통품목(共通品目) Common Item
общий предмет снабжения

공해(公海) High Seas, Open Sea
открытое море, нейтральные воды

공해자유권(公海自由權) Freedom of The High Sea

свобода открытого моря

공황(恐慌) panic

паника

과업(課業) tasks

задача

과학전능력 scientific war potential

научный военный потенциал

관리정보체계(管理情報體系) Management Information System

управленческая информационная система

관변보급소(管邊補給所) Pipehead Supply Point

конечная станция трубопровода

관성기준시스템 inertial reference system

инерциальная система координат, инерциальная система отсчёта

관성력 inertial force

инерционная сила, сила инерции

관성유도(慣性誘導) Inertial Guidance

инерциальная система наведения

관성장치 Inertial System

инерциальная система

관성항법 inertial navigation

инерциальная навигация

관성항법장치 inertial navigations system (INS)

инерционная навигационная система (ИНС)

관심지역(關心地域) Area of Interest

зона потенциальной угрозы (в районе боевых действий)

관심표적지역(關心標的地域) Target Area of Interest (TAI)

район объектов потенциальной угрозы

관제공역(管制空域) Controlled Airspace

район воздушного пространства с УВД

광대역 전파방해(廣帶域電波妨害) Barrage Jamming

заградительные широкополосные помехи

교두보(橋頭堡) Bridgehead

плацдарм, плацдарм на берегу реки

교란(攪亂) Harassing
беспокоящие действия

교란공격 nuisance attack
беспокоящий налёт

교란급습 nuisance raid
беспокоящий налёт

교란용 지뢰설치 nuisance mining
установка беспокоящих минных полей, беспокоящее минирование

교란용 지뢰지대 area nuisance mined
участок беспокоящего минирования, район беспокоящего минирования

교란용 지뢰지대 설치 nuisance mining
установка беспокоящего минного поля

교란작전 nuisance operation
беспокоящие действия

교란탄 decoy flare
ИК ловушка, ИК ложная цель, тепловая ловушка

교란활동
беспокоящие действия

교량건설 장갑차량 armored vehicle launched bridge
танковый мостоукладчик

교리(教理) Doctrine
основные руководящие положения, принципиальные положения

교육훈련법 및 전법
наставление по вопросам боевой подготовки и ведения боевых действий

교전(交戰) Engagement
вступление в бой

교전규칙(交戰規則) Rules of Engagement
правила применения силы

교통밀도(交通密度) Traffic Density
интенсивность движения

교통통제본부(交通統制本部) Traffic Control HQ

дорожно-комендантская служба

교통통제소(交通統制所) Traffic Control Post/Point(TCP)

пост регулирования движения

교통호(交通壕) Connecting Trenches

ход сообщения,соединительная траншея

구간이동(區間移動) Move by Bounds

продвигаться перебежками

구분대

подразделение ◆ 단위제대 (러시아, 북한군 용어)

구성군(構成軍) Component Forces

составляющие силы

구역소해(區域掃海) Area Sweep

район траления

구잠함(驅潛艦) Killer Ship

корабль ПЛО, противолодочный корабль

구조잠수함(救助潛水艦) Salvage Submarine

спасательное судно подводных лодок

구조협조본부(救助協調本部) Rescue Coordination Center (RCC)

центр координации спасательных операций

구호소 Aid Station

медицинский пункт

구획폭격 Pattern Bombing

групповое бомбометание по площади, бомбометание по определенной схеме

국가공역(國家空域) National Airspace

национальное воздушное пространство

국민개병제 universal conscription system

всеобщая воинская обязанност (повинность)

국방부 관리정보체계

управленческая информационная система МО

국제테러리즘 international

международный терроризм

국제테러리즘과의 투쟁 counter international terrorism
борьба с международным терроризмом

국지경계 Local Security
непосредственное охранение

국지경계부대(局地警戒部隊) Local Security Element
части и подразделения непосредственного охранения

국지방공(局地防空) Local Air Defence
local air defense ближняя ПВО

국지전쟁(局地戰爭) Local War
ограниченная война

군 억류자 military internee
интернированный военнослужащий

군교범 military training aid
войсковое учебное пособие

군단후방지역작전 특공여단 Rear Area Combat Operations Corps brigade
корпусная бригада для действий в тыловом районе корпуса

군대구분(軍隊區分) Task Organization
распределение сил и средств для выполнения задачи

군대부호(軍隊符號) Military Symbol
условный топографический знак, военное условное обозначение и/или сокращение

군령(軍令) Military Command
военное командование, военная комендатура

군물자 war material
военное имущество

군방어편제 defensive force posture
оборонительная организационная структура ВС

군사경제국 Military and Economic Affairs Bureau
управление по военно-экономическим вопросам

군사경제력 economic war potential
военно-экономический потенциал

군사경제적 표적(목표) military-economic target

военно-экономический объект, военно-экономическая цель

군사경제정보국 military economic intelligence
военно-экономическая разведка

군사경제정찰 military-economic reconnaissance
военно-экономическая разведка

군사도발 war provocation
военная провокация

군사분계선
военная демаркационная линия

군사용 고엽제 military defoliation
боевая дефолиация

군사작전 원칙(軍事作戰 原則) Principle of Military Operations
принципы военных операции

군사작전(軍事作戰) Military Operations
военная операция, войсковые операции

군사잠재력(軍事潛在力) Military Potential
военные потенциалы

군사전략기획(軍事戰略企劃) Military Strategy Planning
планирование военной стратегии

군사정보(軍事情報) Military Intelligence
военная разведка

군사정보요약 military intelligence summary
военная разведывательная сводка

군사정전위원회 Military Armistice Commission (MAC)
военная комиссия по перемирию

군사정책(軍事政策) Military Policy
военная политика

군사지원프로그램 military aid program
программа оказания военной помощи

군사첩보(軍事諜報) Military Information
военная информация

군사태세(軍事態勢) Military Posture

состояние ВС и военная доктрина

군사통신위성(軍事通信衛星) Military Communication Satellite
военная спутниковая связь

군사통신위성국 Military Satellite Communications office
управление военных спутниковых систем связи ◆ 미 국방부 편제

군수관리정보체계 Logistic Management Information System (LMIS)
управленческая(управляющая) информационная система служб тыла

군수물자 보급로 Military Supply Route
маршрут поставок военного имущества

군수지원구역(軍需支援區域) Logistic Support Area
район МТО (материально-техническое обеспечение)

군수지원우선순위 logistic support priority
очерёдность тылового обеспечения

군수체계(軍需體系) Logistic System
системы МТО

군수판단 logistic estimate
оценка возможностей тыла, оценка обстановки по тылу

군원(軍援) Military Aid
военная помощь

군정(軍政) Military Administration
военная администрация

군제(軍制) Military System
боевая система, военная система, система военного назначения

권한위임(權限委任) Delegation of Authority
передача командования

규정휴대량(規定携帶量) Prescribed Load (PL)
подвижный табельный запас

규제품목(規制品目) Regulated Item
специально дефицитный предмет снабжения

균형(均衡) Balance
баланс

극한지 작전(極寒地作戰) Cold Weather Operation

военные действия в условиях низких температур

극한지작전 및 생존교범

наставление по действиям и выживанию в условиях низких температур

근거지(根據地) base

база

근로동원(勤勞動員) Labor Mobilization

трудовая мобилизация

근무지원(勤務支援) Service Support

материально-техническое обеспечение (МТО), тыловое обеспечение

근무지원부대 servicesupport troops

тыловые части и подразделения

근접방어사격(近接防禦射擊) Close Defensive Fire

заградительный огонь непосредственно перед своими войсками, заградительный огонь

근접전투(近接戰鬪) Close Combat

ближний бой

근접지원 Close Support

непосредственная поддержка

근접지원사격(近接支援射擊) Close Supporting Fire

непосредственная огневая поддержка

근접지원포병 close support artillery

артиллерия непосредственной поддержки, артиллерия сопровождения

근접항공지원 쇼티할당 CAS sortie allocation

разнарядка самолёто-вылетов для непосредственной авиационной поддержки

근접항공지원 우선권 CAS strikes priority

очерёдность оказания непосредственной авиационной поддержки

급속공격(急速攻擊) Hasty Attack

наступление с марша, наступление с ходу, атака с ходу

급속도하(急速渡河) Hasty River Crossing

форсирование реки (водной преграды) с ходу

급속도하장비 assault river crossing craft

средство для форсирования водной преграды

급속돌파(急速突破) Hasty Breaching
преодоление минно-взрывных заграждений с ходу

급속행군
форсированный марш, марш бросок

급양 신청서 daily ration request
суточная заявка на продовольствие

급조야전축성(急造野戰築城) hasty field fortification
поспешно возведённое полевое оборонительное сооружение

급편방어(急編防禦) Hasty Defense
оборона на поспешно оборудованной местности

기계식 소해 Mechanical Sweep
механический трал

기계화사단 mechanized infantry division
механизированная дивизия

기동강습교량 mobile floating assault bridge
машина самоходного паромно-мостового понтонного парка, самоходный штурмовой наплавной мост

기동강습교량(문교) mobile floating assault bridge-ferry
самоходный наплавной штурмовой мостовой паром

기동강습교량중대 mobile floating assault bridge company
мостовая рота самоходного штурмового наплавного моста

기동강습부교 mobile assault bridge
самоходный штурмовой мост

기동계획요약 summary maneuver plan
сводный план проведения манёвров

기동방어
манёвренная оборона

기동상륙강습교량 mobile amphibious assault bridge
самоходный наплавной штурмовой мост

기동상륙강습부교 Mobile Floating Amphibious Assault Bridge
мобильный наплавной десантно-штурмовой мост

기동성 탄두 maneuverable re-entry vehicle
маневрирующая головная часть, маневрирующая головка

기뢰전(機雷戰) Mine Warfare
минная война

기뢰 탐지 및 식별 소나 mine detection and classification sonar
ГАС обнаружения и классификации мин, ГАС поиска и классификации мин

기뢰부설
минные постановки

기뢰탐지 및 경고 소나 mine detection and avoidance sonar
ГАС обнаружения мин и предупреждения о минной опасности

기뢰탐지소나 minehunting sonar
ГАС поиска и обнаружения мин

기만시설 decoy installation
ложное сооружение

기상첩보요약 meteorological summary
метеорологическая сводка

기지수용능력 airbase capacity
ёмкость авиационной базы

기지통합방호 integrated airbase defense
комплексная оборона АБ

긴급 지면편성 hasty organization of the ground
поспешное инженерное оборудование местности

긴급비밀문서파기 emergency destruction plan for classified material
план уничтожения секретных материалов в чрезвычайной обстановке

긴급임무(緊急任務) Immediate Mission
неплановая срочная задача

긴급전문 high-priority message
сообщение высокой категории срочности

긴급첩보보고
срочная разведывательная сводка

긴급추적권(緊急追跡權) Right of Hot Pursuit

право преследования преступников с нарушением границы другого государства, право преследования "по горячим следам"

긴급항공지원(緊急航空支援) Immediate Air Support

срочная авиационная поддержка, неплановая авиационная поддержка

긴요품목(緊要品目) Critical Item

особо важный предмет снабжения

나포(拿捕) arresting

арест

낙엽작전

операция с применением дефолиантов ◆ 고엽제를 사용한 작전

낙엽제(落葉劑) defoliant

дефолиант ◆ 고엽제

낙오자선(落伍者線) straggler Line

линия постов (пунктов) сбора отставших от своих частей

낙오자수집소(落伍者收集所) Straggler Collecting Point

пункт сбора военнослужащих, отставших от своих частей

낙오자초소(落伍者哨所) Straggler Post

пост (пункт) сбора военнослужащих, отставших от своих частей

낙진(落塵) Fallout

радиоактивные осадки

낙진예측(落塵豫測) Fallout Prediction

прогноз радиационной обстановки

낙진낙하지역

район выпадения радиоактивных осадков

낙진지역(落塵地域) Fallout Area

зона радиоактивного выпадения радиоактивных осадков

낙진풍벡타표시(落塵風~標示) Fallout Wind Vector Plot

диаграмма направления и силы ветра для прогнозирования радиационной обстановки

낙진형태(落塵形態) Fallout Pattern

схема (форма) зоны (участка) радиоактивного заражения

낙탄보고(落彈報告) Shelling Report

донесение об огневой деятельности артиллерии (противника), донесение о ведении артиллерийского и миномётного огня

난외주기(欄外註記) Marginal Data

данные на рамке карты, зарамочные данные на карте

낮은 수명주기비용 low life-cycle cost

низкие затраты по жизненному циклу (системы)

내란(內亂) Internal Disturbances

внутренние беспорядки

내부방어(內部防禦) Internal Defense

внутренняя оборона, непосредственная оборона и охрана войсковых объектов, оборона и охрана объектов тыла страны

내부선량(內部線量) Internal Dose

поглощённая доза

내수(內水) Internal Waters

внутреннее море, внутренние воды

내전(內戰) Civil War

гражданскакя война

노력의 집중 concentration of efforts

сосредоточение усилий

높이 및 거리측정기 height and range finder

стереовысотомер, высотомер-дальномер

늑대 떼전술

«Волчья стая» ◆ 2차 세계대전중 독일 U-보트의 전술

능동제어기술 active control technology

техника активного управления, техника средств активного управления

능동탐지 소나

активная гидроакустическая станция

능동형기만체 active decoy

активная ЛЦ

능동형유도시스템 active homing guidance system

активная система самонаведения

능동형전자기만체 active electronic decoy

активная ЛЦ для РЭС

능동형전자방해책 active electronic countermeasure
активное радиопротиводействие

능동형통신위성 active expendable decoy
активный спутник-ретранслятор, активный спутник связи

능동형확장유인체 active expendable decoy
активная ЛЦ одноразового использования

능동호밍적외선유도방식 infra-red passive homing guidance system
инфракрасная система самонаведения

다기능 경전투기 light multirole fighter
лёгкий многоцелевой истребитель

다기능 열추적 및 탐지 시스템
многофункциональная тепловизионная система поиска и сопровождения целей

다기능 시현기 multi-function display (MFD)
многофункциональный дисплей

다기능 열영상 탐지 및 추적 시스템 multifunction imaging search/track infrared
многофункциональная тепловизионная система поиска и сопровождения целей

다목적 고속차량 multipurpose high speed vehicle
универсальная быстроходная машина

다목적전술기 multi-role combat aircraft (MRCA)
многоцелевой боевой самолёт

다목적전투기 multi-role fighter
многоцелевой истребитель

다목적 고속차량 multipurpose high speed vehicle
универсальная быстроходная машина

다탄두 각개목표 재돌입 미사일 multiple independently targetable re-entry vehicle (MIRV)
разделяющаяся головная часть с индивидуальным наведением боевых блоков на цели

다탄두재돌입미사일 multiple re-entry vehicle (MRV)
многозарядная боевая часть

단거리 전술핵 무기 sub-strategic nuclear systems of the shortest range
тактические ядерные вооружения малой дальности

단순경계경보명령 order for simple alert
приказ объявлении простой тревоги

단위부대적재(單位部隊積載) Unit Load
штатное табельное имущество подразделения

단위장비(單位裝備) Unit of Equipment
единица боевой техники

단일사격(單一射擊) Single Fire
огонь отдельными выстрелами, одиночный огонь

단일채널 무선통신(單一~無線通信) Single Channel Radio Communication
одноканальная радиосвязь

단일표적 isolated target
одиночная цель

단정(短艇) Boat
катер, лодка

단정연결주교 assault boat bridge
мост на штурмовых лодках

단편명령(斷片命令) Fragmentary Order
частный приказ, боевое распоряжение, частичный приказ, частный боевой приказ

대 동물작용제(對動物作用劑) Anti-Animal Agents
бактериальный возбудитель болезни животных

대간첩(對間諜) Counter Espionage
контршпионаж

대감시(對監視) Counter Surveillance
противодействия средствам наблюдения противника

대공육안감시소(對空肉眼監視所) Air Observation Post (AOP)
пост воздушного наблюдения и корректировки, пост наблюдения за воздухом, воздушный НП

대공감시병
наблюдатель за воздухом

대공거리측정기 antiaircraft range finder
зенитный дальномер

대공무기(對空武器) Air Defence Weapon
зенитное оружие, средство ПВО, зенитный комплекс

대공방어 우선시설 air defense priority installation
объект ПВО первоочерёдной важности

대공방어(對空防禦) Anti-Aircraft Defense (AAD)
зенитная оборона

대공수장애물
заграждение против воздушного десанта, противодесантное препятствие

대공수(對空輸) Anti-Airborne
противодесантный

대공수방어 지뢰지대
минное противовоздушно-десантное поле

대공전(對空戰) Anti-Air Warfare
противовоздушные боевые действия

대공정지뢰지대(對空挺地雷地帶) Anti-Airborne Minefield
минное противовоздушно-десантное поле, противодесантное минное поле

대공정작전(對空挺作戰) Anti-Airborne Operation
противодесантная операция

대공제압 Suppression of Enemy Air Defense (SEAD)
подавление средств ПВО противника ◆ 합동제공작전의 일환

대공제압(對空制壓) Suppression of Enemy Air Defence (SEAD)
подавление ПВО противника

대공초소(對空哨所) Air Guard Post
пост наблюдения за воздухом

대공포판(對空布板) Signal Panel
авиа-сигиальное полотнище

대공포판부호(對空布板符號) panel code
код сигнализации полотнищами

대권항로(大圈航路) Great Circle Route

путь при плавании по дуге большого круга

대기구역(待機區域) Rendezvous Areas

район встречи, район сбора

대기속도(大氣速度) Airspeed, Air Speed

приборная скорость

대기파(待機波) On-Call Wave

эшелон десанта прибывающий по вызову

대기품목(待機品目) Stand by Item

предмет, содержащийся в небольшом количестве

대대 치중대 battalion combat train

тыловой транспорт батальонов первого эшелона

대대급 대전차무기기 battalion anti-tank weapon

батальонное противотанковое оружие

대대급 상륙훈련

учение по высадке батальонной десантной группы

대대상륙단(大隊上陸團) Battalion Landing Team (BLT)

батальонная десантная группа

대량보복전략(大量報復戰略) Massive Retaliation Strategy

стратегия массированного возмездия

대량살상무기 Mass Slaughtering Weapons

оружие массового уничтожения ОМУ

대량살상무기 Mass Slaughtering Weapons

оружие массового уничтожения, ОМУ

대량살상무기 확산방지구상 Weapons of Mass Destruction Proliferation Security Initiative

Инициатива по безопасности в борьбе с распространением оружия массового уничтожения, ИБОР-ОМУ

대량파괴무기 Weapons of Mass Destruction (WMD)

оружие массового поражения, ОМП

대륙간탄도탄탄두 ICBM re-entry vehicle

головка межконтинентальной баллистической ракеты

대륙연합전략 continental coalition strategy

стратегия взаимодействия континентальных держав

대륙전략(大陸戰略) Continental Strategy
континентальная стратегия, стратегия войны на континенте

대리전 war by proxy
война чужими руками

대리전쟁(代理戰爭) Proxy War
опосредованная война, война ведущаяся между двумя державами через третью сторону

대민군사지원(對民軍事支援) Military Aid to Civil Authorities
помощь войск гражданскому ведомству (населению)

대민지원작전 operations for military aid to the community
мероприятия по оказанию войсками помощи гражданскому населению, операция содействия гражданским властям

대빈란(對反亂) Counter Insurgency
противоповстанческий

대방사 유도
самонаведение на источник электромагнитного излучения

대방사유도탄(對放射誘導彈) Anti-Radiation Guidance Missile (ARM)
противорадиационная ракета

대비정규전(對非正規戰) Counter Unconventional Warfare
противостояние нетрадиционной войне

대상(臺上) 실험요약보고 bench test summary table
таблица результатов стендовых испытаний

대상륙작전(對上陸作戰) Counter Amphibious Operation
противодесантная операция

대식물 작용제(對植物作用劑) Antiplant Agent
ББС возбудитель заболеваний растений, средство уничтожения растений

대양해군(大洋海軍) Ocean Going Navy/Blue Water Navy
ВМС для операций в мировом океане, океанский флот

대역 전파방해(帶域電波妨害) Barrage Jamming
заградительные радиопомехи, заградительные широкополосные помехи

대용목표(代用目標) Alternative Objective
альтернативные цели

대위성방어
противоспутниковая оборона

대위성작전(對衛星作戰) Anti-Satellite Operations
противоспутниковая операция

대유격전 counter-guerrilla war
действия против партизан

대작물작용제(對作物作用劑) Anticrop Agent
биологические средства поражения растений

대작물작전(對作物作戰) Anticrop Operation
боевые действия по уничтожению сельскохозяйственных культур

대잠기뢰(對潛機雷) Anti-Submarine Mining
противолодочная мина

대잠무기체계(對潛武器) Anti-Submarine Weapons
противолодочное оружие

대잠방어작전(對潛防禦作戰) Anti-Submarine Protective Operation
противолодочная оборонительная операция

대잠항공공격작전(對潛航空攻擊作戰) Anti-Submarine Air Offensive Operation
противолодочная наступательная воздушная операция

대잠헬리콥터(對潛~) Anti-Submarine Helicopter
противолодочный вертолёт

대잠경계진(對潛警戒陣) Anti-Submarine Screen
противолодочное охранение

대잠공격(對潛攻擊) Anti-Submarine Attack
атака подводной лодки

대잠기
противолодочный самолёт

대잠방어 anti-submarine defence
противолодочная оборона, противолодочное охранение

대잠방어용 항공기 anti-submarine defense aircraft
самолёт противолодочной обороны

대잠방어지역 anti-submarine defence zone
зона противолодочной обороны

대잠방책(對潛防柵) Anti-Submarine Barrier
противолодочный рубеж

대잠수색(對潛搜索) Anti-Submarine Search
поиск подводных лодок

대잠수함전 anti-submarine warfare
противолодочная оборона (ПЛО), борьба с подводными лодками ◆ 대잠전

대잠어뢰(對潛魚雷) Anti-Submarine Torpedo (ASTOR)
противолодочная торпеда

대잠작전(對潛作戰) Anti-Submarine Operation
противолодочная операция

대잠전 anti-submarine warfare
борьба с подводными лодками, противолодочная оборона

대잠전환경예보지원(對潛戰環境豫報支援) Environmental Prediction Service (ASW)
автоматизированная система прогнозирования параметров окружающей среды для борьбы с ПЛО

대잠전부대(對潛戰部隊) Anti-Submarine Warfare Forces
противолодочные силы

대잠전음향기만장비 acoustic deception devices (ASW)
ложные гидроакустические устройства ПЛО

대잠전초(對潛前哨) Anti-Submarine Picket
противолодочный дозор

대잠전투(對潛戰鬪) Anti-Submarine Action
противолодочные боевые действия

대잠초계(對潛哨戒) Anti-Submarine Patrol
протиолодочный дозор

대잠항공기 anti-submarine defence aircraft
самолёт противолодочной обороны

대잠핵무기 atomic anti-submarine weapon
ядерное противолодочное средство

대전략(大戰略) Grand Strategy
большая стратегия

대전복(對顚覆) Counter Subversion

борьба с подрывной деятельностью

대전차무기체계(對戰車武器體系) Anti-Tank Weapon System

система противотанковых оружий

대전차유도로켓무기 anti-tank guided weapon

противотанковый ракетный комплекс

대전차 포병

противотанковая артиллерия

대전차 핵무기 nuclear anti-tank weapon

ядерное противотанковое оружие

대전차 휴대무기 man-handled anti-tank weapon

носимое противотанковое оружие, переносное противотанковое оружие

대전차방어계획

система противотанковой обороны

대전차유도무기

противотанковая управляемая ракета (ПТУР)

대전차유도미사일

пусковая установка противотанковых управляемых ракет

대전차화약무기 anti-tank fire weapon

огнестрельное противотанковое оружие

대전파방해(對電波妨害) Anti-Jamming

помехоустойчивый

대정보(對情報) Counter Intelligence

контрразведка

대조(對照) Correlation

сличение

대지공격(對地攻擊) Air Strike

налёт авиации, удар с воздуха

대축척지도(大縮尺地圖) Large-Scale Map

крупномасштабная карта

대충장비(代充裝備) Maintenance Float

расходные средства технического обслуживания и ремонта

대치품목(代置品目) Substitutes Item

элемент замены

대테러전문가 counter-terrorism practitioners
специалисты по борьбе с терроризмом

대테러(對~) Counter Terrorism
противодействие терроризму

대테러작전 counter-terrorism operation
операция по борьбе с терроризмом

대포병무력화사격 counterbattery neutralization fire
огонь на подавление артиллерии противника

대포병사격(對砲兵射擊) Counterbattery Fire
контрбатарейная борьба

대포병사격 취약성 counterbattery fire vulnerability
уязвимость от контрбатарейного огня

대포병사격생존성 counterbattery fire survivability
неуязвимость от контрбатарейного огня

대포병작전 요약 counterbattery summary
сводка данных об артиллерии противника

대항군(對抗軍) Aggressor Force
условный противник

대항군부대 aggressor unit
часть, действующая за "противника"

대항기뢰(對抗機雷) Counter Mine
контрмина

대항기뢰부대
противоминные силы

대항기뢰원(對抗機雷原) Countered Minefield
минное поле с учётом мер противодействия

대화기사격(對火器射擊) Counterfire
контрбатарейный огонь

대화력전(對火力戰) Counterfire Operation
контрбатарейная операция

댄 부이 Dan Buoy

буёк с огнем (флагом) , поплавок с огнем (флагом)

데이텀 Datum

исходное положение (кораблей десанта), нулевая поверхность, последнее местоположение

도로능력평가 road capacity estimate

оценка пропускной способности дороги

도발(挑發) Provocation

провокация

도발행위 acts of provocation

провокационные действия, провокационный акт

도북(圖北) Grid North

север координатной сетки

도북방위각(圖北方位角) Grid Bearing

пеленг по сетке, азимут по карте

도북편차(圖北偏差) Grid Convergence

сближение меридианов

도선장(渡船場) Ferry

переправа на плавучих средствах

도섭(渡涉) Ford

брод

도섭능력(渡涉能力) Fordability

способность машины преодолевать брод

도섭수심

глубина преодолеваемого брода машиной ◆ 도섭능력

도수운반지점(徒手運搬地點) Off Carrier Position

место пункт снятия огневых средств с транспортёров, позиция системы оружия снятой с установки

도시유격전 urban guerrilla warfare

повстанческие операции в условиях городского подполья

도시지역작전 operational art urban battle

боевые действия в городе, боевые действия в условиях города

도하작전 river-crossing operation

операция по форсированию водной преграды

도하지점 crossing site
участок переправы, пункт переправы, место переправы

도표축척 Graphic Scale
графический масштаб

도피 및 탈출 경로 evasion and escape route
маршрут возвращения на свою территорию

도피 및 탈출 교육 evasion and escape training
обучение ЛС действиям по избежанию захвата в плен и способам побега из плена

도피 및 탈출을 위한 정보 evasion and escape intelligence
данные необходимые для побега из плена и ориентирования на территории противника

도피 및 탈출 지원망 evasion and escape net
подпольная система помощи в побеге пленным и бежавшим из плена

도피 및 탈출 훈련 escape and evasion exercise
специальное учение по отработке способов избежания пленения и побега из плена

도피 및 탈출(逃避및脫出) Evasion and Escape
избежание захвата в плен и побег из плена

도피 및 탈출로
маршрут возвращения на свою территорию

독도법(讀圖法) Map Reading
считывание данных с карты

독립경보병여단 infantry brigade separate light
лёгкая отдельная пехотная бригада

독립공병연대 separate engineer regiment
отдельный инженерный полк

독립대대
отдельный батальон

독립부대 separate unit
отдельная часть, отдельное подразделение (формирование)

독립상륙공병여단 separate engineer amphibious regiment
отдельный инженерный морской десантный полк

독립여단 separate brigade
отдельная бригада

독립의무대 separate medical detachment
отдельный медицинский отряд

독립의무대대 separate medical battalion
отдельный медицинский батальон

독립장갑여단 separate armor brigade
отдельная бронетанковая бригада

독립전차여단
отдельная бронетанковая бригада

독립주정(獨立舟艇) Free Boat
десантно-высадочное средство не входящее в состав эшелонов десанта

독립포대(獨立砲隊) Separate Battery
отдельная батарея

독성 화학작용제(毒性化學作用劑) Toxic Chemical Agent
летальный химический агент, ядовитое отравляющее вещество

돌격(突擊) Assault
штурм, атака

돌격구역(突擊區域) Assault Area
район высадки десанта(штурмового эшелона)

돌격구역도표(突擊區域圖表) Assault Area Diagram
схема района десантирования

돌격단계 함포지원 assault phase firing unit
корабль огневой поддержки десанта

돌격단계(突擊段階) Assault Phase
фаза (этап) боя за высадку десанта

돌격단계군수지원소요 assault phase logistic requirements
потребности в средствах тыла для обеспечения высадки первого эшелона десанта

돌격예정표(突擊豫定表) Assault Schedule

график/план высадки первого эшелона десанта

돌격작전(突擊作戰) Assault Operation
десантная операция

돌격제대
штурмовой эшелон

돌격주정대(突擊舟艇隊) Assault Craft Unit
отряд десантно-высадочных катеров/средств

돌격함선(突擊艦船) Assault Ship
корабль штурмового эшелона десанта

돌격항공기(突擊航空機) Assault Aircraft
авиация обеспечения действий десанта, самолёт воздушного десанта

돌파(突破) Penetration
прорыв

돌파공격 break through attack
наступление с целью прорыва

돌파구역 area of break-through
участок прорыва

돌파전면
фронт прорыва

동류전용(同類轉用) Cannibalization
снятие годных деталей с неисправной материальной части

동맹국전쟁예비물자(同盟國戰爭豫備物資) War Reserve Stocks for Allies (WRSA)
военные резервные запасы для союзников

동반동원(同伴動員) Concurrent Mobilization
одновременная мобилизация

동시교전(同時交戰) Simultaneous Engagement
одновременное нанесение ударов по нескольким целям

동시사격(同時射擊) Salvo Fire
залп, залповый огонь, стрельба (огонь) залпами

동시통합(同時統合性) Synchronization
синхронизация

동압력(動壓力) Dynamic Pressure

динамическое давление

동원계획(動員計劃) Mobilization Plan
мобилизационный план, план мобилизационного развёртывания

동원계획지시 mobilization planning directive
директива по мобилизационному планированию

동원단계(動員段階) Mobilization Phases
этап мобилизации

동원령(動員令) Issuance of Mobilization Order
приказ о мобилизации

동원령발령(動員令) Issuance of Mobilization Order
отдача приказа о мобилизации

동원물자 조달능력 mobilization material procurement capability
возможности по закупке мобилизационных материальных ресурсов

동원소요(動員所要) Mobilization Requirement
мобилизационные потребности

동원예비물자 목표량 mobilization reserve material objective
нормы содержания материальных средств мобилизационных запасов

동원예비물자 소요량 mobilization reserve material requirements
потребности в материальных средствах мобилизационных запасов

동원예비물자 적정량 balance mobilization reserve material objective
оптимальные нормы материальных средств мобилизационных запасов

동원예비물자 조달목표량 mobilization reserve material procurement objective
нормы заготовок материальных средств мобилизационных запасов

동원예비물자(動員豫備物資) mobilization reserve material
материальные средства мобилизационных запасов

등화관제
светомаскировка

등화관제 전조등 blackout driving light
фара маскировочного света

등화관제 조명
светомаскировочное освещение

등화관제(燈火管制) Blackout

контроль за светомаскировкой

등화관제군기 blackout discipline

светомаскировочная дисциплина, соблюдение правил светомаскировки

등화관제등 blackout head-light

светомаскировочная фара, фара со светомаскировочным устройством, светомаскировочный отражатель

등화관제선(燈火管制線) Blackout Line

светомаскировочный рубеж

등화관제용 필터 blackout filter

маскировочный светофильтр

등화관제하 행군 blackout march

марш в условиях светомаскировки

등화관제훈련 blackout practice

занятие по светомаскировке, тренировочное затемнение

디에스투 Decontaminating Agent (DS2)

дезактивирующее вещество, обеззараживающее вещество, дегазирующее вещество

디지딜가변시한신관 digital variable time fuze

цифровой неконтактный взрыватель с переменным временем срабатывания

디지탈지리정보 교환표준 digital geographic information exchange standard

стандарт для обмена цифровой географической информацией

디지탈지리정보사업 실무단 digital geographic information working group

рабочая группа по цифровой географической информации

디코이 발사시스템 decoy launching system

система запуска ЛЦ

디코이 살포 decoy jettisoning

сбрасывание ЛЦ

디코이 decoy

ложная цель

랜딩매트(Landing Mat) 설치차량

укладчик десантных настилов

랜딩매트 Landing Mat

переносный десантный настил ◆ 상륙해안에 설치하는 철제매트

레이다 유인체 radar decoy

радиолокационная ЛЦ

레이다 회피기동

ПРЛ (противорадиолокационный) манёвр

레이다호밍유도시스템 radar homing guidance system

радиолокационная система самонаведения

레이더 간섭 radar interference

помехи от работающих радиолокаторов, радиолокационные помехи

레이더 경보수신가 radar warning receiver

приёмник системы предупреждения о РЛ облучении

레이더 관제(~管制) Radar Control

РЛ наведение, управление с помощью радиолокатора

레이더 반사면적 radar cross section (RCS)

радиолокационная ЭПР (эффективная поверхность рассеяния), эффективная поверхность рассеяния радиолокационных волн

레이더 수평선(~水平線) Radar Horizon

радиогоризонт

레이더 역재밍 radar antijamming

защита РЛС от активных преднамеренных радиопомех, противодействие активным преднамеренным радиопомехам РЛС

레이더 유도(~誘導) Radar Guidance

РЛ наведение

레이더 유도탄(~誘導彈) Radar Guided Missile

ракета с РЛ системой наведения

레이더 유인체 radar decoy

радиолокационная ловушка, радиолокационная ложная цель

레이더 접근관제장치(~接近管制裝置) Radar Approach Control (RAPCON)

единая аэродромная РЛС управления заходом на посадку

레이더 침묵(~沈黙) Radar Silence

молчание РЛС, прекращение работы РЛС

레이더 탐지 radar detection
РЛ обнаружение (цели)

레이더 탐지경보 radar homing and warning (RHAW)
предупреждение о РЛ облучении и наведении средств поражения

레이더 탐지면적 radar cross section (RCS)
радиолокационная ЭПР, эффективная поверхность рассеяния радиолокационных волн

레이더 호밍 Radar Homing
самонаведение с помощью радиолокационных средств

레이더 흡수물질 radar absorbing materials (RAM)
радиопоглощающий материал,поглощающий противорадиолокационный материал

레이저 유도폭탄(~誘導爆彈) Laser Guided Bomb
бомба с лазерным наведением

레이저무기(~武器) Laser Weapon
лазерное оружие

레이저추적(~追跡) Laser Homing
самонаведение с помощью лазерных средств

레포타 Radar Equipment Providing Omnidirectional Reporting of Targets at Extend Ranges (REPORTER)
РЛ оборудование всенаправленного действия для обнаружения целей на увеличенных дальностях

로터 Rotor
несущий винт (вертолета)

롱톤 Long Ton
длинная или английская тонна

마이다스 Missile Defense Alarm System (MIDAS)
система оповещения средств ПРО о ракетном нападении

매복(埋伏) Ambush
засада

맹목공격 Blind Attack
атака визуально не наблюдаемой цели, удар по визуально не наблюдаемой цели

시각공격 Visual Attack

атака видимой цели

맹목투하(盲目投下) Blind Air Drop

бомбометание по визуально не наблюдаемой цели

맹목폭격지대(盲目爆擊地帶) Blind Bombing Zone

зона слепого бомбометания

메트요소 METT-TC: Mission, Enemy, Terrain and weather, Troops and support Time available, Civilians

боевая задача, сведения о противнике, рельефе местности и погодных условиях, доступных в распоряжении сил и средств поддержки, располагаемое время и гражданский фактор - 멧티씨(METT-TC)요소

면허생산(免許生産) Licence Production

лицензионное производство

명멸(明滅) Blinking

мерцание, мигание

명중유도(命中誘導) Homing Guidance

система самонаведения

모듈형 적응배열 공격 레이더 fighter attack reconnaissance modular adaptive radar

модульная адаптивная прицельно-обзорная РЛС истребителя

모방기만(模倣欺瞞) Imitative Deception

введение противника в заблуждение путём имитации работы его радиосредств(средств связи)

모방기만통신부록 imitative communications deception appendix

дополнение по имитационному радиообмену

모방레이다기만 imitative radar deception

дезориентация (введение противника в заблуждение) путём имитации работы РЭС (противника)

모방무선항법방해 deception meaconing

дезинформирующие (имитирующие) помехи РНС

모방전자기만(模倣電子欺瞞) Imitative Electronic Deception

дезинформация с подключением в радиосети противника

모방전파방해 meaconing jamming

сбивание пеленга преднамеренными помехами

모방전파방해 imitative jamming
РЭП путем имитации работы РЭС противника

모방전파방해기지 meaconing station
станция помех РНС

모방통신기만 imitative communications deception
дезориентация путём имитации работы средств связи (противника)

모의(模擬) Simulations
программа имитационного моделирования

모의기뢰(模擬機雷) Dummy Mine
ложная мина, макет мины, учебная мина

모의시설(模擬施設) Dummy Installation
ложное сооружение

모의전자기만(模擬電子欺瞞) Simulative Electronic Deception (SED)
дезориентация путём имитации работы РЭС, дезинформация имитацией

모택동사상
Маоизм, идеи Мао Цзэдуна

모포연막(毛布煙幕) Smoke Blanket
дымовая завеса

모함(母艦) Tender Ship
плавучая база, корабль-матка

목진지(~陣地) Choke Point
узкий проход

목채(木砦) Abatis
завал засека, завал преграда из поваленных деревьев

목표상공 체공가능시간 mission station over target time
возможное время пребывания ЛА над целью

목표상공도착 산출시간 scheduled time over target
расчётное время пребывания над целью

목표상공도착 한계시간 latest time over target
предельное время пребывания над целью

목표상공도착시간(目標上空到着時間) Time Over Target (TOT)
время пребывания над целью

목표상공도착예정시간 desired time over target
предполагаемое время пребывания над целью

목표상공도착요구시간 desired time over target
требуемое время пребывания ЛА над целью

목표일자(目標日字) Target Date
запланированная дата

목표추적레이더(目標追跡~) Target Tracking Radar
радиолокатор визирования цели

묘박지(錨泊地) Anchorage
якорная стоянка, стоянка на якоре

무기건의서(武器建議書) Weapons Recommendation Sheet
рекомендательная таблица для выбора вида оружия

무기고관리정보체계 arsenal management information system
управленческая информационная система арсенала

무기의 예상위치 possible weapon location
место вероятного расположения боевого средства (противника)

무기체계의 상호운용성 weapons interoperability
интероперабельность систем оружия

무반동총 recoilless gun, nonrecoiling gun
безоткатное орудие

무선주파수 Radio Frequency
радиоволна

무선탐지(無線探知) Radio Detection
обнаружение с помощью радиотехнических средств

무선표지 radio beacon
радиомаяк

무선항법(無線航法) Radio Navigation
воздушная радионавигация

무선항법방해(無線航法妨害) Meaconing
помехи РНС(переизлучение сигналов радиомаяка)

무선항법유도(無線航法誘導) Radio Navigation Guidance
радионавигационная система телеуправления

무선통신 radio communication
средства радиосвязи

무선조종 radio control (R/C)
радиоконтроль

무선조종항공기 radio controlled aircraft
ЛА, управляемой радиосвязью

무선기만 radio deception
радиодезинформация, радиообман

무선탐지 radio detection
обнаружение с помощью радиотехнических средств

무선방향탐지기 radio direction finding (RDF)
радиопеленгация, радиопеленгование

무선유도 radio guidance
наведение по радио

무선나침지시계 radio magnetic indicator (RMI)
радиомагнитный указатель, радиомагнитный указатель курсовых углов

무선항법 radio navigation
воздушная радионавигация

무선항법보조시설 radio navigation aid
радионавигационное средство

무시가능수준의 위험 negligible degree of risk
незначительная степень риска

무시위험(無視危險) Negligible Risk
незначительная степень риска, незначительный риск

무시위험거리 negligible risk distance
дальность до границы зоны незначительной степени риска ◆ 핵폭발 중심지로부터의 이격거리

무인기뢰처리기(無人機雷處理機) Mine Disposal Vehicle (MDV)
машина для обезвреживания взрывоопасных предметов

무장(武裝) arming
вооружение

무장도발 armed provocation

вооружённая провокации

무장정찰(武裝偵察) Armed Reconnaissance
вооружённая разведка

무차별 폭격(無差別爆擊) Indiscriminate Bombing
беспорядочное бомбометание, беспорядочное сбрасывание бомб

무해통항권(無害通航權) Right of Innocent Passage
право плавания в чужих территориальных водах военных судов, не имеющих враждебных намерений (국제정치), право мирного пролёта, право мирного прохода (국제법)

문교(門橋) Raft
аварийно-спасательный лодка, аварийно-спасательный плот, плотик

물자동원(物資動員) Material Mobilization
мобилизация материальных ресурсов

물자취급장비(物資取扱裝備) Material Handling Equipment (MHE)
техническое оборудование

물자취급지침 material handling instructions
указания о порядке обращения с материалами

물적보안 Physical Security
физическая безопасность

미사일 유도 레이다 missile attack radar
РЛС наведения ракет

미사일경유추적법(~經由追跡法) Track-Via-Missile (TVM)
сопровождение через ракету, слежение через ракету

미사일기술통제체제(~技術統制體制) Missile Technology Control Regime (MTCR)
режим контроля за ракетными технологиями РКРТ

미사일타격우선순위 missile strike priority
очерёдность ракетных ударов

미사일타격위치확인 소나부이 sonobuoy missile impact location system
система определения места падения ГЧ (головная часть) ракет с помощью радиогидроакустических буев

미사일회피기동
ПР манёвр

미식별선박(未識別船舶) Unidentified Ship
неопознанный корабль

미육군 개편 전략 및 전술 목표 Army strategic and tactical reorganization objective
цель реорганизации стратегических и тактических структур СВ

미지(MIJI) 보고
донесение о применении комплексных помех типа “Миджи”

민간소요
волнения (массовые выступления) среди гражданского населения

민간인 수집소(民間人收集所) Civilian Collecting Point
пункт сбора гражданских лиц

민간인 억류자 관리 civilian internee control
охрана гражданских интернированных лиц

민간인 억류자 정보센터 civilian internee information center
центр информации об интернированных гражданских лицах

민간인 억류자수집소 civilian internee collecting point
пункт сбора интернированных гражданских лиц

민방공습경보
система оповещения ГО о воздушном нападении

민방위(民防衛) Civil Defense
гражданская оборона

민방위군
национальная служба ГО

민방위법
закон о ГО (гражданская оборона)

민방위태세
установленный порядок действий ГО, состояние ГО

민사(民事) Civil Affairs
связь с гражданской администрацией и населением

민사요약보고 civil affairs summary
сводка по связям с гражданской администрацией и населением

민사작전(民事作戰) Civil Affairs Operations
операция содействия гражданским властям

민사작전국장 chief civil affairs officer

начальник отдела по связям с гражданской администрацией и населением

민사작전부대(民事作戰部隊) Civil Affair Unit

подразделение по связям с гражданской администрацией и населением

민사작전학교

школа специалистов СВ по связям с гражданской администрацией и населением

민사협정(民事協定) Civil Affairs Agreement

соглашение по гражданской администрации

밀도-지뢰전(密度-地雷戰) Density-Land Mine Warfare

плотность - минная война

밀도(密度) density

плотность

박격포 낙탄보고 mortar bombing report

донесение о миномётном обстреле

박격포 통제 통신망 mortar fire direction net

сеть связи управления миномётным огнем

박격포 화력지휘소 mortar-fire direction center

пункт управления огнем миномётов

박명(薄明) twilight

сумерки

박무(薄霧)

туманная дымка, дым

반감기 decay half-life

период полураспада

반고정식 탄약(半固定式彈藥) semifixed ammunition

боеприпасы раздельно-гильзового (полуунитарного) заряжания, унитарные боеприпасы с переменными зарядами

반능동호밍유도 semi-active homing guidance

полуактивное самонаведение

반능동호밍유도 시스템 semi-active homing guidance system

полуактивная система самонаведения

반란진압용 병력수송장갑 차량 counter-insurgency armored personnel carrier
БТР для карательных операций ◆반란 및 폭동 진압용

반란(폭동) 진압용 항공기 counter insurgency aircraft
ЛА для карательных противоповстанческих действий

반복전파방해기(反復電波妨害器) repeater jammer
передатчик ответных помех, ретранслятор помех

반사면(反斜面) reverse slope
обратный скат

반사면 방어(反斜面防禦) reverse slope defense
оборона на обратном скате

반사면화기진지
огневая позиция на обратном скате

반응시간(反應時間) reaction time
время реагированияб время для ответных действий

반자동 가시선지휘유도(半自動可視線指揮誘導) Semiautomatic Command to Line of Sight
полуавтоматическое командное наведение по линии визирования

반자동 방공관제체제(半自動防空管制體制) Semiautomatic Air Defense Management
полуавтоматическая система ПВО

반출능력(搬出能力) clearance capacity
пропускная способность конечного пункта транспорта

반치사 가스노출량(半致死~露出量) Median Lethal Gas Exposure
средняя летальная доза ОВ, средняя смертельная доза ОВ

반치사량 median incapacitating dose
средневыводящая доза (ОВ), средняя летальная (смертельная) доза

반치사선량(半致死線量) Median Lethal Radiation Dosage
средняя смертельная доза облучения

반향(反響) clutter
помехи от внешних предметов, засветка индикатора помехами, отражения от местных предметов

반향음 측거(反響音測距) echo ranging
определение расстояния с помощью отражённых сигналов, эхолокация

발광다이얼 blackout dial

светящийся циферблат

발연기(發煙機) Smoke Generator

дымообразующая аппаратура, дымопусковая установка

발주 및 수송시간(發注및輸送時間) Order and Shipping Time (OST)

время на истребование и доставку материальных средств

발진기지(發進基地) Launch Base

ракетная база, пусковой стол

방공(防空) Air Defence

ПВО (противовоздушная оборона)

방공경보(防空警報) Air Defense Warning

оповещение сил и средств ПВО

방공경보망(防空警報網) Air Defense Warning Net

сеть связи оповещения средств ПВО

방공관제소(防空管制所) Air Defense Direction Center

пункт (центр) наведения средств ПВО

방공구역(防空區域) Air Defence Sector

сектор ПВО

방공무기(防空武器) Air Defense Weapons

зенитная система, средство ПВО

방공비상(防空非常) Air Defense Emergency

состояние наивысшей боеготовности средств ПВО

방공소구역(防空小區域) Air Defense Sub Sector

подсектор ПВО

방공요격수단 air defense interceptor

зенитная ракета,истребитель ПВО, истребитель-перехватчик ПВО, ракета ПВО

방공작전(防空作戰) Air Defense Operation

противовоздушная операция, воздушная десантная операция

방공작전요약보고 air defense summary

сводка по ПВО

방공작전지역(防空作戰地域) Air Defense Operation Area (ADOA)

зона действий сил ПВО, район ПВО

방공작전통제체계 Air Defense Operation Control System (ADOCS)
система оперативного управления командования ПВО

방공제한지역(防空制限地域) Air Defense Restricted Area
запретная зона для полётов своей авиации

방공포 사통장치 air defense artillery director
рибор управления артиллерийским зенитным огнем (ПУАЗО)

방공포병 부대장 air defense artillery officer
начальник ПВО

방공포병 사령관 Air Defense Artillery Commander
командующий ЗА, начальник ЗА

방공포병 작전국장 Air Defense Artillery Operations Officer
начальник оперативного отдела ЗА

방공포병 통제관 air defense artillery controller
начальник зенитной артиллерии ПВО

방공포병 화력의 우선권 air defense artillery priority
очерёдность зенитного прикрытия

방공포병 air defense artillery complex
зенитный артиллерийский комплекс

방공포병단 air defense artillery group
зенитная артиллерийская группа

방공포병반(防空砲兵班) Air Defense Artillery Element
зенитная артиллерийская группа

방공포병사단 air defense artillery division
зенитная артиллерийская дивизия

방공포병여단 air defense artillery brigade
зенитная артиллерийская бригада

방공포병작전국 air defense artillery operations office
оперативный отдел ЗА

방공포병지휘소 air defense artillery command post
КП зенитной артиллерии

방공훈련(防空訓練) Air Defense Exercise
учение по противовоздушной обороне

방벽(防壁) Barrier
заграждение

방벽지뢰지대(防壁地雷地帶) Barrier Minefield
заградительное минное поле

방사능 오염지역
зона радиоактивного заражения

방사능 잔류지역 residual radiation area
зона заражения остаточной радиацией, участок заражения остаточной радиацией

방사보안 Emission Security
обеспечение безопасности работы РЭС, безопасность излучений

방안 map-grid
координатная сетка карты ◆ 지도의 격자방안

방어기뢰 대항책(防禦機雷對抗策) Defense Mine Counter Measure
меры против оборонительных минных заграждений

방어사격(防禦射擊) Defensive Fire
заградительный огонь, огонь в обороне

방어선을 돌파하다 break through defenses
прорывать оборону

방어수역 defensive sea area
водный район обороны

방어재편성 reorganization of the defenses
реорганизация оборонительных порядков

방어제공(DCA) defensive counterair
оборонительные действия против авиации противника ◆합동제공작전의 일환

방어제대(防禦梯隊) Defensive Echelons
эшелон боевого порядка в обороне

방어진지(防禦陣地) Defensive Position
позиция для обороны

방어해역(防禦海域) Defensive Sea Area
морской район обороны

방어화력 defensive firepower
оборонительное оружие, огневые средства для оборонительных действий

방첩작전요약 counterintelligence summary
контрразведывательная сводка

방첩판단 counterintelligence estimate
оценка контрразведывательного обеспечения

방해방어책(妨害防禦策) Counter Counter Measures (CCM)
меры борьбы с системами оперативного управления и связи

방향탐지(方向探知) Direction Finding (DF)
определение направления, ориентирование

방호(防護) Protect
зашита

방호철조망(防護鐵條網) Protective Wire Entanglement
защитное проволочное заграждение

배당표(配當表) Table of Allowance (T/A)
табель имущества

배비(配備) Dispose
эшелонировать оборону

배속(配屬) Attachment
временное подчинение

배속명령 attachment order
приказ о временном подчинении

배수(排水) 톤수 displacement tonnage
весовое водоизмещение

배치(配置) / 배진(配陣) Disposition
эшелонирование

배타적 경제수역(排他的經濟水域) Exclusive Economic Zone
исключительная прибрежная экономическая зона

백색선전(白色宣傳) White Propaganda
открытая пропаганда

버섯구름
атомный гриб, грибовидное облако ◆ 원자운

범세계 지휘 및 통제체계(汎世界指揮 및 統制體系) Global Command and Control System (GCCS)
глобальная военная система руководства и управления

벡터식 공격(~式攻擊) Vectored Attacks
атака по наведению, перехват по наведению

별도의 축선 along a separate axis
на отдельном направлении

병력 및 장비할당 forces allocation
выделение сил и средств, разнарядка сил и средств,распределение ВС по видам

병력동원(兵力動員) Personnel Mobilization
ЛС пополнения части по мобилизации

병력손실 Personnel Loss
потери в личном составе

병력손실판단(兵力損失判斷) Personnel Loss Estimate
оценка потери в ЛС

병력절약(兵力節約) Economy of Force
экономия сил и средств

병참(兵站) Quartermaster
квартирмейстерская служба

병참선(兵站線) Line of Communication
коммуникация

병참수집중대(兵站蒐集中隊) Q.M.Salvage Collecting Company
пункт сбора своего и трофейного имущества

병참지대(兵站地帶) Communication Zone
зона коммуникаций

보건근무(保健勤務) Health Service
медико-санитарное обслуживание

보급대기 불가동(補給待機不可動) Not Operationally Ready for Supply (NORS)
не готов к работе из-за отсутствия предметов снабжения

보급로(補給路) Supply Route
путь подвоза (материальных средств), маршрут снабжения

보급소분배(補給所分配) Supply Point Distribution
распределение материальных средств пунктами снабжения

보급소요(補給所要) Supply Requirement
потребность в поставках

보급수준(補給水準) Supply Level
норма содержания запаса

보급안전수준(補給安全水準) Safety Level of Supply (S/L)
резервная норма содержания запаса

보급원천(補給源泉) Source of Supply
источник снабжения

보급작전
снабженческие операции

보급창(補給廠) Supply Depot
склад снабжения

보급통제(補給統制) Supply Control
управление снабжением

보급품 우선순위 high-priority item
предмет снабжения первой очереди

보급품(補給品) Supplies
материальные средства

보조도로(補助道路) Secondary Road
вспомогательная дорога

보조진지(補助陣地) Supplementary Position
дополнительная позиция

보조표적(補助標的) Secondary Target
запасная цель, цель второй очереди

보조항(補助港) Secondary Port
вспомогательный порт

보조화기(補助火器) Secondary Weapon
вспомогательное оружие, вспомогательное огневое средство

보충(補充) Replacement
возмещение

보충불출(補充拂出) Replacement Issue
выдача материальных средств для возмещения потерь

보충수요(補充需要) Replacement Demand
спрос, связанный с необходимостью возмещения

보충역(補充役) Reservist Status
резервист

보트상륙팀 boat landing team
десантная команда катеров

보호기뢰원(保護機雷原) Protective Minefield
защитное минное поле

보호의(保護衣) Potective Clothing
защитная одежда

복식돌파(複式突破) Multiple Penetration
прорыв на нескольких участках

복원(復員) Demobilization
демобилизация

복합전투식량 composite ration
паёк повышенной питательной ценности ◆ 고열량 전투식량

봉쇄(封鎖) Blockade
блокада

부교(浮橋) Floating Bridge
наплавной понтонный парк

부대구조(部隊構造) Force Structure
организационная структура ВС

부대방호(部隊防護) Force Protection
защита своих войск, боевое охранение

부대별 식량분배 daily ration breakdown
распределение суточной дачи продуктов по подразделениям

부대보충(部隊補充) unit replacement
пополнение ЛС целыми подразделениями

부대안전 무시위험 troop safety negligible risk
незначительная степень риска для безопасности своих войск (при ЯВ)

부대의 전략적 집중 strategic troop concentration
стратегическое сосредоточение войск

부대이동(部隊移動) Troop Movement
передвижение войск

부대지휘절차(部隊指揮節次) Troop Leading Procedure
порядок действий (порядок и содержание работы) командира по управлению войсками

부대지휘흐름 troop leading sequence
порядок (последовательность) действий по организации управления войсками

부대할당(部隊割當) Allocation of Forces
распределение сил

부동문교(浮動門橋) Floating Ferry
наплавной штурмовой мост

부분동원(部分動員) Partial Mobilization
частичная мобилизация

부상병수집소
пункт сбора раненых и больных

부수병력(附隨兵力) Accompanied Troops
для сопровождения войск

북방한계선(北方限界線) Northern Limited Line (NLL)
северная разграничительная линия ◆ 언론

분견대(分遣隊) detached unit
часть, выведенная из подчинения

분권화 통제(分權化統制) decentralized control
децентрализованное управление

분석평가체계(分析評價體系) Analysis Evaluation System
система оценки анализа

분쟁(紛爭) conflict
конфликт

불가침조약(不可侵條約) Nonaggression Treaty
договор о ненападении

불가침협정(不可侵協定) Non-Aggression Pact
соглашение о ненападении

불침투성 보호의(不浸透性保護衣) Impermeable Protective Clothing
изолирующая защитная одежда, воздухонепроницаемая защитная одежда

불확정 호출부호(不確定呼出符號) Indefinite Call Sign
общий позывной

붕괴(崩壞) decay
распад

붕괴심도(崩壞深度) collapse depth
предельная глубина погружения ◆ 잠수함이 수압에 견딜 수 있는 최대수심

붕괴율(崩壞率) Decay Rate
коэффициент уменьшения

비가시거리통신 non-line-of-sight communication
загоризонтная связь

비가시선 통신 non-line-of-sight communication
загоризонтная связь, загоризонтная радиосвязь

비경고, 무엄폐 노출위험 무시수준 negligible risk to unwarned and exposed personel
незначительная степень риска для непредупреждённого и неукрытого ЛС своих войск

비경고노출(非警告露出) Unwarned Exposed
находящийся вне укрытия, непредупреждённый (о ядерном нападении)

비과시간(飛過時間) Time of Flight
время полёта (снаряда)

비대칭전(非對稱戰) Asymmetric Warfare
асимметричная война, асимметричные боевые действия

비밀공작(秘密工作) Clandestine Operation
скрытая операция

비밀문서 classified material
материал с грифом секретности, секретный материал

비밀문서 통제관 classified material control officer
офицер по контролю публикации секретных материалов

비밀영수증 classified material receipt

расписка в получении секретных материалов

비밀취급(秘密取扱) Handling of Classified Material
обращение с секретными материалами

비밀취급인가자 individual cleared for access to classified material up to and including
лицо, допущенное к работе с секретными материалами с грифом секретности включительно

비밀취급자 individual cleared for access to classified material
лицо, допущенное к работе с секретными материалами

비산각도(飛散角度) dispersion angle
угол разлёта осколков ◆ 파편이 날아가는 각도

비살상무기 Non-lethal weapon, less-lethal weapon
ОНД оружие несмертельного (нелетального) действия

비상기획위원회(非常企劃委員會) Emergency Planning Board
комитет по разработке чрезвычайных планов

비상사태(非常事態) State of Emergency
чрезвычайное положение

비상소집(非常召集) Emergency Call
срочный вызов

비상식량 emergency ration
неприкосновенный запас продовольствия, аварийный запас (продовольствия)

비상위험(非常危險) Emergency Risk
особо опасная степень риска (при ЯВ)

비상탈출(非常脫出) Bail-Out, Ejection
покидать подбитый танк (전차병), прыгать с парашютом (공군), срочно подниматься на поверхность (잠수부대/잠수함)

비상활주로(非常滑走路) Emergency Landing Strip
запасная посадочная площадка

비전략적 핵 non-strategic nuclear forces
нестратегические ядерные силы

비전략적 핵무기 non-strategic nuclear weapon
нестратегическое ЯО

비접적전(非接敵戰) Non-Contact Warfare
бесконтактная война

비접촉신관
неконтактный взрыватель

비정규군(非正規軍) Irregular Forces
нерегулярные войска, нерегулярные силы

비정규군 유격대 bush guerrillas
нерегулярные партизанские формирования

비정규전(非正規戰) Unconventional Warfare
нетрадиционные методы ведения войны, нетрадиционная война, война с применением оружия массового поражения (대량살상무기사용), необычная война (외교), специальные боевые действия

비정규전 담당장교 unconventional warfare officer
офицер по специальным методам ведения войны

비정규전 심리전 unconventional warfare psychological operation
психологическая операция при ведении боевых действий с применением специальных методов

비축물자(備蓄物資) Stock Pile
запас материальных средств

비콘 beacon
радиомаяк

비파괴검사(非破壞檢査) Non Destructive Inspection
дефектоскопия, контроль без разрушения изделия

비표준장비(非標準裝備) Non Standard Material
нестандартные материалы

비행계획서(飛行計劃書) Flight Plan
флайт-план

비행고도(飛行高度) Flight Altitude
высота полёта

비행금지공역(飛行禁止空域) Prohibited Area (PA)
запретная для полётов зона

비행금지선(飛行禁止線) No Fly Line (NFL)
рубеж безопасного удаления для своей авиации

비행기록장치(飛行記錄裝置) Flight Recorder
регистратор полётных данных

비행로도표(飛行路圖表) Flight Diagram
схема маршрутов

비행사고율(飛行事故率) Aircraft Accident Rate
коэффициент аварийности самолётов

비행시정(飛行視程) Flight Visibility
видимость в полёте

비행자료
полётные данные

비행자료기록
система записи полётных данных

비행작전본부(飛行作戰本部) Flight Operations Center (FOC)
центр обеспечения полётов, центр управления полётами

비행정보구역(飛行情報區域) Flight Information Region (FIR)
район полётной информации

비행제한공역(飛行制限空域) Restricted Flight Airspace (RFA)
зона ограничения полёта

비행조언(飛行助言) Flight Advisory
консультативное обслуживание полётов

비행추적(飛行追跡) Flight Following
слежение за полётом; сопровождение полёта (воздушного судна)

비행협조본부(飛行協調本部) Flight Coordination Center (FCC)
Центр координации полётов

비행회랑(飛行回廊) Air Corridor
воздушный коридор пролета

비활동위성(非活動衛星) Passive Satellite
пассивный спутник

비효율출격(非效率出擊) Noneffective Sortie
безрезультатный боевой вылет

빔 공격(~攻擊) Beam Attack
удар пучковым оружием

빔 공격취약성 beam attack vulnerability
уязвимость от удара пучковым оружием

빵급식 기준 bread ration
суточная норма хлеба

사각(死角) Dead Space
непросматриваемое пространство

사각지대(死角地帶) Dead Zone
невидимая зона, "мёртвая" зона

사각지역 일람표 dead space chart
схема мёртвых пространств

사각항공사진(斜角航空寫眞) Oblique Air Photograph
перспективный аэроснимок

사거리 공산오차(射距離公算誤差) Range Error Probable (REP)
вероятное отклонение по дальности

사격계획표
плановая таблица огня

사격금지지역(射擊禁止地域) No Fire Area (NFA)
зона запрещения ведения огня

사격도판(射擊圖板) Firing Chart
таблица стрельбы

사격연신(射擊延伸) Lift Fire
переносить огонь (в глубину)

사격제한선(射擊制限線) Restrictive Fire Line (RFL)
рубеж ограничения огня

사격지대(射擊地帶) Zone of Fire
полоса (сектор) огня

사격지휘소(射擊指揮所) Fire Direction Center (FDC)
центр управления огнем, пункт управления огнем

사격지휘차량 fire direction center vehicle
подвижный пункт управления огнем

사격통제명령(射擊統制命令) Fire Control Order
распоряжение по управлению огнем

사격통제장비(射擊統制裝備) Fire Control Equipment
оборудование управления огнем

사격통제지역(射擊統制地域) Fire Control Area
зона управления огнем

사격한계(射擊限界) Limit of Fire
граница сектора обстрела

사격협조선(射擊協調線) Coordinated Fire Line (CFL)
рубеж координированного огня, рубеж согласованного огня

사경도(寫景圖) Panoramic Sketch
перспективная схема, перспективный чертёж местности

사계(射界) Field of Fire
зона (полоса, сектор) обстрела, обстреливаемый участок

사계청소(射界淸掃) Clearing the Field of Fire
расчищать сектор обстрела

사담 Sense and Destroy Armor Missile (SADARM)
самонаводящийся ПТ боеприпас

사드(THAAD)
противоракетный комплекс подвижного наземного базирования для высотного заатмосферного перехвата ракет средней дальности
◆ 종말고고도지역방어(終末高高度地域防禦)

사묘(捨錨) Slipping Anchor
расклёпывать и выпускать якорную цепь

사상자수집 collecting casualties
собирание раненых и поражённых

사상전(思想戰) Ideological Warfare
идеологическая война

사전비축예비물자소요 prepositioned war reserve requirement
потребности в заблаговременно складированных военных запасах

사전비축예비물자최소요구량 prepositioned war reserve materiel requirement balance
необходимый баланс заблаговременно складированных материальных средств военных запасов

사주방어(四周防禦) All Around Defense
круговая оборона ◆ 북한군은 "원형방어"

사탄산포(射彈散布) Dispersion
рассеивание, кучность

사탄오차(射彈誤差) Dispersion Error
отклонение, вызванное рассеиванием

사판(砂板)
макет местности

사표(射表) Firing Table
таблицы стрельбы

산악전 훈련지역
район для обучения ведению боевых действий в горах

산악지역작전(山岳地域作戰) Mountain Area Operation
боевые действия в горах

산업동원 프로그램 industrial mobilization training program
программа мобилизационной подготовки промышленных предприятий

산업동원(産業動員) Industrial Mobilization
мобилизация промышленности

산업동원계획 industrial mobilization plan
мобилизационный план промышленных предприятий,план военной мобилизации промышленности

살상반경
убойный радиус

살상지대(殺傷地帶) Killing Zone, Kill Box
зона поражения

살포기(撒布機) Disperser
прибор рассеивания, средство распыления

살포식지뢰(撒布式地雷) Scatterable Mine
мина для дистанционного минирования внаброс

삽탄장전식(揷彈裝塡式) Magazine Loading
магазинная зарядка, магазинное заряжание

상륙건설대대(上陸建設大隊) Amphibious Construction Battalion
амфибийный инженерно-строительный батальон

상륙계획(上陸計劃) Plan For Landing, Landing Plan

план выброски десанта

상륙공격(上陸攻擊) Landing Attack
бой за высадку десанта, высадка десанта (с боем)

상륙교량장비 amphibious bridging system
понтонно-мостовой парк

상륙군 함포사격반 landing force naval gunfire team
группа управления огнем кораблей огневой поддержки (десанта)

상륙군(上陸軍) Landing Force (LF)
десантные силы

상륙군사령관(上陸軍司令官) Commander Landing Force (CLF)
командующий десантными силами

상륙기동부대(上陸機動部隊) Amphibious Task Force (ATF)
десантное оперативное соединение, морское десантное оперативное соединение

상륙기동전대(上陸機動戰隊) Amphibious Task Group
амфибийная оперативная группа, морская десантная оперативная группа

상륙기습(上陸奇襲) Amphibious Raid
морская десантная операция

상륙기습작전 amphibious raid-type operation
морская десантная операция "рейд"

상륙단(上陸團) Landing Team
десантная группа

상륙돌격 위그선 amphibious assault surface effects vehicle
десантно-высадочный экраноплан

상륙돌격(上陸突擊) Amphibious Assault
высадка морского десанта

상륙돌격부대(上陸突擊部隊) Amphibious Striking Forces
амфибийные ударные силы

상륙돌격함정(上陸突擊艦艇) Amphibious Assault Ship (LHA)
десантный корабль

상륙목표지역(上陸目標地域) Amphibious Objective Area (AOA)
район высадки морского десанта

상륙선거함(上陸船渠艦) Landing Ship Dock (LSD)
десантный корабль-док

상륙수색소대
морской десантный разведывательный взвод

상륙순위표(上陸順位表) Landing Sequence Table
таблица последовательности высадки (десанта)

상륙양동(上陸陽動) Amphibious Demonstration
демонстрация высадки морского десанта

상륙예정표(上陸豫定表) Landing Schedule
плановая таблица высадки десанта

상륙용교량전차 amphibious bridging vehicle
десантный мостоукладчик

상륙우선순위 debarkation priority number
номер очерёдности высадки

상륙우선순위표(上陸優先順位表) Landing Priority Table
плановая таблица первоочерёдной посадки

상륙작전(上陸作戰) Amphibious Operation
десантная операция

상륙작전지역 amphibious operation area
район действия морского десанта

상륙장갑차 armored amphibious assault vehicle
бронированное десантно-высадочное средство

상륙장갑차 운용계획표(運用計劃表) Amphibious Vehicle Employment Plan
план использования десантно-высадочных средств

상륙장갑차 이용가능표 Amphibious Vehicle Availability Table
таблица наличия боеготовых десантно-высадочных средств

상륙장갑차 진수구역(進水區域) Amphibious Vehicle Launching Area
район спуска на воду десантно-высадочных средств

상륙장갑차(上陸裝甲車) Amphibious Assault Vehicle (AAV)
десантно-гусеничная машина-амфибия

상륙장소 Landing Site
место высадки (десанта)

상륙전 계획수립(上陸戰計劃樹立) Amphibious Planning
план морской десантной операции

상륙전교리(上陸戰教理) Amphibious Doctrine
основные принципы проведения морских десантных операций

상륙전기함(上陸戰旗艦) Amphibious Command Ship (LCC)
штабной корабль десантных сил

상륙전대(上陸戰隊) Amphibious Squadron
десантное соединение ВМС, отряд (эскадра) десантных кораблей

상륙전부대(上陸戰部隊) Amphibious Force
морское десантное соединение

상륙정찰(上陸偵察)
морская десантная разведка

상륙주정 및 상륙장갑차 할당표(割當表) Landing Craft and Amphibious Vehicle Assignment Table
таблица распределения десантно-высадочных средств и плавающих машин

상륙주정 운용계획(上陸舟艇運用計劃) Landing Craft Employment Plan
таблица распределения десантно-высадочных средств

상륙주정 이용가능표(上陸舟艇利用可能表) Landing Craft Availability Table
таблица наличия и готовности десантно-высадочных средств

상륙주정(上陸舟艇) Landing Craft
десантно-высадочные средства

상륙지역(上陸地域) Landing Area
район высадки (десанта)

상륙지원단(上陸支援團) Naval Beach Group
морская высадочная группа

상륙지원정보체계(上陸支援情報體系) Amphibious Support Information System
информационная система обеспечения морской десантной операции

상륙통제전대(上陸統制戰隊) Amphibious Control Group
группа управления высадкой морского десанта

상륙편성(上陸編成) Organization for Landing
порядок высадки

상륙함정(上陸艦艇) Landing Ship
десантный корабль, десантный транспорт

상륙함정구역(上陸艦艇區域) Landing Ship Area
район стоянки десантных кораблей

상륙해안 근무지원부대 소요 beach service troop requirements
потребности в тыловых частях и подразделениях на участке высадки (морского десанта)

상륙해안(上陸海岸) Landing Beach
участок высадки

상륙화물수송함(上陸貨物輸送艦) Attack Cargo Ship
десантный грузовой транспорт

상비군(常備軍) Standing Army
регулярная армия, постоянная армия

상비전력(常備戰力) Active Strength
активные силы и средства

상선방송(商船放送) Merchant Broadcast
система радиовещания для торговых судов

상선재난보고(商船災難報告) Merchant Ship Casualty Report
донесение о потерях в торговых судах

상호감시구역교차 surveillance sector overlap
взаимное перекрытие секторов наблюдения

상호억제(相互抑制) Mutual Deterrence
взаимное сдерживание путём устрашения

상호억제전략 mutual-deterrence strategy
стратегия взаимного сдерживания

상호운용성(相互運用性) Interoperability
интероперабельность

상호전략적 억제 mutual strategic deterrence
взаимное стратегическое устрашение

상호지원(相互支援) Mutual Support
взаимная поддержка

상호지원근무(相互支援勤務) Cross Servicing

взаимное обслуживание

상황요약 situation summary
оперативная сводка

상황판단 estimate of the situation
оценка обстановки

생물학적 반감기(生物學的半減期) Biological Half-Life
биологический период полувыведения

생존훈련학교 Survival, Evasion, Resistance, and Escape
школа выживания в экстремальных условиях и плену

선견부대(先遣部隊) Advanced Force
передовое соединение, передовая часть

선단사령(船團司令) Convoy Commodore
командир конвоя

선단집결항구(船團集結港口) Convoy Assembly Port
порт формирования конвоя

선단항로(船團航路) Convoy Route
маршрут движения колонны

선단항로교시(船團航路敎示) Convoy Routing Instructions
указания по маршруту движения колонны

선도(先導) Lead
упреждение

선도각(先導角) Lead of Angle (LA)
угол упреждения

선도거리표(先導距離表) Lead Table
таблица упреждений

선도기(先導機) Lead Aircraft, Pathfinder Aircraft
ведущий самолёт

선도사격(先導射擊) Leading Fire
стрельба с упреждением

선도장치(先導裝置) Pathfinders
ЛА наведения, устройство наведения

선동(煽動) Sedition

враждебная агитация

선무공작(宣撫工作) Pacification Activities

действия по умиротворению

선무작전 pacification operation

операция по “умиротворению“

선박예인 음향기만장비 ship-towed acoustic deception device

корабельная буксируемая гидроакустическая ЛЦ

선박적하목록(船舶積荷目錄) Ocean Manifest

грузовой манифест

선박통제 및 보호(船舶統制및保護) Control and Protection of Shipping

меры по контролю и защите судоходства

선발원 생물학탄 line-source biological munitions

боеприпасы с ББС для создания полосы заражения

선발원 화학탄(線發源化學彈) Line-Source Chemical Munition

химические боеприпасы для создания полосы заражения

선방어(線防禦) Linear Defense

линейная оборона, оборона рубежа

선별식가변시한신관 controllable variable time fuze

радиовзрыватель избирательного действия, радиовзрыватель неконтактного-контактного действия

선전(宣傳) Propaganda

пропаганда

선전과 심리전 publicity and psychological warfare

пропаганда и психологическая война

선전탄(宣傳彈) Leaflet Projectile Bomb

агитационные боеприпасы, агитационная бомба

선제공격(先制攻擊) Preemptive Attack

упреждающий (обезоруживающий) удар (공군)

선제타격

упреждающий удар

선택식별장치(選擇識別裝置) Selective Identification Feature

аппаратура выборочного опознавания (ЛА)

선택양륙(選擇揚陸) Selective Unloading
выборочная разгрузка (десантных транспортов)

선회권(旋回卷) Turning Circle
диаметр поворота

설물(泄物) Scrap
металлические поражающие элементы, трофейная техника

설영(設營) Quartering
расквартирование

설영대(設營隊) Quartering Party
квартирьерская группа

설영대장
начальник команды квартирьеров

섬광탄(閃光彈) Flare
святящая АБ, ИК (инфракрасная) ловушка, ИК (инфракрасная) ложная цель

섬광화상(閃光火傷) Flash Burn
ожог от светового излучения

섬광효괴(閃光效果) Flash Effect
эффект засветки

섬멸전(殲滅戰) Annihilation War
война на уничтожение

성형작약
кумулятивный заряд

성형작약탄 shaped charge
боевой кумулятивный заряд

성형폭약(成形爆藥) Charge, Demolition Shaped
кумулятивный удлинённый подрывной заряд

세계 군사지휘통제체계(汎世界軍事指揮統制體系) World Wide Military Command & Control System (WWMCCS)
глобальная военная система руководства и управления

세계지구좌표체계(世界地球座標體系) World Geodetic System (WGS)
всемирная геодезическая система

세력균형(勢力均衡) Balance of Power
баланс сил

세열폭탄(細裂爆彈) Fragmentation Bomb
осколочная бомба, осколочная АБ

소개(疏開) Dispersal
рассредоточение

소군탄(小群彈) Submunition
боевой малокалиберный боеприпас

소극방공(消極防空) Passive Air Defense
пассивная ПВО

소극방어(消極防禦) Passive Defense
пассивная оборона

소나부이 sonobuoy
гидроакустические буи

소나탐지(~探知) Sonar Detection
гидролокационное обнаружение

소립자(素粒子) Elementary Particles
элементарные частицы

소모전(消耗戰) War of Attrition
война на истощение

소요(騷擾) Civil Disturbance
волнения среди гражданского населения

소요계획(所要計劃) Requirement Plan
план реализации потребностей

소요보급율 Required supply rate (RSR)
требуемая норма снабжения

소요진압작전(騷擾鎭壓作戰) Suppression of Civil Disturbance
подавление волнении среди гражданского населения

소축척지도(小縮尺地圖) Small-Scale Map
мелкомасштабная карта

소탕(掃蕩) Mopping Up
очищающий, прочёсывающий, очищать (от противника)

소탕부대(잔적) mopping-up detachment
истребительный отряд, отряд "чистильщиков"

소탕작전 mopping-up operation
операция по прочёсыванию (района)

소탕하다 mop up
очистить, очищать (захваченную территорию от противника), прочёсывать

소형 저고도 대함 미사일 small high speed low-altitude antiship missile малогабаритная скоростная низколетящая ПКР

소화기(小火器) Small Arms
оружие малых калибров, лёгкое стрелковое оружие

송신보안 Transmission Security
безопасность передачи

쇼랜 Shoran
радионавигационная импульсная система среднего и ближнего действия "Шоран" ◆ 단거리 무선항법장치

쇼트 톤 Short Ton
короткая тонна

수동재밍(受動~) Passive Jamming
пассивные помехи

수동추적유도(受動追跡誘導) Passive Homing Guidance
пассивное самонаведение

수동탐지 지향성 소나브이 passive direction control sonobuoy
пассивный радиогидроакустический буй направленного действия

수동탐지소나 passive sonar
пассивная гидроакустическая станция

수동형 적외선 거리측정기 passive infra-red range-finder
пассивный инфракрасный дальномер

수동호밍 열추적 유도체계 heat-seeking passive homing guidance system
тепловая система самонаведения

수동호밍 전방위 적외선 유도 시스템 all aspect passive IR homing guidance system
всеракурсная пассивная система ИК самонаведения

수동호밍(受動~) Passive Homing
пассивное самонаведение

수동호밍유도시스템 passive homing guidance system
пассивная система самонаведения

수동호밍음향유도시스템 acoustic passive homing guidance system
акустическая система самонаведения

수로정찰 hydrographic reconnaissance
гидрографическая разведка

수명주기 군수지원비용 life-cycle logistic support cost
затраты на МТО по жизненному циклу (системы)

수명주기 비용견적(판단) life-cycle cost estimate
оценка затрат по жизненному циклу

수명주기(壽命週期) Life Cycle
жизненный цикл

수명주기비용 life-cycle cost
затраты по жизненному циклу (системы) ◆ 장비나 시스템의 수명을 고려하여 그간 발생하는 생산, 설치, 운용, 수리 및 유지에 들어가는 비용

수명주기비용 평가전문가 life-cycle cost analyzer
специалист по оценке затрат по жизненному циклу

수명주기비용(壽命週期費用) Life Cycle Cost
затраты по жизненному циклу

수명주기비용고려구매 life-cycle cost procurement
закупки с учётом затрат по жизненному циклу (системы)

수상함 소나 surface ship sonar
ГАС для надводных кораблей

수상함 소나 음탐훈련 시뮬레이터 surface ship sonar operator trainer
тренажёр для подготовки гидроакустиков надводных кораблей

수상함 소나개량프로그램 surface ship sonar modernization program
программа модернизации ГАС для надводных кораблей

수상함 어뢰방어체계 Surface Ship Torpedo Defence (SSTD)
система противоторпедной защиты надводных кораблей

수상함 전투전대(水上艦戰鬪戰隊) Surface Action Group (SAG)

боевая группа надводных кораблей, корабельная ударная группа

수색 구조팀 search and rescue team
поисково-спасательная группа, поисково-спасательная команда

수색(搜索) Reconnaissance
разведка

수송망(輸送網) Transport Network
транспортная сеть

수송이동관리(輸送移動管理) Transportation Management
управлению транспортными перевозками

수송전대(輸送戰隊) Transport Group
группа транспортов

수심등고선(水深等高線) Depth Contour
рельеф дна

수영척후조(水泳斥候組) Swimmer Scout
боевой пловец-разведчик(диверсант)

수정사격(修正射擊) Adjust Fire
корректировка огня

수중 대공유도탄(水中對空誘導彈) Underwater Io Air Missile
ЗУР запускаемая с ПЛ

수중발사 유도어뢰 self-guided torpedo
самонаводящаяся торпеда подводного базирования

수중방어망(水中防禦網) Net and Booms
боносетевые заграждения

수중소음(水中騷音) Ambient Noise
шумы фона, внешний шум, шумовой фон

수중음향신호탄(水中音響信號彈) Sound Underwater Signal
звукоподводная связь

수중장애물(水中障碍物) Underwater Obstacle
подводное препятствие

수중청음기(水中聽音器) Hydrophone
гидрофон

수중침투

проникновение в тыл противника под водой

수중파괴대(水中破壞隊) Underwater Demolition Team (UDT)

подводная подрывная команда

수중폭파(水中爆破) Underwater Demolition

подводная подрывная работа

수직공산오차(垂直公算誤差) Vertical Provable Error

вероятное отклонение по высоте

수직보급(垂直補給) Vertical Replenishment

доставка предметов снабжения по воздуху, пополнение запасов с воздуха

수직포위(垂直包圍) Vertical Envelopment

вертикальный охват

수집소(蒐集所) Collecting Point

пункт сбора

순기비용(循期費用) Life Cycle Cost

затраты по жизненному циклу ◆ 수명주기비용

순발신관(瞬發信管) Supersensitive Fuze

сверхчувствительный взрыватель (мгновенного действия)

순항출력(巡航出力) Cruising Power

крейсерская мощность

순회폭격(巡廻爆擊) Shuttle Bombing

многократная бомбардировка, челночная бомбардировка

스노켈 마스트 snorkel tower

воздухопитающая для подводного вождения танка труба

스노켈 통기장치 snorkel

воздухопитающая труба

스노클 탐지훈련 snorkel detection exercise

отработка способов обнаружения ПЛ с устройством РДП (устройство работы двигателя под водой)

스노클심도 snorkel depth

перископная глубина (погружения ПЛ)

스노클장비 snorkel device

шноркель,приспособление для переезда машиной глубоких бродов

스노클장치 snorkel equipment
устройство РДП(устройство работы двигателя под водой)

스마트탄(~彈) Smart Bomb
бомба с лазерным или телевизионным наведением

스킵폭격(~爆擊) Skip Bombing
бомбометание с рикошетированием

스타워즈 프로그램
программа «Звёздных войн» ◆ 전략방위구상에 대한 별명

스탠더드미사일 Standard Missile (SM)
ракета Стандарт

스텔스기술(~技術) Stealth Technique
техника достижения невидимости, техника снижения заметности объекта

스톱부저 Stop Buzzer
прекратить применение активного средства РЭП

스파이위성(~衛星) Spy Satellite
спутник-разведчик, спутник-шпион

습격(襲擊) Raid
нападение, налёт

승수인수(乘數因數) Multiplier Factor
коэффициент умножения

승수작용(乘數作用) Multiplier Effect
многократное повышение эффективности

시각공격시스템 visual attack system
система обеспечения атаки видимой цели

시각신호(視覺信號) Visual Signalling
визуальный сигнал

시각호출부호(視覺呼出符號) Visual Call Sign
визуальный позывной, позывной для зрительной связи

시간간격(時間間隔) Time Interval
временной интервал

시간장경(時間長徑) Time Length
временная глубина

시계비행규칙(視界飛行規則) Visual Flight Rules (VFR)
правила визуального полёта

시설방공 local air defense
объектовая ПВО

시설보안(施設保安) Physical Security
предотвращение несанкционированного доступа

시제품(試製品) Prototype
прототип

시차별 부대전개목록(部隊展開目錄) Time-Phased Force Deployment List (TPFDL)
график поэтапного развёртывания войск

시차오차(時差誤差) Parallax Error
ошибка вследствие параллакса

시한성 긴급표적 Time Sensitive Target
особо важная первоочерёдная цель ◆ TST타겟

시험비행(試驗飛行)
испытательный полёт

시험평가(試驗評價) Test and Evaluation
испытания и оценка, оценочные испытания

식량배급 breakdown of rations
распределение продовольствия

식량배급소 ration breakdown point
пункт распределения продовольствия

식량배급일정 ration issue schedule
график выдачи продовольствия

식량저장소 ration point
пункт продовольственного снабжения

신문(訊問) Interrogation
допрос

신속대응능력(迅速對應能力) Quick Reaction Capability
способность быстрого реагирования

신속대응수단 quick-response capability
средства быстрого реагирования

신호보안(信號保安) Signal Security (SIGSEC)
  обеспечение скрытности работы средств связи

신호발생기 signal generator
  генератор сигналов цели

신호정보수집 signal intelligence
  радио- и радиотехническая разведка

실소모율 actual consumption rate
  действительная норма потребления (расхода)

실시간 지원(實時間支援) Real Time Support
  поддержка в реальном времени

실제목표상공도착시간 actual time over target
  фактическое время пребывания ЛА над целью

심리전(心理戰) Psychological Warfare
  психологическая война, проведение психологических операций во время боевых действий

심리전단 psychological warfare group
  группа по операциям психологической войны

심리전부대 pcychological warfaro dotachmont
  отряд психологической войны, части и подразделения психологической войны

심수통과능력(深水通過能力) Deep Fording Capability
  преодоление глубоководной преграды вброд

심해잠수함
  глубоководные подводные лодки

씰팀 Sea Air and Land Team (SEAL)
  Силы специальных операций ВМС США

아군상황판단 friendly situation estimate
  оценка положения своих войск

아랫바람 Down Wind
  подветренный

아이론 정비(~整備) Inspect and Repair Only as Necessary (IRON)
  осмотр и ремонт проводить только в случае необходимости

아트로핀 주사기(~注射器) Atropine Autoinjector
шприц с атропином

아트로핀주사 atropine injection
инъекция атропина

안보의 군사 정치적 측면 Politico-military aspects of security (PMS)
военно-политические аспекты безопасности

안전반경(安全半徑) Radius of Safety
безопасное удаление (при ЯВ)

안전심도(安全深度) Safe Depth, Safe Diving Depth
безопасная глубина, безопасная глубина погружения

안전지대(安全地帶) Safety Zone
безопасная зона (при стрельбе через голову своих войск)

안전항로(安全航路) Safety Lanes
безопасный маршрут перехода подводной лодки, проход в минновзрывном заграждении

안전회랑 air safety corridor
безопасный воздушный коридо

안전회랑(安全廻廊) Safe Corridor
безопасный коридор

암호(暗號) Cryptogram
шифртелеграмма, криптограмма

암호해독(暗號解讀) Decryption
дешифрование, расшифрование

압력기뢰(壓力機雷) Pressure Mine
гидродинамическая мина

애로(隘路) Defile
узкий проход, узкое место маршрута

야간행군 blackout march
марш в ночных условиях

야외기동 field maneuvers
полевые манёвры

야외연습(野外演習) Field Exercise

полевое учение

야전 민간인 억류자 수용시설 internee compound
полевой лагерь интернированных лиц

야전 인체제독소(野戰人體除毒所) Field Personnel Decontamination Station
полевой пункт санитарной обработки ЛС

야전구급낭세트 emergency medical treatment unit
полевой набор препаратов для оказания первой медицинской помощи

야전구량(野戰口糧) Field Ration
полевой паёк

야전군(野戰軍) Field Army
полевая армия

야전급식소 field ration mess
столовая для довольствия по полевому пайку

야전대량급식 field ration mess operations
питание войск в полевых условиях

야전부대 시험(野戰部隊試驗) Troop Test
войсковое испытание, испытание в войсках

야전식량 field ration
полевой паёк

야전정비(野戰整備) Field Maintenance
ремонт в полевых условиях, ТО в полевых условиях

야전제독소 field decontamination station
полевой пункт специальной обработки

야전축성(野戰築城) Field Fortification
полевое оборонительное сооружение, полевая фортификация

야전치중대(野戰輜重隊) Field Train
транспорт служб тыла

야전포병(野戰砲兵) Field Artillery
полевая артиллерия, наземная артиллерия

약점과 취약점(弱點과脆弱點) Weakness, Vulnerability
слабость и уязвимость

약진(躍進) Rush

перебежка

양공(陽攻) Feint

ложная атака

양동(陽動) Demonstration

отвлекающий удар, показное занятие, демонстративные действия

양륙운선순위 debarkation priority number

номер очерёдности выгрузки

양륙지휘대(揚陸指揮隊) Beachmaster Unit

подразделение коменданта пункта высадки

양륙항(揚陸港) Port of Debarkation

порт высадки

양용무기(兩用武器) dual(multi) capable weapons

оружие двойного назначения

양용탄두투발체계 dual-capable conventional/nuclear weapon delivery system

система доставки обычного или ядерного боеприпаса к цели ◆ 재래식 탄두와 핵탄두를 공히 투발할 수 있는 체계

양용포병무기체계 dual-capable artillery weapon system

артиллерийская система двойного назначения ◆ 재래식 탄두와 핵탄두를 공히 투발할 수 있는 포병체계

양익포위(兩翼包圍) Double Envelopment

двойной охват

어뢰대항책(魚雷對抗策) Torpedo Countermeasures

мероприятия по противоторпедной защите, способы и средства борьбы с торпедами

어뢰위험구역(魚雷危險區域) Torpedo Danger Zone

зона торпедной опасности

어뢰회피(魚雷回避) Torpedo Evasion

противоторпедный манёвр

어선 fishing vessel

рыболовецкие суда

억류자(抑留者) Internee

интерн, интернированное лицо

억제력(抑制力) Deterrent Power
сдерживающая мощь

억제전략(抑制戰略) Deterrence Strategy
стратегия сдерживания, стратегия устрашения

엄폐(掩蔽) Cover
укрытие

엄호부대(掩護部隊) Covering Force
войска прикрытия

엄호사격(掩護射擊) Covering Fire
огневое прикрытие, прикрывающий огонь

엄호장벽(掩護障壁) Covering Barrier
заграждение прикрытия

에스티비 Super Tropical Bleach (STB)
супертропический отбеливатель

에프연도 Fiscal Year
финансовый год

여단(旅團) Brigade
бригада

여단상륙단 brigade landing team
бригадная десантная группа

여울 shallow ford
неглубокий брод

여울지뢰 shallow-water mine
мелководная мина

역공격기동 counter-offensive mobility
мобильность для проведения контрнаступления

역공격임무 counter-offensive mission
задача при контрнаступлении

역공격전 counter-offensive battle
контрнаступательное сражение

역대책(逆對策) Counter Measure
контрмера

역선전(逆宣戰) Counter-Propaganda
контрагитация

역수색(逆搜索) Counter Reconnaissance
контрразведка

역외상륙작전 overseas amphibious operation
морская десантная операция вне территории США

역전상태(逆轉狀態) Inversion Condition
инверсионные условия

연간국가전략정보판단 annual strategic national intelligence estimate
ежегодная национальная разведывательная оценка стратегической обстановки

연간요약보고 annual summary report
краткий годовой отчёт

연결작전(連結作戰) Link-Up Operation
действия по соединению десанта с наземными войсками

연대상륙단 regiment landing team (RLT)
полковая десантная группа

연락장교 liaison officer
офицер связи (взаимодействия)

연막(煙幕) Smoke
задымление, дымовое средство

연막을 치다 lay a smoke blanket
ставить дымовую завесу

연막차장 smoke screen
дымовая завеса

연무(煙霧) Haze
туманная дымка, дым

연습(演習) Exercise
учение

연습단계(演習段階) Rehearsal Phase
этап репетиции высадки

연안수송(沿岸輸送) Inshore Transportation

прибрежная транспортировка

연안호송선단(沿岸護送船團) Coastal Convoy

прибрежный конвой

연합군(聯合軍) Combined Force

группировка частей и соединений разных видов ВС

연합비정규전평가팀 Joint Unconventional Warfare Assessment Team

объединённая группа по оценке специальных методов и средств ведения войны

연합수송위원회

объединённый комитет по воинским перевозкам

연합작전(聯合作戰) Combined Operations, Coalition Operations

общевойсковые операции, совместные операции

연합참모(聯合參謀) Combined Staff

объединённый штаб

연합항공부대(聯合航空部隊) Combined Aviation Force (CAF)

объединённые ВВС

열 복사선(熱輻射線) Thermal Radiation

тепловое излучение

열추적 수동호밍 유도 heat passive homing guidance

пассивное самонаведение по тепловому излучению (цели)

열추적 호밍 유도 시스템 heat-seeking homing guidance system

инфракрасная система самонаведения

열추적(熱追跡) Heat Seeking

самонаведение по тепловому излучению

열추적호밍유도방식 heat homing guidance system

инфракрасная система самонаведения

영구진지 fixed emplacement

долговременное оборонительное сооружение

영구화기진지 permanent emplacement

долговременное огневое сооружение

영상표적(影像標的) Silhouette Target

силуэтная цель

영시(零時) Zero Hour

час (время) начала атаки (наступления,операции), время высадки десанта, время выброски воздушного десанта (морского десанта)

영해(領海) Territorial Waters

территориальные воды

영향지역(影響地域) Area of Influence

зона боевого воздействия

영현등록(英顯登錄) Grave Registration

похоронная служба

영현등록병 graves registration specialist

специалист похоронной службы

영현등록소대 graves registration detachment

похоронный отряд

영현처리소 graves registration service

похоронная служба

예방전쟁(豫防戰爭) Preventive War

превентивная война

예방정비(豫防整備) Preventive Maintenance

профилактическое ТО

예비계획 objective mission alternative

запасной вариант выполнения поставленной задачи

예비도로(豫備道路) Alternate Route

запасный путь, второстепенный маршрут

예비량보유수준 ration level

норма запаса продовольствия

예비보급로(豫備補給路) Alternate Supply Route (ASR)

запасной путь подвоза

예비보급품(豫備補給品) Reserve Supplies

резервные материальные средства

예비비행장(豫備飛行場) Alternative Airfield

запасной аэродром, запасный аэродром

예비소요(豫備所要) Reserve Requirement

складированные военные запасы

예비지휘소(豫備指揮所) Alternate Command Post
запасный КП

예비진지(豫備陣地) Alternate Position
запасная позиция

예비품(豫備品) Spares
запасные части

예산편성체계(豫算編成體系) Budget Formulation System
система по подготовке бюджета

예상전개선(豫想展開線) Probable Line of Deployment
вероятный рубеж развёртывания

예상침투로
вероятный путь проникновения (просачивания)

예속(隷屬) Assignment
выделение

예정목표상공도착시간 estimated time over target
расчётное время пребывания над целью

예성사격(豫定射擊) Pre-Arranged Fire
запланированная стрельба

예정파(豫定波) Scheduled Wave
плановый эшелон (десанта)

예측 음탐거리(豫測音探距離) Predicted Sonar Range (PSR)
расчётная дальность действия ГАС

오염(汚染) Contamination
заражение

오염중심지대 contamination center
центр зоны заражения, центр участка заражения

오염지대 contamination belt
зона заражения, полоса заражения

오염지대 출입통제소
пункт контроля въезда в зону заражения

오염통제 contamination control

контроль биологического заражения

오염통제선(汚染統制線) Contamination Control Line

граница участка радиоактивного заражения, граница зоны заражения

오염핵무기(汚染核武器) Salted Weapon

оружие с интенсивным образованием радиоактивных осадков

오후효과(午後效果) Afternoon Effect

ухудшение условий распространения звука в послеполуденные часы

온난효과(溫暖效果) Warming Up Effect

влияние нагрева ствола на дальность стрельбы

완만경사(緩慢傾斜) Low Slope

лёгкий уклон

외기권 요격기 exo-atmospheric interceptor

перехватчик космических целей

요도(要圖) Sketch Map

обзорная карта, эскизная карта

요란(搖亂) Harassment

беспокоящие действия

요란사격(搖亂射擊) Harassing Fire

беспокоящий огонь

요망지상원점(要望地上原點) Desired Ground Zero

намеченный эпицентр (ЯВ), расчётный эпицентр (ЯВ)

요새(要塞)

крепость, опорный пункт

요청사격(要請射擊) Call Fire

огонь по вызову, огонь по заявке

요청표적(要請標的) On Call Target

плановая цель, поражаемая по вызову, плановая цель, поражаемая по заявке

용병술(用兵術) Military Art

военное искусство

용적톤(用積~) Measurement Ton

метрическая тонна

우발계획(偶發計劃) Contingency Plan
план действий в особой обстановке(в чрезвычайных обстоятельствах), дополнительный вариант выполнения поставленной задачи

우발계획요약 contingency outline plan
краткий план действий в особой обстановке

우발공격(偶發攻擊) Accidental Attack
непредумышленное(случайное) нападение

우발기획(偶發企劃) Contingency Planning
вариантное планирование, многовариантное планирование

우발사격지대(偶發射擊地帶) Contingent Zone of Fire
дополнительная зона(полоса) огневой поддержки, дополнительный сектор обстрела

우발사태(偶發事態) Contingencies
особая обстановка, вероятный вариант развития событий обстановки

우발상륙계획 contingency amphibious plan
план высадки морского десанта в особой обстановке

우발작전계획 contingency operations plan
план действий в особой обстановке

우발작전계획보고 contingency operations plans report
донесение о планах действий в особой обстановке

우선권(優先權) Priority
первоочерёдность

우선권을 부여하다 give priority
предоставить первоочерёдность

우선권을 부여(제공)하다
предоставить первоочерёдность

우선순위 및 할당교범 priorities and allocations manual
наставление по определению очерёдности и распределению

우선순위가 높은 표적
первоочерёдная цель

우선순위표적 first-priority target
первоочерёдная цель

우선정보요구(優先情報要求) Priority Intelligence Requirements (PIR)
первоочерёдное информационное задание

우주병기(宇宙兵器) Space Weapons
оружие космического базирования

우주전(宇宙戰) Space Warfare
война в космосе

우주전력(宇宙戰力) Space Power
космическая мощь

우주통제(宇宙統制) Space Control
контроль космического пространства

우주항공기(宇宙航空機) Aerospace Craft
аэрокосмический аппарат

우회(迂廻) By Pass
обход

우회기동(迂廻機動) Turning Movement
обход, обходной манёвр

운영소요(運營所要) Operating Requirements
эксплуатационные требования

운영유지 service and maintenance
эксплуатация и ТО

운영유지비(運營維持費) Operation and Maintenance Cost
расходы на эксплуатацию и ТО

운용교리(運用敎理) Operating Doctrine
принцип работы

운용시험평가(運用試驗評價) Operational Test
эксплуатационное испытание

워크스테이션 Workstation
рабочая станция

원개형 탄약고(圓蓋形彈藥庫) Igloo Space
сводчатое подземное хранилище (боеприпасов и ВВ)

원거리공격무기(遠距離攻擊武器) Standoff Weapons
оружие, применяемое вне досягаемости средств поражения (противника),

оружие, применяемое без захода в зону действия активных средств ПВО (противника) ◆ 적 무기체계의 유효사정권 밖에서 적을 공격할 수 있는 무기체계

원격관제(遠隔管制) Broadcast Control
контроль циркулярной связи

원격전파방해(遠隔電波妨害) Standoff Jamming (SOJ)
создание помех передатчиком, находящимся вне зоны поражения ПВО

원격조정정보(遠隔調整情報) Telemetry Intelligence
телеметрическая разведка

원격조종 기만체 remotely-piloted decoy
телепилотируемая ЛЦ

원격조종 화생방 정찰차량 NBC reconnaissance remotely piloted vehicle
ТПЛА (телепилотируемый летательный аппарат) разведки систем ОМП

원격폭발물 처리기 remote mlne dlsposal vehicle
телеуправляемое подвижное средство обезвреживания взрывоопасных предметов

원공산오차(圓公算誤差) Circular Error Probable (CEP)
круговое вероятное отклонение (КВО)

원자무기(原子武器) Atomic Weapon
атомный вес

원자운(原子雲) Atomic Cloud
атомный гриб, грибовидное облако

원형진(原形陣) Circular Formation
боевой порядок для круговой обороны, круговой ордер

월간테러활동요약보고 monthly terrorist activity summary
ежемесячная сводка о террористической деятельности

위급전보(危急電報) Flash Message
сообщение категории срочности "молния"

위기(危機) Crisis
кризис

위기관리(危機管理) Crisis Management
управление кризисом

위기조치기획(危機措置企劃) Crisis Action Planning

планирование на случай кризисной ситуации

위기조치체제(危機措置體制) Crisis Action System

система действий в кризисной обстановке

위력수색(威力搜索) Reconnaissance in Force

разведка боем

위상배열레이다 Phased Array Radar

радиолокационная станция с фазированной антенной решёткой

위상배열레이다탐지체계 phased array radar detection system

система обнаружения целей с использованием РЛС с фазированной антенной решёткой

위성요격무기 Anti-Satellite weapons

противоспутниковое оружие

위성파괴 시스템 satellite killer system

система уничтожения спутников

위성파괴위성 satellite killer

истребитель спутников, противоспутник, спутник-истребитель спутников ◆ 킬러위성

위수부대(衛戍部隊) Garrison Force

войска гарнизона, части и подразделения гарнизона

위장도료 camouflage coat painting

маскировочная окраска

위장함(僞裝艦) Decoy Ships

корабль-ловушка

위진지(僞陣地) Dummy Position

ложная позиция

위치방위 표정장치(位置方位標定裝置) Position and Azimuth Determining System наземная навигационная система, система определения места и азимута

위치부표(位置浮標) Position Buoy

буй-обозначитель, туманный буй

위험고도(危險高度) Critical Altitude

расчётная высота ◆ 임계고도

위험지구(危險地區) Hot Spot

горячая точка, опасный участок, район напряжённой обстановки

위협(威脅) Threat
угроза

위협평가 threat evaluation
анализ характера угрозы

위협평가 및 무기할당 Threat Evaluation Weapon Assignment
оценка характера угрозы и назначение средств поражения

유개공간(有蓋空間) Igloo Space
сводчатое подземное хранилище

유격기지(遊擊基地) Guerrilla Base
база партизан, партизанская база

유격대 guerrilla band
партизанский отряд

유격대 근거 guerrilla base
партизанская база

유격대 연락병 guerrilla courier
партизанский связной

유격대 활동 guerrilla action
партизанские действия

유격대공격 guerrilla attack
атака партизан, нападение партизан

유격대원 guerrilla warrior
партизан

유격부대 guerrilla army
партизанская армия

유격전 Guerrilla Warfare
десантно-диверсионные действия (операции), партизанская война
партизанская война, десантно-диверсионные операции,
десантно-диверсионные действия

유도로(誘道路) Taxi Way
рулежная дорожка

유도탄 교전구역(誘導彈交戰區域) Missile Engagement Zone

зона поражения ракетой

유독성 공격(有毒性攻擊) Toxic Attack
нападение с применением ОВ

유동장애물(流動障碍物) Dynamic Obstacle
заграждения, устанавливаемые в ходе боевых действий

유동표적(流動標的) Transient Target
быстроисчезающая цель

유류보급로 route of fuel supply
путь подвоза горючего

유선조종 수중기뢰처리기 mine disposal wire guided underwater vehicle
подводный минный трал (управляемый по проводам)

유선통신로 cable line of communication
кабельная линия связи

유언비어(流言蜚語) Rumors
слухи

유언비어(流言蜚語) 살포 rumor mongering
распространение слухов

유연반응전략(柔軟反應戰略) Flexible Response Strategy
стратегия гибкого реагирования

유인(誘引)하다 Canalize
вынуждать противника двигаться в определённом направлении, ограничить продвижение противника

유인체 decoy
ложная цель

유형조직(類型組織) Type Organization
типовая организация

유효 음탐거리(有效音探距離) Effective Sonar Range (ESR)
эффективная дальность действия ГАС

유효사거리(有效射距離) Effective Range
эффективная дальность стрельбы

유효살상반경 effective casualty radius
радиус убойного действия

유효상승고도(有效上昇高度) Emergency Ceiling
максимальный потолок

유효선량(有效線量) Effective Dose
ффективная доза

유효음탐거리
эффективная дальность действия ГАС

유효풍 effective wind
действительный ветер

유효풍통신문(有效風通信文) Effective Downwind Message
метеорологическое сообщение о направлении и силе действительного ветра

유효풍향(有效風向) Effective Downwind Direction
направление действительного ветра

유효피해(有效被害) Effective Damage
надежное поражение (объекта), эффективное поражение (объекта)

육군공·지체제(陸軍空地體制) Army Air Ground System (AAGS)
система обеспечения взаимодействия СВ и авиации

육군기동계획 및 프로그램개발지시 Army mobilization planning and programming directive
директива по мобилизационному планированию и разработке программ для СВ

육군장기계획수립지침 Army long-range planning guidance
директива СВ по долгосрочному планированию

육군정보요약 Army intelligence summary
разведывательная сводка СВ

육로수송량(陸路輸送量) Highway Transport Lift
грузоподъёмность автомобильного транспорта

육로조정(陸路調整) Highway Regulation
регулирование движения на дорогах

육상기지 전술비행단(陸上基地戰術飛行團) Land-Based Tactical Air Group
тактическая авиационная группа наземного базирования

육해도(陸海圖) Map Chart
морская карта побережья

융단공격(絨緞攻擊) Blanket Attack

бомбометание по площади (площадной цели), стрельба артиллерии по площадной цели

융단폭격(絨緞爆擊) Carpet Bombing

бомбометание по площади, ковровая бомбардировка, устилающее бомбометание

은닉(隱匿) Concealment

скрытость, снижение заметности

은닉소(隱匿所) Cache

место скрытого размещения запасов при отходе, тайный арсенал, тайник

은밀작전(隱密作戰) Covert Operations

секретная операция

은폐(隱蔽) Concealment, Masking

маскировка, скрытное базирование

음어(陰語) Code Word

пароль

음영지역 Shadow Zone

мёртвая зона

음채널(音~) Sound Channel

телефонный канал, звукопроводящий канал

음탐거리(音探距離) Sonar Range

дальность действия ГАС

음탐거리예보(音探距離豫報) Acoustic Sensor Range Prediction(ASRAP)

прогнозирование дальности акустического обнаружения

음향거리측정기 acoustic range-finder

акустический дальномер

음향관제(音響管制) Sound Discipline

звукомаскировочная дисциплина, звуковая дисциплина

음향관제준수 noise discipline, sound discipline

соблюдение правил звуковой маскировки

음향기만(音響欺瞞) Sound Deception

создание шумов для введения противника в заблуждение

음향기만기 acoustic decoy
акустическая ЛЦ

음향대항책(音響對抗策) Acoustic Counter Measure (ACM)
акустическое противодействие, меры противодействия гидроакустическим средствам

음향부표방책(音響浮標防柵) Sonobuoy Barrier
барьер из радиогидроакустических буев

음향소해(音響掃海) Acoustic Sweep
акустический трал

음향전 지원책(音響戰支援策) Acoustic Support Measures (ASM)
акустическая разведка (РЭБ)

음향전(音響戰) Acoustic Warfare
боевое применение акустических средств, борьба с акустическими средствами

음향전파방해(音響電波妨害) Acoustic Jamming
акустические помехи

음향측정조정(音響測定調整) Sound Ranging Adjustment
пристрелка с помощью звуковой разведки

음향탐지기(音響探知機) Sound Locator
акустический пеленгатор

음향탐지병 soundman
гидроакустик

음향통신(音響通信) Sound Communication
звуковая связь

응급조치 medical emergency treatment
первая медицинская помощь (в зоне боевых действий)

의료구호 medical treatment
медицинская помощь

의료지원차량 medical treatment vehicle
машина медицинской помощи

이동관리(移動管理) Movement Management
управление перевозками

이동관리시스템

система управления перевозками

이동보급소(移動補給所) Mobile Supply Point

подвижный пункт снабжения

이동안전구역(移動安全區域) Moving Haven

запретный район для судов ◆ 이동 중인 잠수함 및 수상함의 안전을 위하여 설정하는 공격제한해역

이동표(移動表) Movement Table

плановая таблица перевозок

이중선체 잠수함

двухкорпусная подводная лодка

이중선체(二重船體) Double Hull

двойной корпус

이초장비(離礁裝備) Beach Gear

устройство для сталкивания с берега, устройство для снятия судов с мели

이함(離艦) Abandon Ship

покидать корабль

익차사(翼次射) Salvo Fire

залп, залповый огонь, огонь очередями

인가보급량(認可補給量) Authorized Allowances of Supplies

установленная норма снабжения

인사관리(人事管理) Personnel Management

руководство личным составом, управление делами ЛС

인사근무(人事勤務) Personnel Service

службы обеспечения культурно-бытовых потребностей ЛС

인원보안(人員保安) Personnel Security

меры обеспечения безопасности ЛС, обеспечение благонадёжности ЛС

인체제독소 personnel decontamination station

пункт санитарной обработки ЛС

일련번호(一連番號) Serial Number

порядковый номер, серийный номер

일반경보명령 general alert order
приказ об объявлении общей тревоги

일반동원물자 준비태세 general mobilization material readiness
готовность общих мобилизационных запасов материальных средств

일반동원예비물자 목표 general mobilization reserve material objective
нормы материальных средств общих мобилизационных запасов

일반동원예비물자 소요 general mobilization reserve material requirements
потребности в материальных средствах общих мобилизационных запасов

일반명령(一般命令) General Order
приказ по строевой части, общая инструкция

일반수송(一般輸送) General Transportation
транспорт общего назначения

일반양륙(一般揚陸) General Unloading
одновременная разгрузка (всех десантных транспортов)

일반양륙기간(一般揚陸期間) General Unloading Period
период одновременной разгрузки (всех десантных транспортов)

일반참모(一般參謀) General Staff
штабная служба (общей части штаба)

일시군(日時群) Date-Time Group
данные о дате и времени

일익포위(一翼包圍) Single Envelopment
охват одного фланга

일일급양기준 basic daily ration allowance
основная суточная норма продовольственных пайков

일일첩보요약 daily intelligence summary
ежедневная разведывательная сводка, суточная разведывательная сводка

일일첩보요약전언통신문 daily intelligence summary cable
телеграмма по данным ежедневной разведывательной сводки

일제사격(一齊射擊) Salvo
залп

임검묘지(臨檢錨地) Examination Anchorage
якорная стоянка для досмотра судов, якорное место для осмотра судов

дозорной службой

임계고도(臨界高度)

расчётная высота

임계지대(臨界地帶) Critical Zone

зона выдерживания постоянного курса полета

임기표적(臨機標的) Target of Opportunity

неплановая цель, выгодная внезапно появившаяся цель

임무지원지점(任務支援地點) Mission Support Site (MSS)

площадка средств обеспечения выполнения задачи

임무할당 allocation of tasks

постановка задач

위협평가 threat estimate

оценка степени угрозы

임무할당 mission allocation

боевой наряд силы и средства

임무형 명령(任務型命令) Mission Type Order

частный боевой приказ

임무형 보호태세(任務型保護態勢) Mission Oriented Protective Posture (MOPP)

меры защиты от ОМП с учётом характера выполняемых задач

입수선(入水線) Splash Line

рубеж погружения и начала движения к объекту боевых пловцов

자극성 작용제(刺戟性作用劑) Irritant Agent

реагент раздражающего действия, раздражитель

자기변화탐지기 magnetic anomaly detector (MAD)

детектор магнитных аномалий (ДМА)

자기소해(磁氣掃海) Magnetic Sweep

электромагнитный трал

자기처리(磁氣處理) Deperming

размагничивание

자기편차(磁氣偏差) Magnetic Variation

магнитные вариации

자기폭풍(磁氣暴風) Magnetic Storm

магнитная буря

자동등화관제장비 automatic blackout device
автоматическое светомаскирующее устройство

자동방향 탐지기(自動方向探知機) Automatic Direction Finder
автоматический пеленгатор

자동환경예보시스템
автоматизированная система прогнозирования параметров окружающей среды

자유사격지역(自由射擊地域) Free Fire Area (FFA)
район (зона) неограниченного ведения огня

자유투하(自由投下) Free Drop
беспарашютная выброска

자유표면효과(自由表面效果) Free Surface Effect
влияние свободной поверхности воды

자율작전(自律作戰) Autonomous Operation
автономная операция, независимая операция

자주부교(自走浮橋) Mobile Assault Bridge
самоходный штурмовой мост, самоходный наплавной штурмовой мост

자주식 부교 self-propelled assault bridge
самоходный штурмовой мост, танковый мостоукладчик

자체방어(自體防禦) Self Defense
самозащита, самооборона

자체보호 교란장비 탑재 항공기
ЛА с бортовым передатчиком помех для самообороны

자체추진기뢰(自體推進機雷) Mobile Mine
самотранспортирующаяся мина, самодвижущаяся мина

작전개념 concept of operation
замысел операци, концепция действий

작전관심지역 area of operational interest
зона передачи данных целеуказания (ЗРК)

작전구역(作戰區域) Area of Operations
район действий

작전기동단(作戰機動團) Operational Maneuver Group
оперативная манёвренная группа

작전기만(作戰欺瞞) Operational Deception
оперативная маскировка

작전노출지침(作戰露出指針) Operation Exposure Guide
указания о предельно боевой дозе облучения, указания о предельно допустимой дозе облучения

작전명령(作戰命令) Operation Order
оперативная директива, оперативное распоряжение

작전보안(作戰保安) Operation Security (OPSEC)
оперативная маскировка

작전부대(作戰部隊) Operating Forces
оперативные силы, боевые силы ВМС США

작전선(作戰線) Line of Operations
оперативный рубеж

작전소요
оперативно-тактическое задание

작전수행절차 operation order
порядок ведения операций

작전술(作戰術) Operational Art
оперативное искусство

작전예비(作戰豫備) Operational Reserve
боевой резерв, боеготовый резерв, оперативный резерв

작전준비태세(作戰準備態勢) Operational Readiness
боевое дежурство

작전중 부상 wounded in action
ранен в бою, раненый в бою

작전중 사망 killed in action (KIA)
убит в бою, убитый в бою

작전중 실종 missing in action (MIA)
пропавший без вести в бою

작전지휘(作戰指揮) Operational Command (OPCOM)

оперативное командование (руководство)

작전지휘차량
командно-штабная машина

작전통제(作戰統制) Operational Control (OPCON)
оперативное подчинение

작전통제권 이양(作戰統制權移讓) Change of Operational Control (CHOP)
смена оперативного подчинения, смена оперативного управления

작전투명도(作戰透明圖) Operation Overlay
схема-приказ

작전한계점(作戰限界點) Culminating Points of Operations
кульминационный период

작전환경(作戰環境) Operational Environment
оперативная обстановка

잔류매복 residual ambush
засада, оставленная в тылу противника

잔류방사선(殘留放射線) Residual Radiation
остаточная радиация (поражающий фактор ЯВ)

잔류부대(殘留部隊) Residual Forces
резервные боеготовые войска (силы)

잔류선량 residual radiation dose
доза облучения остаточной радиацией

잔류오염(殘留汚染) Residual Contamination
заражение вследствие остаточной радиации

잔류접촉 분견대(殘留接觸分遣隊) Detachment Left in Contact
подразделение прикрытия отхода, находящееся в соприкосновении с противником

잔류핵방사선(殘留核放射線) Residual Radiation
радиоактивное заражение вследствие остаточной радиации

잔류효과(殘留效果) Residual Effect
остаточные эффекты

잔적소탕 순찰대 mopping up patrol
группа прочёсывания (района)

잠망경심도 잠수 periscope depth
перископная глубина погружения

잠망경심도(潛望鏡深度) Periscope Depth
перископная глубина

잠수정(潛水艇) minisubmarine
сверхмалая подводная лодка (СМПЛ), подлодка-малютка (구어체)

잠수함 강습부대(潛水艦强襲部隊) Submarine Striking Forces
ударные подводные силы

잠수함 고시(潛水艦告示) Submarine Notice (SUBNOTE)
извещение ПЛ

잠수함 안전항로(潛水艦安全航路) Submarine Safety Lane
безопасный маршрут перехода ПЛ

잠재적국 potential enemy
потенциальный агрессор (противник)

잠재침략국 potential aggressor
вероятный агрессор

잠항속도 underwater speed
подводная скорость

잡음(雜音) Noise
шум, помехи

장거리 수송(長距離輸送) Long Distance Transportation
дальние перевозки, перевозки на большие расстояния

장거리 전자항법(長距離電子航法) Long Range Navigation (LORAN)
навигационная система дальнего действия

장비배당표(裝備配當表) Table of Allowance
табель имущества

장비인가표(裝備認可表) Table of Equipment (T/E)
табель вооружения и снаряжения

장비인가현수표(裝備認可現數表) Equipment Authorization Inventory Data (EAID)
данные учёта табельных средств

장비인수요약보고 acceptance summary report
краткий отчёт о результатах приёмки (техники)

장비제독소 special decontamination centre
пункт специальной обработки техник

장애물(障碍物) Obstacle
заграждение

재난(災難) Disaster
стихийное бедствие, массовое бедствие, чрезвычайная обстановка

재난복구센터
центр защитных мероприятий и спасательно-восстановительных работ

재난지역 disaster area
район стихийного бедствия, район поражения ◆ 대량살상무기 타격

재난통제 및 복구팀 disaster control recovery plan
план спасательно-восстановительных работ

재난통제(災難統制) Disaster Control
защитные мероприятия и спасательно-восстановительные работы, ликвидация последствий стихийных бедствий

재난통제계획 disaster control plan
план защитных мероприятий и спасательно-восстановительных работ

재난통제관 disaster control officer
офицер по защитным мероприятиям и спасательно-восстановительным работам

재난통제단 disaster control group
группа защитных мероприятий и спасательно-восстановительных работ, команда по ликвидации последствий нападения

재돌입 운반체(再突入運搬體) Re-Entry Vehicle
возвращающийся в плотные слои атмосферы летательный аппарат

재래식무기(在來式武器) Conventional Weapon
обычные вооружения

재래식 부대(在來式部隊) Conventional Forces
обычные вооружённые силы, обычные силы

재무장(再武裝) Rearming
перевооружение

재진개 비행징 Redeployment Airfield
аэродром перебазирования

재조직(再組織) Reorganization

приведение в порядок, перегруппировка тактических порядков в период боя

재진입비행체 Re-entry Vehicle (RV)

возвращающийся в плотные слои атмосферы летательный аппарат

재집결지(再集結地) Rallying Point

пункт сосредоточения

재편성 비행장(再編成飛行場) Regroup Airfield

аэродром перегруппировки

재편성(再編成) Reorganization

перегруппировка тактических порядков

재편성계획 reorganization plan

план перегруппировки (войск)

저가형 공격레이다 low-cost attack radar

недорогостоящая прицельная РЛС

저각도 상승폭격(低角度上昇爆擊) Low Angle Loft Bombing

бомбометание с крутого кабрирования с малых высот

저강도분쟁(低强度紛爭) Low-Intensity Conflict

конфликт низкой (малой) интенсивности

저고도 고속 돌파 low-altitude/high speed

преодоление ПВО на малой высоте и большой скорости ◆ 방공망

저고도 사각항공사진 low oblique air photograph

низкий перспективный аэрофотоснимок

저고도 점프 low-altitude parachuting

прыжок с парашютом с малой высоты

저고도폭격(低高度爆擊) Low Altitude Bombing

бомбометание с малых высот

저공 낙하산 추출장치 low-altitude parachute extraction system

парашютная система выброски грузов с малой высоты

저공기습(低空奇襲) Pop-Up

резкий набор высоты

저공폭발(低空爆發) Low Air Burst

воздушный взрыв на малой высоте

저소음 잠수함
малошумящие подводные лодки

저속공중투하(低速空中投下) Low Velocity
низкая скорость, низкая начальная скорость

저시정 비행
полёт в условиях плохой видимости

저장목표(貯藏目標) Stockage Objective (SO)
норма содержания неснижаемого запаса

저장수준(貯藏水準) Stock Level (S/L)
норма запасов

저지(沮止) blocking
блокирование

저지부대 blocking party
блокирующий отряд

저지진지(沮止陣地) Blocking Position
блокирующая позиция, отсечная позиция

저항운동(抵抗運動) Resistance Movement
движение сопротивления

적 방공망 제압 Suppression of Enemy Air Defenses (SEAD)
подавление средств ПВО противника

적 배치선을 돌파하다 break through the enemy lines
прорваться сквозь расположение противника

적 종심진지에 대한 공격 attack in the depth of hostile position
наступательный бой в глубине обороны противника

적국 민간인 억류자 정보국
информационное бюро учёта интернированных гражданских лиц - подданных страны противника

적대행위(敵對行爲) Hostile Act
враждебное действие, враждебный шаг

적상황 요약 summary of enemy situation
общие выводы по оценке противника

적상황판단 enemy situation estimate
оценка положения противника

적색경보(赤色警報) Warning Red
воздушное нападение неизбежно

적송명령(積送命令) Shipment Order
приказ на перевозку

적외선방해방어책(赤外線妨害防禦策) Infrared Counter Countermeasure
ИК контрпротиводействие

적외선 정찰 무인항공기 IR reconnaissance drone
БЛА ИК разведки

적외선 추적(赤外線追跡) Infrared Track
тепловизионная система сопровождения целей

적외선 탐지기(赤外線探知機) Infrared Detector
приёмник ИК излучения

적외선 호밍유도(赤外線~誘導) Infrared Homing Guidance
ИК самонаведение

적외선방해책(赤外線妨害策) Infrared Countermeasures
ИК противодействие,противодействие ИК средствам

적외선영상시스템 infrared imaging system (IIS)
тепловизионная система

적외선탐지장치 infrared surveillance equipment
инфракрасная аппаратура обзора пространства

적외선호밍유도시스템 infra-red homing guidance system
инфракрасная система самонаведения

적위협평가 threat estimate
оценка средств поражения противника

적응성 시험(適應性試驗) Adaptability Test
войсковое испытание на соответствие требованиям эксплуатации

적재공간(積載空間) Broken Stowage
грузовые места

적재인수(積載因數) Storage Factor
коэффициент загрузки

적전투력판단 estimate of enemy forces
оценка сил и средств противника

적전투서열 enemy order of battle
боевой состав и дислокация войск противника

적정(敵情) enemy situation
положение противника, сведения о противнике

적지종심작전(敵地縱深作戰) Deep Operations
глубокая операция

적진잔류부대 stay behind unit
подразделение, оставленное для действий в тылу противника

적치도(積置圖) Stowage Diagram
схема расположения грузов

적하(積荷) Stowage
загрузка

전격전(電擊戰) Blitzkrieg
молниеносная война

전구유도탄방어(戰區誘導彈防禦) Theater Missile Defense (TMD)
противоракетная оборона театра военных действий

전구자동화 지휘통제 정보관리체계(戰區自動化指揮統制情報管理體系) (TACCIMS)
автоматизированная информационно-управляющая система органов командования и управления на ТВД

전구항공통제체계(戰區航空統制體系) Theater Air Control System (TACS)
система управления действиями ТА, система управления ТА

전구핵무기(戰區核武器) Theater Nuclear Weapon
ядерное оружие ТВД, оперативно-тактическое ЯО

전단(剪斷) forward edge
передний край

전략 핵무기의 대립 strategic nuclear confrontation
конфронтация стратегических ядерных сил, противостояние стратегических ядерных сил

전략(軍事戰略) Military Strategy
военная стратегия

전략/전술 핵전력 strategic/tactical nuclear force
стратегическая, оперативно-тактическая группа ядерных сил

전략개념(戰略槪念) Strategic Concept
стратегическая концепция

전략경보(戰略警報) Strategic Warning
стратегическое предупреждение

전략공격(戰略攻擊) Strategic Attack
стратегический удар

전략공수(戰略空輸) Strategic Airlift
стратегическая воздушная перевозка

전략공수자산 strategic airlift assets
средства стратегических воздушных перевозок

전략기동 strategic maneuver
стратегический манёвр

전략기뢰원(戰略機雷原) Strategic Minefield
минное заграждение стратегического назначения

전략목표제원목록 strategic target intelligence file
разведывательная картотека стратегических объектов

전략목표타격요약 strategic bombing survey
сводка по стратегическим объектам удара

전략무인정찰기 strategic reconnaissance drone
стратегический беспилотный самолёт-разведчик

전략물자(戰略物資) Strategic Materials
стратегические материалы

전략물자대체제 war emergency material
заменители стратегических материалов (для военного времени)

전략병기(戰略兵器) Strategic Arms
стратегическое вооружение

전략선전(戰略宣傳) Covert Propaganda
тайная пропаганда

전략심리전(戰略心理戰) Strategic Psychological Warfare
психологическая война стратегического масштаба

전략심리전부대 strategic psychological operations unit
части (подразделения) стратегических операций психологической войны

전략심리전정책 strategic psychological warfare policy
политика ведения психологической войны оперативно-стратегического масштаба

전략예비(戰略豫備) Strategic Reserve
стратегические резервы

전략임무(戰略任務) Strategic Mission
стратегическая задача

전략적 공격용 핵무기투발수단 strategic offensive nuclear delivery vehicle
стратегическое наступательное средство доставки ядерного оружия

전략적 기만 strategic deception
оперативно-стратегические меры по введению противника в заблуждение

전략적 노력의 집중 concentration of strategic efforts
сосредоточение стратегических усилий

전략적 목표
стратегические цели

전략적 심리전 strategic psychological warfare
психологическая война оперативно-стратегического масштаба

전략적 예비전력 strategic reserve forces
стратегические резервные силы

전략적 완충공간(戰略的緩衝空間) Strategic Buffer Zone
буфферная зона стратегического значения

전략적 이점(戰略的利點) Strategic Advantage
стратегическое превосходство (преимущество)

전략적 중심(戰略的中心) Strategic Center of Gravity
район основного стратегического значения

전략적 집중 Strategic Concentration
стратегическое сосредоточение

전략적 철수 strategic withdrawal
стратегическое отступление

전략적 취약성(戰略的脆弱性) Strategic Vulnerability

стратегическая уязвимость

전략적 폭격 strategic bombardment

нанесение удара стратегическими средствами

전략적 폭격기 돌파용 기만체 strategic bomber penetration decoy

ЛЦ (ложная цель) для обеспечения прорыва ПВО стратегическими бомбардировщиками

전략적 폭격기 편대 strategic bomber squadron

эскадрилья стратегических бомбардировщиков

전략적 폭격수단 strategic bombardment capability

стратегические ударные средства

전략적 핵 투발 strategic nuclear delivery

доставка стратегического ЯО (к цели)

전략적 핵무기 nuclear strategic forces

стратегические ядерные силы

전략적 핵무기 투발수단 strategic nuclear delivery vehicle

носитель стратегического ЯО

전략적 핵무기 투발수단 수량제한 ceiling on the number of strategic nuclear-weapon delivery systems

ограничение на число стратегических систем доставки ядерного оружия

전략적 핵무기 투발수단 한계수량 ceiling on the number of strategic nuclear-weapon delivery systems

предельное число средств доставки стратегического ядерного оружия

전략적 핵무기 투발체계 strategic nuclear delivery system

стратегическая система доставки ядерного боеприпаса

전략적 핵물질 strategic special nuclear materials

специальные стратегические ядерные материалы

전략적 핵억지력 strategic nuclear deterrence

стратегическое ядерное устрашение (сдерживание) путём возможного использования стратегических ядерных средств

전략적 핵억지태세 strategic nuclear deterrent posture

готовность применения стратегических ядерных средств устрашения

전략적 핵유연성 strategic nuclear flexibility

варианты (гибкость) применения стратегического ЯО

전략적 핵잠재력 strategic nuclear potential
стратегический ядерный потенциал

전략적 핵전력 strategic nuclear forces
стратегические ядерные силы

전략적 핵전쟁 수행능력 strategic nuclear warfare capability
способность ведения стратегической ядерной войны

전략정보 연구 및 분석 strategic intelligence research and analysis
исследование и анализ организации стратегической разведки

전략정보(戰略情報) Strategic Intelligence
стратегическая разведка, оперативно-стратегическая разведка

전략정보단 strategic intelligence group
группа анализа стратегической разведывательной информации

전략정보요약 strategic intelligence digest
стратегическая разведывательная сводка, сводка данных стратегической разведки

전략정보원격조종항공기 strategic intelligence remotely piloted vehicle
оперативно- стратегический разведывательный ТПЛА

전략정보위성 strategic intelligence satellite
спутник стратегической разведки

전략정보정찰 요약 strategic intelligence summary
сводка данных стратегической разведки

전략정보출처 strategic intelligence source
источник оперативно-стратегической разведывательной информации

전략정보학교 Strategic Intelligence School
школа стратегической разведки

전략폭격(戰略爆擊) Strategic Bombing
стратегическая бомбардировка

전략폭격기(戰略爆擊機) Strategic Bomber
стратегический бомбардировщик

전략핵 능력 strategic nuclear capabilities
возможности нанесения стратегических ядерных ударов

전략핵 무기체계 strategic nuclear weapon system

стратегическая система ЯО (ядерного оружия)

전략핵 미사일의 조준해제 detargeting of strategic nuclear missiles

ненацеливание стратегических ядерных ракет

전략핵무기 strategic nuclear weapon

стратегическое ЯО, СНВ (стратегические наступательные вооружения)

전략핵무기의 발전 development of strategic nuclear weapons

развитие стратегических ядерных вооружений

전략핵미사일 strategic nuclear missile

стратегическая ракета с ядерной боевой частью (ядерной боеголовкой)

전략핵의 폭발 strategic nuclear burst

взрыв стратегического ядерного боеприпаса, подрыв ядерного боеприпаса стратегического назначения

전력(戰力) War Potential

военный потенциал

전력구조(戰力構造) Force Structure

организационная структура и состав ВС

전력발전(戰力發展) Force Development

развитие ВС, строительство ВС

전력의 전략적 집중 strategic concentration of armed forces

стратегическое сосредоточение вооружённых сил

전리품(戰利品) War Trophy

военные трофеи, трофейное имущество

전면방어(全面防禦) Perimeter Defense

защита периметра, охрана периметра

전면적 핵전쟁 strategic nuclear warfare

война с применением стратегического ЯО, всеобщая ядерная война,

전면전쟁(全面戰爭) General War

всеобщая война

전면포위(全面包圍) Encirclement

окружение, блокадное кольцо

전면핵전(全面核戰) General Nuclear Warfare

всеобщая ядерная война

전방감시소(前方監視所) Reporting Post
пункт оповещения

전방 공수지휘소 Advanced Airborne Command Post (AABNCP)
передовой ВКП (воздушный кома ндный пункт)

전방감시적외선장비(前方監視赤外線裝備) Forward Looking Infrared System (FLIS)
инфракрасная система переднего обзора

전방방어 forward defense
оборона на передовых рубежах, оборона на подступах к объекту

전방방어지역(前方防禦地域) Forward Defense Area
передовой район обороны

전방산란초수평레이더 forward scatter over-the-horizon radar
загоризонтная РЛС прямого зондирования

전방제대(前方梯隊) Forward Echelon
головной (первый) эшелон, передовой эшелон

전방추진의무부대 medical forward treatment unit
медицинская часть передового района

전방탄약보급소 advanced weapon ammunition supply point
передовой пупкт снабжсния босприпасами и вооружением

전방항공관제소(前方航空管制所) Forward Air Control Post
передовой пост наведения авиации

전방항공의무후송(前方航空醫務後送) Forward Aeromedical Evacuation
медицинская эвакуация по воздуху передового района

전방향포착레이더 perimeter acquisition radar attack characterization system
РЛ периферийная система обнаружения и классификации средств ядерного нападения

전법(戰法) How to Fight
наставление по вопросам ведения боевых действий

전복활동(顚覆活動) Subversion
диверсионные действия

전비기준(戰備基準) Readiness Standards
степени боевой готовности

전비태세(戰備態勢) Operational Readiness

боевое дежурство

전비태세간이평가 command summary evaluation of unit readiness

краткая оценка командованием уровня боевой готовности части

전비태세검열 Operational Readiness Inspection Test

проверка боевой готовности

전사면(前斜面) Forward Slope

передняя крутость

전선(戰線) Front Line

фронт, линия фронта

전선부대진출선(戰線部隊進出線) Forward Line of Own Troops (FLOT)

линия расположения своих передовых войск, передний край своих войск

전술 회전경(戰術回轉徑) Tactical Diameter

тактический диаметр циркуляции судна

전술경보(戰術警報) Tactical Warning

тактическое предупреждение, тактическое оповещение

전술관심지역 tactical area of interest

тактическая зона потенциальной угрозы (в районе боевых действий)

전술관제(戰術管制) Tactical Control

боевое управление, тактическое управление

전술기뢰원(戰術機雷原) Tactical Minefield

тактическое минное поле

전술기지(戰術基地) Tactical Base

оперативная база, база ракет тактического назначения

전술부대(戰術部隊) Tactical Unit

боевое подразделение

전술비행단 tactical air group

тактическая авиационная группа

전술사격 지휘체계(戰術射擊指揮體系) Tactical Fire Direction System (TACFIRE)

автоматизированная система управления огнём полевой артиллерии

전술사격지휘소 tactical fire direction center

тактический центр управления огнем

전술작전(戰術作戰) Tactical Operation

тактическая операция

전술작전본부(戰術作戰本部) Tactical Operation Center(TOC)
центр боевых операций

전술적이동(戰術的移動) Tactical Movement
тактическое передвижение

전술정보(戰術情報) Tactical Intelligence
тактическая разведка, оперативно-тактическая разведка

전술정보망(戰術情報網) Tactical Digital Information Link (TADIL)
линия передачи тактической цифровой информации

전술정보체계
система тактической разведки

전술종대(戰術縱隊) Tactical Column
предбоевой порядок

전술지도(戰術地圖) Tactical Map
военно-топографическая карта, тактическая карта

전술지휘소(戰術指揮所) Tactical Command Post
тактический КП

전술책임구역(戰術責任區域) Tactical Area of Responsibility (TAOR)
тактический район ответственности

전술철조망(戰術鐵條網) Tactical Wire Entanglement
тактическое проволочное заграждение

전술통제(戰術統制) Tactical Control(TACON)
боевое управление

전술폭격선(戰術爆擊線) Tactical Bomb Line
рубеж безопасного удаления при бомбометании

전술항공 통제전대(단)(戰術航空統制戰隊(團)) Tactical Air Control Group
группа управления ТА

전술항공협조관(戰術航空協調官) Tactical Air Coordinator
офицер ВКП (воздушный командный пункт) по координации действий ТА

전술항공 협조반(戰術航空協調班) Tactical Air Coordination Element
штабная группа координации действий ТА

전술항공관제소(戰術航空管制所) Tactical Air Direction Center
центр (пункт) наведения ТА

전술항공수송(戰術航空輸送) Tactical Air Transport
тактические воздушные перевозки

전술항공의료수송(戰術航空醫療輸送) Tactical Aeromedical Evacuation
медицинская эвакуация по воздуху в условиях воздействия противника

전술항공작전본부(戰術航空作戰本部) Tactical Air Operations Center
центр управления действиями ТА

전술항공장교(戰術航空將校) Tactical Air Officer-Navy
офицер по управлению ТА

전술항공정찰(戰術航空偵察) Tactical Air Reconnaissance
тактическая воздушная разведка

전술항공지시관(戰術航空指示官) Tactical Air Director
начальник центра наведения ТА

전술항공지시본부(戰術航空指示本部) Tactical Air Direction Center (TADC)
центр наведения ТА, пункт наведения ТА

전술항공지원(戰術航空支援) Tactical Air Support
боевое содействие с воздуха, тактическая авиационная поддержка

전술항공지원반(戰術航空支援班) Tactical Air Support Element
пункт управления тактической авиационной поддержкой (СВ)

전술항공통제관(戰術航空統制官) Tactical Air Control (TAC)
управление ТА

전술항공통제반(戰術航空統制班) Tactical Air Control Party (TACP)
команда управления ТА

전술핵 전력 sub-strategic nuclear forces
тактические ядерные силы

전술핵 Tactical Nuclear
тактическое ЯО, тактические ядерные средства

전술호출부호(戰術呼出符號) Tactical Call Sign
позывные тактического соединения

전술훈련(戰術訓練) Tactical Training
тактическая подготовка

전시(戰時) Wartime
военное время

전시가매장절차 emergency war burial procedures
порядок (процедура) срочного захоронения в военное время

전시계획
план военного времени

전시소모율(戰時消耗率) Wartime Consumption Rate
норма потребления в военное время

전시소요(戰時所要) Gross Requirement
общая потребность

전시예산(戰時豫算) War Budget
военный бюджет

전시주둔국지원(戰時駐屯國支援) Wartime Host Nation Support (WHNS)
программа обеспечения средствами страной размещения войск в военное время

전역(戰役) Campaign
стадия войны

전역계획(戰役計劃) Campaign Plan
план операции, оперативный план

전위전투(前衛戰鬪) Advance Guard Action
бой авангарда

전이고도(轉移高度) Transition Altitude
высота перехода

전자간섭(電磁干涉) Electromagnetic Interference
электромагнитные помехи

전자공격(電子攻擊) Electronic Attack (EA)
нападение с использованием электронных средств

전자광학 방해책(電子光學妨害策) Electro Optic Countermeasures (EOCM)
меры противодействия ОЭ приборам

전자광학 장비(電子光學裝備) Electro Optical Equipment
ОЭ средства

전자기 간섭(電磁氣干涉) Electromagnetic Interference (EMI)

электромагнитные помехи

전자기 방사(電磁氣放射) Electromagnetic Radiation

электромагнитное излучение

전자기방사발생기 electromagnetic radiation generator

генератор электромагнитного излучения

전자기방사분석 electromagnetic radiation analysis

анализ электромагнитных излучений

전자기방사정보수집 electromagnetic radiation intelligence gathering

сбор данных РИЭС (разведка источников электромагнитных сигналов), сбор разведывательных данных об источниках электромагнитных излучений

전자기 스펙트럼(電磁氣~) Electromagnetic Spectrum

электромагнитный спектр

전자기 영상 electromagnetic imagery

электромагнитное отображение (цели)

전자기 위장(電磁氣僞裝) Electromagnetic Camouflage (ELCAM)

электромагнитная маскировка

전자기 정보 electromagnetic intelligence

разведка источников электромагнитных сигналов (РИЭС), радио и радиотехническая разведка (РРТР)

전자기 정보수집 시스템 electromagnetic intelligence collection system

система сбора данных РРТР

전자기 정보시스템 electromagnetic intelligence system

система РИЭС

전자기 침투(電磁氣浸透) Electromagnetic Intrusion

электромагнитное воздействие, электромагнитное вторжение

전자기 호밍 electromagnetic homing

самонаведение на источник электромагнитного излучения

전자기만(電子欺瞞) Electronic Deception

радиоэлектронная дезориентация, меры введения противника в заблуждение с использованием РЭС

전자기방사 스팩트럼 electromagnetic radiation spectrum

диапазон электромагнитных излучений

전자방사원 electromagnetic emission
источник электромагнитных излучений

전자방사통제(電子放射統制) Emission Control (EMCON)
контроль работы РЭС

전자방해(電子妨害) Electronic Jamming
создание помех РЭС

전자병기(電子兵器) Electronic Weapon
боевое РЭС

전자보안(電子保安) Electronic Security (ELSEC)
меры обеспечения скрытности (безопасности) работы РЭС

전자보호(電子保護) Electronic Protection (EP)
меры защиты от средств РЭБ

전자위장(電子僞裝) Electronic Camouflage
радиоэлектронная маскировка

전자자기유도시스템 electromagnetic homing guidance system
электромагнитная система самонаведения

전자장벽(電子障壁) Electronic Barrage
заградитслыыс помехи (радио-помехи)

전자전 지원(電子戰支援) Electronic Warfare Support (ES)
радиоэлектронная борьба

전자전(電子戰) Electronic Warfare(EW)
радиоэлектронная борьба

전자전투(電子戰鬪) Electronic Combat (EC)
радиоэлектронная борьба

전자전투서열 Electronic Order of Battle
боевой состав и дислокация частей и подразделений РЭС

전장(戰場) Battlefield
поле боя

전장감시 무인정찰기 combat surveillance drone
БЛА для наблюдения за полем боя

전장감시(戰場監視) Battlefield Surveillance
наблюдение за полем боя

전장레이저거리측정기 battlefield laser range-finder
полевой лазерный дальномер

전장자동화(戰場自動化) Battlefield Automation
автоматизация поля боя

전장정보분석(戰場情報分析) Intelligence Preparation of the Battlefield (IPB)
разведывательное обеспечение тактических действий

전장정찰 무인항공기 battlefield reconnaissance drone
тактический разведывательный БЛА

전장협조반(戰場協調班) Battlefield Air Coordination Element (BCE)
группа координации боевых действий

전장평가 battlefield estimate
оценка в боевых условиях, оценка поля боя

전재구역(轉載區域) Transfer Area
район перегрузки (десанта)

전쟁계획(戰爭計劃) War Plan
план ведения войны, план военных действий

전쟁대비 수리부속(戰爭對備修理附屬) War Readiness Spare Kit (WRSK)
комплект запасных узлов для обеспечения боеспособности военной техники

전쟁물자구매능력 war material procurement capability
возможности закупок военного имущества

전쟁물자변경목록 list of changes in war material
перечень изменений в номенклатуре военного имущества

전쟁물자소요 war material requirements
потребности в военном имуществе

전쟁수준(戰爭水準) Level of War
уровень войны, масштаб военных действий

전쟁수행을 위한 물질적 수단 material means for waging war
материальные средства ведения войны

전쟁연습(戰爭演習) War Game
проведение военных игр

전쟁예비량(戰爭豫備量) War Reserves (WR)

военные мобилизационные запасы

전쟁예비물자 War Reserve Material
материальный резерв военного времени

전쟁예비물자재고 war reserve materiel stock
военные мобилизационные запасы (вооружения и боевой техники)

전쟁예비탄약재고 war reserve ammunition stock
военные мобилизационные запасы боеприпасов

전쟁잠재력(戰爭潛在力) War Potential
военный потенциал

전쟁지도(戰爭指導) Conduct of War
законы ведения войны, правила ведения войны

전쟁포로 및 민간억류자 센터 prisoner of war/civilian internee center
пункт (центр) военнопленных и интернированных гражданских лиц

전쟁포로 및 민간인 억류자 관리국 Main Administration for Affairs of Prisoners of War and Internees
Главное управление по делам военнопленных и интернированных

전지교섭요원(戰地交涉要員) Parliamentarian
парламентарий

전진기지(前進基地) Advanced Base
передовая база

전진로(前進路) Route of Advance
направление наступления

전진착륙장(前進着陸場) Advanced Landing Field
передовая посадочная площадка

전진축(前進軸) Axis of Advance
ось наступленияб направление наступления

전진한계선(前進限界線) Limit of Advance
предельный рубеж продвижения

전차공격대형 tank attack formation
танковый боевой порядок

전천후 요격기 all-weather fighter-interceptor
всепогодный истребитель-перехватчик

전천후착륙장치 all-weather landing system
всепогодная система инструментальной посадки

전천후 전투기 all weather fighter
всепогодный истребитель

전탐망 Radar Netting
Создание(организация) сети РЛС

전탐수평선(電探水平線) Radar Horizon
радиогоризонт

전탐전초(前探前哨) Radar Picket
радиолокационный дозор

전탐침묵(電探沈黙) Radar Silence
молчание РЛС

전탐탐지권(電探探知圈) Radar Coverage
дальность (зона, радиус) действия РЛС

전탐항법(電探航法) Radar Navigation
РЛ навигация, навигация с использованием РЛ средств

전투감시(戰鬪監視) Combat Surveillance
наблюдение за полем боя

전투공간(戰鬪空間) Battlespace
боевое пространство

전투근무지원부대 Combat Service Support Unit
подразделение (часть) тылового обеспечения боевых действий войск

전투근무지원 우선권 combat service support priority
очерёдность тылового обеспечения боевых действии войск

전투근무지원(戰鬪勤務支援) Combat Service Support
тыловая служба обеспечения боевых действий

전투기교전지대(戰鬪機交戰地帶) Fighter Engagement Zone (FEZ)
зона действий ИА

전투기소탕작전(戰鬪機掃蕩作戰) Fighter Sweep Operations
действия истребителей по поиску и уничтожению наземных целей

전투기갑사단 재편성 reorganization of combat armored division
реорганизация боевой бронетанковой дивизии

전투기동부대(戰鬪機動部隊) Combat Maneuver Forces
линейные подразделения, линейные части

전투긴요품목(戰鬪緊要品目) Combat Critical Item
особо важный предмет снабжения

전투단(戰鬪團) Battle Group
боевая группа

전투대형(戰鬪隊形) Combat Formation
боевое построение, боевой строй

전투능력 war-fighting potential
боевая способность, военный потенциал

전투력(戰鬪力) Combat Power
боевая мощь, боевые силы и средства,средства вооружённой борьбы, боевые возможности, боеспособность

전투력복원(戰鬪力復元) Restoration of Combat Power
восстановление боеспособности

전투력투사(戰鬪力投射) Force Projection
переброска войск и техники, расширение военного присутствия

전투명령 Combat Order
боевой приказ

전투발전(戰鬪發展) Combat Development
боевая разработка, разработка вопросов боевого применения

전투배치(戰鬪配置) Battle Disposition
группировка для боя

전투보병사단 재편성 reorganization of combat infantry division
реорганизация боевой пехотной дивизии

전투부대(戰鬪部隊) Combat Forces
боевое соединение, боевые войска, боевые силы

전투생존책(戰鬪生存策) Combat Survival
выживание в боевых условиях

전투서열 order of battle
боевой состав и дислокация войск, оперативное построение, боевой порядок, боевой состав и дислокация частей и подразделений, боевое построение флота (해군)

전투선하장교(戰鬪船荷將校) Combat Cargo Officer
офицер ВВС по оперативным грузовым перевозкам

전투소모율 combat consumption rate
боевая норма потребления,боевая норма расхода

전투식량 assault ration
продовольственный паёк для войск первого эшелона

전투예비량 combat-reserve ration
боевой неприкосновенный запас (продовольствия) ◆ 식량의 안전수준

전투예비량(戰鬪豫備量) Battle Reserves
боевой запас (боезапас), боевой резерв

전투작전본부(戰鬪作戰本部) Combat Operations Center
центр управления боевыми действиями

전투작전정보본부 Combat Operations Intelligence Center (COIC)
цетр сбора и обработки разведывательных данных о боевых действиях

전투재편성 reorganization for combat
перегруппировка для боя

전투적재(戰鬪積載) Combat Loading
погрузка войск и техники на суда с учётом высадки в полной боевой готовности

전투전초(戰鬪前哨) Combat Outpost (COP)
боевое охранение

전투정보실(戰鬪情報室) Combat Information Center
боевой информационный пост

전투정찰(戰鬪偵察) Combat Patrol
боевое патрулирование

전투준비태세평가 combat readiness assessment
оценка уровня боевой готовности

전투준비태세평가훈련 combat readiness assessment exercise
учение для оценки уровня боевой готовности

전투지경선(戰鬪地境線) Boundary
разграничительная линия

전투지원(戰鬪支援) Combat Support

боевое обеспечение, обеспечение боевых действий

전투지원부대(戰鬪支援部隊) Combat Support Troops
войска боевого обеспечения

전투지원판단 supportability estimate
оценка возможностей боевой поддержки

전투지휘훈련(戰鬪指揮訓練) Battle Command Training Program (BCTP)
программа подготовки специалистов по управлению боевыми действиями

전투차량(戰鬪車輛) Combat Vehicle(COMVEH)
боевой военный автомобиль

전투첩보(戰鬪諜報) Combat Information
данные о бое, информация о боевой обстановке

전투첩자(戰鬪諜者) Action Agent
агент-боевик

전투초계비행(戰鬪哨戒飛行) Combat Air Patrol (CAP)
боевой воздушный патруль

전투치중대(戰鬪輜重隊) Combat Train
тыловые части и подразделения

전투편성(戰鬪編成) Combat Organization, Task Organization
организация сил и средств для выполнения боевой задачи

전투효율평가 assessment of combat effectiveness
оценка боевой эффективности

전투폭격기(戰鬪爆擊機) Fighter-bomber
истребитель-бомбардировщик

전투피로증(戰鬪疲勞症) Combat Fatigue
усталость от боя, стрессовое состояние (в результате боевых действий)

전투하중(戰鬪荷重) Combat Load
боевая нагрузка, боевая нагрузка (ЛА)

전투행동반경(戰鬪行動半徑) Combat Radius
боевой радиус

전투휴대량(戰鬪携帶量) Combat Load
масса штурмового снаряжения

전파발사통제명령(電波發射統制命令) Emission Control Orders
распоряжение по контролю работы РЭС

전파방벽(電波防壁) Barrage
заградительные помехи (радиопомехи)

전파방사 통제(電波放射統制) Emission Control (EMCON)
контроль работы РЭС

전파방해 추적(電波妨害追跡) Track on Jam
сопровождение по источнику помех

전파방해 탐지기(電波妨害探知器) Jammer Finder
радиопеленгатор источника активных преднамеренных помех

전파탐지기(電波探知機) Radar
Радар

전파흡수재질 radar-absorbent material
радиопоглощающий материал

전환점(轉換點) Turning Point
точка разворота, поворотный пункт маршрута

절대고도(絶對高度) Absolute Altitude
абсол ютная высота

절대무기(絶對武器) Absolute Weapon
абсолютное оружие

절대습도(絶對濕度) Absolute Humidity
абсолютная влажность

점령기지(占領基地) Lodgement Area
оперативный плацдарм

점령지구(占領地區) Occupied Territory
оккупированная территория

점령지역(占領地域) Occupied Area
оккупированный район

점전파방해(點電波妨害) Spot Jamming
узкополосные помехи

접근관제(接近管制) Approach Control
управление в зоне захода на посадку

접근로(接近路) Avenues of Approach
путь подхода, марщрут выдвижения к объекту

접근수로(接近水路) Approach Lanes
путь подхода к исходной линии

접근예정표(接近豫定表) Approach Schedule
график подхода морского десанта

접안(接岸) Touch Down
высаживаться на берег

접적보고(接敵報告) Contact Report
доклад об местонахождении противника

접적이동(接敵移動) Movement to Contact
сближение с противником

접적이탈(接敵離脫) Disengagement
отрыв от противника

접적전진(接敵前進) Advance to Contact
сближение с противником

접적지역(接敵地域) Contact Area
район соприкосновсния

접촉기뢰(接觸機雷) Contact Mine
контактная мина

접촉상실(接觸喪失) Contact Lost
цель потеряна, терять контакт, терять противника, терять связь

접촉선(接觸線) Line of Contact (LC)
линия(рубеж) соприкосновения с противником

접촉유지(接觸維持) Maintain Contact
находиться в соприкосновении с противником, не давать противнику оторваться

접촉점(接觸點) Contact Point
пункт встречи

정기정보보고 periodic intelligence summary
периодическая разведывательная сводка

정면공격(正面攻擊) Frontal Attack

лобовая атака, атака в лоб, фронтальная атака

정면타격 frontal attack

фронтальный удар

정밀 지면편성 deliberate organization of the ground

заблаговременное инженерное оборудование местности

정밀공격(精密攻擊) Deliberate Attack

подготовленная атака

정밀기획(精密企劃) Deliberate Planning

продуманный план

정밀도하(精密渡河) Deliberate Crossing

форсирование водной преграды с предварительной подготовкой

정밀돌파(精密突破) Deliberate Breaching

преодоление минновзрывных заграждений с планомерной подготовкой, продельывание проходов с планомерной подготовкой

정밀방어(精密防禦) Deliberate Defense

заранее заблаговременная (подготовленная) оборона

정밀사격 pin-point fire

огонь в точку

정밀위치설정 Pin-point localization

точечное определение положения объекта

정밀유도 precision-guided

точное наведение

정밀유도 재돌입 탄두 precision-guided re-entry vehicle

управляемая головная часть с системой точного наведения

정밀유도무기(精密誘導武器) Precision Guidance Missile

ракета с системой высокоточного наведения

정밀유도체계

система точного наведения

정밀접근레이더(精密接近~) Precision Approach Radar (PAR)

РЛС точного определения координат

정밀폭격(精密爆擊) Precision Bombing

прицельное бомбометание

정박(碇泊) On Berth
на якоре

정보목표(情報目標) Intelligence Objective
объект (цель) разведки

정보보증(情報保證) Information Assurance (IA)
целостности и безопасности информации

정보보호(情報保護) Information Security (INFOSEC)
обеспечение секретности информации

정보분석 intelligence information analysis
анализ разведывательной информации

정보수집요구 intelligence collection requirement задание по сбору разведывательной информации

정보요구(情報要求) Intelligence Requirement
разведывательное задание

정보요약(情報要約) Intelligence Summary
информационная сводка, информационная разведывательная сводка

정보융합 Data Fusion
синтез данных, слияние данных

정보작전(情報作戰) Information Operations
информационные операции

정보종합반(情報綜合班) All Source Intelligence Center (ASIC)
центр сбора разведывательной информации от всех источников

정보체계(情報體系) Information System
система информации

정보판단 intelligence estimate
оценка разведывательной информации, разведсводка, разведывательная оценка обстановки

정비대충장비(整備代充裝備) Maintenance Float (M/F)
расходные средства технического обслуживания и ремонта

정비우선순위 maintenance priority
очерёдность технического обслуживания и ремонта

정비인시(整備人時) Maintenance Man-hour

трудозатраты ТО в человеко-часах на что

정지함없이 일거에 하는 공격

наступление с марша, наступление с ходу, атака с ходу

정찰 및 표적 공격 레이더 surveillance and target attack radar system

РЛ система обеспечения обнаружения и поражения целей

정찰드론 reconnaissance drone

разведывательный БЛА

정찰사격(偵察射擊) Reconnaissance Fire

разведка боем (огнем)

정찰용 무인항공기 reconnaissance drone

разведывательный БЛА

정치·군사게임(연습) Politico-Military Game/Exercise (POLMIL GAME)

игровое моделирование военно-политической обстановки

제1격(第一擊) First Strike

первый удар, начальный удар

제2제대 타격

нанесение ударов по второму эшелону

제대별 종심방어 defense in depth

глубокоэшелонированная оборона,эшелонированная оборона

제대이동(梯隊移動) Echeloned Displacement

перемещение по очереди

제독(除毒) Decontamination

дезактивация, дегазация

제독소 decontamination centre

дегазационный пункт, пункт санитарной (специальной) обработки

제독제(除毒劑) Decontaminants

дегазирующее вещество

제동갈고리 arrester hook

посадочный крюк, посадочный гак (항공기 착륙시)

제병협동(諸兵協同) Combined Arms

соединённые рода войск

제병협동부대(諸兵協同部隊) Combined Arms Team

общевойсковое соединение, общевойсковая группа

제압(制壓) Suppression

подавление

제압사 fire for effect

огонь на поражение, стрельба на поражение

제압사격(制壓射擊) Neutralization Fire

огонь на подавление

제압사격으로 돌입하다 enter into fire for effect

переходить на стрельбу на поражение

제압사격을 하다 fire for effect

вести огонь на поражение

제원기록사격(諸元記錄射擊) Registration Fire

пристрелка, прицельный огонь

재차대형(梯次隊形) Echelon Formation

построение боевого порядка в сторону одного из флангов

제트기류 Jet Stream

огонь на подавление

제한공역(制限空域) Alrspace Reservatlon

зона ограничений для полётов авиации, запретная зона для полётов авиации

제한구역(制限區域) Restricted Area

зона ограниченного доступа

제한적 공격작전 limited offensive operation

наступательная операция с ограниченной задачей

제한적 전략핵 전쟁 limited strategic nuclear warfare

ограниченная стратегическая ядерная война

제한적 핵충돌 limited strategic nuclear conflict

ограниченный военный конфликт с применением стратегического ЯО

제한전쟁(制限戰爭) Limited War

ограниченная война, боевые действия местного значения

제한화력계획(制限火力計劃) Restrictive Fire Plan

план ограниченного ведения огня

조기경보위성(早期警報衛星) Early Warning Satellite
спутник системы раннего предупреждения, спутник дальнего обнаружения

조립식 부교 sectional personnel bridge
разборный пешеходный мост

조명지원 illumination support
световое обеспечение

조명지원계획(照明支援計劃) Illumination Support Appendix
дополнение по световому обеспечению

조병창(造兵廠) Arsenal
арсенал

조사레이더(照射~) Illuminator Radar
РЛС подсветки цели, РЛС подсветки

조석표(潮汐表) Tide Tables
таблица приливов и отливов

조우전(遭遇戰) Meeting Engagement
встречный бой

조음기(造音器) Noisemaker
звукоизлучатель, акустический (звуковой) генератор, излучатель шума, прибор шумовых помех

조인트 스타스 joint surveillance and target attack radar system
объединённая РЛ система разведки и обеспечения поражения целей

조작 전자기만(造作電子欺瞞) Manipulative Electronic Deception (MED)
дезинформация манипуляцией, введение противника в заблуждение путём ложной работы РЭС

조작 통신기만(操作通信欺瞞) Manipulative Communication Deception
введение противника в заблуждение с использованием средств связи

조정가능 재돌입 운반체 Maneuverable re-entry vehicle
МГЧ (маневрирующая головная часть)

조종기뢰원(操縱機雷原) Controlled Minefield
управляемое минное поле

조함(操艦) Ship Handling
управление кораблём

종대간격(縱隊間隔) Column Gap
дистанция между эшелонами колонны

종대엄호(縱隊掩護) Column Cover
авиационное прикрытие колонны

종말고고도지역방어(終末高高度地域防禦) THAAD
противоракетный комплекс подвижного наземного базирования для высотного заатмосферного перехвата ракет средней дальности

종말단계(終末段階) Terminal Phase
участок подлета к цели, участок подлета, конечный участок траектории

종말비행단계 요격 terminal phase KE weapon
кинетический перехват ◆ 종말비행단계상 대륙간탄도미사일(ICBM)의 고고도상 요격

종말속도(終末速度) Terminal Velocity
окончательная скорость, скорость в точке падения

종말유도(終末誘導) Terminal Guidance
конечное наведение, наведение на конечном участке траектории полёта

종심(縱深) Depth
глубина

종심방어(縱深防禦) Defense in Depth
эшелонированная оборона, глубокая оборона, глубокоэшелонированная оборона

종심방어개념 defense-in-depth concept
концепция организации обороны с большой глубиной оперативного построения

종심방어전투 시뮬레이션 defense in depth simulator
устройство моделирования эшелонированной обороны

종심작전이론 deep battle theory
Теория глубокой операции

종심지뢰부설(縱深地雷敷設) Axial Mining
осевое минирование

종심지원사격(縱深支援射擊) Deep Supporting Fire
огневая поддержка на большую глубину

종심화력전투(縱深火力戰鬪) Deep Fire Battle

огонь на большую глубину, огонь на большую дальность

종합군수지원(綜合軍需支援) Integrated Logistic Support (ILS)

комплексное тыловое обеспечение

종합정보통신망(綜合情報通信網) Integrated Service Digital Network (ISDN)

цифровая сеть интегрального обслуживания

종합창(綜合廠) General Depot

склад нескольких служб

좌석대기(座席待機) Battle Station

место в бою, боевая станция (в космосе), боевой пост (на ПЛ)

좌표(座標) Coordinates

координаты (по координатной сетке карты)

주간요약보고 weekly summary report

еженедельный краткий отчёт

주간정보보고 weekly intelligence summary

еженедельная разведывательная сводка

주간정보판단 weekly intelligence estimate

еженедельная разведывательная оценка обстановки

주간정보판단 갱신 weekly intelligence estimate update

уточняющие данные еженедельно разведывательной оценки обстановки

주간항해표지(晝間航海標識) Daymark

несветящиеся навигационные знаки,сигнальные флаги и топовые фигуры

주공(主攻) Main Attack

главный удар

주공방향 main direction of the attack

направление главного удара

주공방향에 부대를 집중하다 build up the main direction of the attack

сосредоточивать войска на направлении главного удара

주공부대 main attack force; main attack

группировка главного удара

주교(舟橋) Pontoon Causeway

десантный понтонный настил

주기장(駐機場) Apron

площадка для стоянки самолётов

주도권(主導權) Initiative
инитиатива

주도로(主道路) Main Road
основная дорога

주력(主力) Main Force
основная группировка войск

주력작전(主力作戰) Major Operations
крупномасштабная операция, стратегическая операция

주력전대(主力戰隊) Strength Group
основная группа сил флота, ударная группа (боевых кораблей)

주력체(主力體) Main Body
главные силы, основная группировка

주력함대(主力艦隊) Major Fleet
основной флот

주민탐문 civilian (residents) interrogation
опрос местных жителей

주방어제대(主防禦梯隊) Main Defense Echelon
главные силы обороны

주방어지역(主防禦地域) Main Defense Area
главная полоса обороны,основной район обороны

주방어진지(主防禦陣地) Main Defense Position
главная полоса обороны,основной район обороны

주변방사능(周邊放射能) Background Radiation
остаточная радиоактивность

주변방사량(周邊放射量) Background Count
фон детектора

주보급로(主補給路) Main Supply Route (MSR)
основной (главный) путь подвоза

주비행장(主飛行場) Main Airfield
главный аэродром

주사격구역(主射擊區域) Primary Fire Sector

основной сектор обстрела, основной сектор стрельбы

주요길목(主要~) Choke Point

узкий проход

주요정보요구 primary intelligence requirement

основное разведывательное задание

주위소음(周圍騷音) ambient noise

наружный шум, окружающий шум

주저항선(主抵抗線) Main Line of Resistance

главный оборонительный рубеж

주전투지역(主戰鬪地域) Main Battle Area

основной район боевых действий

주정공간(舟艇空間) Boat Space

вместимость переправочно-десантного средства, десантовместимость высадочного средства

주정단(舟艇團) Boat Group

группа десантно-высадочных средств

주정대(舟艇隊) Boat Unit

подразделение десантных катеров

주정로(舟艇路) Boat Lanes

маршрут следования десантно-высадочных средств к берегу

주정조(舟艇組) Boat Team

десантная команда, десантная команда катеров

주지휘소(主指揮所) Main Command Post

главный КП, основной командный пункт, основной КП

주진지(主陣地) Primary Position

основная позиция

주통제장교(主統制將校) Primary Control Officer

старший офицер по контролю движения десантно-высадочных средств

주통제함(主統制艦) Primary Control Ship

главный корабль управления

주파(舟波) Boat Wave

волна десантно-высадочных средств, эшелон десантно-высадочных средств

주파수 급속변경 레이더 Frequency Agile Radar
РЛС с быстрой перестройкой частоты

주파수 작동식 가변시한신관 frequency variable time fuze
частотный радиовзрыватель

주파수도약(周波數跳躍) Frequency Hopping
режим СИЧ (скачкообразное изменение частоты)

주파수변조(周波數變調) Frequency Modulation (FM)
частотная модуляция ЧМ

주파수할당계획 frequency allocation plan
план распределения радиочастот

주파수할당위원회 Frequency Allocation Committee (panel)
комитет (комиссия) по распределению радиочастот

주파수할당표 frequency allocation list
таблица распределения радиочастот

주파장(舟波長) Wave Commander
командир волны десантно-высадочных средств, командир эшелона десантно-высадочных средств

주파향도(舟波嚮導) Wave Guide
лоцман десантного эшелона

주한 미8군
8-я армия сухопутных войск США в Корее

주한미군방송 American Forces Korea network
сеть связи ВС США в Южной Корее

주한 미군 지위 협정 Status of Forces Agreement (SOFA)
соглашение о статусе вооружённых сил США в Южной Корее

주행위치(走行位置) Running Fix
определение места по разновременным наблюдениям

준군사조직 paramilitary forces
военизированные формирования, полувоенные формирования

준비된 방어진지에 대한 공격 attack against an organized position
наступление на заблаговременно подготовленные оборонительные

позиции

준비명령(準備命令) Warning Order
предварительные распоряжения

준비사격(準備射擊) Preparation Fire
огневая подготовка, артиллерийская подготовка

줄쏘기 총 line-throwing apparatus
линемет, гарпунная пушка

중간대기구역(中間待機區域) Staging Area
зона ожидания, район сосредоточения

중간목적지(中間目的地) Intermediate Destination
промежуточный пункт назначения

중간목표(中間目標) Intermediate Objective
последующая задача, промежуточный объект

중간무능화량(中間無能化量) Median Incapacitating Dosage
средняя токсическая доза, выводящая из строя, средневыводящая доза

중간치사 노출률(中間致死露出率) Medium Lethal Dosage
средняя летальная доза

중간치사량(中間致死量) Medium Lethal Dosage
средняя доза, выводящая из строя

중거리수송기(中距離輸送機) Medium Range Transport Aircraft
транспортный самолёт средней дальности

중거리탄도탄(中距離彈道彈) Mid-Range Ballistic Missile
баллистический снаряд средней дальности действия

중계항(中繼港) Transit Port
транзитный порт

중고도폭격(中高度爆擊) Medium-Altitude Bombing
бомбометание со средних высот

중단출격 Abortive Sortie
несостоявшийся самолёто-вылет

중대 공격출발진지 company attack position
исходное положение роты для атаки

중량(重量) 톤수 deadweight tonnage (D/W)

полная грузоподъёмность судна в тоннах

중력폭탄 gravity bomb
атомная (ядерная) бомба свободного падения

중성자탄(中性子彈) Neutron Bomb, Enhanced Radiation Weapon
нейтронная бомба

중순양함(重巡洋艦) Heavy Cruiser (CA)
тяжёлый крейсер

중앙데이터처리(中央~處理) Integrated Data Processing, Centralized Data Processing(IDP)
централизованная обработка данных

중앙방공통제소(中央防空統制所) Master Control and Reporting Center (MCRC)
главный центр управления и оповещения

중앙조달(中央調達) Government Procurement
главный центр управления и оповещения

중앙탄약보급통제소 central ammunition supply status point
центральный пункт контроля за снабжением боеприпасами

중앙통제장교(中央統制將校) Central Control Officer
старший офицер управления десантно-высадочными средствами

중요감시지역(重要監視地域) Named Area of Interest (NAI)
указанная зона потенциальной угрозы

중요정보(重要情報) Critical Intelligence
особо важное разведывательное донесение

중요정보대상 critical intelligence target
особо важный объект разведки

중요정보송신체계 critical intelligence communications system
система связи для передачи особо важной разведывательной информации

중요지형지물(重要地形地物) Key Terrain
тактически важная местность, господствующая местность, важная в тактическом отношении местность, важный участок местности

중점방어-방공(重點防禦-防空) Weighted Coverage
создание зон наблюдения (поражения) с учётом вероятного характера действий противника

중축척지도(中縮尺地圖) Medium Scale Map

среднемасштабная карта

중화기(重火器) Heavy Weapon

оружие большой дальности, тяжелое оружие

증원(增援) Reinforce

подкрепление, усиление

지대(地帶) Zone

зона

지대사격(地帶射擊) Zone Fire

огонь (стрельба) по площади

지도거리 측정기(地圖距離測程器) Map Measurer

картографический измерительный прибор

지령(指令) Directive

директива

지령유도(指令誘導) Command Guidance

командное наведение

지뢰(기뢰) 대항책(地雷(機雷)對抗策) Mine Counter-Measures

противоминная борьба

지뢰(기뢰) 방어(地雷(機雷)防禦) Mine Defense

минная оборона

지뢰(기뢰) 탐색(地雷(機雷)探索) Mine Hunting

поиск и нейтрализация мин

지뢰전(地雷戰) Mine Warfare

минная война

지뢰지대간격(地雷地帶間隔) Minefield Gap

незаминированный промежуток в минновзрывных заграждениях

지뢰지대통로(地雷地帶通路) Minefield Lane

проход в минном поле

지뢰지대표지(地雷地帶標識) Minefield Marker

знак ограждения минного поля, указатель минного поля

지리적 참조점(地理的參照點) Geographic Reference Points

географический ориентир на местности

지리정보(地理情報) Geographic Intelligence

географическая и топографическая разведка

지리정보처리시스템 geographic information system
системa обработки географической информации

지리참조 geographic reference
географический ориентир, система географических координат

지리참조시스템 geographic reference system
система географических координат

지리참조좌표(地理參照座標) Geographic Reference (GEOREF)
система географических координат

지면반향(地面反響) Ground Clutter
отражения от местных предметов

지면편성(地面編成) Organization of Ground
инженерное оборудование местности

지명사(指命射) At My Command
"только по моей команде!"

지문항법(地文航法) Ground Reference Navigation
навигация (аэронавигация) по наземным ориентирам

지상관제 접근장치(地上管制接近裝置) Ground-Controlled Approach (GCA)
заход на посадку под контролем наземных средств

지상관측반(地上觀測班) Ground Observer Team
группа наземных наблюдателей

지상비상대기(地上非常待機) Ground Alert
боевое дежурство на аэродроме

지상연락반(地上連絡班) Ground Liaison
группа связи взаимодействия СВ

지상연락장교(地上連絡將校) Ground Liaison Officer (GLO)
офицер связи взаимодействия авиации и наземных войск

지상요격관제(地上邀擊管制) Ground Control Interception (GCI)
РЛС наведения истребителей-перехватчиков с земли, командный пункт наведения

지상유도장비(地上誘導裝備) Guidance Station Equipment
наземная аппаратура наведения, наземная часть системы наведения

지상전술계획(地上戰術計劃) Ground Tactical Plan
план наземных боевых действий, план действий после десантирования

지상군 심리전본부 Army Psychological Warfare Department
управление психологической войны СВ

지상방공 ground air defense
наземно-воздушная оборона

지상실험계획요약 ground test plan summary sheets
перечни основных вопросов плана наземных испытаний

지상요격관제소 ground control interception team
пост наведения истребителей-перехватчиков с земли

지상원점(地上原點) Ground Zero (GZ)
эпицентр ядерного взрыва

지상준비태세(地上準備態勢) Ground Readiness
готовность на аэродроме, готовность на земле

지상초수평선레이더감시망 network of ground-based over-the-horizon radars
сеть наземных средств надгоризонтальной радиолокации

지속파 전파방해(持續波電波妨害) Continuous Wave Jamming (CWJAMMING)
немодулированные радиопомехи

지역목표(地域目標) Area Target
цель большой площади

지역방공(地域防空) Area Air Defense
зональная ПВО, зональная ПРО

지역방어(地域防禦) Area Defense
территориальная оборона, зональная оборона ◆ 방공, 미사일방어

지역사격(地域射擊) Area Fire
огонь по площади, стрельба по площадям

지역수색(地域搜索) Area Reconnaissance
разведка района

지역수색임무 area reconnaissance mission
задача по разведке района

지역수색조 area reconnaissance patrol
разведывательное подразделение для разведки района

지역오염(地域汚染) Area of Contamination
район заражения

지역접근관제소(地域接近管制所) Approach Control
управление заходом на посадку

지역정찰위성 area reconnaissance satellite
спутник общей разведки района

지역철수(地域撤收) Area Evacuation
эвакуация из угрожаемого района

지역폭격(地域爆擊) Area Bombing
бомбометание по площади, площадное бомбометание

지역표적(地域標的) Area Target
цель большой площади

지역피해통제(地域被害統制) Area Damage Control
защитные мероприятия и спасательно-восстановительные работы в районе

지연(遲延) Delay
сдерживающие действия

지연전 명령
приказ на отход с боем

지연전(遲延戰) Delaying Action
сдерживающие действия, манёвренная оборона, отход с боем

지연진지(遲延陣地) Delaying Position
позиция для сдерживающих действий

지원 항모전대(支援航母戰隊) Support Carrier Group
авианосное соединение поддержки

지원(支援) Support
поддержка, обеспечение

지원사격(支援射擊) Supporting Fire
огневая поддержка

지원작전(支援作戰) Support Operations
обеспечивающие действия, меры обеспечения

지원포병(支援砲兵) Supporting Artillery

артиллерия поддержки, поддерживающая артиллерия

지원함(支援艦) Support Ship
корабль поддержки

지원화기 협조본부(支援火器協調本部) Supporting Arms Coordination Center (SACC)
пост координации средств огневой поддержки

지원화기(支援火器) Supporting Arms
средства огневой поддержки

지점투하 Point Drop
точная выброска (с воздуха)

지침(指針) Guidance
директива, руководящее указание

지표(地標) Land Mark
наземный ориентир

지표물 guiding landmark
наземный ориентир

지향성 소나브이 directional sonobuoy
гидроакустический буй направленного действия (активного или пассивного типа)

지향전파유도(指向電波誘導) Beam-Rider Guidance
лучевое наведение

지형격실(地形隔室) Compartment of Terrain
коридор

지형대조 유도(地形對照誘導) Terrain Counter Matching (TERCOM)
система корреляционного наведения по рельефу местности

지형분석(地形分析) Terrain Analysis
оценка местности, изучение местности

지형비행(地形飛行) Contour Flying
полёт с огибанием рельефа местности, бреющий полёт

지형정보(地形情報) Terrain Intelligence
данные о местности, данные разведки местности

지형정찰 terrain reconnaissance
разведка местности

지형차폐(地形遮蔽) Terrain Masking
маскирующие свойства местности

지형추적 레이더(地形追跡~) Terrain Following Radar
радиолокационная станция слежения за рельефом местности

지형추적비행(地形追跡飛行) Terrain Following Fly
полёта с огибанием рельефа местности

지형평가(地形評價) Terrain Evaluation
оценка местности

지휘 및 통제(指揮 및 統制) Command and Control
командование и управление

지휘(指揮) Command
командование

지휘·통제 및 통신체계 Command, Control and Communication System
командование, управление и связь ◆ C3체계

지휘각서(指揮覺書) Command Memorandum
служебная записка командования

지휘계통(指揮系統) Chain of Command
порядок подчинённости, субординация, командные инстанции

지휘관계(指揮關係) Command Relationship
взаимоотношения лиц командного состава

지휘관관심지역 named area of interest
указанная зона потенциальной угрозы (в районе боевых действий), указанный район предназначения

지휘관의 개념(指揮官의槪念) Commander's Concept
замысел командира

지휘권(指揮權) Command Authority
право принятия окончательного решения, права командира

지휘망(指揮網) Command Net
командная радиосеть (сеть связи), сеть связи командования

지휘소(指揮所) Command Post
пункт управления, КП (командный пункт)

지휘소연습(指揮所演習) Command Post Exercise (CPX)

командно-штабные учения

지휘연락(指揮連絡) Command Liaison

связь командования, командная связь взаимодействия

지휘축선(指揮軸線) Command Axis

линия перемещения КП, ось перемещения КП

지휘통일(指揮統一) Unity of Command

единоначалие, единство командования

지휘통제·통신·컴퓨터·정보 및 감시·정찰 Command, Control, Communications, Computers, Intelligence, Surveillance and Reconnaissance

командование, управление, связь, компьютеры, разведка, наблюдение и рекогносцировка ◆ C4ISR

지휘통제·통신·컴퓨터체계 Command, Control, Communications and Computers Systems

командование, управление, связь, компьютеры ◆ C4 Systems

지휘통제·통신체계 Command, Control and Communications Systems, C3 Systems

система командования, управления, связи и вычислительной техник

지휘통제공격(指揮統制攻擊) C2 Attack

удар по системам оперативного управления и связи

지휘통제전(指揮統制戰) Command and Control Warfare (C2W)

борьба с системами командования и управления

지휘통제체계(指揮統制體系) Command and Control System (C2 Systems)

система командования и управления, система оперативного управления

직접관제(直接管制) Close Control

непосредственное наведение, непосредственное управление

직접압박(直接壓迫) Direct Pressure

фронтальное преследование

직접작전(直接作戰) Direct Operation (DA)

операция прямого действия

직접전략(直接戰略) Direct Strategy

стратегия прямых действий, стратегия прямого воздействия

직접지원(直接支援) Direct Support

непосредственное обеспечение

직접지원부대(直接支援部隊) Direct Support Unit

подразделение непосредственного снабжения

직접지원사격(直接支援射擊) Direct Supporting Fire
непосредственная огневая поддержка

직접지원포병(直接支援砲兵) Direct Support Artillery
артиллерия непосредственной поддержки

직접피해평가(直接被害評價) Direct Damage Assesment
оценка масштабов непосредственных разрушений

직접항공지원본부(直接航空支援本部) Direct Air Support Center (DASC)
центр непосредственной авиационной поддержки

진고도(眞高度) True Altitude
истинная высота

진내사격(陣內射擊) Fires within the Position
огонь в глубине обороны, огонь на себя

진수선(進水線) Launching Line
рубеж пуска

진입회랑(進入回廊) Entry Corridors
коридор входа, коридор снижения

진지강화(陣地强化) Consolidation of Position
закрепление захваченной позиции

진지교대(陣地交代) Relief in Place
смена войск на непосредственно занимаемых позициях

진지방어(陣地防禦) Position Defense
позиционная оборона, оборона на заранее подготовленной позиции

진지변환(陣地變換) Displacement of Positions
манёвр на запасную позицию

진지보강(陣地補强) Consolidation of Position
укрепление позиции

진지전(陣地戰) Position Warfare
позиционная война

진지점령(陣地占領) Occupation of Position
занятие позиции

진지편성(陣地編成) Organization of the Ground

инженерное оборудование местности

진풍(眞風) True Wind
истинный ветер

진형(陣形) Formation
боевой порядок

집결묘박지(集結錨泊地) Assembly Anchorage
якорная стоянка для сосредоточения, якорная стоянка для сбора судов

집결지(集結地) Assembly Area
район сбора, район сосредоточения, район ожидания (погрузки)

집권화 통제(集權化統制) Centralized Control
централизованное управление

집단군(集團軍) Army Group
армейская группа

집단방어전략개념 collective defense posture
стратегическая концепция "коллективной обороны"

집단방위제도(集團防衛制度) Collective Defense System
система коллективной оьороны

집단방호(集團防護) Collective Protection
коллективная защита, групповая защита

집단보호기(集團保護器) Filter Unit
фильтровентиляционная установка, противогазная коробка

집단안전보장(集團安全保障) Collective Security
система коллективной безопасности

집단적 자위권(集團的自衛權) Right of Collective Self-Defense
право на коллективную самооборону

집단호출부호(集團呼出符號) Collective Call Sign
общий позывной

집성사진(集成寫眞) Mosaic
аэрофотомонтаж

집적소(集積所) Dump
временный полевой склад

집중(集中) Mass Concentration

массовая концентрация

집중사격(集中射擊) Massed Fire
массированный огонь, сосредоточенный огонь

집중지역(集中地域) Concentration Area
район сосредоточения, район сосредоточения войск

집중표적(集中標的) Target Concentration
сосредоточение целей

징발(徵發) Requisition
реквизиция

징발요구
реквизиционное требование

징집(徵集) Conscription
военная служба по призыву

차단(遮斷) Interdiction
воспрещение, изоляция

차단기뢰원(遮斷機雷原) Interception Minefield
минное поле для изоляции района

차단사격(遮斷射擊) Interdiction Fire
огонь на воспрещение

차단선(遮斷線) Interdiction Line
рубеж изоляции поля боя

차단지역(遮斷地域) Interdiction Area
блокируемый (изолируемый) район

차량화보병
мотопехотная часть

차량화부대(車輛化部隊) Motorized Unit
моторизованная часть

차장(遮障) Screen
охранение, заслон, дымовая завеса

차장부대(遮障部隊) Screening Force
силы прикрытия

차장연막(遮障煙幕) Screening Smoke

дымовая завеса

차폐(遮蔽) Defilade

естественное укрытие

차폐사격(遮蔽射擊) Defilade Fire

стрельба с закрытой ОП

차후임무

последующая задача

착륙각 landing angle

угол посадки, посадочный угол

착륙거리 landing distance

длина посадочной дистанции

착륙관제 유도장치(着陸官制誘導裝置) Ground Controlled Approach (GCA)

заход на посадку под контролем наземных средств

착륙구역 landing area

участок посадки

착륙등 landing lights

посадочные огни

착륙방향지시기 landing direction indicator

указатель направления посадки

착륙방향지시등 landing direction indicator lights

огни указателя направления посадки

착륙보조물(着陸補助物) Landing Aids

посадочные средства

착륙빔 landing beam

посадочный луч ◆ 계기착륙용

착륙예보 landing forecast

прогноз на момент посадки

착륙용 보조날개 landing flap

посадочный щиток

착륙장 landing ground

посадочная площадка, взлётно-посадочная площадка

착륙장소(着陸場所) Landing Site

место посадки (приземления) ЛА, площадка приземления ЛА, место высадки (десанта)

착륙장치 landing gear
посадочное устройство, посадочное шасси

착륙지대(着陸地帶) Landing Zone (LZ)
место выброски десанта, район (зона) высадки десанта (воздушного)

착륙지대통제반(着陸地帶統制班) Landing Zone Control Party
группа управления действиями в районе высадки десанта

착륙지역(着陸地域) Landing Area
район высадки (десанта), район десантирования, район посадки

착륙지점(着陸地點) Landing Point
посадочная площадка

착륙하중 landing load
посадочная нагрузка

착륙활주거리 landing roll
пробег при посадке, длина пробега (при посадке)

착륙활주로길이 landing distance
посадочная дистанция, длина пробега при посадке

착지점(着地點) Impact Point
место падения (ракеты), точка попадания

참모(參謀) Staff
личный состав штаба

참모각서(參謀覺書) staff memorandum
меморандум штаба

참모감독(參謀監督) Staff Supervision
штабной контроль

참모판단(參謀判斷) Staff Estimate
штабная оценка

참조선(參照線) Reference Line
нулевая линия

참조점(參照點) Reference Point
ориентир, ориентир на местности

창(廠) Depot
склад

창정비(廠整備) Depot Maintenance (DM)
ТО в ремонтной мастерской

채프회랑(~回廊) Chaff-Corridors
коридор рассеивания дипольных отражателей

척후병(斥候兵) Scout
разведчик

천수통과(淺水通過) Shallow Fording
преодоление неглубокого брода

천해(淺海) Shallow Water
мелководье

철수 호송선단(撤收護送船團) Evacuation Convoy
эвакуационный конвой

철수(撤收) Withdrawal
вывод, отход

철수엄호부대
части и подразделения прикрытия отхода

철수작전(撤收作戰) Withdrawal Action
отход

철수전 폭파표적(撤收前爆破標的) Prewithdrawal Demolition Target
объект для разрушения перед отходом войск

철조망지대
проволочные заграждения

철퇴(撤退) Retirement
отход

첨병대(尖兵隊) Advance Guard Support
головной отряд авангарда

첩보(諜報) Information
информация

첩보보안(諜報保安) Information Security (INFOSEC)
обеспечение секретности информации

첩보수집운선순위 intelligence collection effort priority
очерёдность усилий разведки по сбору информации

첩보요구(諜報要求) Information Request (IR)
информационные запросы

첩보요약 brief intelligence summary
краткая разведывательная сводка

첩보처리(諜報處理) Process of Information
обработки информации

첩보출처(諜報出處) Source of Information
источник информации

첩보평가(諜報評價) Evaluation of Information
оценка информации

청음부표 sonar beacon
гидроакустический буй

청음초(聽音哨) Listening Post
пост подслушивания

청음효과(聽音效果) Hydrophone Effect
гидрофонный эффект

체공시간(滯空時間) Endurance
продолжительность полёта

체류(滯留) Staying Behind
оставаться в тылу противника ◆ 잔류

체류시간-공수(滯留時間-空輸) Station Time-Air Transport
время на погрузку и подготовку ЛА к вылету

체류침투(滯留浸透) Stay Behind
оставаться в тылу противника ◆ 잔류침투

초계(哨戒) Patrol
дозор

초과사격(超過射擊) Overhead Fire
огонь (стрельба) поверх своих войск

초기 핵방사선(初期核放射線) Initial Radiation
мгновенное излучение, начальная радиация

초기효과(初期效果) Initial Effect
первоначальный эффект

초도배당량(初度配當量) Initial Issue Quantity (IIQ)
количество материальных средств для начальной выдачи

초도보급(初度補給) Initial Supply
первоначальное обеспечение

초수평 표적지시
загоризонтальное целеуказание

초수평선 공격 attack from over the horizon
атака (удар) с загоризонтной дальности

초수평선 표적식별시스템 over-the-horizon detection system
загоризонтная система обнаружения целей

초수평선레이더(超水平線~) Over the Horizon Rader (OHR)
загоризонтная РЛС

초수평선상륙작전(超水平線上陸作戰) Over the Horizon Amphibious Operation
загоризонтальная десантная операция

초수평선표적획득(超水平線標的獲得) Over the Horizon Targeting (OTHT)
загоризонтальное целеуказание

초전(初戰) First Battle
начальное сражение

초정밀레이저유도시스템 super-precision laser guidance system сверхточная система лазерного наведения

초정밀성 pin-point accuracy
большая меткость, высокая точность

초지평선 표적선정(合同超地平線標的選定) Over the Horizon-Targeting
загоризонтальое целеуказание

초탄부터 효력사로 first round fire for effect
огонь на поражение с первого выстрела

총(總) 톤수 gross tonnage (G/T)
общая масса в тоннах

총력전(總力戰) Total War
неограниченная война, всеобщая война

총력전략(總力戰略) Total Strategy
стратегия "тотальной войны"

총류탄(銃榴彈) Rifle Grenade
винтовочная граната

총체전력(總體戰力) Total War Potential, Total Force
тотальные силы

총톤수 Gross Tonnage
общая масса в тоннах

최고지휘권 supreme command
верховное главное командование

최대노출량 maximum permissible exposure level
предельно допустимая доза облучения

최대램프중량 maximum ramp weight
максимальная стояночная масса

최대상승maximum climb
наивыгоднейший набор высоты

최대상승추력 maximum thrust climb
набор высоты при максимальной тяге

최대속도 maximum speed
максимальная скорость

최대순항거리
максимальная дальность полёта (항공기), максимальная дальность пплавания (선박)

최대순항추력 maximum cruise thrust
максимальная тяга маршевого двигателя, максимальная тяга на крейсерском режиме

최대양력계수 maximum lift coefficient
максимальный коэффициент редельно пороговая доза

최대연속추력 maximum continuous thrust
номинальная тяга, тяга на максимально продолжительном режиме

최대연속출력 maximum continuous power
продолжительная максимальная мощность, мощность на максимальном продолжительном режиме

최대유효사거리(最大有效射距離) Maximum Effective Range
предельная дальность действительного огня

최대이륙중량(最大離陸重量) Maximum Takeoff Weight (MTOW)
максимальная взлётная масса с полной нагрузкой, максимальный взлётный вес

최대이륙추력 maximum take-off thrust
максимальная взлётная тяга

최대착륙중량 maximum landing weight
максимальный посадочный вес

최대허용선량(最大許容線量) Maximum Permissible Dose
предельно допустимая (пороговая) доза

최소안전고도경고(最小安全高度警告) Minimum Safe Altitude Warning (MSAW)
система предупреждения о минимальной безопасной высоте

최소정상폭발고도(最小正常爆發高度) Minimum Normal Burst Altitude
минимальная нормальная высота взрыва

최소안전거리(最小安全距離) Minimum Safe Distance
минимальное безопасное удаление (핵 폭발중심지로부터)

최소위험경로(最小危險經路) Minimum Risk Route (MRR)
маршрут с минимальным риском

최우선 순위 highest priority
высший приоритет

최우선 시설 high-priority assets
важнейшие объекты

최우선 임무 priority mission
первоочерёдная задача

최우선 표적 high-priority target
первоочерёдная цель

최저고도폭격(最低高度爆擊) Minimum-Altitude Bombing
бомбометание с предельно малых высот

최저안전고도(最低安全高度) Minimum Safe Altitude
система предупреждения о минимальной безопасной высоте

최저요격선(最低邀擊線) Minimum Line of Interception

минимальная линия перехвата

최저탐지선(最低探知線) Minimum Line of Detection
ближний рубеж обнаружения

최저표척사격(最低標尺射擊) Grazing Fire
настильная стрельба, настильный огонь

최저표척사격범위 grazing-fire range
дальность прямого выстрела

최적 심도거리(最適深度距離) Best Depth Range (BDR)
дальность обнаружения при оптимальной глубине погружения

잠망경 심도거리(潛望鏡深度距離) Periscope Depth Range (PDR)
дальность действия ГАС на перископной глубине

최적심도(最適深度) Best Depth (BD)
оптимальная глубина погружения

최종거리 탄도탄(最終距離彈道彈) Ultimate Range Ballistic Missile
баллистическая ракета с неограниченной дальностью полёта

최종폭탄투하선(最終爆彈投下線) Final Bomb Release Line
конечный рубеж бомбометания

최초폭탄투하선(最初爆彈投下線) Initial Bomb Release Drop Line
исходный рубеж бомбометания

최초항적설정(最初航跡設定) Initiate Track
первоначальная отметка цели

최초보급(最初補給) Initial Supply
первоначальное обеспечение

최초사진판독보고서 Initial Photographic Interpretation Report (IPIR)
предварительное донесение о результатах дешифрирования аэрофотоснимков

최초접근(最初接近) Initial Approach
начальный этап захода на посадку

최초지시(最初指示) Initiating Directive
предварительная директива

최초진입점(最初進入點) Initial Point
начальный пункт, исходный пункт

최초집결지(最初集結地) Initial Assembly Area
первоначальный район сосредоточения

최후방어사격(最後防禦射擊) Final Defensive Fire
сплошной заградительный огонь перед районом обороны

최후저지선(最後沮止線) Final Protective Line
рубеж сплошного заградительного огня

추격(追擊) Pursuit
преследование

추적(追跡) Tracking
сопровождение (цели)

추적유도(追跡誘導) Homing Guidance
система самонаведения

추적레이다 tracking radar
радиолокатор сопровождения, РЛС слежения

추적차단기 track breaker
передатчик имитационных радиопомех радиолокаторам автоматического сопровождения

추정과업(推定課業) Implied Task
задачи, вытекающие из конкретной обстановки

추정출발일(推定出發日) Estimated Departure Date
расчётная дата отправления

추진보급지원(推進補給支援) Automatic Supply
плановое снабжение

추출공수(抽出空輸) Low Altitude Parachute Extract
выброска грузов с малых высот с помощью вытяжных парашютов

추출공수시스템 low-altitude parachute extraction system
система выброски грузов с малых высот с помощью вытяжных парашютов

추측위치(推測位置) Running Fix
счислимо-обсервованное место

축성(築城) Fortification
возведение фортификационных сооружений

축성술 art of fortification

фортификационное искусство

축차공격(逐次攻擊) Piecemeal Attack

наступление с постепенным вводом в бой частей и подразделений

축차목표(逐次目標) Successive Objective

объект, занимаемый при выполнении последующей задачи

출동준비지역(出動準備地域) Mounting Area

исходный район для десантирования

출발점(出發點) Starting Point

исходный пунк (движения)

충격파(衝擊波) Shock Wave

ударная волна

충돌침로(衝突針路) Collision Course

курс встрсчи снаряда с целью

취역(就役) Commission

ввод в строй

측거의(測距儀) Range Finder

дальномер

측면사각항공사진 side obliquc air photograph

боковой перспективный аэрофотоснимок

측면이동(側面移動) Flanking Movement

обход, марш для выхода во фланг противнику, охват

층심도(層深度) Layer Depth

глубина верхней границы слоя скачка

치료소(治療所) Clearing Station

медико-эвакуационный пункт

치료시설

медицинские лечебные учреждения

치명결점(致命缺點) Critical Defect

серьёзная неисправность

치사량(致死量) Lethal Dosage

летальная доза

치사선량(致死線量) Lethal Dose

смертельная доза радиации

치사작용제(致死作用劑) Lethal Agent

летальное (смертельное) ОВ, отравляющее вещество смертельного действия, смертельное отравляющее вещество

치중대 combat train unit

подразделение (часть) первого эшелона тылового обеспечения

침공전투기 penetration fighter

истребитель глубокого проникновения

침공형 상륙작전 amphibious invasion-type operation

морская десантная операция "вторжения"

침략국 aggressor-nation

государство-агрессор

침묵해제(沈黙解除) Silence Lifted

режим радиомолчания отменяется.

침투(浸透) Infiltration

проникновение

침투로(浸透路) Infiltration Lane

полоса движения подразделений, проникающих в расположение противника

침투보호의(浸透保護衣) Permeable Protective Clothing

воздухопроницаемая (фильтрующая) защитная одежда, импрегнированное обмундирование

침투조

группа с задачей проникновения в расположение противника просачиванием

침투호위 penetration escort

самолёт сопровождения сил прорыва, сопровождение самолётов прорыва

침투훈련장

учебное поле для отработки действий по просачиванию

커튼연막(~煙幕) Smoke Curtain

дымовая завеса

코너 반사기 Corner Reflector

уголковый отражатель

코너반사기 유인체 corner reflector decoy
ЛЦ с уголковым отражателем

코너반사기 클러스터 corner reflector cluster
пачка уголковых отражателей

코만도
десантник, боец-десантник, командос, коммандос

콜로이드 Colloid
коллоид

콤포지션 폭약(~爆藥) Composition
кумулятивный заряд

콤프턴 효과(~效果) Compton Effect
комптон эффект

킬러위성 satellite killer
истребитель спутников, противоспутник, спутник - истребитель спутников ◆ 위성파괴위성

타격거점(打擊據點) Striking Point
объект удара

타격방향
направление удара

탄도유도탄 방어(彈道誘導彈防禦) Ballistic Missile Defense
ПРО, оборона против БР

탄도탄 요격미사일(彈道彈邀擊~) Anti-Ballistic Missile (ABM)
противоракета для борьбы с баллистическими ракетами

탄도풍(彈道風) Ballistic Wind
баллистический ветер

탄약보급소 ammunition supply point
пункт боевого питания,ункт боепитания,пункт снабжения боеприпасами

탄약보급소장 ammunition supply point officer
начальник пункта боепитания

탄약소모율 ammunition consumption rate
норма расхода боеприпасов

탄약할당(彈藥割當) Ammunition Allocation(AA)

лимит расхода боеприпасов

탄저병(炭疽病) Anthrax

сибирская язва, антракс

탄착수정(彈着修正) Spotting

корректирование огня, корректирование стрельбы

탈출(脫出) Break Out

прорываться из окружения

탈취(奪取) Seizure

захват

탐색 공격

поисково-ударная операция

탐색 공격단대(探索攻擊團隊) Search Attack Unit (SAU)

поисково-ударная группа

탐색 및 공격 레이더 search-and-attack radar

поисково-прицельная РЛС

탐색 및 구조 지원 search and rescue support

поисково-спасательное обеспечение

탐색 및 구조 편대 search-and-rescue squadron

поисково-спасательная эскадрилья

탐색 및 구조 시뮬레이션 search-and-rescue simulation

моделирование поисково-спасательных операций

탐색 및 구조 위성 search-and-rescue satellite

поисково-спасательная спутниковая система

탐색 및 구조(探索및救助) Search and Rescue(SAR)

поиск и спасение

탐색 및 구조작전(探索 및 救助作戰) Search and Rescue Operation (SARO)

поисково-спасательная операция

탐색 및 구조함 search and rescue ship

поисково-спасательное судно

탐색(探索) Search

поиск

탐색개발(探索開發) Exploratory Development

изыскательские разработки

탐색 및 구조본부(探索 및 救助本部) Search and Rescue Center
центр поисково-спасательных операций

탐색소해(探索掃海) Exploratory Sweeping
разведывательное траление

탐지(探知) Detection
обнаружение

탐지레이더(探知~) Detection Radar
РЛС обнаружения

탑재 모듈형 공격레이더 modular attack radar system
модульная бортовая прицельная РЛС

탑재 및 톤수표(搭載 및~數表) Embarkation and Tonnage Table
план погрузки

탑재(搭載) Embarkation
погрузки

탑재계획(搭載計劃) Loading Plan
десантный каргоплан

탑재단대-분대-전대(搭載單隊-分隊-戰隊) Embarkation Element-Unit-Group
посадочная группа (Десанта)

탑재명령(搭載命令) Embarkation Order
приказ на погрузку (на суда)

탑재우선순위 embarkation priority
очерёдность погрузки

탑재장교(搭載將校) Embakation Officer
комендант пункта посадки

탑재조(搭載組) Embarkation Team
погруженная на транспорт часть

탑재지역(搭載地域) Embarkation Area
район погрузки

태업(怠業) Sabotage
диверсионные акции

탱크킬러

истребитель танков, противотанковая самоходно-артиллерийская установка

테스트결과요약 test summary

краткий отчёт о результатах испытаний

통신개소 우선순위 communication installation priority

очерёдность установления связи

통신보안(通信保安) Communication Security (COMSEC)

радиомаскировка, засекречивание связи

통신보안자재 communications security material

материалы обеспечения скрытности работы средств связи

통신보안자재 통제시스템 communications material security control system

система контроля скрытности работы средств связи

통신보안장비(通信保安裝備) Communication Security Equipment

аппаратура (средства) обеспечения конфиденциальности (скрытности) связи

통신운용 지시서(通信運用指示書) Signal Operation Instruction (SOI)

инструкция по связи

통신운용지시서(해병) Communication Operation Instruction (COI)

инструкция по связи

통신전자준칙(通信電子準則) Communication Electronics Standing Instruction

постоянно действующая инструкция по связи и электронике

통신전파방해(通信電波妨害) Communication Jamming (COMJAM)

постановка помех средствам связи

통신정보(通信情報) Communications Intelligence (COMINT)

разведка средств связи

통신채널 할당 channel allocation

выделение каналов связи

통신축선(通信軸線) Signal Axis

ось связи

통제보급률(統制補給率) Controlled Supply Rate (CSR)

контролируемая норма снабжения

통제선(統制線) Phase Line (PL)

рубеж регулирования (при наступлении)

통제점(統制點) Control Point
пункт управления

통제품목(統制品目) Controlled Item
контролируемый предмет снабжения

통제함(統制艦) Control Ship
корабль управления

통합(統合) Integration
интеграция

통합군(統合軍) Unified Command
объединённое командование

통합군수관리체계 integrated logistics information management system
информационно-управляющая система по комплексному МТО

통합군수지원(統合軍需支援) Integrated Logistic Support
комплексное тыловое обеспечение

통합군수지원프로그램 программа создания единой системы тылового обеспечения ◆ NATO의 프로그램

통합무장시스템 integrated weapons control system
комплексная система управления оружием

통합물자관리(統合物資管理) Integrated Material Management (IMM)
управление комплексным техническим обеспечением

통합방공(統合防空) Integrated Air Defense
комплексная система ПВО

통합방어(統合防禦) Integrated Defense
объединённая система обороны

통합비행표시시스템 integrated flight system (IFS)
комплексная система управления полётом

통합사격(화력) 통제체제 Integrated Fire Control Systems
комплексная система управления огнем

투명도(透明圖) Overlay
оперативная карта, схема

투명도형 명령(透明圖型命令) Overlay Type Order

схема-приказ, графический на кальке приказ

투상폭격(投上爆擊) Toss Bombing

бомбометание с кадрирования

투색총(投索銃) Line-throwing Gun

линемет, гарпунная пушка

투입부대(投入部隊) Committed Unit

часть, введённая в бой

투하(投下) Drop

выброска (десанта, грузов)

투하조장(投下組長) Dropmaster

начальник команды по сбрасыванию

투하지대(投下地帶) Drop Zone (DZ)

зона выброски десанта

특별참모(特別參謀) Special Staff

специальный штаб, специальная часть штаба

특수군(特殊軍) Special Command

командование войск специального назначения

특수무기(特殊武器) Special Weapons

специальные виды оружия

특수무기용탄약보급소 special weapon ammunition supply point

пункт снабжения боеприпасами для специального оружия

특수비행(特殊飛行) Acrobatic Flight

фигурный полёт

특수임무대대(特殊任務大隊) Battalion Task Force

батальонная временная оперативно-тактическая группа, батальонная тактическая группа

특수임무부대(特殊任務部隊) Task Force

оперативная (тактическая) группа, оперативно-тактическая группа

특수작전 unconventional warfare

специальные операции, боевые действия с применением специальных методов

특수작전(特殊作戰) Special Operations (SO)

действия войск специального назначения, специальные операции

특수작전부대(特殊作戰部隊) Special Operations Force (SOF)

войска специального назначения,силы специального назначения

특수전(特殊戰) Special Warfare (SW)

боевые действия с применением специальных методов и средств

특수전 본부 special warfare center

центр обучения боевым действия с применением специальных методов и средств,центр разработки специальных методов ведения войны

특수전 훈련 special warfare exercise

учение по отработке специальных методов и средств ведения боевых действий

특수전통제반 special operations combat control team

группа боевого управления специальными операциями

특수탄약(特殊彈藥) Special Ammunition

специальные боеприпасы

특수탄약보급소 special ammunition supply point

пункт снабжения специальными боеприпасами

특수항적(特殊航跡) Significant Tracks

потенциально угрожающая неопознанная цель

특전지휘소(特戰指揮所) Special Forces Operation Base (SFOB)

операционная база войск специального назначения

특화점(特火點) Pillbox

долговременное оборонительное сооружение, закрытое огневое сооружение

파견부대(派遣部隊) Detached Unit

выделенная часть, часть, выведенная из подчинения

파괴(破壞) Demolition

подрыв

파괴사격(破壞射擊) Destruction Fire

стрельба на поражение, стрельба на уничтожение

파괴심도(破壞深度) Collapse Depth

предельная глубина погружения ◆ 붕괴심도

파괴통(破壞桶) Bangalore Torpedo

удлинённый подрывной заряд "бангалорская торпеда"

파괴통세트

комплект удлинённого подрывного заряда "бангалорская торпеда"

파라볼릭 코너반사기 유인체 parabolic corner reflector

параболический уголковый отражатель

파쇄공격(破碎攻擊) Spoiling Attack

контратака с выходом за передний край

파열중심(破裂中心) Center of Burst

средняя точка разрывов

팜게이트형 작전(~型作戰) Farm Gate Type Operations

оперативное и тактическое содействие союзным ВВС

패러다임 Paradigm

парадигма

퍼싱 Pershing

Першинг-1 (ракета)

편대비행(編隊飛行) Formation Flight

групповой полёт в строю

편성 및 장비표(編成 및 裝備表) Table of Organization and Equipment

организационно-штатное расписание и табель имущества

편성(編成) Organization

организация, состав

편제(編制) Organization

организация

편제장비(編制裝備) Organic Equipment

штатная техника, табельное имущество (средство), штатные средства

평균치사시간

среднее время смертельного поражения (при облучении)

포로수집소 prisoner of war collecting point

пункт сбора военнопленных

포로신문관 interrogation officer

допрашивающий офицер

포로신문반 interrogation PW section
секция допроса военнопленных

포로신문보고서
донесение о результатах допроса

포로신문소 interrogation center
пункт допроса (военнопленных)

포로신문조 interrogation PW team
группа допроса военнопленных

포병거리측정기 artillery range finder
артиллерийский дальномер

포착추적레이더 acquisition and tracking radar
РЛС обнаружения и сопровождения, радиолокационная станция обнаружения и сопровождения

포착레이더 acquisition radar
радиолокатор обнаружения цели ◆ 획득레이더

폭발소해
подрывной трал

표고(標高) Elevation
высота

표면폭발(表面爆發) Surface Burst
взрыв на поверхности

표적감시드론
БЛА разведки целей

표적군(標的群) Group of Target
группа целей, групповая цель ◆ 표적대

표적드론 target drone
беспилотный самолёт - мишень

표적목록 target summary
краткий перечень целей

표적묘사 target summary
краткое описание целей

표적반응-핵(標的反應-核) Target Responsc-Nuclear

характер воздействия на цель поражающих факторов

표적반향신호(標的反響信號) Target Echo

эхо-сигнал цели

표적방위(標的方位) Target Bearing

буссоль цели

표적번호(標的番號) Target Number

номер цели

표적분별(標的分別) Target Discrimination

распознавание цели

표적분석(標的分析) Target Analysis

анализ целей

표적순위별저장(標的順位別貯藏) Stockpile to Target Sequence

порядок действий по доставке ЯО от места хранения к цели

표적일람표 Target List

перечень целей

표적접근점(標的接近點) Target Approach Point

ориентир для выхода в район десантирования

표적정보(標的情報) Target Intelligence

разведывательные данные о целях

표적제원 수신기(標的諸元受信器) Target Data Receiver (TDR)

приёмник данных о целях

표적지시소(標的指示所) Target Director Post

пост наведения авиации на цели

표적지역 전투공중초계(標的地域戰鬪空中哨戒) Target Combat Air Patrol

боевой воздушный патруль в районе цели

표적지역 측정기준선(標的地域測定基準線) Target Area Survey Base

база топогеодезической привязки района цели

표적지정(標的指定) Target Designation

целеуказание

표적집중 격멸지대(標的集中擊滅地帶) Target Engagement Zone (TEZ)

зона поражения целей (ПВО)

표적할당(標的割當) Target Assignment

назначение объектов (целей) удара, целераспределение, распределение целей

표적할당표 target allocation table
таблица распределения целей, панель целераспределения

표적해결(標的解決) Target Resolution
способность к различению отдельных целей

표적획득(標的獲得) Target Acquisition
обнаружение целей

표정(標定) Spotting
корректирование огня (стрельбы)

표준소모율 standard consumption rate
стандартная норма потребления, стандартная норма расхода

표준전술회전경(標準戰術回轉徑) Standard Tactical Diameter
стандартный тактический диаметр циркуляции

표준탄보급소 standard ammunition supply point
типовой пункт снабжения боеприпасами

표층도파관 소나 surface duct sonar
программа разработки ГАС, использующей поверхностный звукоподводный канал

품질관리(品質管理) Quality Control
контроль за качеством продукции

풍차수정 correction for wind
поправка на ветер (боковая поправка)

풍차수정계산
расчёт поправки на ветер

프로그램 계획지시 program planning directives
директивы по планированию программы

플루토늄 Plutonium
плутоний

피로골절(疲勞骨折) stress fracture
стрессовый перелом

피해반경(被害半徑) Radius of Damage

радиус поражения

피해평가(被害評價) Damage Assessment

определение результатов применения ОМП, определение степени повреждений

핀포인트 폭격 bombing on pin points

прицельное (точечное) бомбометание ◆ 초정밀 폭격

핀포인트 Pin Point

точечный

필수품목(必須品目) Essential Item

необходимые предметы снабжения

필수품목 목록

основной перечень необходимых предметов снабжения

하드 타겟

труднопоражаемая

하선예정표(下船豫定表) Debarkation Schedule

график (план) высадки, план выгрузки, расписание высадки

하천강습전대(河川强襲戰隊) River Assault Squadron

речной штурмовой отряд

하천부대(河川部隊) Riverine Force

силы озёрно-речного района

하천용 공격단정 assault river boat

штурмовой десантный речной катер

하천장애물 급속도하 assault river crossing

форсирование водной преграды (с преодолением сопротивления противника)

한국전투작전정보본부 Korean Combat Operations Intelligence Center (KCOIC)

корейский центр сбора и обработки разведывательных данных о боевых действиях

함내대기구역 inner rendezvous area

внутренний район сбора (десантных кораблей) ◆ 상륙작전 시

함대해병대(艦隊海兵隊) Fleet Marine Force

флотские силы морской пехоты

함선할당 shipping allocation
размещение десанта на транспортных десантных средствах

함안이동(艦岸移動) Ship-to-Shore Movement
высадка десанта с транспортов на берег (с помощью десантно-высадочных средств), движение десантно-высадочных средств от корабля к берегу

함포(艦砲)
корабельная артиллерия

함포사격수정반 Naval Gunfire Spotting Team
группа корректирования огня корабельной артиллерии, группа управления огнем корабельной артиллерии

함포사격연락반(艦砲射擊連絡班) Naval Gunfire Liaison Team
группа связи с корабельной артиллерией огневой поддержки

함포사격작전본부(艦砲射擊作戰本部) Naval Gunfire Operation Center
пункт (центр) управления огнем корабельной артиллерии поддержки

함포연락장교(艦砲連絡將校) Naval Gunfire Liaison Officer
офицер связи корабельной артиллерии поддержки

함포지원사격(艦砲支援射擊) Naval Gunfire Support
корабельная артиллерийская поддержка, поддержка огнем корабельной артиллерии

함포탄착수정조(艦砲彈着修正組) Naval Gunfire Spotting Team
группа управления огнем корабельной артиллерии

함포항공수정(艦砲航空修正) Naval Gunfire Air Spot
воздушная корректировка корабельной артиллерии

함포화력지원계획(艦砲火力支援計劃) Naval Gunfire Support Appendix
дополнение к корабельной огневой поддержке

합동 초지평선 표적선정(合同超地平線標的選定) Joint Over the Horizon-Targeting
объединённое загоризонтальое целеуказание

합동감시표적 공격레이더체계(合同監視標的攻擊~體系) Joint Surveillence Target Attack Radar System (JSTARS)
объединённая РЛ система разведки и обеспечения поражения целей

합동공정작전훈련(合同空挺作戰訓練) Joint Airborne Training
совместная воздушно-десантная подготовка

합동공정특임대 joint airborne task force

объединённая воздушно-десантная тактическая группа

합동공중공격반(合同空中攻擊班) Joint Air Attack Team (JAAT)

объединённая авиационная ударная группа,смешанная самолётно-вертолётная ударная группа

합동공중공격전술 joint air attack team tactics

тактика действий объединённой авиационной ударной группы

합동교리(合同敎理) Joint Doctrine

концепция (основные положения) совместных действий

합동교범(合同敎範) Joint Publication

совместное издание

합동교육절차 joint training procedure

методика совместной боевой подготовки (видов ВС)

합동교육표준 joint training standards

нормативы по совместной подготовке

합동교육훈련 joint training exercise

объединённое учение (видов ВС)

합동기동부대(合同機動部隊) Joint Task Force (JTF)

объединённое оперативное соединение

합동기획 참모단

объединённая группа планирования

합동기획(合同企劃) Joint Planning

совместное планирование

합동방공작전부대

силы и средства объединённой системы ПВО

합동부대(合同部隊) Joint Forces

объединённые силы (нескольких видов ВС)

합동비정규전부대 joint unconventional warfare forces

объединённые силы (силы и средства) специального назначения, объединённая тактическая группа войск специального назначения

합동비정규전특임부대 combined unconventional warfare task force

объединённая тактическая группа войск специального назначения

합동상륙기동부대(合同上陸機動部隊) Joint Amphibious Task Force (JATF)

объединённое десантное оперативное соединение,оперативное сводное десантное соединение

합동상륙작전 joint amphibious operation
совместная морская десантная операция (군사), объединённая морская десантная операция (외교)

합동상륙작전 교리연구단 joint amphibious operation study group
группа по изучению совместных морских десантных операций

합동작전(合同作戰) Joint Operations
объединённая (совместная) операция (различных видов ВС), совместные боевые действия с участием войск различных видов ВС

합동전술정보분배체계(合同戰術情報分配體系) Joint Tactical Information Distribution System
объединённая система распределения тактической информации, объединённая тактическая система распределения информации

합동참모(合同參謀) Joint Staff
Объединённый штаб КНШ (комитет начальников штабов)

합동참모회의(合同參謀會議) Joint Chiefs of Staff Council
Объединённый Комитет Начальников Штабов (ОКНШ)

합동특수전부대 joint unconventional warfare forces
объединённые силы специального назначения, объединённые силы и средства специального назначения

합동특수전평가단 Joint Unconventional Warfare Assessment Team
объединённая группа по оценке специальных методов и средств ведения войны

합동특전사령부(合同特戰司令部) Joint Unconventional Warfare Task Force (JUWTF)
объединённая тактическая группа войск специального назначения

합동훈련(合同訓練) Joint Training
совместное учение

합의각서(合意覺書) Memorandum of Agreement (MOA)
Меморандум о Договорённости

항공 우주통제작전(航空宇宙統制作戰) Aerospace Control Operations
операция по завоеванию господства в воздушно-космическом пространстве

항공고시보(航空告示報) Notice to Airman (NOTAM)

извещения лётчикам

항공관측사(자) Air Observer

наблюдатель за воздухом, воздушный наблюдатель

항공교통 및 항법시설 보안통제 Security Control of Air Traffic and Air Navigation Aids (SCATANA)

обеспечение безопасности работы средств УВД и аэронавигационных средств

항공교통 전자방사통제(航空交通電子放射統制) Security Control of Air Traffic Electromagnetic Radiation (SCATTER)

обеспечение безопасности работы средств УВД и излучающих РЭС

항공교통관제(航空交通管制) Air Traffic Control

служба УВД

항공교통관제소(航空交通管制所) Area Control Center (ACC)

районный диспетчерский центр управления движением на авиатрассе

항공기 유도로(航空機誘導路) Taxiway

путь руления

항공기 자체보호 전자교란장비 Airborne Self Protection Jammer (ASPJ)

бортовой передатчик помех для самообороны

항공기관제 및 경보체계 Aircraft Control and Warning System

система обнаружения воздушных целей и наведения истребителей

항공기상업무(航空氣象業務) Aeronautical Meteorological Service

авиационная метеорологическая служба

항공력(航空力) Air Power

мощь ВВС

항공목표지역(航空目標地域) Air Objective Area

район объектов для действий авиации, район целей для действий авиации

항공무기통제사(航空武器統制士) Air Weapons Controller

офицер (штурман) наведения авиационных систем оружия

항공병참선(航空兵站線) Air Line of Communication (ALOC)

воздушная линия коммуникаций

항공사진정찰(航空寫眞偵察) Air Photographic Reconnaissance

аэрофоторазведка

항공수송 이동관리 본부 air transport movement control center центр управления воздушными перевозками

항공수송 이동관리(航空輸送移動管理) Air Transport Movement Control (ATMC) управление воздушными перевозками

항공심리작전 airborne psychological warfare operation действия авиации по проведению операций психологической войны

항공우주 Aerospace
воздушное и космическое пространство

항공우주군(航空宇宙軍) Aerospace Forces
военно-космические силы, воздушно-космические силы и средства

항공우주력(航空宇宙力) Aerospace Power
воздушно-космическая мощь

항공우주방어(航空宇宙防禦) Aerospace Defense
воздушно-космическая оборона, противовоздушно-космическая оборона ПКО

항공우주방어국 Aerospace Defense Systems Office
управление систем воздушно-космической обороны

항공우주방어기술 aerospace defense technology
воздушно-космическая военная техника

항공우주방어데이터 aerospace defense situation data
данные о воздушно-космической обстановке

항공우주방어미사일전대 aerospace defense missile squadron
ракетная эскадрилья ПКО

항공우주방어시스템 aerospace defense system
система воздушно-космической обороны

항공우주방어전단 aerospace defense wing
авиакрыло воздушно-космической обороны

항공우주방어전대 aerospace defense squadron
эскадрилья воздушно-космической обороны

항공우주방어첩보 aerospace defense situation data
сведения о воздушно-космической обстановке

항공의무후송(航空醫務後送) Aeromedical Evacuation

медицинская эвакуация по воздуху

항공의학(航空醫學) Aviation Medicine

авиационная медицина

항공이동표 air movement table

график (план) воздушных перевозок

항공작전(航空作戰) Air Operation

действия авиации

항공전역(航空戰役) Air Campaign

авиационная кампания

항공정찰(航空偵察) Air Reconnaissance

воздушная разведка, авиаразведка

항공정찰요약보고 air intelligence summary

сводка данных воздушной разведки

항공지원 우선권 air support priority

очерёдность авиационной поддержки

항공지원(航空支援) Air Support

авиационная поддержка

항공지원계획 air support plan

план авиационной поддержки

항공지원부대

группа (отряд, соединение) авиационной поддержки

항공지원우선순위 air support priority

очерёдность авиационной поддержки

항공지원유도 전탐소

пост РЛ наведения авиации поддержки

항공지원의 우선권 air support priority

очерёдность авиационной поддержки

항공지원작전 air support operations

действия по авиационной поддержке

항공지원작전본부(航空支援作戰本部) Air Support Operation Center (ASOC)

оперативный центр авиационной поддержки

항공지원전탐반(航空支援戰探班) Air Support Radar Team

команда РЛ наведения авиации поддержки

항공지원전탐소

РЛ пост обеспечения авиационной поддержки

항공지원통신망 air support communication

сеть связи авиационной поддержки

항공지원통신채널 air support communication

канал связи авиационной поддержки

항공지원통제단 air support party

команда управления авиационной поддержкой

항공지원팀 air support party

команда обеспечения авиации

항공탄약(航空彈藥) Air Ammunition

авиационные боеприпасы

항공탄착수정(航空彈着修正)

наблюдение за стрельбой с воздуха

항공탐색공격분대(航攻探索攻擊分隊) Air Search Attack Unit

авиационный поисково-ударный отряд

항공통제관(航空統制官) Air Controller

офицер поста управления авиацией

항공함포 직접지원 통제단

группа управления непосредственной авиационной и корабельной поддержкой

항공후송체계(航空後送體系) Aeromedical Evacuation System

система медицинской эвакуации по воздуху

항독소(抗毒素) Anti-Toxin

антитоксин, противоядие

항로고시(航路告示) Sailing Directions

лоция, наставление для плавания, руководство для плавания

항로방해전파(航路妨害電波) Meaconing

помехи РНС (переизлучение сигналов радиомаяка)

항로전환명령(航路轉換命令) Diversion Order

приказ об изменении маршрута движения

항로집중구역(航路集中區域) Focal Area
приоритетное направление

항만경비정 harbor defense patrol craft
сторожевой корабль охраны акватории ВМБ

항만능력(港灣能力) Port Capacity
пропускная способность порта

항만방어(港灣防禦) Harbor Defense
оборона порта,охрана акватории базы

항만방어훈련
учение по обороне акватории порта

항만순시정 harbor defense patrol craft
патрульный катер охраны акватории ВМБ

항만시설
портовое сооружение

항만출입통제소(港灣出入統制所) Harbor Entrance Control Post (HECP)
пункт контроля входа в порт

항모강습부대(航母强襲部隊) Carrier Striking Force
авианосные ударные силы

항모강습부대장
командир авианосного ударного соединения

항모기동부대(航母機動部隊) Carrier Task Force
авианосное ударное соединение

항모비행전대(航母飛行戰隊) Carrier Air Group
авианосная авиационная группа

항모탑재항공
палубная авиация

항법방해책(航法妨害策) Navigation Counter measures
меры противодействия РНС (радионавигационным системам (средствам)

항법위성(航法衛星) Navigation Satellite
навигационный спутник

항원(抗原) Antigen
антиген

항적(航跡) Track
отметка цели

해공협동 대잠공격작전(海空協同對潛攻擊作戰) Hunter-Killer Operation
поисково-ударная операция

해군선박통제(海軍船舶統制) Naval Control of Shipping
контроль ВМС за судоходством

해군선박통제당국(海軍船舶統制當局) Operational Control Authority
инстанция по военному управлению судоходством (외교)

해군선박통제연락장교 Naval Control of Shipping Liaison Officer
офицер связи ВМС по контролю за судоходством

해군선박통제작전
действия ВМС по контролю за судоходством

해군선박통제장교(海軍船舶統制將校) Naval Control of Shipping Officer
офицер организации ВМС по контролю над судоходством

해군선박통제조직(海軍船舶統制組織) Naval Control of Shipping Organization организация ВМС по контролю за судоходством,организация ВМС по контролю над судоходством (전시)

해군선박통제훈련
учение ВМС по контролю за судоходством

해군작전(海軍作戰) Naval Operation
оператия ВМС

해군전술자료체계(海軍戰術資料體系) Naval Tactical Data System (NTDS)
автоматизированная система управления боевыми действиями кораблей

해군특수전(海軍特殊戰) Naval Special Warfare
специальные операции ВМС, боевые действия ВМС с применением специальных методов и средств

해군특수전대
силы специального назначения ВМС

해군항공
морская авиация

해병합동상륙작전 Marine amphibious combined operation
совместная десантная операция МП

해상 사전배치군 Maritime Prepositioning Force (MPF)

морские силы заблаговременного складирования

해상박명종(EENT) end evening nautical twilight

конец вечерних навигационных сумерек

해상박명초(BMNT) beginning of Morning Nautical Twilight

начало утренних навигационных сумерек

해상배치 전략핵무기 억지체계 sea-based strategic nuclear deterrent system

стратегическая ядерная система устрашения морского базирования

해상분계선

морская демаркационная линия

해상상륙작전 amphibious landing operation

морская десантная операция

해안방어

береговая оборона

해안봉쇄해제

срыв блокады побережья

해외주둔군 공통보급지원

снабжение общевойсковым имуществом на заморских территориях

핵가방 Nuclear Football

ядерный чемоданчик

핵방패

ядерный щит

핵배낭 Special Atomic Demolition Munition (SADM)

специальный ядерный фугас

핵무기사용건의서 nuclear weapon recommendation sheet

предложения по использованию (применению) ядерного оружия

핵우산

ядерный зонт

핵위협(핵공갈) strategic nuclear threat

возможность применения стратегического ЯО, ядерный шантаж

핵중력폭탄 gravity nuclear bomb

ядерная бомба свободного падения

핵지뢰 medium atomic demolition munition (MADM)
ядерная мина ◆ 중급원자폭탄으로 SADM보다 무거운 핵폭탄

핵지뢰지대
ядерно-минный пояс

핵탄보급소 nuclear ammunition supply point
пункт обеспечения (снабжения) ядерными боеприпасами

헌터-킬러위성 hunter-killer satellite
противоспутниковый спутник, поисково-ударный спутник

헬기돌격부대
воздушно-штурмовая группа, вертолётный десант

헬기탑제 공격경보레이더 helicopter attack warning radar
РЛС предупреждения экипажа вертолёта об облучении (РЛС противника)

헬리콥터 착륙지대
зона высадки вертолётного десанта, зона посадки вертолётов, район высадки десанта с вертолётов

헬리콥터수직돌격
высадка вертолётного десанта с вертолётоносца на берег

현장지휘관(現場指揮官) Scene of Action Commander
командир соединения в районе боевых действий

현존함대(現存艦隊) Fleet in Being
боеготовые силы флота

현지조달(現地調達) Local Procurement
заготовки из местных источников

현행지시 및 계획 effective directives and plans
действующие директивы и планы

현행첩보요약 current intelligence summary
сводка текущих разведывательных данных

협조(協調) Coordination
координация

협조된 공격 coordinated attack
скоординированная атака

협차법(狭差法) Bracketing Method

пристрелка по наблюдению знаков разрывов

호밍광학유도시스템 homing optical guidance system

оптическая система самонаведения

호밍유도(~誘導) Homing Guidance

система самонаведения

호버크라프트 Hovercraft

АВП (аппарат на воздушной подушке), КВП (катер на воздушной подушке)

호위전파방해(護衛電波妨害) Escort Jamming

постановка помех самолётами сопровождения

호위함

эскортные корабли

혼성공중타격부대(混成空中打擊部隊) Composite Air Strike Force

смешанная ударная группа ВВС

혼성부대(混成部隊) Composite Force

смешанная группа

혼성적재(混成積載) Commodity Loading

раздельная погрузка на судно однородного груза

혼성지뢰지대(混成地雷地帶) Mixed Minefield

смешанное минное поле (из ПТ и противопехотных мин)

혼합편대군(混合編隊群) Mixed Force

группа сил смешанного состава

화구(火球) Fireball

огненный шар, фаербол

화구반경 radius of fireball

радиус огненного шара, радиус фаербола

화력(火力) Fire Power

огневая мощь, огневая мощность

화력계획(火力計劃) Fire Plan

план огневой поддержки

화력금지지역(火力禁止地域) No-Fire Area

зона запрещения ведения огня

화력수색(火力搜索) Reconnaissance by Fire
разведка огнем, разведка боем

화력요청 우선순위 fire call priority
очерёдность вызова огня

화력자유지역(火力自由地域) Free Fire Area
район неограниченного ведения огня, зона неограниченного ведения огня

화력제한선 restrictive fire line
рубеж ограничения огня

화력제한지역(火力制限地域) Restrictive Fire Area
зона ограничения огня

화력증원(火力增援) Reinforcing
огонь средств усиления

화력지원 공격단정 assault support patrol boat
катер огневой поддержки

화력지원 단정 strike assault boat
катер огневой поддержки

화력지원 Fire Support
огневая поддержка

화력지원계획(火力支援計劃) Fire Support Plan
план огневой поддержки

화력지원구역(火力支援區域) Fire Support Area
зона/район огневой поддержки

화력지원및 정찰용 공격단정 assault support patrol boat
патрульный катер огневой поддержки десанта

화력지원반(火力支援班) Fire Support Element
группа огневой поддержки

화력지원수단
средства огневой поддержки

화력지원전대(火力支援戰隊) Fire Support Group
группа огневой поддержки

화력지원헬기 공격대기지점 aeroweapons attack position

исходное положение для атаки для вертолётов огневой поддержки

화력지원협조(火力支援協調) Fire Support Coordination

координация огневой поддержки

화력지원협조관(火力支援協調官) Fire Support Coordinator

офицер по координации огневой поддержки

화력지원협조본부 Fire Support Coordination Center (FSCC)

пункт координации огневой поддержки

화력지원협조선(火力支援協調線) Fire Support Coordination Line

рубеж координации огневой поддержки

화력터널(火力~) Fire Tunnel

аэродинамическая труба для испытания пожарных систем

화력통제망 conduct of fire net

радиосеть (сеть) управления огнем

화력통제예비통신망 alternate fire direction net

резервная сеть связи управления огнем

화력할당 fire allocation

распределение огня

화력협조선(火力協調線) Fire Coordination Line

линия координации огня, рубеж огневого взаимодействия

화망(火網) Fire Net

огневая сеть

화생방 오염

химическое, биологическое и радиоактивное заражение

화생방 정찰대 NBC reconnaissance squad

отделение разведки ОМП

화생방경보(化生放警報) NBC Warning

оповещение о применении ОМП

화생방반(化生放班) Nuclear, Biological and Chemical Element

подразделение радиационной, химической и биологической разведки

화생방보고(化生放報告) NBC-Report

донесение о применении ОМП

화생방오염

заражение радиационными, химическими веществами и билогическими средствами, радиационное, химическое и биологическое заражение

화생방작전(化生放作戰) NBC Operation
действия в условиях применения оружия массового поражения

화생방정찰(化生放偵察) NBC Reconnaissance
радиационная, химическая и биологическая РХБ разведка

화생방정찰소대 NBC reconnaissance platoon
взвод разведки применения ОМП

화생방정찰차량 NBC reconnaissance vehicle
машина разведки применения ОМП

화생방제독소 decontamination and cleansing station
дегазационно-обмывочный пункт

화염지뢰(火焰地雷) Flame Mine
мина с зажигательным зарядом, огневой фугас

화학근무지원부대 chemical service troops
химические части и подразделения обслуживания

화학무기탄 chemical weapons munitions
боеприпасы химического оружия

화학작용제 탐지킷(化學作用劑探知~) Chemical Agent Detector Kit
прибор химической разведки

화학작용제 표본수집킷(化學作用劑標本蒐集~) Chemical Agent Sampling Kit M12
набор средств для отбора проб ОВ

화학지뢰(化學地雷) Chemical Land Mine
химическая наземная мина

화학지뢰장애물지대 chemical land mine barrier
полоса заграждений из химических наземных мин

화학탄 chemical agent munition
химический боеприпас

화학탄 비축위치 location of stocked chemical munitions
расположение запасов химических боеприпасов

화학탄 폐기시스템 chemical agent munition disposal system
система обезвреживания химических боеприпасов

확보(確保) Secure

захват

확인점(確認點) Check Point

пункт проверки

확증(確證) Authentication

радиопароль (통신), визирование (공문서)

환경예보

предсказание условий окружающей среды

활성지뢰(活性地雷) Activated Mine

мина с ввинченным взрывателем, мина с установкой на неизвлекаемость

활성탄(活性彈) Activated Carbon

активированный уголь

회랑(回廊) Terrain Corridor

естественный коридор

회색선전(灰色宣傳) Grey Propaganda

серая пропаганда

회수(回收) Recovery

эвакуация, спасение, возвращение в строй

회장(回章) Circular

директивное указание, директива

회피기동

манёвр уклонения

회피시간(回避時間) Evasion Time

выход из-под удара, выход с территории (находящейся под контролем противника), манёвр уклонения, уклонение от встречи (с ротивником)

횡단표적(橫斷標的) Crossing Target

фланговая цель, движущаяся под углом к плоскости стрельбы цель, цель, движущаяся под углом к плоскости стрельбы

효력사(效力射) Fire for Effect

огонь (стрельба) на поражение, вести огонь на поражение

효력사로 전환하다 go to fire for effect

переходить на поражение

후방산란초수평레이더 over-the-horizon backscatter
загоризонтная РЛС возвратно-наклонного зондирования

후방지역감시구역 rear area surveillance sector
сектор наблюдения тылового района

후방지역경계 및 피해복구 rear area security control and damage control
обеспечение безопасности и защитные мероприятий и спасательно-восстановительные работы в тыловом районе

후방지역경계(後方地域警戒) Rear Area Security
обеспечение безопасности в тыловом районе, охрана тыловых районов

후방지역경계계획
план обеспечения безопасности тыловых районов

후방지역경계본부 rear area security control center
центр обеспечения безопасности в тыловом районе

후방지역경계사령부 rear area security command
командование обеспечения безопасности в тыловом районе

후방지역경계임무 rear area security mission
задача по охранению объектов тыла

후방지역경계작전 rear area protection operations
боевые действия по охране и обороне тылового района

후방지역경계특임부대 rear area security task force
оперативная группа обеспечения безопасности тылового района

후방지역방호부대 rear area security forces
силы охраны тылового района

후방지역보안대책 통제관 rear area security controller
офицер по контролю за мерами безопасности в тыловом районе, офицер по контролю за мерами охраны в тыловом районе

후방지역작전(後方地域作戰) Rear Area Operations
действия в тыловом районе

후방지역작전센터 rear area operation center
оперативный центр тылового района, оперативный центр тылового района

후방지역전투 rear area combat operations
боевые действия в тыловом районе (своих войск)

후방지역전투작전지원단 rear area combat operations support team
группа обеспечения боевых действий в тыловом районе (соединения)

후방지역전투작전지휘소 rear area combat operations center
КП управления боевыми действиями в тыловом районе, центр управления боевыми действиями в тыловом районе

후방지역통제활동 rear area control operations
действия по контролю тылового района

후방지휘소(後方指揮所) Rear Command Post
тыловой пункт управления

후사면(後斜面) Reverse Slope
топ обратный скат

후속보급(後續補給) Follow-up Supply
предметы снабжения десанта после десантирования

후속부대(後續部隊) Follow-up Force
последующие эшелоны

후속제대-항공수송(後續梯隊-航空輸送) Follow-up Echelon-air Transport
воздушная перевозка последующего эшелона

후속제대 follow-up echelon unit
подразделение второго эшелона, последующие эшелоны

후속지원(後續支援) Follow-up and Support
сопровождение и поддержки

후속지원부대(後續支援部隊) Follow and Support Force
части и подразделения сопровождения и поддержки

후속행위
последующие действия

후송(後送) Evacuation
эвакуация

후송통제함(後送統制艦) Evacuation Control Ship
эвакуационное судно

후위(後衛) Rear Guard
группа прикрытия, заслон при отходе, тыльный отряд

후퇴이동(後退移動) Retrograde Movement

отступление, отход

훈련(訓練) Training
боевая подготовка, наведение, боевая тренировка

훈련계획지시 exercise planning directive
директива по планированию учения

훈련지휘관(訓練指揮官) Officer Conducting Exercise
руководитель учения

훈령(訓令) Letter of Instruction (LOI)
оперативная директива

휴대보급품(携帶補給品) Accompanying Supplies
возимый запас, выгрузочный запас, подвижный запас

휴대식량 pack ration
носимый запас (продовольствия)

휴대용 거리측정기 portable laser range-finder
переносный лазерный дальномер

흡기통(吸氣筒) Snorkel
шнорхель ◆ 잠수함의 스노클

힘의 균형 패러다임
парадигма баланса силы

<부 록>

❑ 러시아 연방 軍 구조 및 조직

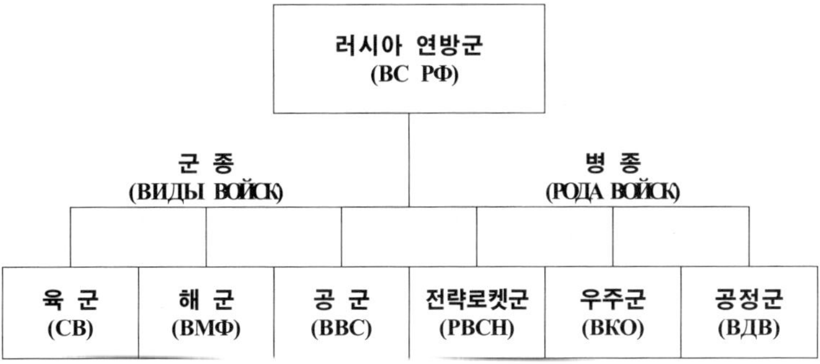

* 최근, 공군과 우주군은 우주 · 항공군으로 통합

❑ 러시아 軍계급

헤 군

❍ 병 및 부사관

구분	병		부 사 관				준사관	
견장								
명칭	이 병 (матрос)	일 병 (Ст. матрос)	하 사 (Старшина 2 статьи)	중 사 (Старшина 1 статьи)	상 사 (Главный старшина)	원 사 (Главный корабельный старшина)	준 위 (Мичман)	상급 준위 (Ст. Мичман)

○ 장 교

구분	위 관				영 관		
견장							
수장							
명칭	**소 위** (Мл. лейтенант	**중 위** (Лейтенант)	**상 위** (Ст. лейтенант)	**대 위** (Капитан-лейтенант)	**소 령** (Капитан 3-го ранга)	**중 령** (Капитан 2-го ранга)	**대 령** (Капитан 1-го ранга)

○ 장 성

구 분	제 독			
견 장				
수 장				
명 칭	**소 장** (Контр-адмирал)	**중 장** (Вице-адмирал)	**대 장** (Адмирал)	**원 수** (Адмирал флота)

* 한국 계급명칭에 준하여 '준장, 소장, 중장, 대장' 으로 명명하는 추세

○ 병 및 부사관

구분	병		부 사 관				준사관	
근무복견장								
전투복견장								
명칭	**이 병** (Рядовой)	**일 병** (Ефрейтор)	**하 사** (Мл. сержант)	**중 사** (Сержант)	**상 사** (Ст. сержант)	**원 사** (Старшина)	**준 위** (Прапорщик)	**상급 준위** (Ст. прапорщик)

○ 장 교

구분	위 관				영 관		
근무복견장							
전투복견장							
명칭	**소 위** (Мл. лейтенант)	**중 위** (Лейтенант)	**상 위** (Ст. лейтенант)	**대 위** (Капитан)	**소 령** (Майор)	**중 령** (Подполковник)	**대 령** (Полковник)

△ 해군을 제외한 전군(경찰, 소방관 포함) * 색깔만 다를 뿐 계급표시는 같음

❍ 장 성

구 분	장 군			
근무복 견장				
전투복 견장				
명 칭	소 장 (Генерал-майор)	중 장 (Генерал-лейтенант)	대 장 (Генерал-полковник)	원 수 (Генерал армии)

*** 한국 계급명칭에 준하여 '준장, 소장, 중장, 대장' 으로 명명하는 추세**

러한 국방전문용어사전

Русско-корейский словарь военных терминов

초판 인쇄 2016년 1월 18일
초판 발행 2016년 2월 12일

공저자	정재호 · 방교영 · 김광환
펴낸이	김인철
기 획	권원순 Director, University Press
편집장	신선호 Executive Knowledge Contents Creator
도서편집	김민정 Contents Creator
도서·전자책편집	최인우 Contents Creator
마케팅	곽용창 Chief Marketing Creator
재무관리	권미경 Chief Managing Creator
발행처	한국외국어대학교 지식출판원 02450 서울특별시 동대문구 이문로 107 전화 02)2173-2493~7 FAX 02)2173-3363 홈페이지 http://press.hufs.ac.kr 전자우편 press@hufs.ac.kr 출판등록 제6-6호 (1969. 4. 30)
편집	디자인 원 (02)2173-2494
제작	네오프린텍(주) (02)718-3111

ISBN 979-11-5901-046-0 11790 정가 30,000원

* 잘못된 책은 교환하여 드립니다.

대한민국 지도
(Карта Кореи)